深空探测科学与技术著作丛书

深空探测天文导航原理与方法

张 伟 著

科 学 出 版 社
北 京

内 容 简 介

本书系统阐述了深空探测天文自主导航的原理、方法、实现途径以及地面实验系统。本书共 6 章：第 1 章介绍深空探测天文导航的基本概念；第 2 章介绍天文导航的基础知识和基本原理；第 3 章分别针对深空测角、测距、测速三类自主导航方法进行系统论述；第 4 章介绍组合自主导航，给出不同的天文组合自主导航方法，对导航系统的可观测性、组合导航信息融合、误差传播机理、导航滤波算法及误差处理等进行论述；第 5 章介绍深空天文自主导航的实现技术；第 6 章介绍并分析天文导航系统数学仿真、天文导航目标源模拟方法、地面半物理实验系统等。

本书集基本原理与方法、系统设计、实验技术等内容于一体，反映了本领域的研究前沿和技术发展趋势，其中导航完备性理论、天文测速导航方法及实现技术是著者及其深空探测技术研究团队近年来的最新研究成果，可供航天科研人员和工程技术人员参考，也可作为相关专业研究生的教材。

图书在版编目(CIP)数据

深空探测天文导航原理与方法 / 张伟著. —北京：科学出版社，2017.8
(深空探测科学与技术丛书)
ISBN 978-7-03-052997-8

Ⅰ. ①深… Ⅱ. ①张… Ⅲ. ①空间探测-天文导航 Ⅳ. ①V1②TN966.7

中国版本图书馆 CIP 数据核字(2017)第 119010 号

责任编辑：王艳丽
责任印制：谭宏宇 / 封面设计：殷 靓

科学出版社 出版
北京东黄城根北街 16 号
邮政编码：100717
http://www.sciencep.com
南京展望文化发展有限公司排版
苏州越洋印刷有限公司印刷
科学出版社发行 各地新华书店经销

*

2017 年 8 月第 一 版 开本：787×1092 1/16
2017 年 8 月第一次印刷 印张：18 1/4 插页：1
字数：409 000

定价：128.00 元

(如有印装质量问题，我社负责调换)

序言

FOREWORD

深空探测是人类进一步了解宇宙、探索未知，获得更多科学认知的重要手段。目前，我国火星全球遥感及着陆巡视任务已批复立项，中国航天将实现从月球至深空的技术跨越。后续还将逐步开展以金星、小行星和太阳系其他天体为探测目标的航天活动。

随着技术的发展及进入更深更远探测空间的需要，自主导航已经成为深空探测器实现自主运行与管理的关键技术。深空探测器自主导航对增强深空探测器自主生存能力、扩展探测空间具有极其重要的意义，也是导航技术发展的必然趋势。

该书在系统介绍深空探测自主导航基本原理的基础上，结合我国深空探测自主导航领域最新研究进展及成果，深入浅出地阐述了深空探测天文自主导航的原理、方法、实现途径以及地面实验系统。

张伟及其带领的研究团队长期从事深空探测天文导航系统的研究，该书凝聚了他们多年来的技术经验及成果，集基本原理与方法、系统设计、实验技术等内容于一体，很好地将基础理论和工程实际应用融合在一起，相信该书的出版将对促进我国深空探测自主导航技术的进一步研究和发展做出贡献。

房建成

2016 年 12 月

前言 PREFACE

随着科学技术水平的迅猛发展，人类进入并利用外层空间的愿望日益迫切。深空探测作为人类探索未知的重要途径，越来越受到世界各国的重视。自20世纪60年代起至今，人类已执行深空探测任务(不含月球)共计121次。深空探测所取得的丰硕科学成果，极大地拓展了人们对宇宙的认识和对生存环境的理解，促进着人类文明的持续发展。

与近地空间任务相比，深空探测由于具有飞行距离远、探测周期长、飞行程序复杂等特点，对航天器的导航能力提出了更高的要求。地面无线电导航已无法完全满足未来深空探测器在特定飞行阶段的导航需求。

天文导航利用天体自然特征作为航天器定位、定速的依据，能够为航天器提供连续、自主、实时、高精度的导航信息，是解决上述问题的有效途径之一。

本书重点围绕深空探测天文自主导航的原理、方法、实现技术以及地面实验系统等进行论述。全书共六章。第1章介绍深空探测天文导航的基本概念。第2章介绍天文导航的基础知识和基本原理，包括时间系统、空间系统、动力学建模、天文测角、测速、测距导航等通用导航原理。第3章分别针对深空测角、测距、测速三类自主导航方法进行系统论述，建立相应的状态方程与观测方程。第4章介绍组合自主导航，给出不同的天文组合自主导航方法，对导航系统的可观测性、组合导航信息融合、误差传播机理、导航滤波算法及误差处理等进行论述。第5章介绍深空天文自主导航的实现技术，包括测角、测距、测速三类导航敏感器以及导航计算机的技术实现途径等。第6章介绍并分析天文导航系统数学仿真、天文导航目标源模拟方法、地面半物理实验系统等。

本书是由作者及其研究团队多年来从事深空探测自主导航技术研究所取得的成果提炼而成。内容紧密结合我国火星探测工程的需要，反映了本领域的研究前沿和技术发展趋势。书中所涉及的利用恒星光谱多普勒频移测速实现深空自主组合导航的新方法、非对称空间外差和原子鉴频光谱测速方法、导航系统完备性理论以相对运动为基础的全新时空理论体系等内容属国际首次提出，可为我国深空探测连续自主、实时高精度自主导航技术的实现提供有力支撑。

本书得到南京大学方成院士、北京航空航天大学房建成院士、中国航天科技集团公司包为民院士、孟执中院士的悉心指导，在此表示衷心的感谢。

本书在成稿的过程中，得到了上海卫星工程研究所及上海市深空探测技术重点实验室相关研究团队的大力支持，其中方宝东、陈晓、尤伟、张嵬、张恒、黄庆龙等参与了本书部分内容的编写和图文整理。

本书涉及的研究工作得到了科技部973计划"深空探测高精度天文测角测速组合自主导航基础研究"（项目编号：2014CB744200）、国防科技工业局民用航天技术预先研究项目"深空探测自主管理与控制关键技术研究"等科研项目的资助。

深空探测天文导航方法仍在不断发展，限于知识和水平，书中的内容表述及认识难免存在不妥之处，敬请读者批评指正。

著　者

2016年12月

目　录

CONTENTS

第1章 绪论

目前,国际上尚无对“深空”和“导航”的通用定义,美国、俄罗斯、欧空局和中国等国家或组织的航天机构都有各自的习惯用法。

1.1 深空定义

深空是相对于近地空间(Near Earth Space, NES)而言的,是深空间(Deep Space, DS)的简称。

《中国大百科全书航空航天卷(第二版)》对“深空”的定义是“距地球等于或大于地月平均距离(约 3.84×10^5 km)的空间”,把“对月球和月球以远的天体或空间进行探测的无人航天器称为太空(空间)探测器”,空间探测器也可叫做深空探测器。

《空间科学词典》对深空的定义为“载人或不载人的飞行器围绕地球运动最远的极限轨道以外的空间区域”,把“脱离地球飞往其他天体的无人航天器”称为“深空探测器”。

美国航空航天局(NASA)将针对地月距离及以远的天体开展的探测活动称为深空探测。在空间探测发展规划和计划中,则更多地称之为“空间探测”。

国际电信联盟从限制无线电通信频率分配出发,制定《无线电规则》(1988 年),将“深空”定义为与地球的距离大于或等于 2×10^6 km 的空间,而月球到地球的距离是 3.84×10^5 km,因此,月球探测不能使用深空探测的频率。

本书所阐述及研究的深空是指大于或等于 2×10^6 km 的太阳系尺度范围。

1.2 导航定义

导航、制导与控制(Guidance, Navigation and Control, GNC)是研究各类运动体位置、方向、轨迹的测量与控制方法的一门学科。导航、制导与控制三者密切相关,导航是制导与控制的前提。

导航的概念最早可以追溯到远古时期,人们利用恒星信息进行简单的定位,这就是最早的天文导航方法,随着后来指南针、罗盘等装置的发明,导航技术也在不断发展进步。

《空间科学词典》将导航定义为实时地测量并确定导航系统载体在运动过程中的位置和速度。

从导航的应用领域划分，导航可分为地面导航、海洋导航、航空导航和航天器导航四大类。本书主要针对航天器导航进行讨论。

本书将导航定义为通过实时测量并确定航天器在某一坐标系下的位置和速度的行为。

航天器导航按照导航信息源种类，可分为无线电导航、惯性导航、卫星导航、天文导航等。

无线电导航(Radio Navigation System, RNS)是指利用航天器上的导航设备接收若干地面站的无线电信号，根据电磁波的传播特性，测量出其传播的时间、相位、幅度和频率后，解算出航天器相对于地面站的方位、距离、距离差等几何参数，进而确定航天器与地面站之间的相对位置关系，实现对航天器的定位和定速，如图 1.1 所示。

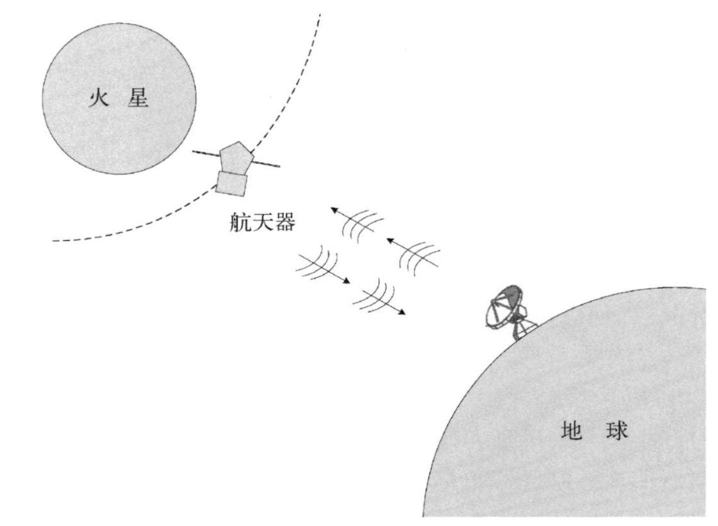

图 1.1　无线电导航

无线电导航方法充分利用地面资源，可满足近地空间和月球空间探测任务的导航需求。但无线电导航的精度和实时性随航天器与地面站之间距离的增加而降低，且存在因通信盲区导致的导航数据不连续等问题，无法完全满足深空探测某些特殊飞行阶段(如制动捕获段、小行星下降附着段等)的导航需求。

在地面站测角精度一定的前提下，航天器的横向位置(与视线方向垂直)测量误差将随距离呈线性增加，如图 1.2 所示。

同时，无线电信号的双向时延也将随距离增加，如表 1.1 所示。

惯性导航(Inertial Navigation System, INS)是指利用惯性测量装置(如加速度计和陀螺仪)测量航天器相对于惯性空间的角加速度和线加速度，再通过计算机积分解算，获得航天器相对某一基准的导航参数，见图 1.3。

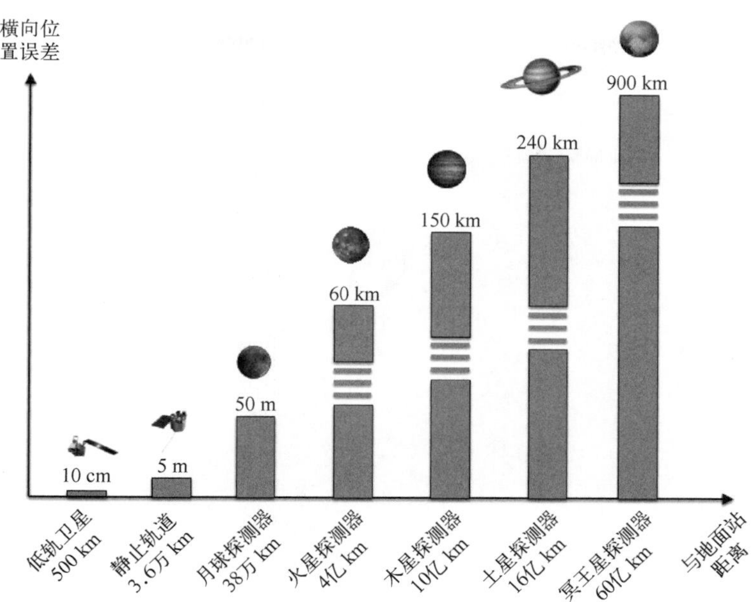

图 1.2　无线电在不同距离下的横向测量误差

表 1.1　不同距离下的无线电信号双向时延

序　号	天　体	与地球最远距离/AU	双向时延/min
1	太阳	1.00	16
2	水星	1.39	24
3	金星	1.72	28
4	火星	2.50	42
5	木星	6.20	100
6	土星	10.5	176
7	天文星	20.2	340
8	海王星	31.0	520
9	冥王星	40.0	660

惯性导航方法的主要优点是自主性好、抗干扰能力强、隐蔽性好以及短时间导航精度高;主要缺点是导航误差会随时间累积增大。为提高其绝对精度,需要增加其他测量信息作为辅助。随着技术的发展,目前已经发展出基于挠性陀螺仪、光纤陀螺仪、激光陀螺仪以及冷原子干涉仪陀螺仪等惯性导航系统。

卫星导航(Satellite Navigation System, SNS)是指利用导航卫星对航天器进行导航定位的方法,如图 1.4 所示。卫星导航把太空中的人造卫星作为“地面站”的无线电导航系统。世界上已有的卫星导航系统有美国的全球定位系统(Global Positioning System, GPS)、俄罗斯的全球导航卫星系统(Global Navigation Satellite System, GLONASS)、欧洲的伽利略卫星导航系统(Galileo Satellite Navigation System)以及中国的北斗卫星导航系统(BeiDou Navigation Satellite System, BDS)。

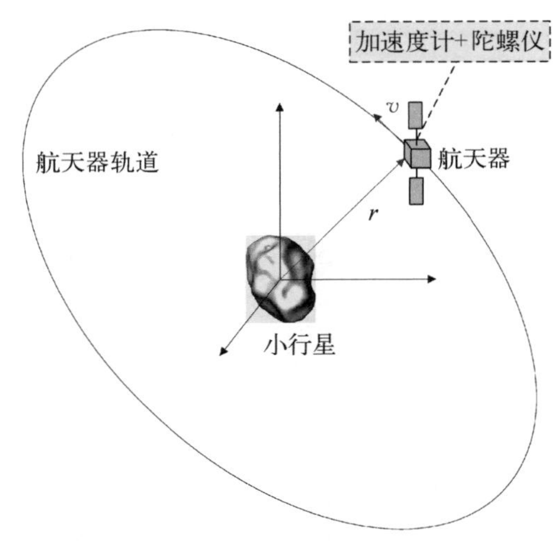

图 1.3　惯性导航

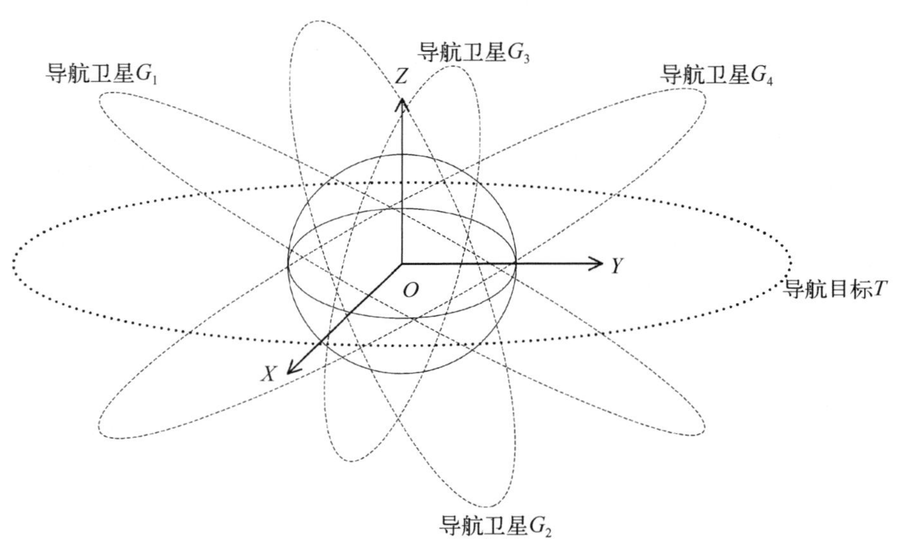

图 1.4　卫星导航

卫星导航系统是一种投资大、建设周期长，涉及领域广、复杂度高的信息系统，在军事和民用方面均具有重要意义。

天文导航(Celestial Navigation System, CNS)是指通过实时测量空间中自然天体的特征，并确定航天器在某一坐标系下的位置和速度的行为(图 1.5)。天文导航将太阳、小行星、行星、卫星等自然天体作为主要观测目标，以天体视线方向、天体间夹角、天体光谱、X射线脉冲信号等作为观测量。

天文导航不依赖除自身所携带设备以外的其他人造设施的支持，完全由航天器自主确定其位置和速度。因此，天文导航有时也称为天文自主导航。

天文导航充分利用了空间中的自然天体信号，一方面可以克服地面无线电导航在实

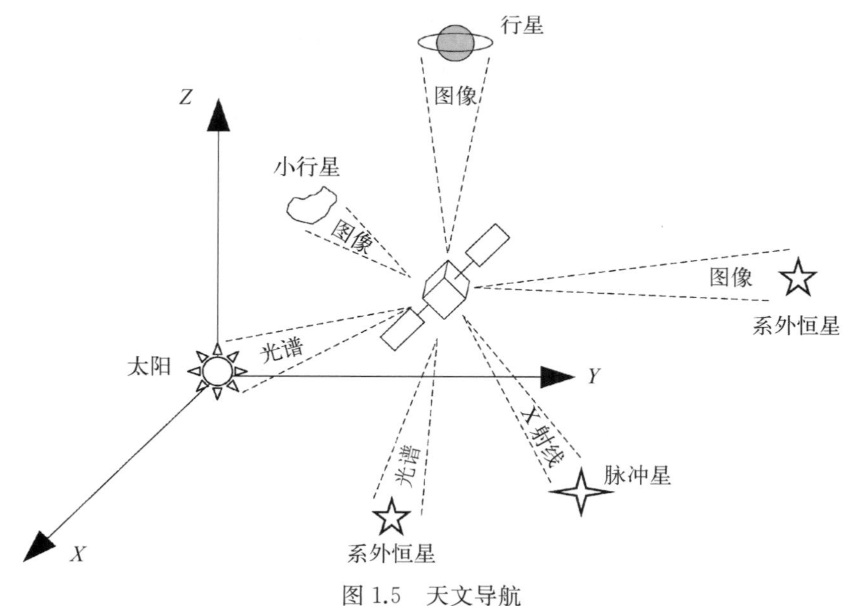

图 1.5 天文导航

时性、运行成本和资源上的限制，增强深空探测器的自主生存能力；另一方面可解决导航的连续性问题，提高深空探测器导航的精度。因此，天文导航对深空探测任务具有重要意义。

1.3 深空间环境特点

相对于近地球空间，深空间有特殊的环境特点。

1. 复杂引力环境

太阳系是一个复杂的动力学系统。根据牛顿万有引力定律，任何质量体之间都存在力的作用。若将太阳系天体与航天器均视为质点，即形成一个 N 体系统，数学上称为 N 体问题。N 体问题的一般数学描述如下。

设在惯性坐标系中存在 N 个质点，质量分别为 $m_i(1\leqslant i\leqslant N)$，位置矢量分别为 $\boldsymbol{r}_i$。任何一个质点均受到其他 $N-1$ 个质点的万有引力作用，则 N 个质点的动力学方程可表示为

$$\ddot{\boldsymbol{r}}_i=-\sum_{j=1,\ j\neq i}^{N} Gm_i\frac{\boldsymbol{r}_j-\boldsymbol{r}_i}{|\boldsymbol{r}_j-\boldsymbol{r}_i|^3} \tag{1.1}$$

式中，G 为万有引力常数。在初值已知的情况下，通过求解式(1.1)的微分方程，可以得到任意质点的运动轨迹。当 $N=2$ 时为二体问题，已完全解决。但当 $N\geqslant 3$ 时，式(1.1)目前仍无法求出解析解，只能采用数值方法进行研究。当航天器的质量可以忽略(即航天器作用于太阳系天体的万有引力为零)时，则上述问题简化为“限制性 $n+1$ 体问题”。当 $n=2$ 时，即为轨道力学中著名的“限制性三体问题”(Restricted Three Body Problem)。

除主要引力源外，其他力源(如非球型引力、大气阻力、太阳光压等)均可视为摄动源。近地航天器的主要引力源为地球，因此其轨道运动可视为“受摄二体问题”；对于深空探测

器，近地段主要引力源为地球，巡航段主要引力源为太阳，环绕段主要引力源为目标天体。但在上述三个飞行阶段的过渡过程中(圆锥曲线拼接处)，航天器的主引力天体将变为“太阳＋地球”或“太阳＋行星”，合理的力学模型应为“受摄限制性三体问题”。深空探测器飞行全过程中力学环境如图 1.6 所示。

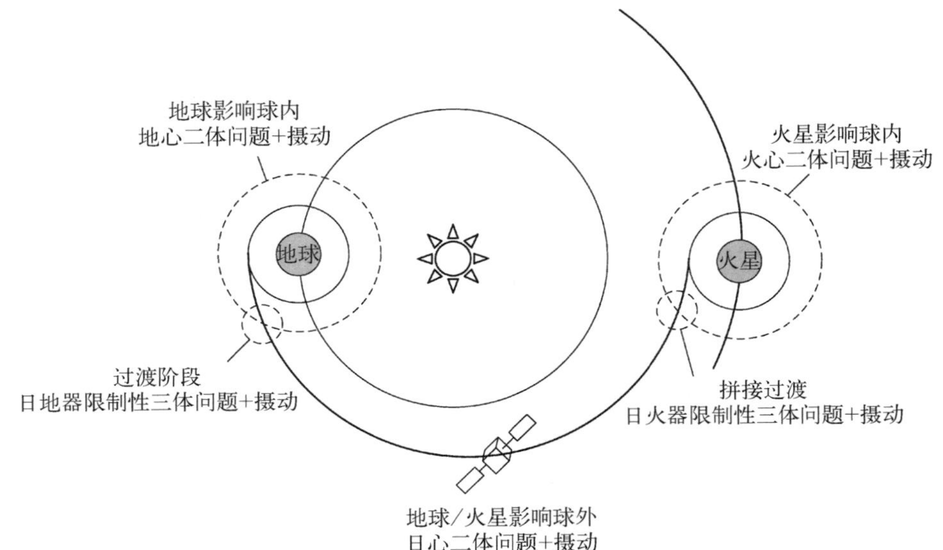

图 1.6　深空探测器轨道力学环境

2. 深空“凌”现象

“凌”为逼近、干扰、遮挡之意。在卫星通信领域，日凌是指太阳、通信卫星与地面接收站处于一条直线上，太阳强辐射对卫星下行信号造成影响的现象。天文上凌日是指太阳被暗星体遮挡的现象，如“水星凌日”、“金星凌日”等。

通常将深空探测器、太阳、地球处于一条直线(太阳位于器地之间)的情形称为“日凌”；将深空探测器、地球、太阳处于一条直线(地球位于器日之间)的情形称为“凌日”，如图 1.7 所示。日凌直接影响航天器对地的上下行通信，而凌日对下行影响较为明显。

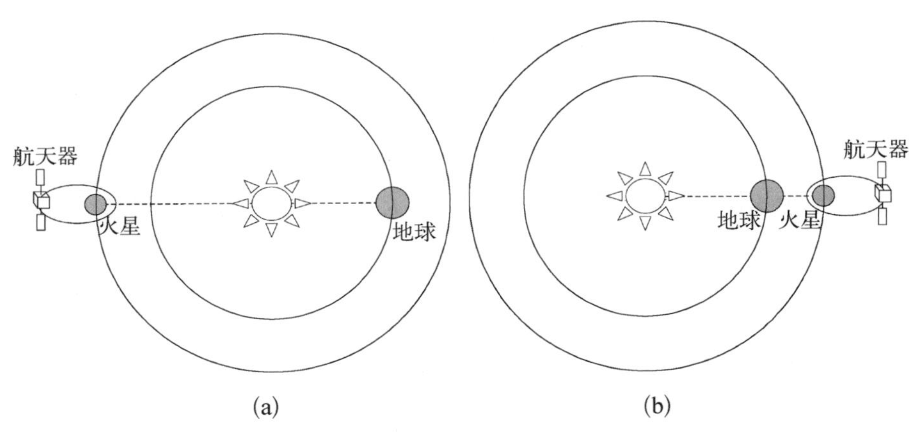

图 1.7　深空“凌”现象：日凌(a)与凌日(b)

当太阳-探测器-地球夹角小于一定角度时，即认为进入日凌或凌日状态。以火星探测为例，单次连续日凌或凌日持续时间最长可达一个月。

3. 太阳-行星-航天器夹角 α_{SPS}

太阳系行星、小行星依靠反射太阳光发光。因此航天器在进行光学成像时，需要目标天体具备较好的光照条件。太阳-航天器-行星夹角 α_{SPS} 的定义如图 1.8 所示。

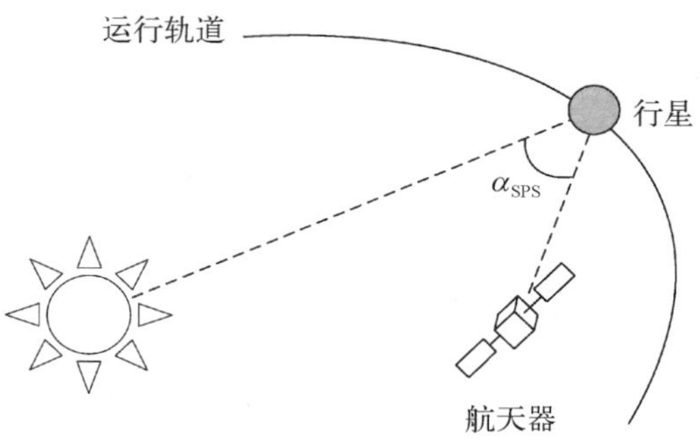

图 1.8　太阳-航天器-行星夹角 α_{SPS}

夹角 α_{SPS} 与光学导航敏感器的成像效果密切相关。当 $\alpha_{SPS}=0°$ 时，目标天体光照条件最好，能够沿航天器视线方向进行全貌成像；当 $\alpha_{SPS}=180°$ 时，航天器处于天体受照面的背面，无法进行光学成像。夹角 α_{SPS} 与受照情况的关系如图 1.9 所示。

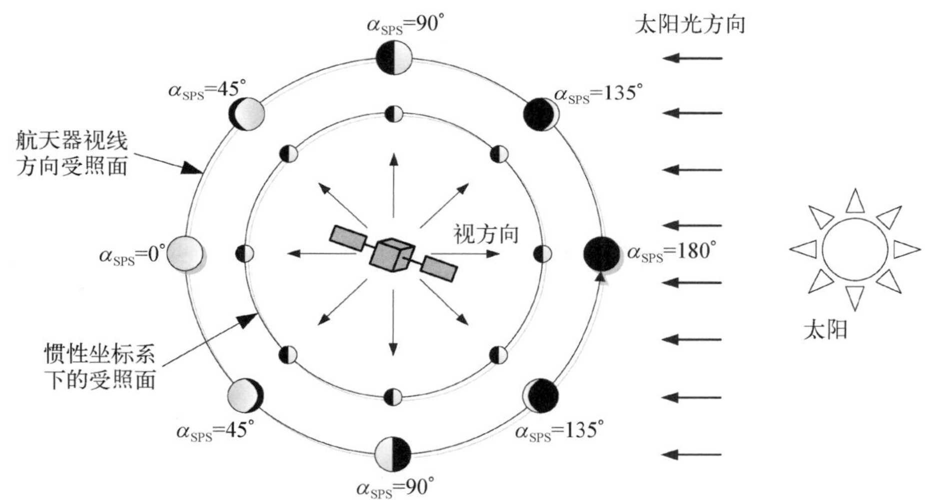

图 1.9　太阳-航天器-行星与天体受照关系

航天器轨道的不同将造成 α_{SPS} 角变化范围的差异。以 2005 年发射的“火星全球勘测者”(Mars Reconnaissance Orbiter，MRO)为例，航天器在巡航段飞行过程中的 α_{SPS} 角变化情况如图 1.10 所示。

4. 地球-行星-太阳夹角 α_{EPS}

地球-行星-太阳夹角 α_{EPS} 由天体运行的相对位置确定，其变化呈准周期性，不同周期之间存在细微差别，α_{EPS} 定义如图 1.11 所示。

对于火星、木星等地球轨道外的行星，α_{EPS} 一般在 0～60°变化；对于水星、金星等地球轨道内的行星，α_{EPS} 一般在 0～180°变化。2016～2026 年火星 α_{EPS} 与金星 α_{EPS} 的变化曲线如图 1.12、图 1.13 所示。

从图中可以看出 α_{EPS} 呈周期性变化，该周期称为行星与地球的会和周期。部分行星与地球的会合周期以及 α_{EPS} 变化范围如表 1.2 所示。

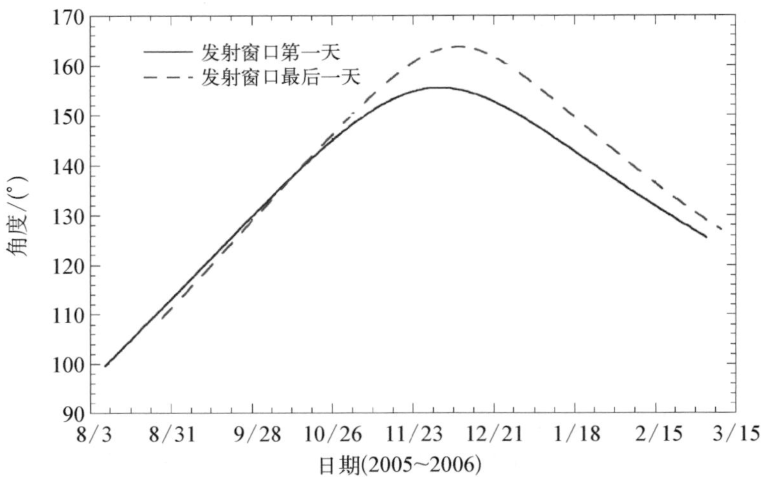

图 1.10　火星探测巡航段 α_{SPS} 变化范围

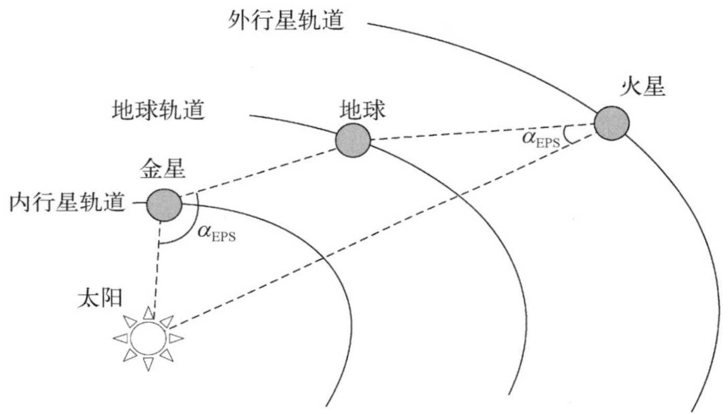

图 1.11　地球-行星-太阳夹角

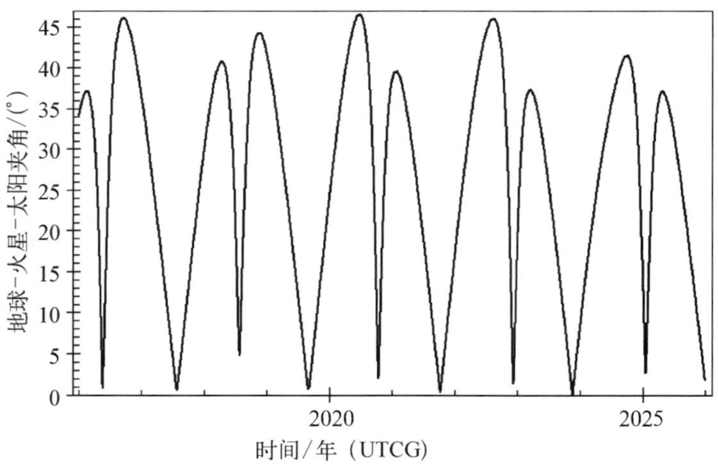

图 1.12　地球-火星-太阳夹角 α_{EPS} 变化范围(2016～2026 年)

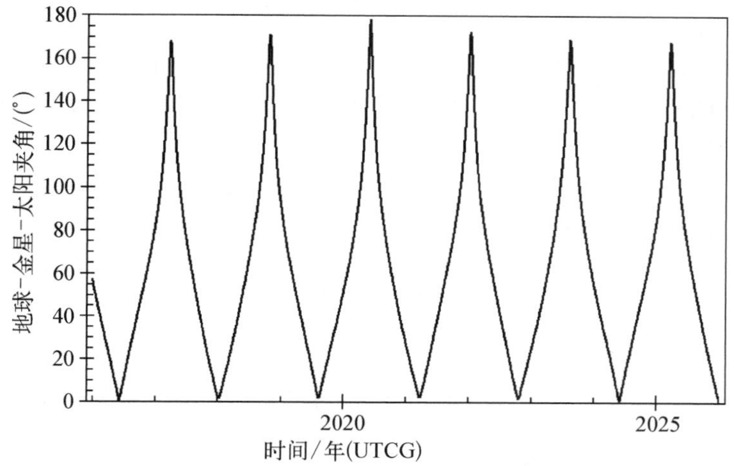

图 1.13　地球-金星-太阳夹角 α_{EPS} 变化范围(2016～2026 年)

表 1.2　行星会合周期与 α_{EPS} 变化范围

序　号	天　体	会合周期	α_{EPS} 变化范围
1	水星	3.8 个月	0～180°
2	金星	19 个月	0～180°
4	火星	26 个月	0～46°
5	木星	13 个月	0～12°

5. 太阳辐照度

在太阳系行星际空间中，太阳辐照与离太阳距离的平方成反比，在地球轨道附近约为 1 396 W/m^2。对于近地航天器，太阳辐照度在寿命周期内基本保持稳定，地球本体遮挡是航天器外热流变化的主要原因。

深空探测器在巡航段飞行过程中与太阳的距离不断变化，太阳辐照度也随之改变。太阳系主要天体轨道处的太阳辐照度如表 1.3 所示。

表 1.3　太阳系主要天体轨道处的辐照度

序　号	天　体	与太阳距离/AU*	太阳辐照度/(W/m^2) **
1	水星	0.387	9 321
2	金星	0.723	2 671
3	地球	1.000	1 396
4	火星	1.524	601.1
5	木星	5.203	51.57
6	土星	9.539	15.34
7	天文星	19.19	3.791
8	海王星	30.07	1.544
9	冥王星	39.52	0.894

* 为平均距离；** 为年平均太阳辐照度。

6. 行星大气环境

深空探测器在进入、下降、着陆的过程中，将受到目标天体特殊空间环境影响(如火星稀薄大气、金星稠密大气等)。行星大气环境数据与表面地形、风速分布、行星自转、季节变化等密切相关。

行星大气按照分子平均自由程 λ (一个分子在两次碰撞间走过距离的平均值)与流动特征长度 L 的比值，即努森数 Kn (Knudsen Number)进行划分。

$$Kn = \lambda / L \tag{1.2}$$

行星大气流区划分如表 1.4 所示。

表 1.4　行星大气流区划分

努森数范围	流区定义*
$K_n \geqslant 10$	自由流区
$1 \leqslant K_n < 10$	过渡流区
$0.01 < K_n < 1$	滑流区
$K_n \leqslant 0.01$	连续流区

* 大气分区准则并不唯一，此处采用钱学森针对由大气高速飞行器提出的流动状态分区准则。

目前国际常用的火星大气数据库有巴黎气象动力学实验室和牛津大学联合开发的“火星气候数据库”(Mars Climate Database, MCD, 2003～2015)，以及 NASA 马歇尔研究中心开发的“火星全球参考大气模型”(Mars Atmosphere Reference Model, MARS-GRAM, 1991～2015)。

MARS-GRAM 是目前常用的一种火星大气数据库，曾先后发布过很多个版本，如 Mars-GRAM、Mars-GRAM-v3.8、Mars-GRAM-2000、Mars-GRAM-2001、Mars-GRAM-2005 和 Mars-GRAM-2010 等。历史上的火星全球观测者(1996 年)、火星奥德赛轨道器(2001 年)、火星勘测轨道器(2005 年)、火星探路者(1996 年)、火星探测漫游者(2003 年)、凤凰号火星着陆器(2007 年)、火星科学实验室(2011 年)等均采用此大气模型作为设计依据。早期的 MARS-GRAM 版本主要是基于“水手号”与“海盗号”探测数据开发的。随着火星探测科学数据的增加，MARS-GRAM 数据库的精度也在不断提高。

模型中包括火星表面海拔、大气密度、压力、温度、风速的全球分布情况，并且考虑了季节、昼夜变化、太阳光照角、表面反照率、沙尘密度等因素。基于 MARS-GRAM对火星大气温度、速度、密度和压强随高程变化的拟合曲线，如图 1.14 所示。

金星大气中 96.5%为二氧化碳，3.5%为氮气，表面大气压高达 92 个标准大气压。金星大气环流速度高达 320 km/h，基本无地区、昼夜季节的差别。金星的大气基本物理参数见表 1.5。

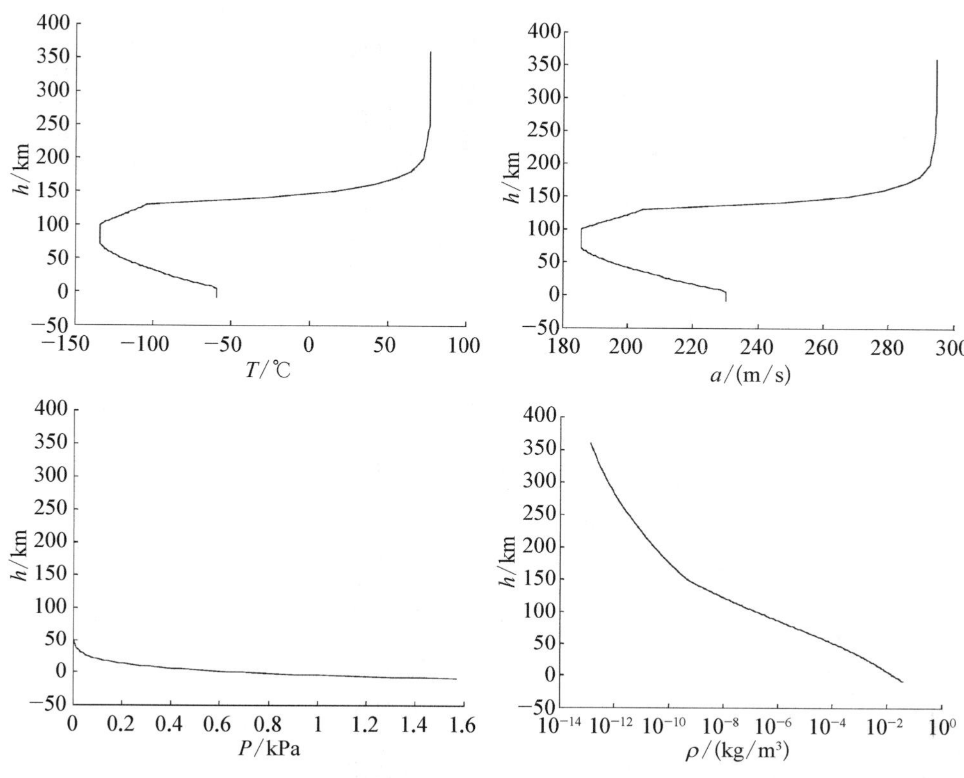

图 1.14　MARS-GRAM 2005 年数据库中火星大气数据拟合曲线

表 1.5　金星大气物理参数(南北纬 30°以内)

序　号	高度/km	温度/K	密度/(kg/m³)	重力加速度/(m/s²)
1	50	350.5	1.594	8.725
2	54	312.8	1.032	8.713
3	55	302.3	0.920 7	8.710
4	60	262.8	0.469 4	8.696
5	64	233.0	0.244 3	8.674
6	70	201.1	0.083 93	8.601
7	80	195.7	0.004 476	8.596
8	90	188.2	0.000 219 1	8.590
9	100	175.4	0.000 078 9	8.583

第 2 章 深空探测天文导航原理

2.1 引　　言

航天器天文导航是利用导航敏感器测量自然天体的特征信息以确定航天器在某一时刻相对于某一参考坐标系的位置、速度等运动参数的方法。按照观测量的不同，可分为天文测角导航、天文测距导航和天文测速导航。

深空探测通常可分为近地段、巡航段、捕获段、环绕段等飞行阶段，部分任务可能涉及进入下降与着陆、气动捕获、气动减速、不规则小天体伴飞、平动点晕轨道等特殊阶段。不同飞行阶段的时空基准选取以及轨道动力学建模是天文导航首先需要考虑的问题。

本章给出了时间、空间基准的定义及相互转换关系；分析了航天器不同飞行阶段轨道动力学特点，在不同坐标系下建立了航天器轨道动力学模型；并阐述了天文测角、天文测距和天文测速导航的原理。

2.2 时 间 系 统

天文导航系统状态方程与观测方程的建立、天体星历的预报均需要精确、稳定的时间系统。时间系统为天文导航系统跟踪、测量天体提供统一的计时标准。时间是物质运动过程的持续性和顺序性的表征。测量时间的基本原理是首先确定某种物质运动过程，将其作为计量时间的基准，再将运动过程与时间基准进行比较，从而获得物质运动的时间。时间计量包含两部分内容：一是计量时间的间隔，即客观物质运动的两种不同状态经历了多少时间间隔；二是确定时刻，即客观物质运动的某种运动状态是哪个瞬间发生的。作为时间计量基准的物质运动，需要满足以下三个要求：物质运动的规律是已知的，并且运动状态是可描述的；物质运动的某一状态可作为计量时间的起始点；物质运动中的某一过程，可以作为时间计量基准。

本节主要讨论时间基准定义及不同时间基准间的相互转换关系。

2.2.1 时间基准

航天器天文导航常用的时间基准有太阳时、恒星时、原子时、世界时、动力学时等。太阳时可用于太阳高度角的计算；恒星时可用于恒星赤经、赤纬等方位的计算；协调世界时是标准时间和频率发布的基础；原子时用于星载时钟；动力学时用于天体星历及轨道动力学递推计算。

时间基准可分为三大类：以地球自转运动为基准建立的世界时；以行星公转运动为基准建立的历书时；以原子内部电子能级跃迁时辐射电磁波的振荡频率为基准建立的原子时。

1. 真太阳时和平太阳时

以太阳的周日视运动为依据而建立的时间计量系统，称为真太阳时（True Solar Time，TST）。真太阳连续两次下中天的时间间隔称为真太阳日。设真太阳的时角为t'_s，则真太阳时 T'_s 为

$$T'_s = t'_s + 12\text{h} \tag{2.1}$$

若 $t'_s > 12\text{h}$，则从式(2.1)中减去 24h。黄赤交角的存在以及太阳在黄道上运动的不均匀性，使得每个真太阳日的长短不等。最长和最短的真太阳日相差达 51 s。因此，真太阳时在应用上并不方便。

为了弥补真太阳时的缺陷，美国天文学家纽康（Simon Newcomb，1835～1909）引入了假想的平太阳概念。首先设想在黄道上有一个做匀速运动的假想点，其运行速率等于真太阳视运动的平均速率，并与真太阳同时经过近地点和远地点，该假想点被称为黄道平太阳或第一平太阳；然后假设在赤道上有一个做匀速运动的假想点，其运行速率和黄道平太阳运行速率相同，并在历元时刻同时经过春分点，该假想点被称为赤道平太阳或第二平太阳。

以赤道平太阳作为参考点所确定的时间系统称为平太阳时（Mean Solar Time，MST）。赤道平太阳连续两次下中天的时间间隔叫做 1 个平太阳日。设平太阳的时角为 t_s，则平太阳时 T_s 为

$$T_s = t_s + 12\text{h} \tag{2.2}$$

2. 恒星时

根据春分点的视运动所确定的时间系统称为恒星时（Sideral Time，ST）。春分点连续两次上中天的时间间隔为恒星日。设春分点的时角为 t_r，则恒星时 S 为

$$S = t_r \tag{2.3}$$

春分点无法直接观测，只能通过观测恒星来推算春分点的位置。春分点的时角 t_r 等于任意一颗恒星的时角 t 与其赤经 α 之和，即

$$S = t_r = t + \alpha \tag{2.4}$$

当恒星上中天时（$t = 0$），有

$$S = \alpha \tag{2.5}$$

恒星时具有地方性，地球上每一个地点的子午圈均对应一个地方恒星时 S。格林尼

治子午圈的恒星时称为格林尼治恒星时 S_G，相应关系为

$$S = S_G + \lambda \tag{2.6}$$

式中，λ 表示该地点的经度。

由于岁差和章动的影响，春分点在天球上的位置缓慢变化，可分为平春分点和真春分点，与平春分点对应的称为平恒星时，与真春分点对应的称为真恒星时。

平恒星时 $\bar{S}$ 可表示为

$$\begin{aligned}\bar{S} &= S_0 + \omega t + m_A \\ &= S_0 + \omega t + (m_1 t + m_2 t^2)\end{aligned} \tag{2.7}$$

式中，S_0 表示起始平恒星时；ω 表示地球自转速度；m_A 表示赤经总岁差；m_1、m_2 分别为时间的一次项、二次项系数。

显然，平恒星时不是一个均匀的时间系统。在平恒星时 $\bar{S}$ 的基础上，考虑章动修正项可得真恒星时

$$S = \bar{S} + \Delta\varphi \cos \varepsilon \tag{2.8}$$

式中，ε 为黄赤交角；$\Delta\varphi$ 为黄经章动。

3. 世界时

世界时(Universal Time，UT)以平太阳时为时间尺度，数值上等于格林尼治平太阳时加上 12 h。从 1956 年起，国际上把世界时分为三种：根据天文观测直接测定的世界时记为 UT0，对应瞬时极子午圈；加入地极位移所引起的子午圈修正值 $\Delta\lambda$ 得到的世界时记为 UT1；再引入地球自转速度季节变化的修正值 ΔT_s 后得到较为均匀的世界时，记为 UT2。相互关系为

$$\begin{cases} \mathrm{UT1} = \mathrm{UT0} + \Delta\lambda \\ \mathrm{UT2} = \mathrm{UT0} + \Delta\lambda + \Delta T_s \end{cases} \tag{2.9}$$

式中，

$$\Delta\lambda = \frac{1}{15}(x \sin\lambda - y\cos\lambda)\tan\phi$$

为极移修正；

$$\Delta T_s = 0.022^s \sin 2\pi t - 0.012^s \cos 2\pi t - 0.006^s \sin 4\pi t + 0.000\,7^s \cos 4\pi t$$

为地球自转速率季节性变化修正。

其中，x，y 为地极坐标；λ，ϕ 为观测点的大地经度和大地纬度；$t = \dfrac{\mathrm{MJD} - 51\,544.03}{365.242\,2}$，其中 MJD 为简约儒略日。

4. 历书时

由于地球自转的不均匀性，以地球自转周期为基准的世界时并不宜作为时间系统基准，由此出现了以太阳系天体公转为基准的均匀时间系统“历书时”。历书时(Ephemeris

Time, ET)是由力学定律确定的均匀时间,可根据地球、月亮等天体的运动来测定,在1960～1967 年被作为世界公认的计时标准。历书时的起始时刻为 1900 年初太阳几何平黄经为 279°41′48.04″的瞬间,也就是 1900 年 1 月 0 日格林尼治平午的时刻作为历书时 1900 年 1 月 0 日 12 h。历书时的秒长取为回归年秒长,即 365.242 198 778 × 86 400 = 31 556 925.974 4 的倒数。

历书时是一种由牛顿力学定律确定的均匀时间,亦称为牛顿时。然而,历书时的精度不高,从 1984 年起被原子时和动力学时取代。

5. 国际原子时

1967 年 10 月举行的第 13 届国际计量大会决议采用原子秒作为时间的基本单位,定义铯原子 Cs^{133} 基态的两个超精细能级间在零磁场下 9 192 631 770 次跃迁所经历的时间为 1 s,称为国际单位秒。取 1958 年 1 月 1 日 0 时 UT2 为起点,相应的时间系统称为国际原子时(International Atomic Time, TAI)。

6. 协调世界时

为了兼顾原子时和世界时,需要建立一种折中的时间系统,称为协调世界时(Coordinated Universal Time, UTC)。协调世界时的秒长与原子时秒长一致,在时刻上则要求尽量与世界时接近,差值保持在 0.9 s 以内。当协调时与世界时的时刻差超过 ±0.9 s 时,在每年 6 月 30 日或 12 月 31 日末采用跳秒(或闰秒)进行补偿,具体日期由国际地球自转服务组织(International Earth Rotation Service, IERS)负责发布。

国际上规定以协调世界时(UTC)作为标准时间和频率发布的基础。地面观测系统也通常以 UTC 作为时间记录标准。

7. 动力学时

在天文学中,天体星历是根据天体力学理论建立的运动方程推算的。动力学方程所采用的独立变量时间参数 T 被定义为动力学时。动力学时可分为两种:

(1) 相对于地球质心的运动方程及地球位置历表中所采用的时间变量,用地球力学时(Terrestrial Dynamical Time, TDT)表示,1991 年以后改称为地球时(Terrestrial Time, TT)。地球时适用于各种地心坐标系下表示的动力学方程,是一种均匀的时间尺度。

(2) 相对于太阳系质心的运动方程及天体位置历表中所采用的时间变量,用太阳质心力学时(Barycentric Dynamical Time, TDB)表示,简称质心力学时。质心力学时是一种抽象、均匀的时间尺度,日心坐标系下月球、太阳和行星的历表都是以 TDB 为独立变量的,岁差、章动的计算公式也是以该时间尺度为依据。

质心动力学与地球时的差别由相对论效应引起,相互之间的转换关系可近似表达为

$$\mathrm{TDB} = \mathrm{TT} + 0.001\,658^{s} \sin g + 0.000\,14^{s} \sin 2g \tag{2.10}$$

式中,g 表示地月系质心绕太阳轨道的平近点角。

8. 儒略历

儒略历(Julian Calendar)是于公元前 45 年 1 月 1 日罗马皇帝儒略·凯撒推行并取代旧罗马历法的一种历法。儒略日(Julian Date, JD)是以公元前 4713 年 1 月 1 日世界时

12 时为起点的累计日数。为了方便和缩短有效字长，简约儒略日(MJD)可表示为

$$\mathrm{MJD}=\mathrm{JD}-2\,400\,000.5 \tag{2.11}$$

9. 格里高利历

格里高利历(Gregorian Calendar)是在儒略历的基础上发展起来的，修改了儒略历置闰法则，即目前最为广泛使用的公历。

2.2.2 时间基准转换

航天器天文导航系统需采用不同的时间基准，上述时间基准虽各不相同但彼此间存在联系。为便于计算与处理，需要通过时间基准转换，以实现不同时间基准之间的统一。通常涉及协调世界时(UTC)与国际原子时(TAI)、协调世界时(UTC)与地球时(TT)、儒略日(JD)与格里高利历(GC)日期之间的转换。不同时间基准之间的转换关系如图 2.1 所示。

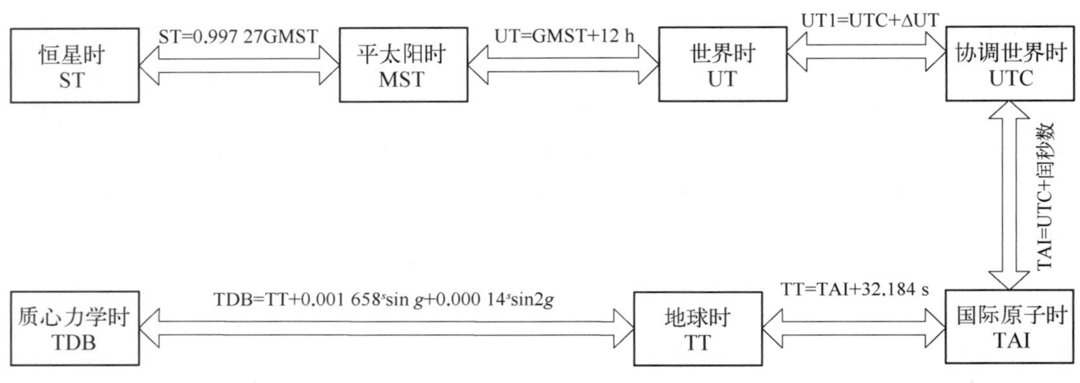

图 2.1 时间基准转换关系

1. 恒星时与平太阳时的转换

恒星时和平太阳时都具有地方性。对于同一观测地点(如格林尼治天文台)，恒星时和平太阳时存在如下换算关系：

$$\mathrm{ST}=0.997\,269\,566\,329\,08\,\mathrm{GMST} \tag{2.12}$$

式中，ST 为恒星时；GMST 为格林尼治平太阳时。

2. 世界时与格林尼治恒星时的转换

世界时与格林尼治平太阳时之间的转换关系为

$$\mathrm{UT}=\mathrm{GMST}+12\ \mathrm{h} \tag{2.13}$$

式中，GMST 为格林尼治平太阳时，当 GMST $\geqslant$ 12 h 时，就从 GMST 中减去 24 h。

3. 协调世界时与国际原子时的转换

协调世界时与国际原子时和地球时的转换关系相对简单，具体如下：

$$\mathrm{UTC}-\mathrm{TAI}=-(\text{某年某月后的闰秒数}) \tag{2.14}$$

4. 地球时与国际原子时的转换

地球时 TT 与国际原子时 TAI 之间的转换关系为

$$\mathrm{TT}=\mathrm{TAI}+32.184\ \mathrm{s} \tag{2.15}$$

5. 协调世界时与世界时的转换

协调世界时与世界时之间的转换关系为

$$\mathrm{UT1}=\mathrm{UTC}+\Delta\,\mathrm{UT} \tag{2.16}$$

式中,ΔUT 为根据地球定向参数(Earth Orientation Parameter, EOP)网站下载的最新的 EOP 数据内插获得。

6. 儒略日与格里高利历日期之间的转换

(1) 儒略日转换成格里高利历日期。设某时刻的儒略日为 JD,对应的格里历日期为 Y,M 和 D,则

$$\begin{cases} J=[\mathrm{JD}+0.5],\ N=\left[\dfrac{4(J+68\,569)}{146\,097}\right],\ L_1=J+68\,569-\left[\dfrac{N\times 146\,097+3}{4}\right], \\ Y_1=\left[\dfrac{4\,000(L_1+1)}{1\,461\,001}\right],\ L_2=L_1-\left[\dfrac{1\,461\times Y_1}{4}\right], \\ M_1=\left[\dfrac{80\times L_2}{2\,447}\right],\ D=L_2-\left[\dfrac{2\,447+M_1}{80}\right], \\ L_3=\left[\dfrac{M_1}{11}\right],\ M=M_1+2-12\times L_3,\ Y=[100(N-49)+Y_1+L_3] \end{cases} \tag{2.17}$$

式中,符号"[]"表示取整数部分。

(2) 由格里历日期转换成儒略日。给出格里历日期的年、月、日、时、分、秒分别为 Y, M, D, h, m, s,则有

$$\begin{aligned} J=&D-32\,075+(1\,461\times\{Y+4\,800+[(M-14)/12]\}/4) \\ &+367\times(\{M-2-[(M-14)/12]\times 12\}/12) \\ &-3\times[(Y+4\,900+[[(M-14)/12]/100)/4] \end{aligned} \tag{2.18}$$

对应的儒略日为

$$\mathrm{JD}=J-0.5+h/24+m/1\,440+s/86\,400 \tag{2.19}$$

2.3 空间系统

空间系统是描述航天器运动的基础。合理的空间系统定义和选择将使航天器运动状态的描述、分析与控制更为简洁。本节主要讨论空间基准定义及不同空间基准间的相互转换关系。

2.3.1 空间基准

航天器天文导航常用的空间基准有黄道坐标系(Ecliptic Coordinate System)、赤道坐标系(Equatorial Coordinate System)、地平坐标系(Horizontal Coordinate System)和轨道坐标系(Orbital Coordinate System)等。根据坐标系的性质可分为：惯性坐标系、固联坐标系、地平坐标系、轨道坐标系等。

1. 日心黄道坐标系

日心黄道坐标系 $O_s - X_{si}Y_{si}Z_{si}$：原点为日心，XY 平面与黄道面重合，X 轴指向黄道面与地球赤道面的交线，即春分点方向，Z 轴垂直于黄道面，方向与地球公转角速度矢量一致。深空探测器巡航段轨道动力学方程常在此坐标系下描述。日心黄道坐标系如图2.2所示。

2. 地心赤道惯性坐标系

地心赤道惯性坐标系 $O_e - X_{ei}Y_{ei}Z_{ei}$：原点为地心，XY 平面为历元 J2000.0 时刻的地球平赤道面，X 轴指向该历元的平春分点，Z 轴垂直于平赤道并指向北极。该坐标系并不随地球一起转动，与恒星相对静止，坐标原点随地球一起移动。地心赤道惯性坐标系如图2.3所示。

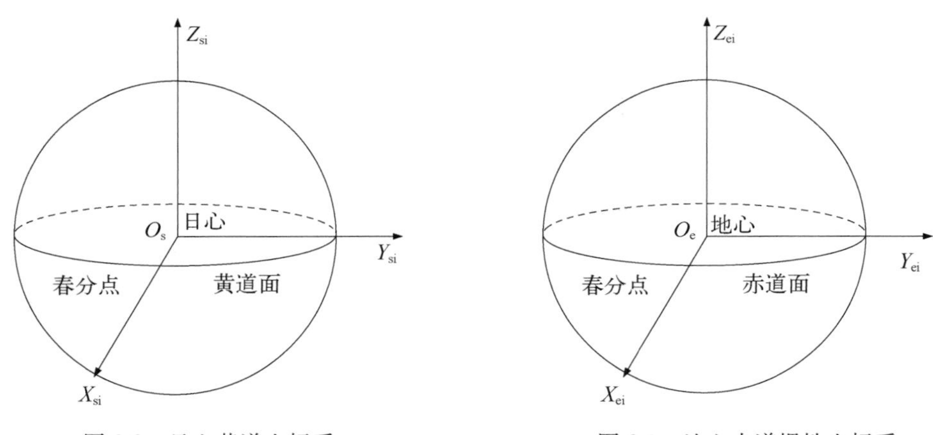

图2.2　日心黄道坐标系　　图2.3　地心赤道惯性坐标系

3. 地心固联坐标系

地心固联坐标系 $O_e - X_eY_eZ_e$：原点为地心，XY 平面为历元 J2000.0 时刻的地球平赤道面，X 轴指向是 XY 平面与格林尼治子午面的交线方向。地心固联坐标系随地球自转一起运动。地球引力场的计算、地面测控站坐标以及航天器在地球停泊轨道的入轨点位置均基于此坐标系进行描述与计算。地心固联坐标系如图2.4所示。

4. 地心黄道坐标系

地心黄道坐标系 $O_e - X_{si}Y_{si}Z_{si}$：原点为地心，XY 平面与黄道面重合，X 轴指向

J2000.0 历元时刻的春分点方向，Z 轴垂直于黄道面并指向地球公转角速度方向。地心黄道坐标系与日心黄道坐标系仅原点不同。地心黄道坐标系如图 2.5 所示。

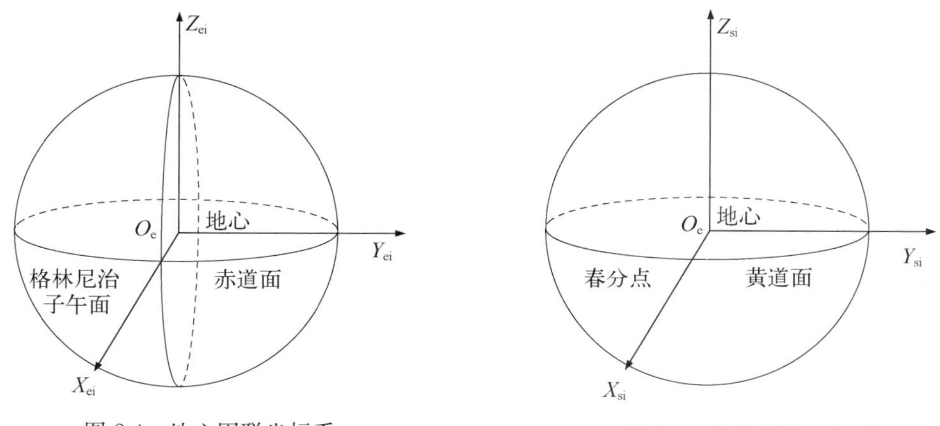

图 2.4　地心固联坐标系

图 2.5　地心黄道坐标系

5. 地心轨道坐标系

地心轨道坐标系 $O_e - x_o y_o z_o$：原点为地心，XY 平面为航天器轨道平面，X 轴指向轨道升交点方向，Z 轴垂直于航天器轨道面并指向轨道角速度方向。地心轨道坐标系如图 2.6 所示。

6. 地平坐标系

地平坐标系 $o_p - x_p y_p z_p$：原点为观测站中心，坐标轴 $o_p x_p$ 在点 o_p 的水平面内，指向正东；$o_p y_p$ 在点 o_p 的水平面内，指向正北；$o_p z_p$ 垂直于水平面，且构成右手直角坐标系。地平坐标系如图 2.7 所示。

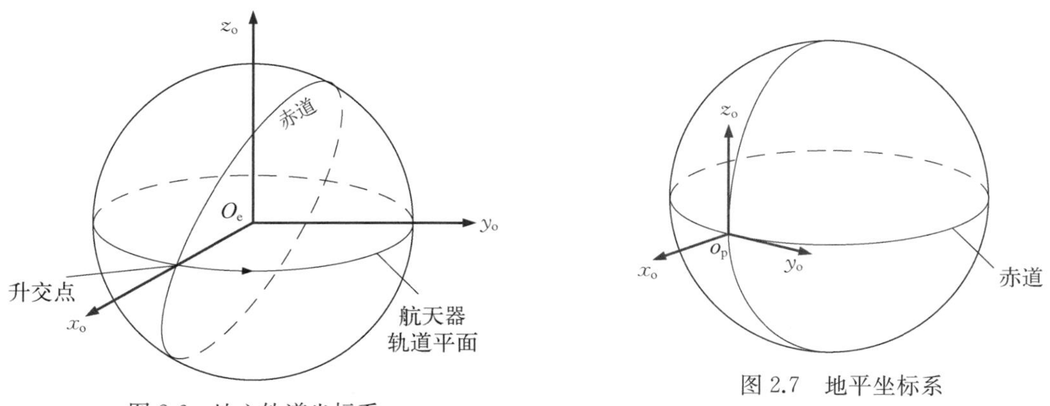

图 2.6　地心轨道坐标系

图 2.7　地平坐标系

7. 火心赤道惯性坐标系

火心赤道惯性坐标系 $O_m - X_{m1} Y_{m1} Z_{m1}$：原点为火星中心，$XY$ 平面为火星赤道平面，X 轴指向 J2000.0 历元时刻的平春分点，Z 轴垂直于火星平赤道并指向北极。火心赤道惯性坐标系如图 2.8 所示。

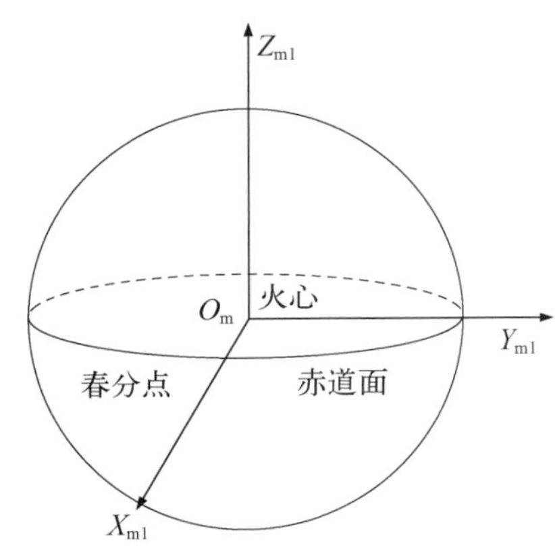

图 2.8　火心赤道惯性坐标系

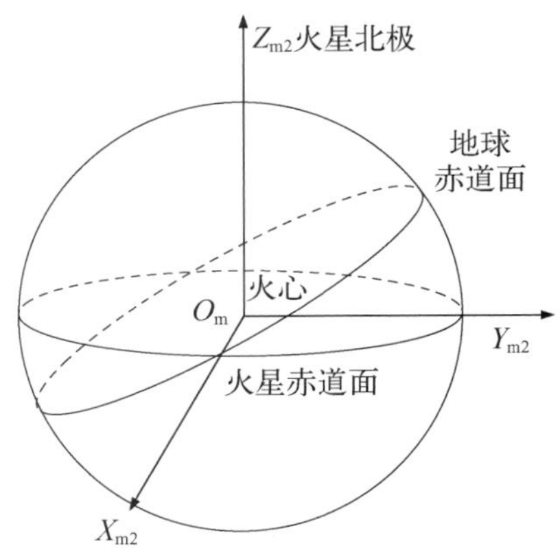

图 2.9　火心赤道 IAU 惯性坐标系

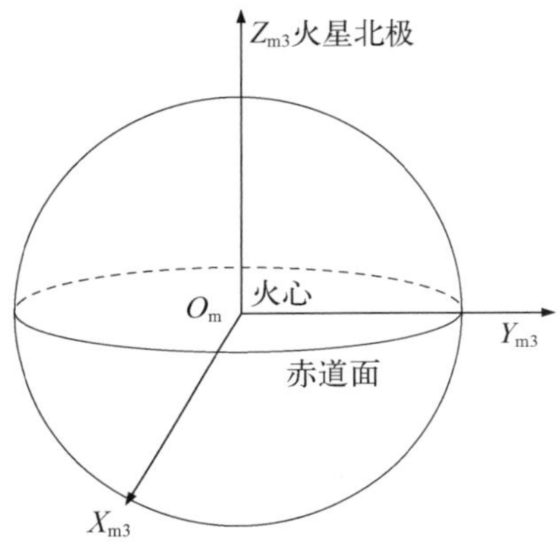

图 2.10　火心固联坐标系

8. 火心赤道 IAU 惯性坐标系

火心赤道 IAU 惯性坐标系 $O_m-X_{m2}Y_{m2}Z_{m2}$：原点为火星中心，XY 平面为火星赤道面，X 轴指向 J2000.0 历元下的 IAU 矢量方向，即火星赤道面相对地球平赤道面的升交点方向。火心赤道 IAU 惯性坐标系如图 2.9 所示。

9. 火心固联坐标系

火心固联坐标系 $O_m-X_{m3}Y_{m3}Z_{m3}$：原点为火星中心，XY 平面为火星平赤道面，Z 轴垂直于赤道面并指向火星北极方向，X 轴指火星零度子午圈与赤道面的交点。在建立火星引力场模型时通常使用该坐标系。火星固联坐标系如图 2.10 所示

综上所述，表 2.1 给出了相关坐标系定义。

表 2.1　常用空间坐标系

坐　标　系	原　点	XY 平面	X 轴方向
日心黄道坐标系	日心	J2000.0 历元平黄道	J2000.0 历元地球平春分点
地心赤道惯性坐标系	地心	J2000.0 历元地球平赤道	J2000.0 历元地球平春分点
地心固联坐标系	地心	J2000.0 历元地球平赤道	参考平面与格林尼治子午面的交线方向
地心黄道坐标系	地心	J2000.0 历元平黄道	J2000.0 历元地球平春分点
地心轨道坐标系	地心	航天器轨道平面	轨道升交点方向
地平坐标系	观测站中心	当地水平面	正东方向
火心赤道惯性坐标系	火心	J2000.0 历元火星平赤道	J2000.0 历元地球平春分点
火星赤道 IAU 惯性坐标系	火心	J2000.0 历元火星平赤道	J2000.0 历元 IAU 矢量方向
火星固联坐标系	火心	J2000.0 历元火星平赤道	火星零度子午圈与赤道面交点

2.3.2 空间基准转换

为便于数学描述，不同飞行阶段需采用不同的空间基准。在导航信息融合与处理过程中需要对不同测量值进行空间基准转换、统一和配准。常用的空间基准转换包括地心赤道惯性坐标系、地心固联坐标系、地心轨道坐标系、地平坐标系、日心黄道坐标系、火心赤道惯性坐标系等空间基准之间的转换。

假定空间有一点 P，在坐标系 S 中的坐标为(x, y, z)，将坐标系 S 绕 X 轴顺时针转过一个角度θ，得到一个新坐标系 S'，设 P 点在坐标系 S'中的坐标为(x', y', z')，则两组坐标系之间存在如下关系：

$$\begin{bmatrix} x' \\ y' \\ z' \end{bmatrix} = \begin{bmatrix} 1 & 0 & 0 \\ 0 & \cos\theta & \sin\theta \\ 0 & -\sin\theta & \cos\theta \end{bmatrix} \begin{bmatrix} x \\ y \\ z \end{bmatrix} = L_x(\theta) \begin{bmatrix} x \\ y \\ z \end{bmatrix} \tag{2.20}$$

同样可定义绕 y 轴和 z 轴的变换关系如下：

$$L_y(\theta) = \begin{bmatrix} \cos\theta & 0 & -\sin\theta \\ 0 & 1 & 0 \\ \sin\theta & 0 & \cos\theta \end{bmatrix} \tag{2.21}$$

$$L_z(\theta) = \begin{bmatrix} \cos\theta & \sin\theta & 0 \\ -\sin\theta & \cos\theta & 0 \\ 0 & 0 & 1 \end{bmatrix} \tag{2.22}$$

式中，$L_i(\theta)$ $(i = x, y, z)$ 为绕 i 轴旋转 θ 角对应的正交旋转矩阵。

正交矩阵对旋转角的导数为

$$\begin{aligned} \frac{\mathrm{d}L_x(\theta)}{\mathrm{d}\theta} &= \begin{bmatrix} 0 & 0 & 0 \\ 0 & -\sin\theta & \cos\theta \\ 0 & -\cos\theta & -\sin\theta \end{bmatrix} \\ \frac{\mathrm{d}L_y(\theta)}{\mathrm{d}\theta} &= \begin{bmatrix} -\sin\theta & 0 & -\cos\theta \\ 0 & 0 & 0 \\ \cos\theta & 0 & -\sin\theta \end{bmatrix} \\ \frac{\mathrm{d}L_z(\theta)}{\mathrm{d}\theta} &= \begin{bmatrix} -\sin\theta & \cos\theta & 0 \\ -\cos\theta & -\sin\theta & 0 \\ 0 & 0 & 0 \end{bmatrix} \end{aligned} \tag{2.23}$$

基于上述分析，可以得到常用空间基准间的转换关系。

1. 地心赤道惯性坐标系与地心固联坐标系的转换

1）位置矢量关系

设航天器在地心赤道惯性坐标系的位置矢量为 $\boldsymbol{r}_{e/c}$，在地心固联坐标系的位置矢量

为 $\boldsymbol{r}'_{e/c}$，两者转换关系如下：

$$\boldsymbol{r}'_{e/c}=(HG)\cdot\boldsymbol{r}_{e/c} \tag{2.24}$$

$$(HG)=(EP)(ER)(NR)(PR) \tag{2.25}$$

式中，(HG) 为坐标转换矩阵；(PR) 为岁差矩阵；(NR) 为章动矩阵；(EP) 为地球自转矩阵。

岁差矩阵(PR)

$$(PR)=L_Z(-Z_A)\cdot L_Y(\theta_A)\cdot L_Z(-\xi_A) \tag{2.26}$$

其中，ξ_A、θ_A、Z_A 为赤道岁差角，据 IERS 规范按下式计算：

$$\begin{aligned}\xi_A&=2\,306''.218\,1T+0''.301\,88T^2+0''.017\,998T^3\\ \theta_A&=2\,004''.310\,9T-0''.426\,65T^2-0''.041\,833T^3\\ Z_A&=2\,306''.218\,1T+1''.094\,68T^2+0''.018\,203T^3\end{aligned} \tag{2.27}$$

其中，

$$T=\frac{\mathrm{JD(TDB)}-2\,451\,545.0}{36\,525.0} \tag{2.28}$$

式中，JD 为儒略日形式的 TDB。

章动矩阵(NR)为

$$(NR)=L_X(-\Delta\varepsilon)L_Z(-\Delta\theta)L_X(-\Delta\mu) \tag{2.29}$$

其中，$\Delta\mu$、$\Delta\theta$、$\Delta\varepsilon$ 分别为赤经章动、赤纬章动和交角章动：

$$\begin{aligned}\Delta\mu&=-15.''813\sin\Omega_m+0.''191\sin2\Omega_m-1.''166\sin2L_\odot-0.''187\sin2L_m\\ \Delta\theta&=-6.''860\sin\Omega_m+0.''083\sin2\Omega_m-0.''506\sin2L_\odot-0.''081\sin2L_m\\ \Delta\varepsilon&=9.''210\cos\Omega_m-0.''090\cos2\Omega_m+0.''551\cos2L_\odot+0.''088\cos2L_m\end{aligned} \tag{2.30}$$

其中，$L_\odot$、L_m、Ω_m 分别为太阳几何平黄经、月球的平黄经和白道面升交点的平黄经

$$\begin{aligned}L_\odot&=280°27'59.''21+129\,602\,771.''36T+1.''093T^2\\ L_m&=218°18'59''.96+481\,267°52'52.''833T-4.''787T^2\\ \Omega_m&=125°02'40.''40-1\,934°08'10''.266T+7.''476T^2\end{aligned} \tag{2.31}$$

地球自转矩阵(ER)为

$$(ER)=L_Z(\theta_g) \tag{2.32}$$

其中，θ_g 为格林尼治恒星时，可按下式计算：

$$\theta_g = \bar{\theta}_g + \Delta\varphi\cos\varepsilon_S \tag{2.33}$$

$$\begin{aligned}\bar{\theta}_g = 2\pi\Bigg[&\frac{67\,310.548\,41}{86\,400.0} + \left(\frac{876\,600}{24} + \frac{8\,640\,184.812\,866}{86\,400.0}\right)T_U \\ &+ \frac{0.093\,104}{86\,400.0}T_U^2 - \frac{6.2\times10^{-6}}{86\,400.0}T_U^3\Bigg]\end{aligned} \tag{2.34}$$

其中，

$$T_U = \frac{\mathrm{JD(UT1)} - 2\,451\,545.0}{36\,525.0} \tag{2.35}$$

式中，JD(UT1)为儒略日形式的UT1。

地球极移矩阵(EP)为

$$(EP) = L_Y(-x_p)L_X(-y_p) \tag{2.36}$$

式中，x_p、y_p 为极移量，由IERS提供。

2）速度矢量的关系

在解算航天器相对于地心固联坐标系的速度时，需要考虑地球自转角速度 ω_e。

设航天器在地心赤道坐标系中的速度矢量为 $\boldsymbol{V}_{e/c}$，在地心固联坐标系中的速度矢量为 $\boldsymbol{V}'_{e/c}$，两者的转换关系如下：

$$\boldsymbol{V}'_{e/c} = (EP)\frac{\mathrm{d}(ER)}{\mathrm{d}\theta_g}(NR)(PR)\dot{\theta}_g\cdot\boldsymbol{r}_{e/c} + (EP)(ER)(NR)(PR)\cdot\boldsymbol{V}_{e/c} \tag{2.37}$$

式中，θ_g 为格林尼治恒星时；$\dot{\theta}_g$ 为格林尼治视恒星时变率，有 $\dot{\theta}_g = \omega_E$。

2. 地心赤道惯性坐标系与地心轨道坐标系的转换

设航天器在地心轨道坐标系中的位置矢量和速度矢量分别为 $\boldsymbol{R}_{o/c}$、$\boldsymbol{V}_{o/c}$，在地心赤道惯性坐标系中的位置矢量和速度矢量分别为 $\boldsymbol{R}_{i/c}$、$\boldsymbol{V}_{i/c}$，相应转换关系如下：

$$\begin{aligned}\boldsymbol{R}_{o/c} &= L_x(i)\cdot L_z(\Omega)\boldsymbol{R}_{i/c} \\ \boldsymbol{V}_{o/c} &= L_x(i)\cdot L_z(\Omega)\boldsymbol{V}_{i/c}\end{aligned} \tag{2.38}$$

式中，i 为航天器轨道倾角；Ω 为升交点赤经。

3. 地心赤道惯性坐标系与地平坐标系的转换

设航天器在地心固联坐标系中的位置矢量、速度矢量分别为 $\boldsymbol{R}_{p/c}$、$\boldsymbol{V}_{p/c}$，在地心赤道惯性坐标系中的位置矢量和速度矢量分别为 $\boldsymbol{R}_{i/c}$、$\boldsymbol{V}_{i/c}$，转换关系如下：

$$\begin{aligned}\boldsymbol{R}_{p/c} &= L_x\left(\frac{\pi}{2}-\varphi\right)\cdot L_z\left(\lambda+\frac{\pi}{2}\right)\boldsymbol{R}_{i/c} \\ \boldsymbol{V}_{p/c} &= L_x\left(\frac{\pi}{2}-\varphi\right)\cdot L_z\left(\lambda+\frac{\pi}{2}\right)\boldsymbol{V}_{i/c}\end{aligned} \tag{2.39}$$

式中，λ 为地面站的地心经度；φ 为地面站的地心纬度。

4. 地心赤道惯性坐标系与日心黄道坐标系的转换

设航天器在地心赤道惯性坐标系中的位置矢量和速度矢量分别为 $\boldsymbol{R}_{i/c}$、$\boldsymbol{V}_{i/c}$，在日心黄道坐标系中的位置矢量和速度矢量分别为 $\boldsymbol{R}_{s/c}$、$\boldsymbol{V}_{s/c}$，转换关系如下：

$$\begin{aligned} \boldsymbol{R}_{s/c} &= L_X(\varepsilon_S) \cdot \boldsymbol{R}_{i/c} + \boldsymbol{R}_E \\ \boldsymbol{V}_{s/c} &= L_X(\varepsilon_S) \cdot \boldsymbol{V}_{i/c} + \boldsymbol{V}_E \end{aligned} \tag{2.40}$$

式中：$\boldsymbol{R}_E$、$\boldsymbol{V}_E$ 分别为地心在日心黄道坐标系中的位置矢量和速度矢量；ε_S 表示地球赤道面和黄道面的夹角。

5. 火心赤道惯性坐标系与日心黄道坐标系的转换

设航天器在火星赤道惯性坐标系中的位置矢量和速度矢量分别为 $\boldsymbol{R}_{m/c}$、$\boldsymbol{V}_{m/c}$，在日心黄道坐标系中的位置矢量和速度矢量分别为 $\boldsymbol{R}_{s/c}$、$\boldsymbol{V}_{s/c}$，转换关系如下：

$$\begin{aligned} \boldsymbol{R}_{s/c} &= L_X(\varepsilon_M) \cdot \boldsymbol{R}_{m/c} + \boldsymbol{R}_M \\ \boldsymbol{V}_{s/c} &= L_X(\varepsilon_M) \cdot \boldsymbol{V}_{m/c} + \boldsymbol{V}_M \end{aligned} \tag{2.41}$$

式中，$\boldsymbol{R}_M$、$\boldsymbol{V}_M$ 分别为火星中心在日心黄道坐标系中的位置矢量和速度矢量；ε_M 表示火星赤道面与黄道面的夹角。

2.4 天体星历

《辞海》对星历的解释为“说明主要诸天体逐日各时刻所在之位置之历书也，如欧美各国之天体历、航海通书等皆是”。

星历是以地面观测数据为依据所形成的不同时刻下天体运动状态的估计列表，是用于天文导航的先验信息。星历数据的误差将直接对导航精度产生影响。星历一般由天文台或相关组织发布。星历的精度主要由观测数据的精度决定，不同版本的星历精度也有所不同。

2.4.1 恒星星表

恒星星表是航天器姿态确定与天文导航的重要依据之一。根据研究目的和观测方式的不同，出现了各种类型的恒星星表。按观测内容可分为天体测量星表(含位置、自行、视差等参数)、测光星表和光谱星表等；按观测目标可分为巡天星表、双星星表、变星星表等；按观测波段可分为射电星表、光学星表、近红外星表、X 射线星表等。

不同组织或机构在编制星表时使用的仪器、观测条件和处理方法并不相同，因此同一颗恒星的参数在不同星表中可能存在差异。常用的星表包括依巴谷星表(Hipparcos Catalogue, HIP)、第谷星表(Tycho Catalogue)、史密松天文台星表(Smithsonian Astrophysical Observator Star Catalog, SAO)、第五基础星表(Fifth Fundamental Catalog, FK5)、亮星星表(Bright Star Catalog, BSG)等，如表 2.2 所示。

表 2.2 常用恒星星表

序 号	星表名称	星等阈值	恒星数量	历 元
1	依巴谷星表	12.4	118 218	J1991.25
2	第谷星表	14	2 500 000	J2000
3	史密松天文台星表	11	258 997	J2000
4	第五基础星表	9	4 652	—
5	亮星星表	6.5	9 110	J2000

在天文导航工程应用中，由于完整的星表数据量巨大，不利于星上存贮和快速读取，因此通常需要根据航天器预定的飞行轨道和观测方案，对可能用于天文导航的恒星目标进行筛选和裁剪，形成深空天文导航专用的导航恒星星表。

2.4.2 行星星历

从 20 世纪 80 年代起，美国喷气推进实验室(JPL)开始发布太阳系行星历表，即 DE 系列星历。该星历成为各国主要历书部门发布历书的基础，并被广泛应用于深空探测、天文观测以及对引力理论的检验等研究。

DE 系列星历中位置速度与时刻对应，可较为精确地描述太阳系天体在一段时间内的运动。以 1995 年发布的 DE405 星历为例，考虑了太阳系天体引力、相对论效应、部分小行星引力、地球非球形引力、地球和太阳对月球形状的影响、地球章动等因素，建立了包括 156 个参数的动力学模型，利用地面光学观测、月球激光测距、雷达测距、深空探测器在轨测量等数据，运用最小二乘法进行拟合并进行数值积分后得到。

随着航天器在轨实测数据的增加，JPL 对星历不断进行更新，先后发布了 DE421、DE423 等不同版本的星历，精度不断提高。DE 系列星历的比较如表 2.3 所示。

表 2.3 DE 系列星历比较

序号	名 称	DE405	DE421	DE423
1	发布年份	1995	2008	2010
2	时间跨度	1599～2201	1899～2053	1799～2200
3	参数数量	156	228	228
4	小行星数量	3(Ceres、Pallas、Vesta)+297(C/S/M 型)	67(主带)+276(近地)	67(主带)+276(近地)

DE405 中地球和火星轨道的位置误差约为 2 km。DE421 中地球和火星轨道的误差小于千米量级。DE421 中因增加了金星快车的测距和 VLBI 资料数据，金星位置误差约为 200 m。DE423 在 DE421 的基础上进一步增加了水星和金星探测器的资料，金星位置误差约为 100 m。

根据 JPL 公布的火星卫星星历数据，火卫一“福布斯”的三轴位置精度为分别为 600 m、108 m 和 80 m；火卫二“戴莫斯”的三轴位置精度分别为 1.2 km、0.32 km 和 0.25 km。

2.4.3 小行星星历

对于大部分小行星而言，由于目标暗弱且缺乏长期地面观测数据，其星历精度通常低于行星。国际小行星中心（Minor Planet Center，MPC）是由国际天文联合会资助的小行星数据服务机构。国际小行星中心通过收集小行星和彗星的地面观测资料，进行轨道计算、预报和发布，并形成了小行星轨道数据库（Minor Planet Center Orbit Database，MPCORB）。

按照小行星在太阳系中的位置，可分为近地小行星、主带小行星、柯伊伯带小行星、半人马小行星等。

1. 近地小行星

近地小行星轨道与地球轨道相近，距离太阳的平均距离为 1.3～2.0 AU。小行星中心的 MPCORB 数据库给出了每颗小行星估计轨道与实测值残差的均方根（rms），如小行星阿波菲斯（Apophis）的误差均方根为 0.40 arcsec，在 1 AU 处对应的位置误差约为 290 km；小行星糸川（Itokawa）的误差均方根为 0.54 arcsec，在 1 AU 处对应的位置误差约为 392 km。

2. 主带小行星

主带小行星轨道位于火星和木星之间，距离太阳的平均距离为 2.0～4.0 AU。表 2.4 给出了编号前 5 的主带小行星的星历。主带小行星距离地球较远，其星历的位置误差也相应较大。以谷神星为例，其在 2.76 AU 处的位置误差超过 1 000 km。

表 2.4 主带小行星星历

编号	名称	平近点角/(°)	近日点辐角/(°)	升交点黄经/(°)	轨道倾角/(°)	偏心率	平均角速度/[(°)/d]	半长轴/AU
00001	Ceres	156.36	72.52	80.39	10.58	0.079	0.21	2.76
00002	Pallas	138.92	310.09	173.12	34.84	0.23	0.21	2.77
00003	Juno	77.21	248.15	169.91	12.98	0.25	0.22	2.67
00004	Vesta	2.08	149.8	103.90	7.13	0.088	0.27	2.36
00005	Astraea	286.39	358.67	141.61	5.36	0.19	0.23	2.57

3. 潜在威胁小行星

潜在威胁小行星（Potential Hazardous Asteroids，PHA）是近地小行星中的一个特殊群体，它们与地球轨道非常接近，存在较高的撞地风险。对潜在威胁小行星的地面观测、轨道预报等成了国内外关注的重点。

中国科学院紫金山天文台从 20 世纪 60 年代开始就持续开展小行星地面观测相关研究，2006 年建成了 1.04 m 口径望远镜用于近地小天体观测，先后发现 500 多颗小行星和 1 颗木星族彗星，上报国际小行星中心的观测数据量在全球 400 多个观测站中位列第八，观测数据精度排名第一，在国际小行星研究领域占有重要的地位。

2011 年，紫金山天文台对潜在威胁小行星 Apophis 和 1996 FG3 进行了专项观测，得到的轨道根数及其方差如表 2.5 和表 2.6 所示。

表 2.5　小行星 Apophis 星历

序　号	参　　数	标　　称　　值	方差(1σ)	单　位
1	偏心率	0.191 076 228 962 845 9	$3.642\,9\times10^{-8}$	AU
2	半长轴	0.922 300 243 202 034 3	7.674×10^{-9}	AU
3	倾　角	3.331 960 043 540 561	$1.506\,9\times10^{-6}$	(°)
4	升交点赤经	204.430 410 044 462 4	$3.019\,6\times10^{-5}$	(°)
5	近日点辐角	126.424 476 666 347 1	$3.081\,9\times10^{-5}$	(°)
6	平近点角	287.582 305 594 976 1	$3.063\,6\times10^{-5}$	(°)

表 2.6　小行星 1996 FG3 星历

序　号	参　　数	标　　称　　值	方差(1σ)	单　位
1	偏心率	0.349 805 057 799 498 6	$4.648\,4\times10^{-8}$	AU
2	半长轴	1.054 414 626 716 512	$1.877\,7\times10^{-9}$	AU
3	倾　角	1.989 913 111 249 156	$2.911\,6\times10^{-6}$	(°)
4	升交点赤经	299.815 400 081 383 2	0.000 113 47	(°)
5	近日点辐角	23.953 768 019 336 23	0.000 114 55	(°)
6	平近点角	341.269 370 707 736 5	$1.888\,8\times10^{-5}$	(°)

2.4.4　脉冲星星历

通过对脉冲星长期地面观测和数据分析，可以获取脉冲星的基本物理特征参数，编目并建立脉冲星导航星历。目前尚无国际组织或机构对用于导航的脉冲星星历进行发布。

通过对地面观测数据的收集、整理，形成了脉冲星观测数据库。NASA 的高能天体物理科学研究中心(High Energy Astrophysics Science Archive Research Center，HEASARC)提供了大量的脉冲星观测数据及性质。

由清华大学天体物理中心开发的天体物理研究平台(AIRE)基于国际公开的高能天体物理观测数据，提供了一套完善的远程数据处理系统，可为用户提供数据处理方面的服务。典型的脉冲星星历数据如表 2.7 所示。

表 2.7　典型脉冲星源星历

序　号	名　　称	赤经/(hh: mm: ss)	赤纬/(dd: mm: ss)	脉冲周期/s
1	PSR B0351+21	05: 34: 31.973	+22: 00: 52: 06	0.033 4
2	PSR B0833−45	08: 35: 20.67	−45: 10: 35.7	0.089 29
3	PSR B0630+17	06: 33: 54.02	+17: 46: 11.5	0.237 09
4	PSR B1706−44	17: 09: 42.16	−44: 28: 56	0.102 45
5	PSR B1509−58	15: 13: 55.61	−59: 08: 08	0.150 23

2.5 轨道动力学建模

轨道动力学是牛顿力学定律和牛顿万有引力定律对自然天体或人造航天器的运行轨道进行建模、分析、预测和控制的学科。

航天器天文导航系统的状态方程由航天器动力学环境决定，因此准确的轨道动力学建模是航天器高精度导航的前提。对于近地卫星，动力学建模需要考虑地球主天体引力、地球非球形引力摄动、大气阻力摄动、太阳光压摄动等因素；对于深空探测器，则需在不同飞行阶段考虑太阳、行星等多体引力摄动及特殊空间环境等因素影响。根据任务需要，深空探测器经历的飞行阶段将包括近地段、巡航段、捕获段、环绕段、大气进入/下降与着陆段、不规则小天体伴飞段、平动点探测段、气动捕获与气动降轨段等特殊阶段。与近地卫星相比，动力学建模相对更为复杂。

2.5.1 行星引力影响范围

理论上，天体的引力场可以到达空间无限远处，但在一定空间范围内，某个天体产生的引力场将占据主导地位。以行星探测为例，航天器在接近行星直至被行星捕获的过程中，受到太阳、行星、行星卫星以及其他太阳系大天体等的引力作用，属于多体动力学问题，但其中太阳和行星起到了主导作用。考虑到航天器质量相对于行星与太阳可忽略不计，可简化为限制性三体模型，受力关系如图 2.11 所示。

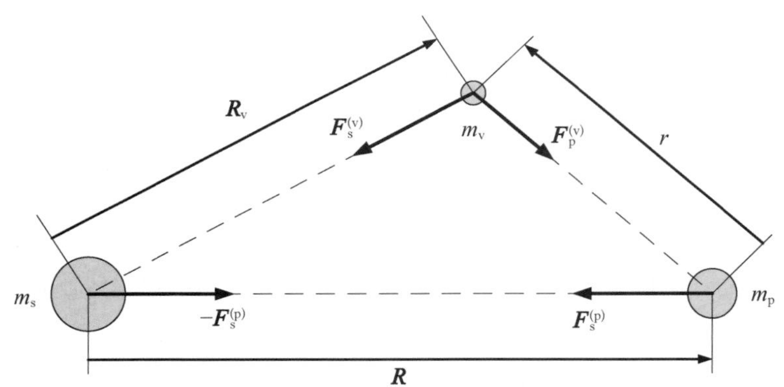

图 2.11 限制性三体引力关系示意图

图 2.11 中 m_{v} 为航天器质量，m_{s} 为太阳质量，m_{p} 为行星质量。$\boldsymbol{R}$ 为行星相对太阳的位置矢量，$\boldsymbol{R}_{\mathrm{v}}$ 为航天器相对太阳的位置矢量，$\boldsymbol{r}$ 为航天器相对行星的位置矢量。$\boldsymbol{F}_{\mathrm{s}}^{(\mathrm{v})}$ 为太阳作用在航天器上的引力，$\boldsymbol{F}_{\mathrm{p}}^{(\mathrm{v})}$ 为行星作用在航天器上的引力，$\boldsymbol{F}_{\mathrm{s}}^{(\mathrm{p})}$ 为太阳作用在行星上的引力。由于是限制性问题，航天器作用在太阳和行星上的引力忽略不计。

按照不同的判据，可以得到不同的星星引力作用范围。一般地，以引力大小相等为判据得到的作用范围称为引力球；以摄动力比值相等为判据得到的作用范围称为影响球；限制性三体问题中次天体卫星所能维持的最大半径称为希尔球。下面对引力球、影响球和希尔球半径的计算公式进行推导。

1. 引力球计算公式推导

行星引力球半径是太阳与行星作用在航天器上的引力大小相等处的距离。根据牛顿万有引力定律，航天器受到太阳与行星的引力可表示为

$$\boldsymbol{F}_{s}^{(v)}=-\frac{Gm_{v}m_{s}}{R_{v}^{3}}\boldsymbol{R}_{v} \tag{2.42}$$

$$\boldsymbol{F}_{p}^{(v)}=-\frac{Gm_{v}m_{p}}{r^{3}}\boldsymbol{r} \tag{2.43}$$

考虑航天器位于太阳与火星连线上的特殊情况，令 $|\boldsymbol{F}_{s}^{(v)}|=|\boldsymbol{F}_{p}^{(v)}|$，有

$$\frac{Gm_{v}m_{s}}{R_{v}^{2}}=\frac{Gm_{v}m_{p}}{r^{2}} \tag{2.44}$$

又由 $R_{v}=R-r\approx R$，代入上式后可得引力球半径计算公式

$$r_{1}\approx\left(\frac{m_{p}}{m_{s}}\right)^{\frac{1}{2}}R \tag{2.45}$$

取太阳质量 $m_{s}=1.989\times10^{30}$ kg，火星质量 $m_{p}=5.974\times10^{24}$ kg 和日火平均距离 $R=2.279\times10^{8}$ km，可得火星引力球半径为 1.293×10^{5} km。

2. 影响球计算公式推导

位于影响球边界处的航天器，其受到的火星摄动力与太阳中心引力的比值，与受到的太阳摄动力与火星中心引力的比值相等。

根据牛顿第二运动定律，在日心惯性系下的航天器动力学方程为

$$m_{v}\ddot{\boldsymbol{R}}_{v}=\boldsymbol{F}_{s}^{(v)}+\boldsymbol{F}_{p}^{(v)}=-\frac{Gm_{v}m_{s}}{\boldsymbol{R}_{v}^{3}}\boldsymbol{R}_{v}-\frac{Gm_{v}m_{p}}{r^{3}}\boldsymbol{r} \tag{2.46}$$

整理后可得

$$\ddot{\boldsymbol{R}}_{v}=-\frac{Gm_{s}}{R_{v}^{3}}\boldsymbol{R}_{v}-\frac{Gm_{p}}{r^{3}}\boldsymbol{r} \tag{2.47}$$

等式右边第一项为太阳中心引力项 $\boldsymbol{A}_{s}$，第二项为行星引起的摄动项 $\boldsymbol{P}_{p}$。两者大小的比值为

$$\frac{|\boldsymbol{P}_{p}|}{|\boldsymbol{A}_{s}|}=\frac{m_{p}}{m_{s}}\left(\frac{R_{v}}{r}\right)^{2}\approx\frac{m_{p}}{m_{s}}\left(\frac{R}{r}\right)^{2} \tag{2.48}$$

同理，在惯性系下的航天器动力学方程为

$$\ddot{\boldsymbol{r}}=\ddot{\boldsymbol{R}}_{\mathrm{v}}-\ddot{\boldsymbol{R}}=-\frac{Gm_{\mathrm{p}}}{r^3}\boldsymbol{r}-\left(\frac{Gm_{\mathrm{s}}}{R_{\mathrm{v}}^3}\boldsymbol{R}_{\mathrm{v}}-\frac{Gm_{\mathrm{s}}}{R^3}\boldsymbol{R}\right) \tag{2.49}$$

等式右边第一项为行星中心引力项 $\boldsymbol{a}_{\mathrm{p}}$，第二项为太阳引起的摄动项 $\boldsymbol{p}_{\mathrm{s}}$。由于 $|\boldsymbol{p}_{\mathrm{s}}|$ 无法直接得到，可采用以下两种近似方法。

设航天器位于太阳与行星的连线上，则 $\boldsymbol{R}_{\mathrm{v}}/R_{\mathrm{v}}=\boldsymbol{R}/R$，有

$$|\boldsymbol{p}_{\mathrm{s}}|=\left|-Gm_{\mathrm{s}}\left(\frac{1}{R_{\mathrm{v}}^2}-\frac{1}{R^2}\right)\frac{\boldsymbol{R}}{R}\right|=Gm_{\mathrm{s}}\left(\frac{1}{R_{\mathrm{v}}^2}-\frac{1}{R^2}\right) \tag{2.50}$$

$$\frac{|\boldsymbol{p}_{\mathrm{s}}|}{|\boldsymbol{a}_{\mathrm{p}}|}=\frac{m_{\mathrm{s}}}{m_{\mathrm{p}}}\left(\frac{1}{R_{\mathrm{v}}^2}-\frac{1}{R^2}\right)r^2 \tag{2.51}$$

将 $R_{\mathrm{v}}=R-r$ 代入上式，得

$$\frac{|\boldsymbol{p}_{\mathrm{s}}|}{|\boldsymbol{a}_{\mathrm{p}}|}=\frac{m_{\mathrm{s}}}{m_{\mathrm{p}}}\frac{(2R-r)r^3}{(R-r)^2R^2} \tag{2.52}$$

令 $|\boldsymbol{P}_{\mathrm{p}}|/|\boldsymbol{A}_{\mathrm{s}}|=|\boldsymbol{p}_{\mathrm{s}}|/|\boldsymbol{a}_{\mathrm{p}}|$，同时令 $R-r\approx R$，可得在此近似条件下的影响球半径计算公式

$$\rho=2^{-\frac{1}{5}}\left(\frac{m_{\mathrm{p}}}{m_{\mathrm{s}}}\right)^{\frac{2}{5}}R \tag{2.53}$$

3. 希尔球计算公式推导

根据定义，希尔球半径等于三体系统中 L_1 或 L_2 点距离次天体的距离，其值可表示为幂级数形式

$$\rho_{\mathrm{hill}}=\left(\frac{m_{\mathrm{p}}}{3m_{\mathrm{s}}}\right)^{\frac{1}{3}}\left[1-\sum_{n=1}^{\infty}\left(\frac{1}{3}\right)^n\left(\frac{m_{\mathrm{p}}}{3m_{\mathrm{s}}}\right)^{\frac{n}{3}}\right]R \tag{2.54}$$

将上式中的 $n\geqslant 1$ 的高阶项忽略后，可得希尔球半径的计算公式

$$\rho_{\mathrm{hill}}\approx\left(\frac{m_{\mathrm{p}}}{3m_{\mathrm{s}}}\right)^{\frac{1}{3}}R \tag{2.55}$$

4. 引力球、影响球与希尔球比较

根据引力球的定义，位于太阳-行星连线上且距离行星 1 个引力球半径处所受到的太阳引力与行星引力大小相等、方向相反。该位置也称为引力中和点。严格来说，太阳与行星引力大小相等的点组成的曲面是一个经过引力中和点，且平均半径略大于引力球半径的近似球面。一般地，在引力球半径内的航天器轨道可近似为航天器-行星的二体问题。

但在限制性三体问题中，主天体引力和摄动天体摄动力同时作用于航天器。对于在

行星影响球内的航天器，应以行星为主天体，以太阳为摄动天体来进行动力学建模；反之则应以太阳为主天体、以行星为摄动天体。

希尔球一般用于描述次天体卫星所能维持的最大半径。超出该距离后，即会逐渐脱离次天体的影响而最终围绕主天体(太阳)运行。引力球、影响球与希尔球的比较见表 2.8。

表 2.8　火星引力球、影响球和希尔球比较

名　称	物　理　意　义	适　用　模　型
引力球半径	受到的太阳引力与行星引力大小相等、方向相反的位置	引力球半径内，适用以行星为中心天体的二体模型
影响球半径	受到行星摄动力与太阳中心引力的比值，与受到太阳摄动力与行星中心引力的比值相等的位置	影响球半径内，适用以行星为主天体、以太阳为摄动天体的二体＋摄动模型
希尔球半径	三体问题中共线动平衡点($L1$ 或 $L2$)与行星的距离。该位置处的航天器能够与行星一同以相同的角速度绕日运行	在影响球半径与希尔球半径之间，适用以太阳为主天体、以行星为摄动天体的二体＋摄动模型；在行星希尔球半径以外，适用以太阳为中心天体的二体模型

表 2.9 列出了太阳系行星引力球、影响球和希尔球半径的计算结果，可以看出引力球半径＜影响球半径＜希尔球半径。

表 2.9　太阳系行星的引力球、影响球和希尔球半径

序号	天　体	质量/kg	公转半径/km	引力球半径 r_g/km	影响球半径 ρ/km	希尔球半径 ρ_{hil}/km
1	水星	3.302×10^{23}	5.791×10^{7}	2.360×10^{4}	9.786×10^{4}	2.207×10^{5}
2	金星	4.869×10^{24}	1.082×10^{8}	1.693×10^{5}	5.365×10^{5}	1.011×10^{6}
3	地球	5.974×10^{24}	1.496×10^{8}	2.593×10^{5}	8.050×10^{5}	1.497×10^{6}
4	火星	6.419×10^{23}	2.279×10^{8}	1.293×10^{5}	5.049×10^{5}	1.084×10^{6}
5	木星	1.899×10^{27}	7.786×10^{8}	2.406×10^{7}	4.198×10^{7}	5.316×10^{7}
6	土星	5.685×10^{26}	1.433×10^{9}	2.423×10^{7}	4.770×10^{7}	6.545×10^{7}
7	天王星	8.683×10^{25}	2.872×10^{9}	1.898×10^{7}	4.508×10^{7}	7.012×10^{7}
8	海王星	1.024×10^{26}	4.495×10^{9}	3.226×10^{7}	7.839×10^{7}	1.160×10^{8}

2.5.2　飞行阶段定义

以行星环绕探测为例，飞行过程一般包括主动段、近地段、巡航段、捕获段和环绕段。按照关键事件发生的时间顺序和航天器与天体的空间距离，可以给出两种不同的飞行阶段定义，如表 2.10 所示。

表 2.10　深空探测飞行阶段定义

序号	阶段名称	按时间定义		按距离定义	
		开　始	结　束	开　始	结　束
1	主动段	运载点火(T_L)	器箭分离(T_{PS})	离开地球表面	距离地表 300 km
2	近地段	器箭分离(T_{PS})	器箭分离后 2.5 天(T_{PS}+2.5 d)	距离地表 300 km	到达地球影响球边界(距离地心 80 万 km)
3	巡航段	器箭分离后 2.5 天(T_{PS}+2.5 d)	捕获前最后一次地面指令上注(T_{UP})	到达地球影响球边界(距离地心 80 万 km)	到达行星影响球边界(距离火心 50 万 km)
4	捕获段	捕获前最后一次地面指令上注(T_{UP})	捕获前最后一次地面指令上注后 6.5 h(T_{UP}+6.5 h)	到达行星影响球边界(距离火心 50 万 km)	首次到达行星捕获轨道近地点(距离火表 300 km)
5	环绕段	捕获前最后一次地面指令上注后 6.5 h(T_{UP}+6.5 h)	寿命结束	首次到达行星捕获轨道近地点高度(距离火表 300 km)	寿命结束

2.5.3　近地段动力学模型

航天器在近地段处于地球影响球范围内，飞行轨道如图 2.12 所示，其轨道动力学模型可视作以地球为中心引力体的受摄二体问题。摄动力包括地球非球形引力摄动、太阳和月球第三体引力摄动、高层大气阻力摄动、太阳光压摄动等。

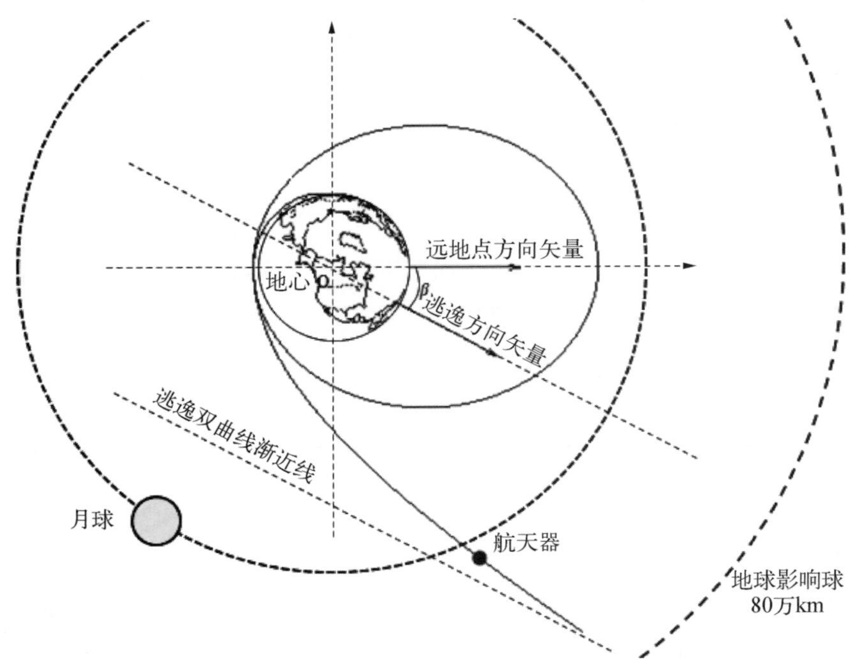

图 2.12　近地段飞行轨道

航天器近地段轨道动力学模型可表示为

$$\begin{cases}\dot{\boldsymbol{r}}=\boldsymbol{v}\\ \dot{\boldsymbol{v}}=-\dfrac{\mu_{\mathrm{E}}}{r^{3}}\boldsymbol{r}+\boldsymbol{a}_{\mathrm{N}}+\boldsymbol{a}_{\mathrm{NS}}+\boldsymbol{a}_{\mathrm{R}}+\boldsymbol{a}_{\mathrm{A}}\end{cases}\tag{2.56}$$

式中，$\boldsymbol{r}$、$\boldsymbol{v}$分别为航天器在地球赤道惯性系下的位置矢量、速度矢量；μ_{E}为地球引力常数；$\boldsymbol{a}_{\mathrm{N}}$为太阳、月亮等其他天体引起的摄动加速度；$\boldsymbol{a}_{\mathrm{NS}}$为地球非球形引力场引起的摄动加速度；$\boldsymbol{a}_{\mathrm{R}}$为太阳光压引起的摄动加速度；$\boldsymbol{a}_{\mathrm{A}}$为地球大气阻力引起的摄动加速度。

2.5.4 巡航段动力学模型

航天器离开地球影响球后进入绕日巡航阶段，飞行轨道如图2.13所示。航天器巡航段的轨道动力学模型可视作以太阳为中心引力体的受摄二体问题，除受到太阳中心引力作用外，还受到火星、地球以及其他天体引力、太阳光压等摄动力的影响。

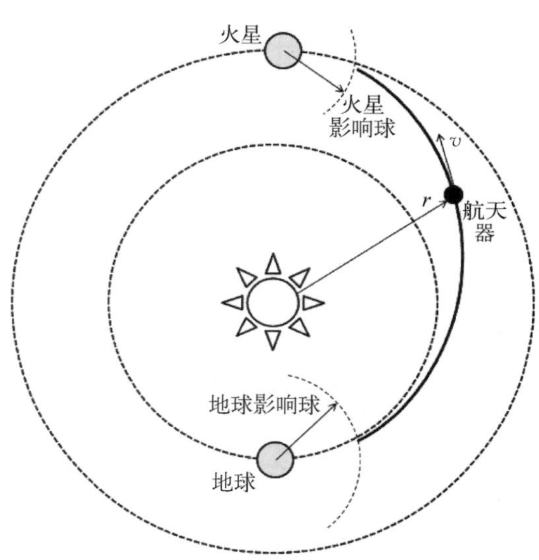

图2.13 巡航段飞行轨道

航天器在巡航段处于太阳影响球范围，可视作以太阳为中心引力体的受摄二体问题，除受到太阳中心引力作用外，还受到火星、地球以及其他天体引力、太阳光压等各种摄动力的影响。航天器在巡航段轨道动力学模型可表示为

$$\begin{cases}\dot{\boldsymbol{r}}=\boldsymbol{v}\\ \dot{\boldsymbol{v}}=-\dfrac{\mu_{\mathrm{s}}}{r_{\mathrm{ps}}^{3}}\boldsymbol{r}_{\mathrm{ps}}-\sum\limits_{i}^{N}\mu_{i}\left[\dfrac{\boldsymbol{r}_{\mathrm{p}i}}{\boldsymbol{r}_{\mathrm{p}i}^{3}}-\dfrac{\boldsymbol{r}_{\mathrm{s}i}}{\boldsymbol{r}_{\mathrm{s}i}^{3}}\right]+\boldsymbol{a}_{\mathrm{c}}+\boldsymbol{a}_{\mathrm{p}}+\boldsymbol{a}_{\mathrm{R}}+\boldsymbol{a}_{\mathrm{o}}\end{cases}\tag{2.57}$$

式中，$\boldsymbol{r}$、$\boldsymbol{v}$分别为航天器在日心黄道惯性坐标系中的位置矢量、速度矢量；μ_{s}为日心引力常数；$\boldsymbol{r}_{\mathrm{ps}}$为日心到航天器的位置矢量，$\mu_i$为第$i$颗行星的引力常数，$\boldsymbol{r}_{\mathrm{p}i}$为第$i$颗行星到航天器的位置矢量，$\boldsymbol{r}_{\mathrm{s}i}$为第$i$颗行星到日心的矢量；$\boldsymbol{a}_{\mathrm{c}}$为其他天体对航天器的引力加速度；$\boldsymbol{a}_{\mathrm{R}}$为太阳光压加速度；$\boldsymbol{a}_{\mathrm{o}}$为其他未建模的摄动加速度。

1. 太阳中心引力

太阳对航天器的引力随距离的增加而减小。以火星探测为例，航天器在巡航段与太阳的距离约为1.5亿～2.5亿km，太阳中心引力加速度约为5.89×10^{-3}～$2.12\times10^{-3}\ \mathrm{m/s^2}$。太阳中心引力加速度随日器距离变化曲线如图2.14所示。

2. 第三引力体摄动

航天器在巡航段除受到太阳引力作用外，还受到行星、小天体等第三体引力摄动。这类摄动力属于保守力，其摄动加速度模型为

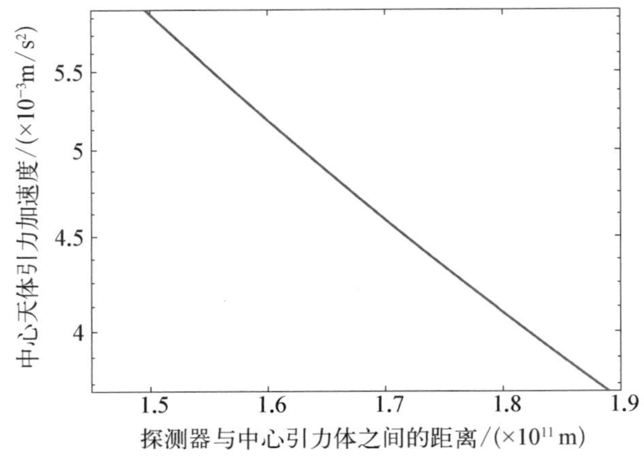

图 2.14　中心引力加速度

$$\boldsymbol{a}_N = -\mu_i \left[\frac{\boldsymbol{r}_{\mathrm{p}i}}{\boldsymbol{r}_{\mathrm{p}i}^3} - \frac{\boldsymbol{r}_{si}}{\boldsymbol{r}_{si}^3}\right] \tag{2.58}$$

式中，μ_i 为其他天体引力常数：$\boldsymbol{r}_{\mathrm{p}i}$ 为其他天体到航天器的位置矢量：$\boldsymbol{r}_{si}$ 为其他天体到太阳的位置矢量。

根据式(2.58)，对巡航段各天体造成的第三体摄动加速度进行了仿真计算。可见，随着飞行距离的增加，地球引力摄动从 10^{-3} m/s²量级减小至 10^{-8} m/s²。火星引力摄动从 10^{-8} m/s²量级增加至 10^{-5} m/s²。

3. 太阳光压摄动

航天器受到太阳光照射时，太阳光子被航天器表面吸收或反射，对航天器产生力的作用，称为太阳辐射压力，简称光压。光压噪声的加速度称为太阳光压摄动加速度，一般认为光压的方向与太阳光的入射方向一致。光压摄动加速度的表达式为

$$\boldsymbol{a}_{\mathrm{S}} = -c_{\mathrm{R}} p_{\mathrm{SR}} \frac{A}{m} \frac{\boldsymbol{r}_{\mathrm{sat}\odot}}{|\boldsymbol{r}_{\mathrm{sat}\odot}|} \tag{2.59}$$

式中，c_{R} 为反射系数，与航天器表面材料、形状等性质有关；A 为垂直于太阳光方向的航天器截面积；p_{SR} 为太阳光压强度，等于太阳辐照强度与光速的比值；$\boldsymbol{r}_{\mathrm{sat}\odot}$ 为航天器指向太阳的矢量方向。

以火星探测为例，设航天器面质比 $\frac{A}{m} = 0.02$ m²/kg，太阳光辐照强度为 600～1 400 W/m²，得太阳光压强度 $P_{\mathrm{SR}} = 2.1\times10^{-6} \sim 4.65\times10^{-6}$ N/m²。对于巡航段，太阳光压摄动加速度为 $4.1\times10^{-8} \sim 9.3\times10^{-8}$ m/s²。

2.5.5　捕获段动力学模型

在巡航段，航天器以太阳为中心引力天体运动，太阳系其他天体距离航天器较远，摄动作用不明显。在巡航段末期，航天器从以太阳为中心的椭圆轨道过渡到以行星为中心

的双曲线轨道,期间航天器受到的太阳引力与行星引力的量级相当,二体模型已无法准确描述,必须对行星引力影响范围边界处的动力学进行精细建模,避免造成理论轨道与实际轨道的偏差。当航天器进一步接近行星表面时,行星引力场的非球形摄动作用也将无法忽略,使动力学模型更为复杂。行星捕获段飞行轨道如图 2.15 所示。

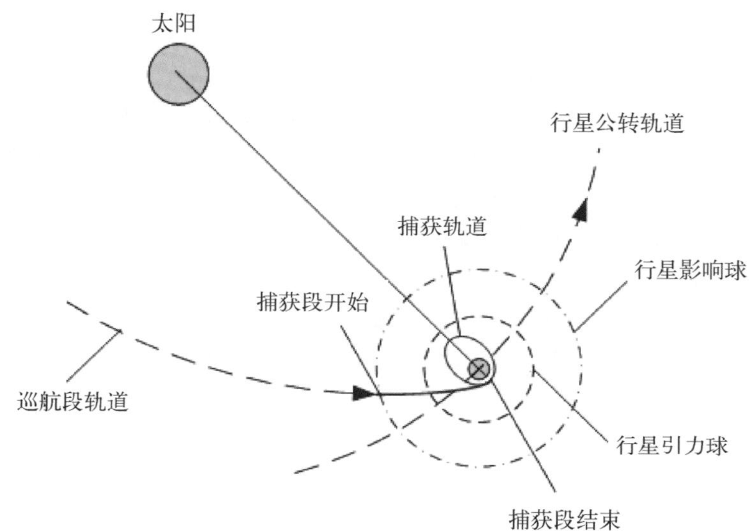

图 2.15　捕获段飞行轨道

航天器在火星捕获段处于火星影响球范围内,除受火星中心引力作用外,还受到火星非球形引力、太阳等第三体引力、大气阻力、太阳光压等各种摄动的影响。航天器在火星捕获段的轨道动力学模型可表示为

$$\begin{cases}\dot{\boldsymbol{r}}=\boldsymbol{v}\\ \dot{\boldsymbol{v}}=-\dfrac{\mu_{\mathrm{M}}}{r^{3}}\boldsymbol{r}+\boldsymbol{a}_{\mathrm{N}}+\boldsymbol{a}_{\mathrm{NS}}+\boldsymbol{a}_{\mathrm{R}}+\boldsymbol{a}_{\mathrm{A}}+\boldsymbol{a}_{\mathrm{M}}\end{cases}\tag{2.60}$$

式中,$\boldsymbol{r}$、$\boldsymbol{v}$ 分别为航天器在火星赤道惯性系下的位置矢量、速度矢量;μ_{M}为火星引力常数;$\boldsymbol{a}_{\mathrm{N}}$为太阳等天体引起的第三体摄动加速度;$\boldsymbol{a}_{\mathrm{NS}}$为火星非球形引力场引起的摄动加速度;$\boldsymbol{a}_{\mathrm{R}}$为太阳光压引起的摄动加速度;$\boldsymbol{a}_{\mathrm{A}}$为火星高层大气阻力摄动加速度;$\boldsymbol{a}_{\mathrm{M}}$为航天器制动发动机产生的加速度。

其中,

$$\boldsymbol{a}_{\mathrm{M}}=\boldsymbol{F}/m(t)\tag{2.61}$$

式中,$\boldsymbol{F}$ 为制动发动机推力;$m(t)$为航天器的质量,随推进剂的消耗航天器质量逐渐减小。由发动机比冲定义,有

$$\begin{cases}\dot{m}=\dfrac{F}{I_{\mathrm{sp}}g_{0}}\\ m(t)=m_{0}-\dot{m}t\end{cases}\tag{2.62}$$

式中，I_{sp}为发动机比冲；g_0为地球重力加速度常数；m_0为航天器初始质量。

1）非球形引力摄动

由于目标天体非球形外形或内部质量分布不均匀引起的摄动力统称为非球形引力摄动。行星非球形引力摄动球谐函数的一般形式为

$$U=\frac{GM}{r}\sum_{n=2}^{N_{\max}}\left(\frac{R}{r}\right)^n\sum_{m=0}^{n}(C_{nm}\cos m\lambda+S_{nm}\sin m\lambda)P_{nm}\cos\phi \tag{2.63}$$

式中，R 为行星的平均赤道半径；r，λ 为行星球坐标系中的坐标分量；r 为行星质心到航天器的距离；ϕ 为航天器在行星大地坐标系中的余纬；λ 为航天器在行星大地坐标系中的经度；C_{nm}和S_{nm}为正交引力位系数；P_{nm}为正交连带勒让德系数。

非球形引力摄动在近地段、捕获段与环绕段的影响较为显著。

2）大气阻力摄动

太阳系有大气行星，包括地球、火星、金星、天王星、土卫六等。距离行星越远，大气越稀薄，航天器在轨飞行过程中受到的大气阻力仍将造成轨道高度的衰减。大气阻力摄动加速度可表示为

$$\boldsymbol{a}_{\mathrm{D}}=-\frac{1}{2}\rho v^2\cdot\frac{C_{\mathrm{D}}A_{\mathrm{D}}}{m}\cdot\frac{\boldsymbol{v}}{v} \tag{2.64}$$

式中，C_{D} 为航天器阻力系数；A_{D} 为航天器在垂直于速度方向上的横截面积；ρ 为大气密度；$\boldsymbol{v}$ 为航天器的速度；m 为航天器质量。

大气阻力摄动在近地段、行星捕获段以及环绕段的作用较为显著，可以利用大气阻力实现航天减速、降轨甚至捕获。

2.5.6 环绕段轨道动力学

航天器在环绕段处于行星影响球范围内，其动力学可视作以行星为中心引力体的受摄二体问题，除受到行星中心引力作用外，还受到非球形引力、太阳等三体引力、大气阻力、太阳光压等摄动力的影响。航天器在环绕段轨道动力学模型可表示为

$$\begin{cases}\dot{\boldsymbol{r}}=\boldsymbol{v}\\ \dot{\boldsymbol{v}}=-\dfrac{\mu_{\mathrm{M}}}{r^3}\boldsymbol{r}+\boldsymbol{a}_{\mathrm{N}}+\boldsymbol{a}_{\mathrm{NS}}+\boldsymbol{a}_{\mathrm{R}}+\boldsymbol{a}_{\mathrm{A}}\end{cases} \tag{2.65}$$

式中，$\boldsymbol{r}$、$\boldsymbol{v}$ 分别为航天器在火星赤道惯性系下的位置矢量、速度矢量；μ_{M}为火星引力常数；$\boldsymbol{a}_{\mathrm{N}}$为太阳等其他天体引起的摄动加速度；$\boldsymbol{a}_{\mathrm{NS}}$为行星非球形引力场引起的摄动加速度；$\boldsymbol{a}_{\mathrm{R}}$为太阳光压引起的摄动加速度；$\boldsymbol{a}_{\mathrm{A}}$为行星大气阻力引起的摄动加速度。

2.5.7 EDL 过程动力学模型

大气行星着陆探测一般包括进入、下降与着陆(Entry，Descent，Landing，EDL)三个

阶段。EDL 过程的动力学环境与真空环境下常规航天器的动力学有较大差异。

以火星着陆探测为例，航天器进入环绕轨道后，经过轨道调整至着陆器分离轨道。当航天器经过远火点时，通过分离起旋装置实现着陆器的分离与起旋。着陆器与环绕器分离至安全距离后，着陆器依靠自身携带的发动机进行离轨制动，进入过渡段轨道。着陆器分离及过渡段轨道如图 2.16 所示。

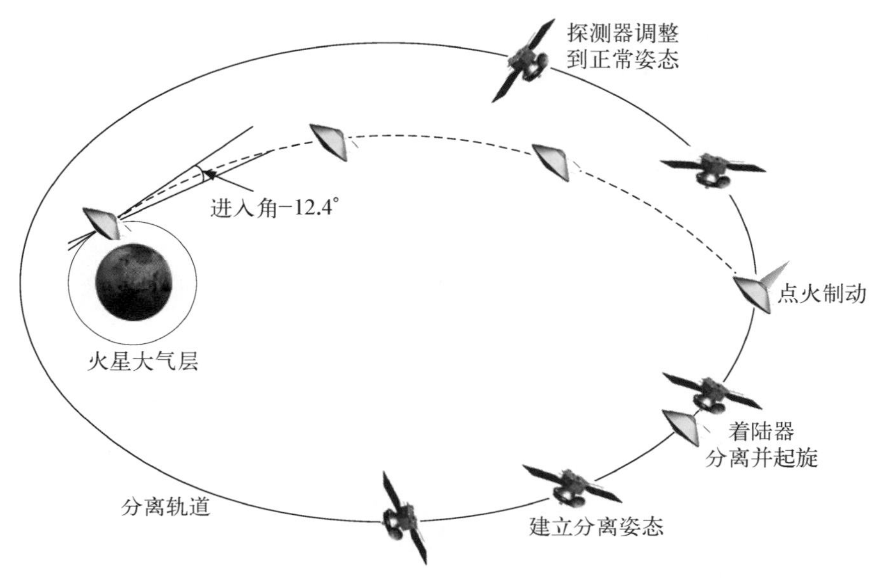

图 2.16 着陆器分离过程

着陆器下降到 125 km 高度时开始进入火星大气，其间经历气动外形减速(进入段)、降落伞减速(下降段)、反推发动机减速和缓冲气囊减速(着陆段)，直至安全软着陆在火星表面，整个着陆过程持续 6～8 min。EDL 过程如图 2.17 所示。

火星 EDL 过程涉及的动力学模型可分为以下四大类：

(1) 飞行动力学。用于建立火星 EDL 过程中着陆器的六自由度动力学模型，研究着陆器的运动轨迹和运动过程中的姿态变化以及多种干扰力矩对着陆器运动的影响，包括过渡段和进入段两个阶段。过渡段分析分离起旋速度，分离点参数误差对进入点参数的影响；进入段分析着陆器的进入弹道、过载、动压、热流密度等约束条件。

(2) 空气动力学。用于建立自由流区、过渡流区和连续流区三个流区着陆器的气动力计算模型，计算特定气动外形的着陆器气动参数和气动力作用下轨迹和姿态的变化，分析着陆器的减速效果、稳定性等问题。

(3) 物伞多体动力学。用于建立下降段器伞组合体的多体动力学模型，研究稳降过程中物伞组合体的运动轨迹和姿态变化，分析降落伞和着陆器之间的相互作用和相互影响，研究防热大底抛离、反推发动机点火、气囊充气等关键动作对物伞组合体的影响。

(4) 着陆缓冲动力学。用于建立缓冲气囊和着陆舱的缓冲动力学模型，分析缓冲气囊的冲击受力特性，计算冲击的最大过载。

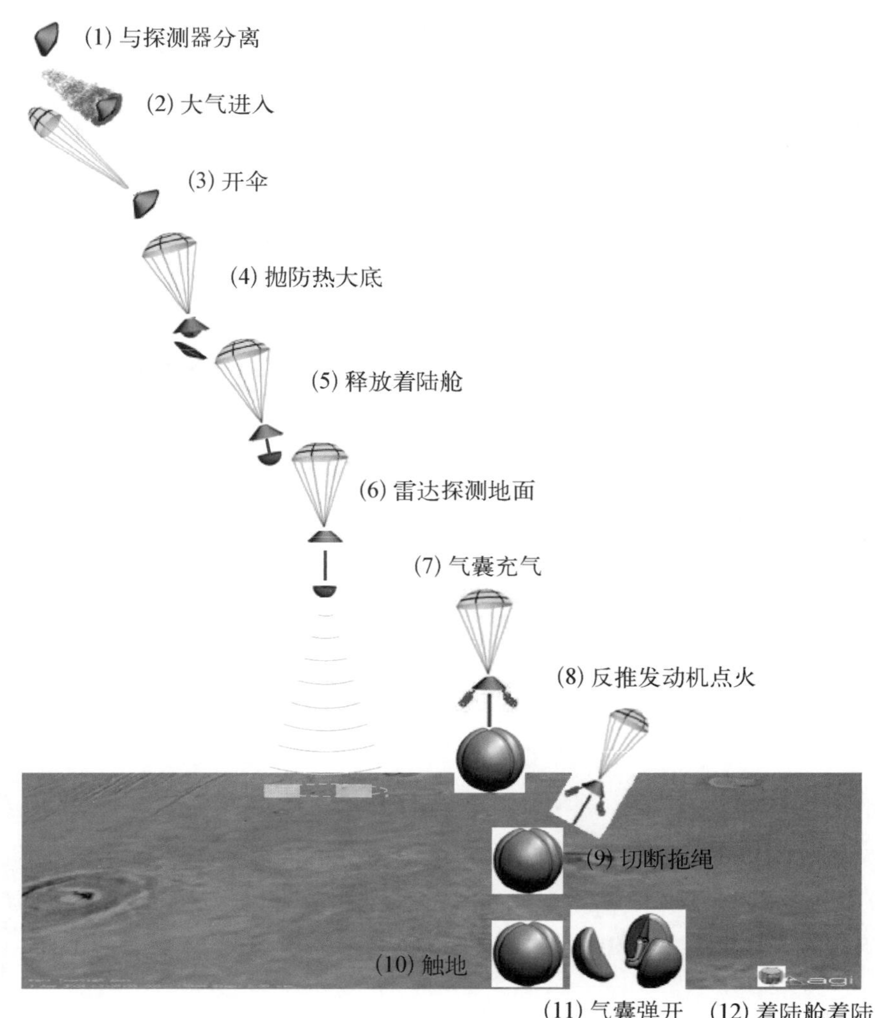

图 2.17　EDL 过程示意

EDL 过程动力学模型及其对应的阶段如图 2.18 和表 2.11 所示。

1. 过渡段分离起旋动力学

过渡段分离起旋动力学模型包含两方面：轨道动力学模型和姿态动力学模型。

1）轨道动力学方程

轨道动力学基本方程可表示为

$$\begin{cases} \dot{\boldsymbol{r}} = \boldsymbol{v} \\ \dot{\boldsymbol{v}} = (\boldsymbol{G} + \boldsymbol{P} + \boldsymbol{A} + \boldsymbol{N} + \boldsymbol{C} + \boldsymbol{F}_{\mathrm{e}} + \boldsymbol{F}_{\infty} + \boldsymbol{\Delta})/m \end{cases} \tag{2.66}$$

式中，$\boldsymbol{r}$ 为位置矢量；$\boldsymbol{v}$ 为速度矢量；$\boldsymbol{G}$ 为重力；$\boldsymbol{P}$ 为推力；$\boldsymbol{A}$ 为气动轴向力；$\boldsymbol{N}$ 为气动法向力；$\boldsymbol{C}$ 为控制力；$\boldsymbol{F}_{\mathrm{e}}$ 为离心惯性力；$\boldsymbol{F}_{\infty}$ 为科氏惯性力；$\boldsymbol{\Delta}$ 为干扰力；m 为质量。

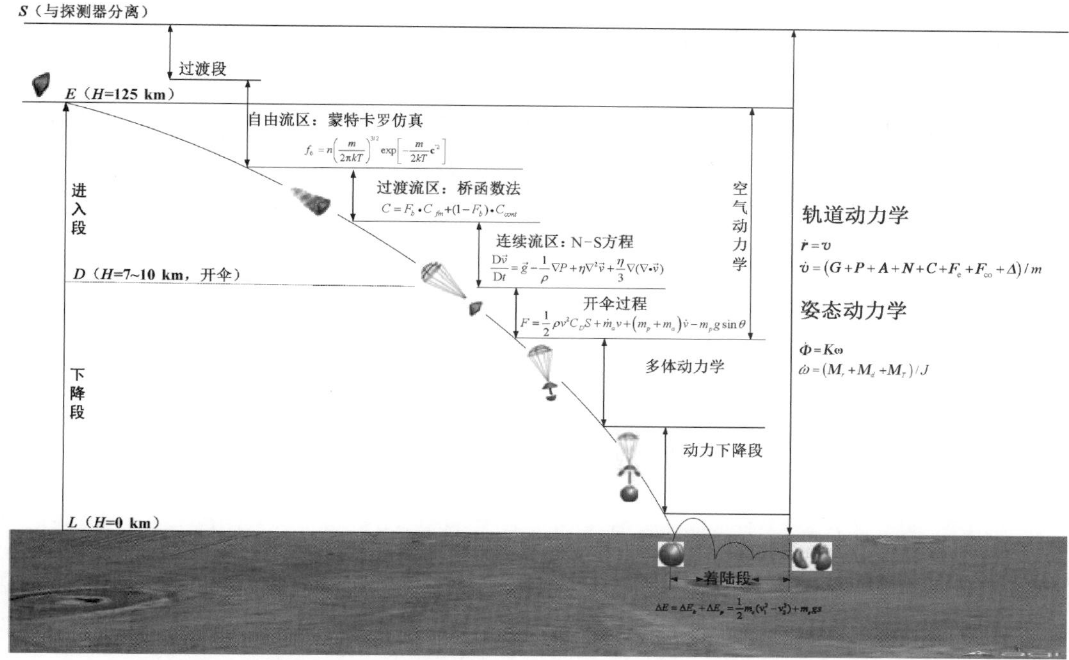

图 2.18 EDL 过程及动力学模型

表 2.11 火星 EDL 动力学模型与仿真方法

<table>
<tr><th>阶 段</th><th colspan="2">动 力 学</th><th>考 虑 的 因 素</th><th>方 法</th></tr>
<tr><td rowspan="2">过渡段</td><td colspan="2">轨道动力学</td><td>火星自转、扁率</td><td rowspan="4">仿真计算</td></tr>
<tr><td colspan="2">姿态动力学</td><td>刚体、自旋</td></tr>
<tr><td rowspan="8">进入段</td><td colspan="2">轨道动力学</td><td>火星自转、扁率、空气动力</td></tr>
<tr><td colspan="2">姿态动力学</td><td>刚体、自旋、火星自转</td></tr>
<tr><td rowspan="6">空气动力学</td><td rowspan="3">参数计算</td><td>自由流</td><td rowspan="2">直接蒙特卡洛仿真</td></tr>
<tr><td>过渡流</td></tr>
<tr><td>连续流</td><td>基于 N－S 方程</td></tr>
<tr><td rowspan="2">气动分析</td><td>静稳定性分析</td><td>理论分析</td></tr>
<tr><td>动稳定性分析</td><td>理论分析</td></tr>
<tr><td>气动外形、布局优化</td><td>大底钝角、倒锥角、质心等</td><td>理论分析</td></tr>
<tr><td rowspan="3">下降段</td><td colspan="2">开伞过程柔性动力学</td><td>尚无法建立完整的动力学</td><td>估计开伞时间和动载荷</td></tr>
<tr><td colspan="2">稳降过程多体动力学</td><td>展开后的降落伞作为刚体近似，伞绳假设为弹簧阻尼系统</td><td>仿真计算</td></tr>
<tr><td colspan="2">反推制动减速</td><td>变质量模型、发动机安装角度</td><td>仿真计算</td></tr>
<tr><td>着陆段</td><td colspan="2">着陆缓冲动力学</td><td>气囊直径、压力、冲击等</td><td>仿真计算</td></tr>
</table>

$\boldsymbol{F}_e$ 和 $\boldsymbol{F}_{co}$ 是由于坐标系的旋转引起的假想力，若在惯性系中描述此方程，则这两项均为零。离心惯性力为 $\boldsymbol{F}_e=-m\boldsymbol{\omega}\times(\boldsymbol{\omega}\times\boldsymbol{r})$；科氏惯性力为 $\boldsymbol{F}_{co}=-2m(\boldsymbol{\omega}\times\boldsymbol{v})$；其中，$\boldsymbol{\omega}$ 为坐标系的旋转角速度。

过渡段着陆器主要受中心天体引力、摄动力、推力等作用，对于无控制系统的弹道式进入，过渡段 **A**、**N**、**C** 均为零；对于有控制的半升力式进入，过渡段 **A**、**N** 均为零。

着陆器轨道动力学方程展开形式如下：

$$\begin{cases}\dfrac{\mathrm{d}x}{\mathrm{d}t}=v_x\\ \dfrac{\mathrm{d}y}{\mathrm{d}t}=v_y\\ \dfrac{\mathrm{d}z}{\mathrm{d}t}=v_z\end{cases} \tag{2.67}$$

$$\begin{aligned}\frac{\mathrm{d}v_x}{\mathrm{d}t}=&\frac{1}{m}[P_{x1}\cos\varphi\cos\psi+P_{y1}(\cos\varphi\sin\psi\sin\gamma-\sin\varphi\cos\gamma)\\&+P_{z1}(\cos\varphi\sin\psi\cos\gamma+\sin\varphi\sin\gamma)]-\frac{x+R_{0x}}{r}g_r-\frac{\omega_x}{\omega}g_\omega\\&+a_{11}(x+R_{0x})+a_{12}(y+R_{0y})+a_{13}(z+R_{0z})+b_{12}v_y+b_{13}v_z\end{aligned} \tag{2.68}$$

$$\begin{aligned}\frac{\mathrm{d}v_y}{\mathrm{d}t}=&\frac{1}{m}[P_{x1}\sin\varphi\cos\psi+P_{y1}(\sin\varphi\sin\psi\sin\gamma+\cos\varphi\cos\gamma)\\&+P_{z1}(\sin\varphi\sin\psi\cos\gamma-\cos\varphi\sin\gamma)]-\frac{y+R_{0y}}{r}g_r-\frac{\omega_y}{\omega}g_\omega\\&+a_{21}(x+R_{0x})+a_{22}(y+R_{0y})+a_{23}(z+R_{0z})+b_{21}v_x+b_{23}v_z\end{aligned} \tag{2.69}$$

$$\begin{aligned}\frac{\mathrm{d}v_z}{\mathrm{d}t}=&\frac{1}{m}[-P_{x1}\sin\psi+P_{y1}\cos\psi\sin\gamma+P_{z1}\cos\psi\cos\gamma]\\&-\frac{z+R_{0z}}{r}g_r-\frac{\omega_z}{\omega}g_\omega+a_{31}(x+R_{0x})+a_{32}(y+R_{0y})\\&+a_{33}(z+R_{0z})+b_{31}v_x+b_{32}v_y\end{aligned} \tag{2.70}$$

式中

$$\begin{aligned}&a_{11}=\omega^2-\omega_x^2,\ a_{12}=-\omega_x\omega_y,\ a_{13}=-\omega_z\omega_x,\quad b_{12}=-b_{21}=2\omega_z\\&a_{21}=-\omega_x\omega_y,\ a_{22}=\omega^2-\omega_y^2,\ a_{23}=-\omega_y\omega_z,\quad b_{23}=-b_{32}=2\omega_x\\&a_{31}=-\omega_z\omega_x,\ a_{32}=-\omega_y\omega_z,\ a_{33}=\omega^2-\omega_z^2,\quad b_{31}=-b_{13}=2\omega_y\end{aligned}$$

ω_x、ω_y、ω_z 为角速度矢量 $\boldsymbol{\omega}$ 的三轴分量。

2）姿态动力学方程

姿态动力学方程描述姿态与角速度、角加速度与力矩之间的关系，具体形式如下：

$$
\begin{cases}
\dfrac{d\varphi}{dt} = \dfrac{1}{\cos\psi}(\omega_{y1}\sin\gamma + \omega_{z1}\cos\gamma) \\
\dfrac{d\psi}{dt} = \omega_{y1}\cos\gamma - \omega_{z1}\sin\gamma \\
\dfrac{d\gamma}{dt} = \omega_{x1} + \tan\psi(\omega_{y1}\sin\gamma + \omega_{z1}\cos\gamma)
\end{cases}
\tag{2.71}
$$

$$
\begin{cases}
\dfrac{d\omega_{x1}}{dt} = (M_{rx1} + M_{dx1} + M_{Tx1})/J_x \\
\dfrac{d\omega_{y1}}{dt} = (M_{ry1} + M_{dy1} + M_{Ty1})/J_y \\
\dfrac{d\omega_{z1}}{dt} = (M_{rz1} + M_{dz1} + M_{Tz1})/J_z
\end{cases}
\tag{2.72}
$$

式中，M_{r1} 为气动恢复力矩；M_{d1} 为气动阻尼力矩；M_{T1} 为干扰力矩；在过渡段气动力、气动恢复力矩和气动阻尼力矩均为零。

2. 进入段动力学

对于无控制系统的弹道式进入，进入段 $\boldsymbol{P}$、$\boldsymbol{C}$ 为零；对于有控制的半升力式进入，进入段 $\boldsymbol{P}$ 为零。

气动力在本体系下可分解为轴向力 A 和法向力 N，在速度坐标系下可分解为阻力 D 和升力 L，如图 2.19 所示。

阻力 D、升力 L 和轴向力 A、法向力 N 之间的转换关系如下

$$
\begin{aligned}
D &= A\cos\alpha + N\sin\alpha \\
L &= -A\sin\alpha + N\cos\alpha
\end{aligned}
\tag{2.73}
$$

上式中攻角 α 的定义见图 2.20，α 为速度 V 在本体系 Oxy 平面内的投影方向与 x 轴之间的夹角，从 z 轴的负方向看，逆时针旋转为正，顺时针时为负。

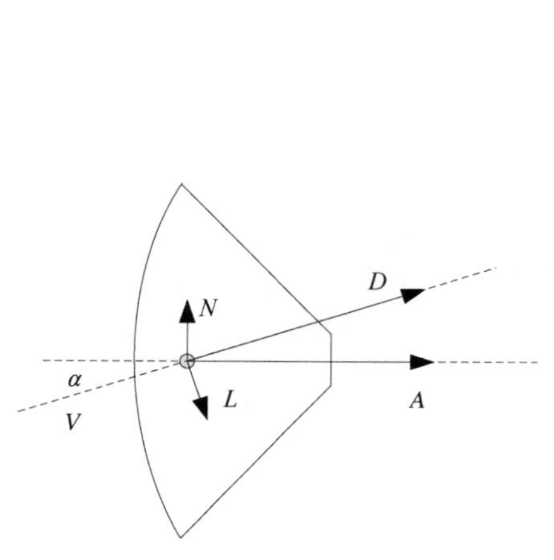

图 2.19　气动力作用

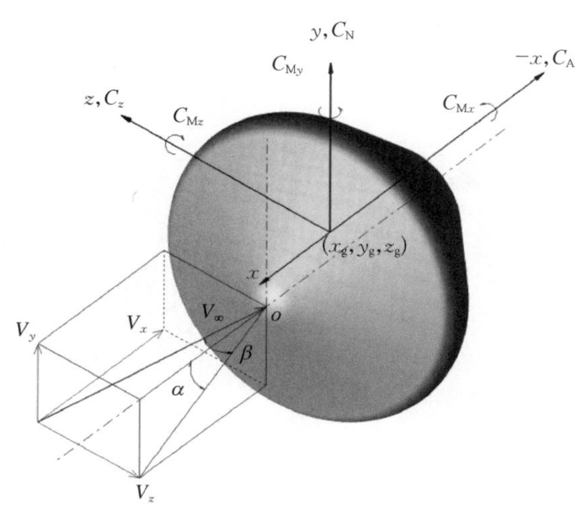

图 2.20　攻角和侧滑角示意图

进入段轨道动力学方程与过渡段动力学方程相同。

3. 下降段多体动力学

1）开伞过程

开伞过程降落伞状态不断变化，不能将着陆器假设成刚体。开伞过程又分为伞绳拉直过程和伞衣充气过程，在伞绳拉直过程中假设降落伞不产生阻力。

伞绳拉直时间的表达式为

$$t_{\mathrm{LS}}=\frac{L_{\mathrm{B}}+L_{\mathrm{R}}+L_{\mathrm{S}}}{V_{\mathrm{s}}} \tag{2.74}$$

式中，L_{B} 为着陆器与降落伞吊绳连接绳的长度；L_{R} 为降落伞吊绳的长度；L_{S} 为降落伞绳长度；V_{S} 为降落伞弹射速度。

在开伞动力学分析时，可以将物伞系统考虑为有限质量，物伞系统在降落伞充气过程中速度有明显的衰减，其伞衣充气阶段的动力学方程为

$$F=\frac{1}{2}\rho v^{2}C_{\mathrm{D}}S+\dot{m}_{\mathrm{a}}v+(m_{\mathrm{p}}+m_{\mathrm{a}})\dot{v}-m_{\mathrm{p}}g\sin\theta \tag{2.75}$$

式中，$C_{\mathrm{D}}S$ 为降落伞的阻力面积；m_{p} 为降落伞质量；m_{a} 为附加质量，即降落伞内的空气质量；v 为降落伞和着陆器的飞行速度；θ 为飞行路径角，即速度矢量与当地水平面的夹角。

应用空气动力学计算软件对不同马赫数下充满伞衣后的流场压力分析如图 2.21 所示。

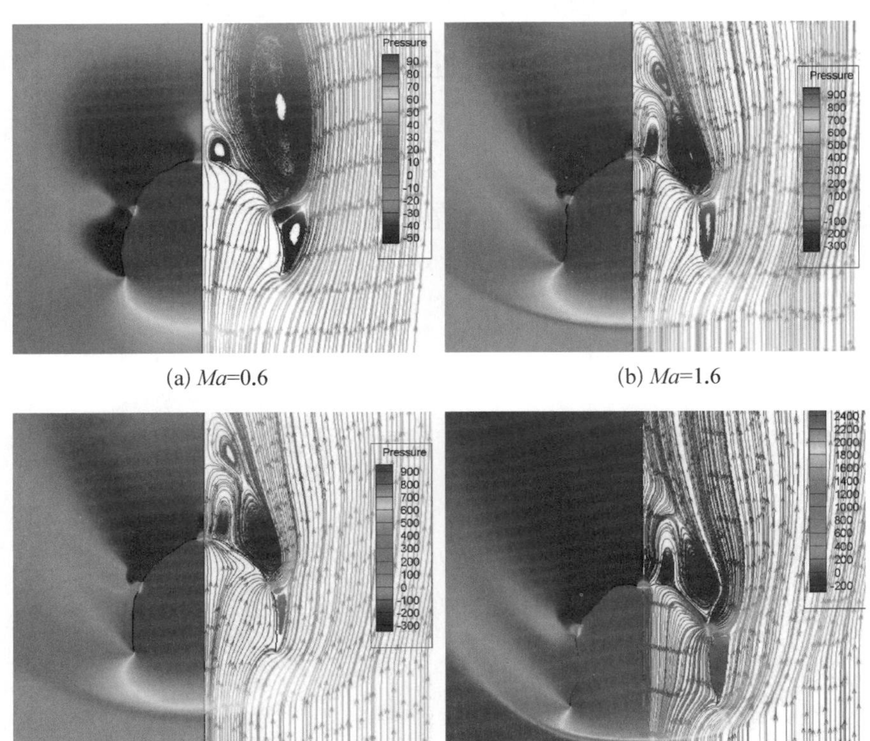

(a) *Ma*=0.6　(b) *Ma*=1.6

(c) *Ma*=1.8　(d) *Ma*=2.5

图 2.21　不同速度下充满伞衣压力图谱

物伞组合体的稳降速度和伞衣的面积有关，不同稳降速度对应的伞衣面积如图 2.22 所示。

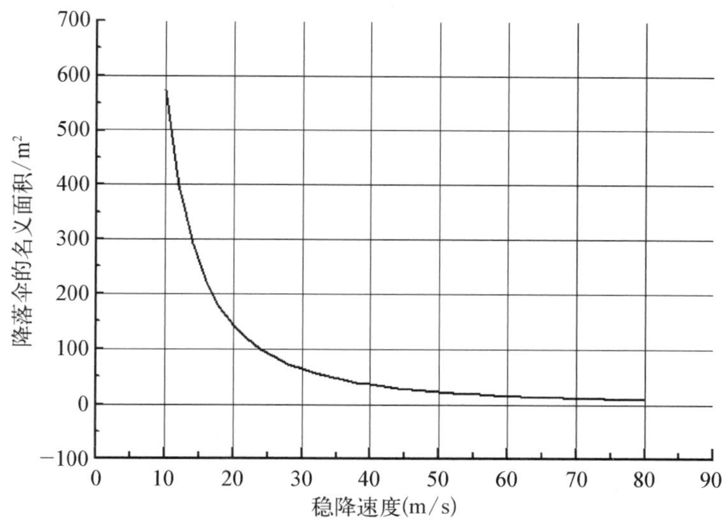

图 2.22　火星着陆器不同的稳降速度与所需降落伞的面积曲线

2）降落伞稳降段

降落伞稳降段对应的状态为物伞组合体多体状态，如图 2.23 所示。该阶段研究物伞组合体的运动轨迹和运动姿态，分析物伞之间的相互作用，确保物伞组合体能够稳态匀速下降。

为了对物伞组合体进行建模分析，建立如下坐标系：

(1) 着陆点坐标系。取火星表面着陆点为原点；Z 轴垂直于水平面向上，X 轴为当地的正东方向，Y 轴指向服从右手定则。

(2) 着陆器本体坐标系。取质心为原点；Z 轴与自旋轴重合并指向大底反方向；X 轴指向一条固定子午线的方向；Y 轴指向服从右手定则。

(3) 降落伞本体坐标系。取质心为原点；Z 轴与对称轴重合并指向着陆器反方向；X 轴指向一条固定子午线的方向；Y 轴指向服从右手定则。

(4) 着陆舱本体坐标系。取质心为原点，Z 轴与对称轴重合并指向着陆器方向，X 轴指向一条固定子午线的方向，Y 轴指向服从右手定则。

物伞组合体多体动力学方程为

$$\begin{cases} \dot{r}_1 = v_1 \\ \dot{v}_1 = (G_1 + \mathrm{Drag}_1 + \mathrm{Lift}_1 + T_1)/m_1 \end{cases} \tag{2.76}$$

$$\begin{cases} \dot{r}_2 = v_2 \\ \dot{v}_2 = (G_2 + \mathrm{Drag}_2 + \mathrm{Lift}_2 + T_2)/m_2 \end{cases} \tag{2.77}$$

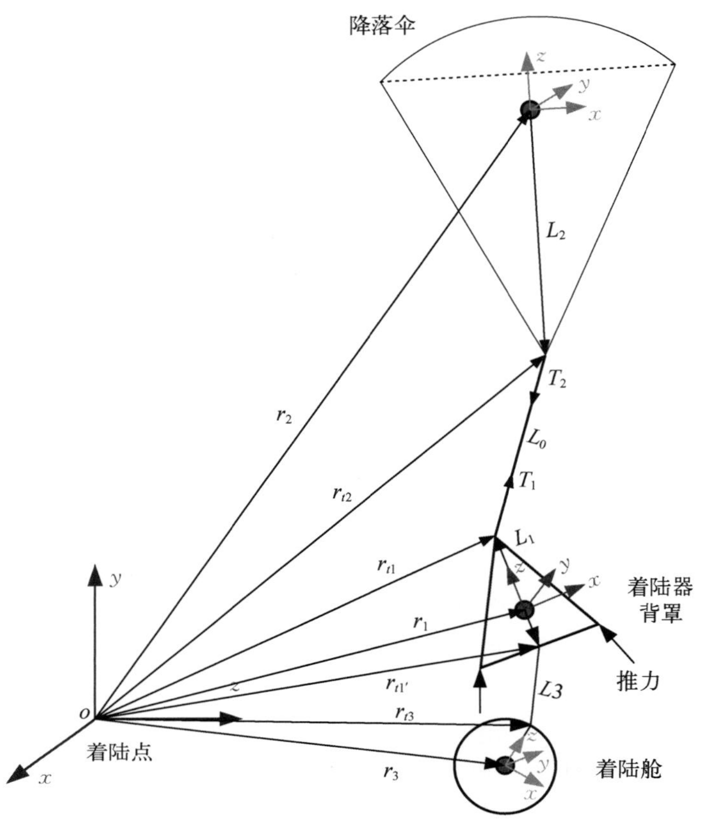

图 2.23　物伞组合体示意图

$$\begin{cases}\dot{\phi}_1 = K_1\omega_1 \\ J_1\dot{\omega}_1 = M_{r1} + M_{d1} + M_{T1}\end{cases} \tag{2.78}$$

$$\begin{cases}\dot{\phi}_2 = K_2\omega_2 \\ J_2\dot{\omega}_2 = M_{r2} + M_{d2} + M_{T2}\end{cases} \tag{2.79}$$

以上为着陆器和降落伞的六自由度动力学模型，式中伞绳对着陆器和降落伞产生的拉力为

$$T_1 = \frac{r_{t2} - r_{t1}}{|r_{t2} - r_{t1}|}T, \quad T_2 = \frac{r_{t1} - r_{t2}}{|r_{t2} - r_{t1}|}T \tag{2.80}$$

$$T = \begin{cases}k\Delta x + c\Delta\dot{x}, & \Delta x > 0 \\ 0, & \Delta x \leqslant 0\end{cases} \tag{2.81}$$

$$\Delta x = |r_{t2} - r_{t1}| - L_0 = \sqrt{(r_{t2} - r_{t1})^{\mathrm{T}}(r_{t2} - r_{t1})} - L_0 \tag{2.82}$$

$$\Delta\dot{x} = \frac{(r_{t2} - r_{t1})^{\mathrm{T}}(\dot{r}_{t2} - \dot{r}_{t1})}{\sqrt{(r_{t2} - r_{t1})^{\mathrm{T}}(r_{t2} - r_{t1})}} \tag{2.83}$$

式中，L_0 为伞绳长度，k、c 分别为刚度和阻尼系数。

假设伞绳为弹簧阻尼系统。L_1、L_2 分别为着陆器和降落伞质心到伞绳连接点的距离，C_l^{b1}、C_l^{b2} 为着陆点坐标系到着陆器和降落伞本体系的变化矩阵（3－2－1 旋转次序）：

$$C_l^{b1}=\begin{bmatrix}1 & 0 & 0\\0 & \cos\phi_{1x} & \sin\phi_{1x}\\0 & -\sin\phi_{1x} & \cos\phi_{1x}\end{bmatrix}\begin{bmatrix}\cos\phi_{1y} & 0 & -\sin\phi_{1y}\\0 & 1 & 0\\\sin\phi_{1y} & 0 & \cos\phi_{1y}\end{bmatrix}\begin{bmatrix}\cos\phi_{1z} & \sin\phi_{1z} & 0\\-\sin\phi_{1z} & \cos\phi_{1z} & 0\\0 & 0 & 1\end{bmatrix} \tag{2.84}$$

$$C_l^{b2}=\begin{bmatrix}1 & 0 & 0\\0 & \cos\phi_{2x} & \sin\phi_{2x}\\0 & -\sin\phi_{2x} & \cos\phi_{2x}\end{bmatrix}\begin{bmatrix}\cos\phi_{2y} & 0 & -\sin\phi_{2y}\\0 & 1 & 0\\\sin\phi_{2y} & 0 & \cos\phi_{2y}\end{bmatrix}\begin{bmatrix}\cos\phi_{2z} & \sin\phi_{2z} & 0\\-\sin\phi_{2z} & \cos\phi_{2z} & 0\\0 & 0 & 1\end{bmatrix} \tag{2.85}$$

$$\begin{cases}r_{t1}=r_1+C_{b1}^l\,[0\quad 0\quad L_1]^{\mathrm{T}}\\r_{t2}=r_2+C_{b2}^l\,[0\quad 0\quad -L_2]^{\mathrm{T}}\end{cases} \tag{2.86}$$

$$\begin{cases}M_{T1}=[0\quad 0\quad L_1]^{\mathrm{T}}\times C_l^{b1}\,T_1\\M_{T2}=[0\quad 0\quad -L_2]^{\mathrm{T}}\times C_l^{b2}\,T_2\end{cases} \tag{2.87}$$

$$\begin{cases}\mathrm{Drag}_1=-0.5\rho\,|\,v_1\,|^2 C_{D1}S_1v_1/\,|\,v_1\,|\\\mathrm{Drag}_2=-0.5\rho\,|\,v_2\,|^2 C_{D2}S_2v_2/\,|\,v_2\,|\end{cases} \tag{2.88}$$

$$\begin{cases}\mathrm{Lift}_1=0.5\rho\,|\,v_1\,|^2 C_{L1}S_1L_{\mathrm{vec1}}\\\mathrm{Lift}_2=0.5\rho\,|\,v_2\,|^2 C_{L2}S_2L_{\mathrm{vec2}}\end{cases} \tag{2.89}$$

$$\begin{aligned}L_{\mathrm{vec1}}&=\mathrm{Drag}_1\times C_{b1}^l\,[0\quad 0\quad L1]^{\mathrm{T}}\times\mathrm{Drag}_1/\,|\,\mathrm{Drag}_1\times C_{b1}^l\,[0\quad 0\quad L1]^{\mathrm{T}}\times\mathrm{Drag}_1\,|\\L_{\mathrm{vec2}}&=\mathrm{Drag}_2\times C_{b2}^l\,[0\quad 0\quad -L2]^{\mathrm{T}}\times\mathrm{Drag}_2/\,|\,\mathrm{Drag}_2\times C_{b2}^l\,[0\quad 0\quad -L2]^{\mathrm{T}}\times\mathrm{Drag}_2\,|\end{aligned} \tag{2.90}$$

L_{vec1}、L_{vec2} 为着陆器和降落伞升力的单位方向矢量，

$$\begin{aligned}\alpha_1&=a\cos(v_1^{\mathrm{T}}C_{b1}^l\,[0\quad 0\quad -L_1]^{\mathrm{T}}/\,|\,v_1\,|\,/\,|\,C_{b1}^l[0\quad 0\quad -L_1]\,|)\\\alpha_2&=a\cos(v_2^{\mathrm{T}}C_{b2}^l\,[0\quad 0\quad -L_2]^{\mathrm{T}}/\,|\,v_2\,|\,/\,|\,C_{b2}^l[0\quad 0\quad -L_2]\,|)\end{aligned} \tag{2.91}$$

式中，α_1，α_2 为着陆器和降落伞的总攻角。降落伞下降段着陆器速度已经很低，可通过求解纳维尔-斯托克斯方程（N－S 方程）计算气动力和力矩。

4. 着陆段动力学

在发动机减速过程中，由于着陆段速度较小，且火星大气稀薄，产生的阻力远小于重力或控制推力，可以忽略不计。在着陆点固联系下着陆器运动方程为

$$\dot{\boldsymbol{r}} = \boldsymbol{v} \tag{2.92}$$

$$\dot{\boldsymbol{v}} = \frac{nT\cos\phi}{m}\boldsymbol{u}^i + \boldsymbol{g} \tag{2.93}$$

$$\dot{\boldsymbol{\Omega}} = \boldsymbol{K\omega} \tag{2.94}$$

$$m = -\frac{nT}{I_{sp}g_0}u \tag{2.95}$$

式中，$\boldsymbol{r}$ 和 $\boldsymbol{v}$ 分别为着陆点固联系下着陆器的位置和速度矢量，$\boldsymbol{u}^i = [u_x \quad u_y \quad u_z]^{\mathrm{T}}$ 为控制向量，u 是发动机最大推力的百分比，满足如下条件

$$u = \sqrt{u_x^2 + u_y^2 + u_z^2}, \quad 0 \leqslant u \leqslant 1 \tag{2.96}$$

式中，$\boldsymbol{u}^i = \boldsymbol{C}_b^i \boldsymbol{u}^b$；$n$ 表示发动机个数；T 表示发动机最大推力；ϕ 表示推力方向角；m 表示着陆器质量；I_{sp} 为发动机比冲；g_0 为地球表面重力加速度。

而缓冲过程的物理本质是“气囊-着陆舱”系统在经气囊内气体传递的着陆面反作用力作用下的减速过程。囊舱系统的机械能通过多次碰撞，逐步以着陆面的变形能和(摩擦)热能的形式耗散，使得系统最终趋于静止。

下降过程中反作用力所做的功为

$$W_{12} = \int F(s)\mathrm{d}s \tag{2.97}$$

式中，$F(s)$ 是反作用力，它通常是位移 s 的函数，函数曲线形状因设计和工况的不同而不同，此处为方便讨论，以较为简化的形式表达，即 $F(s) = nm_s g\eta$，其中 n 为着陆系统的许用过载系数，m_s 为着陆系统质量，g 为当地重力加速度，η 为气囊效率因子。

着陆系统的能量变化为

$$\Delta E = \Delta E_k + \Delta E_p = \frac{1}{2}m_s(v_1^2 - v_2^2) + m_s g s \tag{2.98}$$

根据功能原理，可以推导出着陆系统的下降位移的表达式为

$$s = \frac{v_1^2 - v_2^2}{2g(n\eta - 1)} \tag{2.99}$$

由此可见，在过载、末速度和系统效率因子给定时，着陆系统的质心位移量将取决于初始速度。当末速度 $v_2 = 0$ 时，下降位移 s 达到其最大值 s_{max}，后者也称为缓冲行程。

2.5.8 平动点轨道动力学模型

圆形限制性三体问题是深空探测中考察航天器运动状态时常用的模型之一，用于

描述一个质量可忽略的小天体(P_3)在两个大天体(P_1，P_2)的引力作用下的运动。为表示方便，建立旋转坐标系定义如下：x 轴由主天体质心 O 指向小天体 P_2；z 轴指向系统角速度方向；y 轴与 x 轴、z 轴构成右手坐标系，此坐标系也称为会合坐标系，见图 2.24。

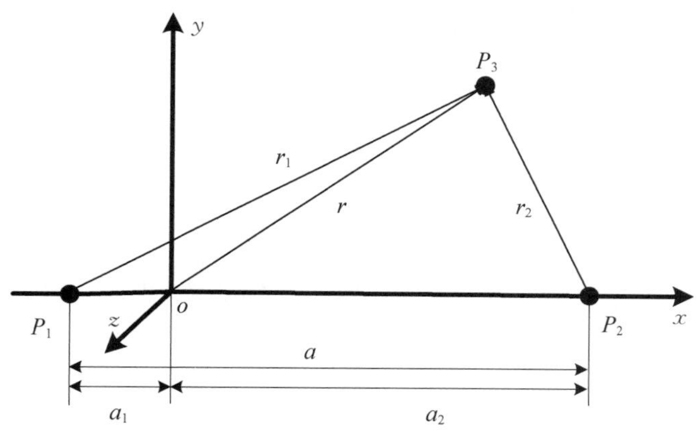

图 2.24 会合坐标系

系统质心与 P_1，P_2 的距离分别为 a_1，a_2。根据系统质心条件可以得到

$$a_1 = a\frac{M_2}{M_1+M_2}$$
$$a_2 = a\frac{M_1}{M_1+M_2} \tag{2.100}$$

设飞行器在会合坐标系中的坐标为 (x, y, z)，则

$$\begin{cases} \boldsymbol{r} = x\boldsymbol{i} + y\boldsymbol{j} + z\boldsymbol{k} \\ \boldsymbol{r}_1 = (x+a_1)\boldsymbol{i} + y\boldsymbol{j} + z\boldsymbol{k} \\ \boldsymbol{r}_2 = (x-a_2)\boldsymbol{i} + y\boldsymbol{j} + z\boldsymbol{k} \end{cases} \tag{2.101}$$

根据牛顿第二定律，在惯性坐标系中，航天器的动力学方程为

$$\ddot{r} = -\frac{\mu_1}{r_1^3}r_1 - \frac{\mu_2}{r_2^3}r_2 \tag{2.102}$$

式中，μ_1、μ_2 分别为大小天体的引力常数；r_1、r_2 分别为飞行器到主、次天体的距离。

大天体绕其公共质心运动的角速度为

$$\boldsymbol{\omega} = \omega\boldsymbol{k} \tag{2.103}$$

根据旋转矢量求导法则可以得到

$$\ddot{r}=\mathring{\mathring{r}}+2\omega\times\mathring{r}+\omega\times(\omega\times r)+\mathring{\omega}\times r \tag{2.104}$$

式中，($\dot{}$)和($\mathring{}$)分别表示对( )取固定和活动坐标系中的时间导数。

综合得到飞行器在会合坐标系下的动力学方程为

$$\begin{cases}\ddot{x}-2\omega\dot{y}-\omega^2x=-\dfrac{\mu_1(x+a_1)}{r_1^3}-\dfrac{\mu_1(x-a_2)}{r_2^3}\\ \ddot{y}+2\omega\dot{x}-\omega^2y=-\dfrac{\mu_1y}{r_1^3}-\dfrac{\mu_2y}{r_2^3}\\ \ddot{z}=-\dfrac{\mu_1z}{r_1^3}-\dfrac{\mu_2z}{r_2^3}\end{cases} \tag{2.105}$$

为了使三体问题动力学方程进一步简化，采用归一化方法对系统各量进行无量纲化处理，相应的质量单位[M]、长度单位[L]和单位时间[T]分别取为

$$\begin{cases}[\mathrm{M}]=M_1+M_2\\ [\mathrm{L}]=a\\ [\mathrm{T}]=[a^3/G(M_1+M_2)]^{1/2}\end{cases} \tag{2.106}$$

经归一化处理后，系统的引力常数 $G=1$，两天体到质心的距离分别为 $a_1=\mu$、$a_2=1-\mu$，小天体在会合坐标系中的运动方程可简化为

$$\ddot{r}+2\begin{pmatrix}-\dot{y}\\ \dot{x}\\ 0\end{pmatrix}=\left(\frac{\partial\Omega}{\partial r}\right)^{\mathrm{T}} \tag{2.107}$$

式中

$$\begin{gathered}\Omega=\frac{1}{2}(x^2+y^2)+U(r_1,\ r_2)\\ U(r_1,\ r_2)=\frac{1-\mu}{r_1}+\frac{\mu}{r_2}\end{gathered} \tag{2.108}$$

圆形限制性三体问题中存在着五个特解，即拉格朗日点。这些点相对于旋转坐标系始终保持静止，因此也称为平动点。

为了便于对平动点附近轨道运动进行深入分析，可以将旋转坐标系进行相应转换，将旋转坐标系原点由主天体质心平移到研究的平动点上，将主天体到平动点的距离作为新的长度单位，然后将动力学方程进行线性化展开，得到

$$\begin{cases}\ddot{x}-2\dot{y}-(1+2c_2)x=0\\ \ddot{y}+2\dot{x}(c_2-1)=0\\ \ddot{z}+c_2z=0\end{cases} \tag{2.109}$$

上式的通解为

$$
\begin{cases}
x = A_1 e^{\lambda_1 t} + A_2 e^{-\lambda_1 t} + A_3 \cos(\mathrm{Im}(\lambda_3))t + A_4 \sin(\mathrm{Im}(\lambda_3))t \\
y = \varepsilon_1 A_1 e^{\lambda_1 t} - \varepsilon_1 A_2 e^{-\lambda_1 t} - \varepsilon_2 A_3 \sin(\mathrm{Im}(\lambda_3))t + \varepsilon_2 A_4 \cos(\mathrm{Im}(\lambda_3))t \\
z = A_5 \cos(\mathrm{Im}(\lambda_5))t + A_6 \sin(\mathrm{Im}(\lambda_5))t
\end{cases}
\tag{2.110}
$$

式中，A_i 为初始条件确定的积分常数；$\mathrm{Im}(\lambda_i)$ 为特征值 λ_i 的虚部。

在上式中，因为 $\lambda_1 > 0$，通解中存在指数发散项，当 A_1 和 A_2 取不同值时，上式得到的结果代表不同的轨道运动，如图 2.25 所示：

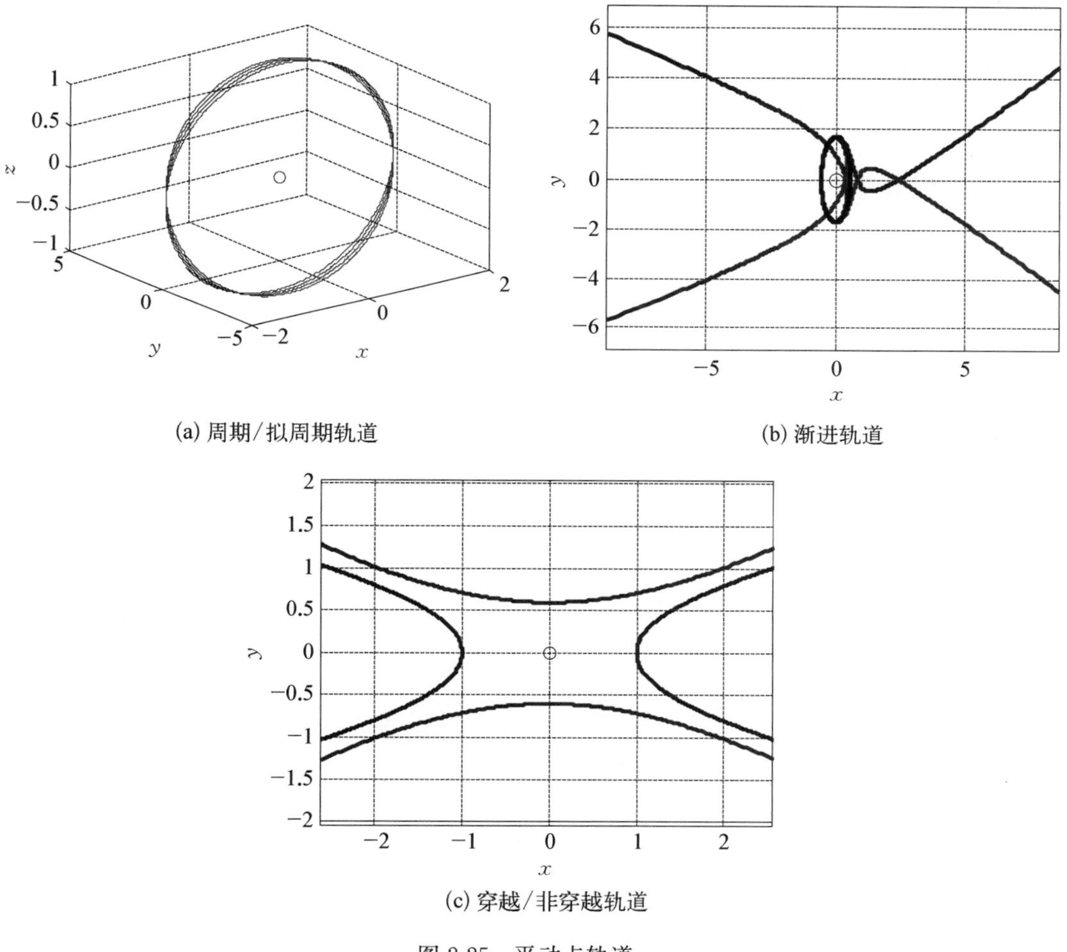

(a) 周期/拟周期轨道

(b) 渐进轨道

(c) 穿越/非穿越轨道

图 2.25 平动点轨道

当 $A_1 = 0$，$A_2 = 0$ 时，对应的为平动点附近拟周期轨道，表示航天器随着时间变化，始终保持在平动点周围做周期性运动；

当 $A_1 = 0$，$A_2 \neq 0$ 时，对应的为渐进稳定轨道，随着时间趋向正无穷，航天器将进入平动点拟周期轨道，时间在负无穷时，航天器在远离平动点位置，表示航天器从远离平动点的位置进入平动点轨道的运动过程；

当 $A_1 \neq 0$, $A_2 = 0$ 时，对应的为渐进不稳定轨道，时间趋向正无穷时，航天器将远离平动点，时间在负无穷时，航天器在平动点附近运动，表示航天器从平动点轨道出发，远离平动点的过程；

当 $A_1 \neq 0$, $A_2 \neq 0$ 时，对应的为穿越/非穿越轨道，时间趋向正无穷和负无穷时，航天器都远离平动点，时间为零时，航天器在平动点周围，表示航天器经过平动点的运动过程。

2.5.9 不规则小天体附近轨道动力学

小天体形状不规则，使得小天体附近轨道动力学建模相对困难。航天器在小天体质点引力、不规则摄动力、环境干扰力和主动控制力作用下会形成周期或拟周期运动轨道。

1. 形状模型

在科学观测阶段，航天器将近距离得到小行星的测量信息并传回地球，地面进行数据处理，并构建小行星的形状模型后，然后将形状模型上传至航天器。

(1) 航天器通过光学导航相机得到小行星的图像信息，地面对图形信息进行处理，从而构建出小行星的形状模型；

(2) 利用激光测距仪或者激光雷达的距离测量信息构建小行星的形状模型。根据测量数据建立的 Eros 外形模型如图 2.26 所示。

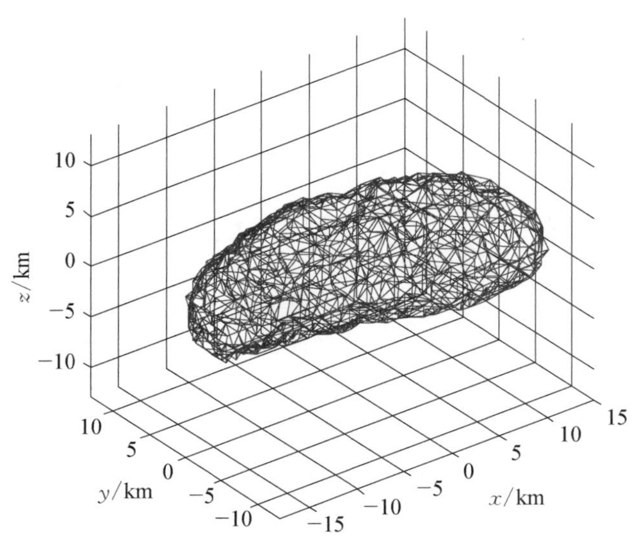

图 2.26 Eros 外形模型

2. 引力势函数

小天体一般都具有不规则外形，其引力势函数可以通过球谐函数近似表示，下面给出了小行星四阶引力势函数模型：

$$V(r,\theta,\varphi)=\frac{\mu_A}{r}\left\{\begin{array}{l}1+\left(\frac{a}{r}\right)^2\left[\frac{1}{2}C_{20}(3\sin^2\varphi-1)+3C_{22}\cos^2\varphi\cos 2\theta\right]\\ +\left(\frac{a}{r}\right)^4\left[\begin{array}{l}\frac{1}{8}C_{40}(35\sin^4\varphi-30\sin^2\varphi+3)\\ +\frac{15}{2}C_{42}\cos^2\varphi(7\sin^2\varphi-1)\cos 2\theta\\ +105C_{44}\cos^2\varphi\cos 4\theta\end{array}\right]\\ +O(r^{-5})\end{array}\right\} \tag{2.111}$$

式中，$\mu_A=GM$ 为万有引力常数和小行星质量的乘积；a 为小行星的名义半径（小行星外切球的半径）；r，θ，φ 分别为小行星体固联坐标系下航天器径向距离、赤经和赤纬。

航天器受到的小行星引力加速度为

$$\boldsymbol{G}=\frac{\partial V}{\partial x}\boldsymbol{i}+\frac{\partial V}{\partial y}\boldsymbol{j}+\frac{\partial V}{\partial z}\boldsymbol{k} \tag{2.112}$$

$$\left\{\begin{array}{l}r=\sqrt{x^2+y^2+z^2}\\ \tan\theta=\frac{y}{x}\\ \sin\varphi=\frac{z}{r}\end{array}\right.,\quad \left\{\begin{array}{l}x=r\cos\varphi\cos\theta\\ y=r\cos\varphi\sin\theta\tan\theta\\ z=r\sin\varphi\end{array}\right. \tag{2.113}$$

$$U_x=\frac{\partial V}{\partial x}=-\frac{\mu_A}{r^3}x\left\{\begin{array}{l}1-\left(\frac{a}{r}\right)^2\left[\frac{3}{2}C_{20}(1-5\sin^2\varphi)+3C_{22}(2-5\cos^2\varphi\cos 2\theta)\right]\\ +\left(\frac{a}{r}\right)^4\left[\begin{array}{l}\frac{5}{8}C_{40}(63\sin^4\varphi-42\sin^2\varphi+3)\\ +\frac{15}{2}C_{42}((2-7\cos 2\theta\cos^2\varphi)-7\sin^2\varphi(2-9\cos 2\theta\cos^2\varphi))\\ +105C_{44}(4(1-\cos 2\theta)\cos^2\varphi+9\cos 4\theta\cos^4\varphi)\end{array}\right]\end{array}\right\} \tag{2.114}$$

$$U_y=\frac{\partial V}{\partial y}=-\frac{\mu_A}{r^3}y\left\{\begin{array}{l}1-\left(\frac{a}{r}\right)^2\left[\frac{3}{2}C_{20}(1-5\sin^2\varphi)-3C_{22}(2+5\cos^2\varphi\cos 2\theta)\right]\\ +\left(\frac{a}{r}\right)^4\left[\begin{array}{l}\frac{5}{8}C_{40}(63\sin^4\varphi-42\sin^2\varphi+3)\\ -\frac{15}{2}C_{42}((2+7\cos 2\theta\cos^2\varphi)-7\sin^2\varphi(2+9\cos 2\theta\cos^2\varphi))\\ +105C_{44}(4(1+2\cos 2\theta)\cos^2\varphi+9\cos 4\theta\cos^4\varphi)\end{array}\right]\end{array}\right\} \tag{2.115}$$

$$U_z=\frac{\partial V}{\partial z}=-\frac{\mu_A}{r^3}z\left\{\begin{aligned}&1-\left(\frac{a}{r}\right)^2\left[\frac{3}{2}C_{20}(3-5\sin^2\varphi)-15C_{22}\cos^2\varphi\cos 2\theta\right]\\&+\left(\frac{a}{r}\right)^4\left[\begin{aligned}&\frac{5}{8}C_{40}(63\sin^4\varphi-70\sin^2\varphi+15)\\&-\frac{315}{2}C_{42}((1-3\sin^2\varphi)\cos 2\theta\cos^2\varphi)\\&+945C_{44}\cos 4\theta\cos^4\varphi\end{aligned}\right]\end{aligned}\right\}\tag{2.116}$$

3. 航天器动力学模型

1）笛卡儿坐标系下航天器动力学方程

定义小行星中心赤道惯性坐标系，原点在小行星中心，x 轴和 y 轴分别沿某历元时刻中间和最小惯量轴方向，z 轴满足右手系法则。

在小行星中心赤道惯性坐标系下，航天器动力学方程为

$$\frac{\mathrm{d}^2\boldsymbol{r}}{\mathrm{d}t^2}=\boldsymbol{U}\tag{2.117}$$

由绝对导数和相对导数之间的数学关系

$$\frac{\mathrm{d}\boldsymbol{r}}{\mathrm{d}t}=\dot{\boldsymbol{r}}+\boldsymbol{\omega}\times\boldsymbol{r}\tag{2.118}$$

其中，$\boldsymbol{\omega}$ 为小行星中心体固联坐标系相对于小行星中心赤道惯性坐标系的旋转角速度。假设小行星自旋轴为最大惯量轴（z 轴），则有

$$\boldsymbol{\omega}=\begin{bmatrix}0\\0\\\omega\end{bmatrix}\tag{2.119}$$

$$\frac{\mathrm{d}^2\boldsymbol{r}}{\mathrm{d}t^2}=\ddot{\boldsymbol{r}}+2\boldsymbol{\omega}\times\dot{\boldsymbol{r}}+\dot{\boldsymbol{\omega}}\times\boldsymbol{r}+\boldsymbol{\omega}\times(\boldsymbol{\omega}\times\boldsymbol{r})\tag{2.120}$$

假设小行星匀速自旋，即 $\dot{\boldsymbol{\omega}}=0$，则有

$$\frac{\mathrm{d}^2\boldsymbol{r}}{\mathrm{d}t^2}=\ddot{\boldsymbol{r}}+2\boldsymbol{\omega}\times\dot{\boldsymbol{r}}+\boldsymbol{\omega}\times(\boldsymbol{\omega}\times\boldsymbol{r})\tag{2.121}$$

小行星体固联坐标系下的航天器动力学方程为

$$\ddot{\boldsymbol{r}}+2\boldsymbol{\omega}\times\dot{\boldsymbol{r}}+\boldsymbol{\omega}\times(\boldsymbol{\omega}\times\boldsymbol{r})=\boldsymbol{U}\tag{2.122}$$

定义小行星体固联坐标系 $\sum^a$：坐标原点 o_a 位于小行星的质心；z_a 轴沿小行星最大惯量轴，x_a 轴沿小行星最小惯量轴，y_a 满足右手法则。为了简单起见，假设小行星自旋轴和最大惯量轴一致。

小行星体固联系中的航天器动力学方程为

$$\begin{cases}\ddot{x}-2\omega\dot{y}-\omega^2 x=T_x+U_x+\Delta_x\\ \ddot{y}+2\omega\dot{x}-\omega^2 y=T_y+U_y+\Delta_y\\ \ddot{z}=T_z+U_z+\Delta_z\end{cases}\tag{2.123}$$

式中,ω 为小行星自旋角速度;T_x, T_y, T_z 为推进器产生的控制加速度;U_x, U_y, U_z 为小行星引力加速度;Δ_x, Δ_y, Δ_z 为未建模加速度。

$$U_x=\frac{\partial V}{\partial x},\ U_y=\frac{\partial V}{\partial y},\ U_z=\frac{\partial V}{\partial z}\tag{2.124}$$

2) 球坐标系下航天器动力学模型

小行星轨道动力学模型为

$$\dot{\boldsymbol{r}}=\boldsymbol{v}\tag{2.125}$$

$$\dot{\boldsymbol{v}}=\boldsymbol{a}-\left(\frac{\mu_{\mathrm{A}}}{r^3}\right)\boldsymbol{r}+\boldsymbol{g}+\boldsymbol{d}\tag{2.126}$$

式中,$\boldsymbol{r}$, $\boldsymbol{v}$ 分别为航天器的位置矢量、速度矢量;$\mu_{\mathrm{A}}=GM_{\mathrm{A}}$ 为万有引力常数和小行星质量的乘积;$\boldsymbol{a}$, $\boldsymbol{g}$, $\boldsymbol{d}$ 分别控制加速度、引力摄动加速度和无模型摄动加速度(太阳光压和第三体引力摄动)。

如图 2.27 所示,定义天体视线球坐标系:ox, oy, oz 分别沿小行星最小、中间和最大惯量轴;将航天器和小行星质心的连线在 oxy 平面上的投影和 ox 轴之间的夹角 θ 定义为视线角,将航天器和小行星质心的连线和它在 oxy 平面上的投影之间的夹角 ϕ 定义为偏离角。

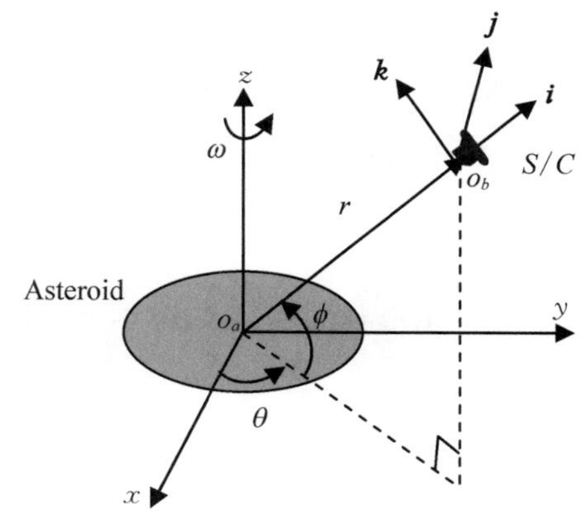

图 2.27 天体视线坐标系

航天器的速度在球坐标可以表示成如下形式:

$$\boldsymbol{v}=\dot{r}\boldsymbol{i}+r\theta\cos\phi\boldsymbol{j}+r\phi\boldsymbol{k}\tag{2.127}$$

从而可得到小行星体固联坐标系下航天器的动力方程(球坐标表示)为

$$\begin{cases}\ddot{r}-r\dot{\phi}^2-r(\omega+\dot{\theta})^2\cos^2\phi=a_r-\dfrac{\mu_A}{r^2}+g_r+\Delta_r\\ r\ddot{\theta}+2\dot{r}(\omega+\dot{\theta})-2r(\omega+\dot{\theta})\dot{\phi}\tan\phi=\dfrac{1}{\cos\phi}(a_\theta+g_\theta+\Delta_\theta)\\ r\ddot{\phi}+2\dot{r}\dot{\phi}+\dfrac{1}{2}(\omega+\dot{\theta})^2\sin 2\phi=a_\phi+g_\phi+\Delta_\phi\end{cases}\tag{2.128}$$

式中,$a_i(i=r, \theta, \phi)$ 为控制加速度项;g_i 为小行星引力摄动加速度项,Δ_i 为未建模摄动加速度项。

3）航天器着陆动力学方程

如图 2.28 所示，定义 $\boldsymbol{r}$ 为小行星中心到航天器的位置矢径；$\boldsymbol{R}_0$ 为小行星中心到着陆坐标系原点 o_l 的矢量；$\boldsymbol{\rho}=[x, y, z]^{\mathrm{T}}$ 为着陆点固联系中航天器的位置矢量；θ、φ 为着陆点固联系原点的赤经、赤纬。

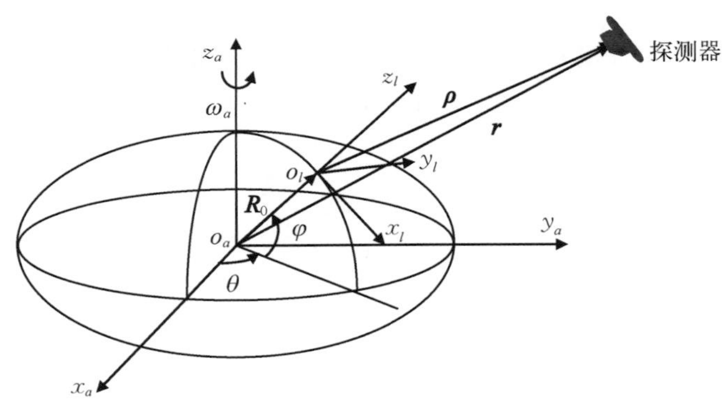

图 2.28 坐标系定义及几何关系

小行星中心体固联坐标系 $o_a-x_ay_az_a$，原点在小行星中心，x_a 轴和 y_a 轴分别沿中间和最小惯量轴方向，z_a 轴满足右手系法则。

小行星中心赤道惯性坐标系 $o_i-x_iy_iz_i$，原点在小行星中心，x_i 轴和 y_i 轴分别沿历元时刻的中间和最小惯量轴方向，z_i 轴满足右手系法则。在小行星中心赤道惯性坐标系下航天器着陆动力学方程为

$$\frac{\mathrm{d}^2\boldsymbol{r}}{\mathrm{d}t^2}=\boldsymbol{F}+\boldsymbol{U} \tag{2.129}$$

式中，$\boldsymbol{F}$ 为控制力加速度，$\boldsymbol{U}$ 为小行星引力加速度，

$$\boldsymbol{U}=\begin{bmatrix}U_x\\U_y\\U_z\end{bmatrix}=\frac{\partial V(\boldsymbol{r})}{\partial \boldsymbol{r}}=\begin{bmatrix}\dfrac{\partial V}{\partial x}\\[2mm]\dfrac{\partial V}{\partial y}\\[2mm]\dfrac{\partial V}{\partial z}\end{bmatrix}_a \tag{2.130}$$

由于导航测量传感器的输出都是航天器相对于预定着陆点或者特征点的信息，因此有必要建立着陆点固联坐标系下的航天器的动力学方程。

定义着陆点固联坐标系 $o_l-x_ly_lz_l$，原点 o_l 位于预定的着陆点，o_lz_l 和从小行星质心指向着陆点矢量 o_bo_l 方向一致。o_lx_l 沿经线的切线方向指向南极方向，o_ly_l 与 o_lx_l，o_lz_l 之间满足右手法则。

由绝对倒数和相对倒数的关系

$$\frac{\mathrm{d}\boldsymbol{r}}{\mathrm{d}t}=\dot{\boldsymbol{r}}+\boldsymbol{\omega}\times\boldsymbol{r} \tag{2.131}$$

$$\frac{\mathrm{d}^2\boldsymbol{r}}{\mathrm{d}t^2}=\ddot{\boldsymbol{r}}+2\boldsymbol{\omega}\times\dot{\boldsymbol{r}}+\dot{\boldsymbol{\omega}}\times\boldsymbol{r}+\boldsymbol{\omega}\times(\boldsymbol{\omega}\times\boldsymbol{r}) \tag{2.132}$$

$$\ddot{\boldsymbol{r}}=\boldsymbol{F}+\boldsymbol{U}-2\boldsymbol{\omega}\times\dot{\boldsymbol{r}}-\dot{\boldsymbol{\omega}}\times\boldsymbol{r}-\boldsymbol{\omega}\times(\boldsymbol{\omega}\times\boldsymbol{r}) \tag{2.133}$$

其中,$\boldsymbol{\omega}$ 为着陆点固联坐标系 $o_l-x_ly_lz_l$ 相对于小行星中心赤道惯性坐标系 $o_i-x_iy_iz_i$ 的旋转角速度矢量;假设小行星沿着最大惯量轴旋转且旋转角速度为 ω_a,则 $\boldsymbol{\omega}$ 可以表示为

$$\boldsymbol{\omega}=\boldsymbol{M}_a^l\begin{bmatrix}0\\0\\\omega_a\end{bmatrix} \tag{2.134}$$

其中,$\boldsymbol{M}_a^l$ 为小行星体固联坐标系到着陆点固联坐标系的坐标转换矩阵,

$$\boldsymbol{M}_a^l=\boldsymbol{A}_y\left(\frac{\pi}{2}-\varphi\right)\cdot\boldsymbol{A}_z(\theta)=\begin{bmatrix}\cos\theta\sin\varphi & \sin\theta\sin\varphi & -\cos\varphi\\ -\sin\theta & \cos\theta & 0\\ \cos\theta\cos\varphi & \sin\theta\cos\varphi & \sin\varphi\end{bmatrix} \tag{2.135}$$

$$\boldsymbol{\omega}=\begin{bmatrix}\omega_1\\\omega_2\\\omega_3\end{bmatrix}=\boldsymbol{M}_a^l\begin{bmatrix}0\\0\\\omega_a\end{bmatrix}=\begin{bmatrix}-\cos\varphi\cdot\omega_a\\0\\\sin\varphi\cdot\omega_a\end{bmatrix} \tag{2.136}$$

由于小行星匀速自旋,即 $\dot{\boldsymbol{\omega}}=0$,则有

$$\ddot{\boldsymbol{r}}=\boldsymbol{F}+\boldsymbol{U}-2\boldsymbol{\omega}\times\dot{\boldsymbol{r}}-\boldsymbol{\omega}\times\boldsymbol{r}-\boldsymbol{\omega}\times(\boldsymbol{\omega}\times\boldsymbol{r}) \tag{2.137}$$

着陆点固联坐标下的相对加速度 $\ddot{\boldsymbol{r}}$,$\boldsymbol{r}$ 在着陆点固联坐标下的描述:

$$\boldsymbol{r}=\boldsymbol{R}_0+\boldsymbol{\rho}=\begin{bmatrix}0\\0\\R_0\end{bmatrix}+\begin{bmatrix}x\\y\\z\end{bmatrix}=\begin{bmatrix}x\\y\\z+R_0\end{bmatrix},\ \dot{\boldsymbol{r}}=\boldsymbol{v}=\begin{bmatrix}v_x\\v_y\\v_z\end{bmatrix}=\begin{bmatrix}\dot{x}\\\dot{y}\\\dot{z}\end{bmatrix},\ \ddot{\boldsymbol{r}}=\begin{bmatrix}\ddot{x}\\\ddot{y}\\\ddot{z}\end{bmatrix} \tag{2.138}$$

控制加速度 $\boldsymbol{F}_l=\begin{bmatrix}F_{l1}\\F_{l2}\\F_{l3}\end{bmatrix}=\boldsymbol{M}_b^l\boldsymbol{F}_b$(喷气/化学推进):

$\boldsymbol{M}_b^l$ 为航天器体系到着陆点固联坐标系的坐标转换矩阵。

小行星引力加速度 $\boldsymbol{U}_l$ 为

$$\boldsymbol{U}_l=\begin{bmatrix}U_{l1}\\U_{l2}\\U_{l3}\end{bmatrix}=\boldsymbol{M}_a^l\boldsymbol{U}_a=\boldsymbol{M}_a^l\begin{bmatrix}U_x\\U_y\\U_z\end{bmatrix}_a \tag{2.139}$$

离心惯性加速度项和哥氏惯性加速度项可表示为

$$\boldsymbol{a}_e=\boldsymbol{\omega}\times(\boldsymbol{\omega}\times\boldsymbol{r})=\boldsymbol{A}\begin{bmatrix}x\\y\\z+R_0\end{bmatrix}\tag{2.140}$$

$$\boldsymbol{a}_k=2\boldsymbol{\omega}\times\boldsymbol{v}=2\boldsymbol{\omega}\times\dot{\boldsymbol{r}}=\boldsymbol{B}\begin{bmatrix}\dot{x}\\\dot{y}\\\dot{z}\end{bmatrix}\tag{2.141}$$

$$\boldsymbol{A}=\begin{bmatrix}-\omega_2^2 & -\omega_3^2 & \omega_1\omega_2 & \omega_1\omega_3\\\omega_1\omega_2 & -\omega_1^2 & -\omega_3^2 & \omega_2\omega_3\\\omega_1\omega_3 & \omega_2\omega_3 & -\omega_1^2 & -\omega_2^2\end{bmatrix}\tag{2.142}$$

$$\boldsymbol{B}=\begin{bmatrix}0 & -2\omega_3 & 2\omega_2\\2\omega_3 & 0 & -2\omega_1\\-2\omega_2 & 2\omega_1 & 0\end{bmatrix}\tag{2.143}$$

其中，$[\boldsymbol{\omega}^{\times}]$是斜矩阵。

综上所述，有

$$\begin{bmatrix}\ddot{x}\\\ddot{y}\\\ddot{z}\end{bmatrix}=\begin{bmatrix}F_{l1}\\F_{l2}\\F_{l3}\end{bmatrix}+\begin{bmatrix}U_{l1}\\U_{l2}\\U_{l3}\end{bmatrix}-\boldsymbol{B}\begin{bmatrix}\dot{x}\\\dot{y}\\\dot{z}\end{bmatrix}-\boldsymbol{A}\begin{bmatrix}x\\y\\z+R_0\end{bmatrix}\tag{2.144}$$

$$\begin{aligned}\begin{bmatrix}\ddot{x}\\\ddot{y}\\\ddot{z}\end{bmatrix}=&\begin{bmatrix}F_{l1}\\F_{l2}\\F_{l3}\end{bmatrix}+\begin{bmatrix}U_{l1}\\U_{l2}\\U_{l3}\end{bmatrix}-\begin{bmatrix}0 & -2\omega_3 & 2\omega_2\\2\omega_3 & 0 & -2\omega_1\\-2\omega_2 & 2\omega_1 & 0\end{bmatrix}\begin{bmatrix}\dot{x}\\\dot{y}\\\dot{z}\end{bmatrix}\\&-\begin{bmatrix}-\omega_2^2-\omega_3^2 & \omega_1\omega_2 & \omega_1\omega_3\\\omega_1\omega_2 & -\omega_1^2-\omega_3^2 & \omega_2\omega_3\\\omega_1\omega_3 & \omega_2\omega_3 & -\omega_1^2-\omega_2^2\end{bmatrix}\begin{bmatrix}x\\y\\z+R_0\end{bmatrix}\end{aligned}\tag{2.145}$$

$$\begin{bmatrix}\ddot{x}\\\ddot{y}\\\ddot{z}\end{bmatrix}=\begin{bmatrix}F_{l1}\\F_{l2}\\F_{l3}\end{bmatrix}+\begin{bmatrix}U_{l1}\\U_{l2}\\U_{l3}\end{bmatrix}-\begin{bmatrix}-2\omega_3\dot{y}+2\omega_2\dot{z}\\2\omega_3\dot{x}-2\omega_1\dot{z}\\-2\omega_2\dot{x}+2\omega_1\dot{y}\end{bmatrix}-\begin{bmatrix}-(\omega_2^2+\omega_3^2)x+\omega_1\omega_2 y+\omega_1\omega_3(z+R_0)\\\omega_1\omega_2 x-(\omega_1^2+\omega_2^2)y+\omega_2\omega_3(z+R_0)\\\omega_1\omega_3 x+\omega_2\omega_3 z-(\omega_1^2+\omega_2^2)(z+R_0)\end{bmatrix}\tag{2.146}$$

$$\begin{bmatrix}\ddot{x}-2\omega_3\dot{y}+2\omega_2\dot{z}-(\omega_2^2+\omega_3^2)x+\omega_1\omega_2 y+\omega_1\omega_3(z+R_0)\\\ddot{y}+2\omega_3\dot{x}-2\omega_1\dot{z}+\omega_1\omega_2 x-(\omega_1^2+\omega_3^2)y+\omega_2\omega_3(z+R_0)\\\ddot{z}-2\omega_2\dot{x}+2\omega_1\dot{y}+\omega_1\omega_3 x+\omega_2\omega_3 z-(\omega_1^2+\omega_2^2)(z+R_0)\end{bmatrix}=\begin{bmatrix}F_{l1}+U_{l1}\\F_{l2}+U_{l2}\\F_{l3}+U_{l3}\end{bmatrix}\tag{2.147}$$

将 $\boldsymbol{\omega}=\begin{bmatrix}\omega_1\\ \omega_2\\ \omega_3\end{bmatrix}=\begin{bmatrix}-\cos\varphi\cdot\omega_a\\ 0\\ \sin\varphi\cdot\omega_a\end{bmatrix}$ 代入上式中，有

$$\begin{bmatrix}\ddot{x}-2\omega_3\dot{y}-\omega_3^2x+\omega_1\omega_3(z+R_0)\\ \ddot{y}+2\omega_3\dot{x}-2\omega_1\dot{z}-(\omega_1^2+\omega_3^2)y+\omega_2\omega_3(z+R_0)\\ \ddot{z}+2\omega_1\dot{y}+\omega_1\omega_3x-\omega_1^2(z+R_0)\end{bmatrix}=\begin{bmatrix}F_{l1}+U_{l1}\\ F_{l2}+U_{l2}\\ F_{l3}+U_{l3}\end{bmatrix}\tag{2.148}$$

$$\begin{bmatrix}\ddot{x}-2\omega_a\sin\varphi\dot{y}-\omega_a^2\sin^2\varphi x-\omega_a^2\sin\varphi\cos\varphi(z+R_0)\\ \ddot{y}+2\omega_a\sin\varphi\dot{x}+2\omega_a\cos\varphi\dot{z}-\omega_a^2y\\ \ddot{z}-2\omega_a\cos\varphi\dot{y}-\omega_a^2\sin\varphi\cos\varphi x-\omega_a^2\cos^2\varphi(z+R_0)\end{bmatrix}=\begin{bmatrix}F_{l1}+U_{l1}\\ F_{l2}+U_{l2}\\ F_{l3}+U_{l3}\end{bmatrix}\tag{2.149}$$

当 $R_0=0$，$\varphi=\dfrac{\pi}{2}$ 时，上述方程退化为小行星体固联坐标系下的着陆动力学方程

$$\begin{bmatrix}\ddot{x}-2\omega_a\dot{y}-\omega_a^2x\\ \ddot{y}+2\omega_a\dot{x}-\omega_a^2y\\ \ddot{z}\end{bmatrix}=\begin{bmatrix}F_{l1}+U_{l1}\\ F_{l2}+U_{l2}\\ F_{l3}+U_{l3}\end{bmatrix}\tag{2.150}$$

2.5.10 大气气动捕获轨道动力学模型

大气气动捕获是利用行星大气的阻力作用来降低速度，从而使航天器进入预定轨道，该过程不需要消耗燃料，可以显著降低速度增量需求。以金星为例，气动捕获过程如图 2.29 所示。

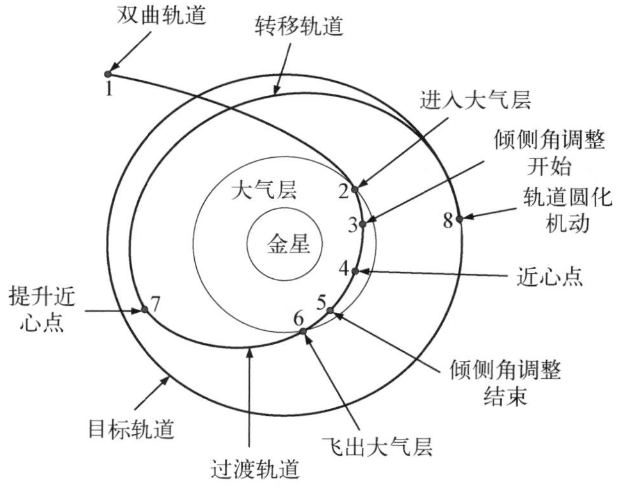

图 2.29 金星气动捕获示意图

设金星为均匀球体，不考虑金星自转、公转及偏心率的影响，将航天器视为刚体，其动力学方程为

$$\dot{r}=v\sin\gamma \tag{2.151}$$

$$\dot{\theta}=\frac{v\cos\gamma\sin\psi}{r\cos\lambda} \tag{2.152}$$

$$\dot{\lambda}=\frac{v}{r}\cos\gamma\cos\psi \tag{2.153}$$

$$\dot{v}=-D-g\sin\gamma+d_3 \tag{2.154}$$

$$\dot{\gamma}=\left(\frac{v}{r}-\frac{g}{v}\right)\cos\gamma+\frac{L\cos\phi}{v}+d_4 \tag{2.155}$$

$$\dot{\psi}=\frac{v}{r}\cos\gamma\sin\psi\tan\lambda+\frac{L\sin\phi}{v\cos\gamma} \tag{2.156}$$

式中，r，θ，λ，v，γ，ψ，ϕ 分别为中心半径距离、经度、纬度、速度、飞行路径角、航向角、倾侧角。D，L 为阻力加速度和升力加速度：

$$D=\frac{1}{2}\rho v^2 C_D S/m \tag{2.157}$$

$$L=\frac{1}{2}\rho v^2 C_L S/m \tag{2.158}$$

式中，C_D 为阻力系数；C_L 为升力系数；S 为参考面积；m 为航天器质量；d_3，d_4 为外界未知扰动；ρ 为大气密度，可表示为高度的指数函数

$$\rho=\rho_0 e^{(-h/h_s)} \tag{2.159}$$

式中，ρ_0 为金星表面大气密度；h_s 为标高；$g=\mu/r^2$ 为金星重力加速度；μ 是金星引力常数。

2.5.11 大气气动减速轨道动力学模型

大气气动减速方法利用行星上层大气的阻力作用来改变航天器的速度，从而使航天器达到预定轨道。以火星为例，航天器进入环火大椭圆轨道后，通过改变近火点的高度，使轨道近火点处于火星上层大气中。当航天器经过近火点附近时，利用大气与航天器的摩擦阻力来减缓运行速度，从而降低远火点的高度。通过一系列这样的减速过程后，再将近火点高度提高到火星大气层外，最终实现航天器减速至预定轨道运行，整个大气气动减速过程如图 2.30 所示。

航天器在大气层外时，在火星惯性坐标系下描述航天器的运动状态。当轨道高度低于 125 km 时，大气密度大于 2×10^{-8} kg/m^3，气动力大于引力的 $1/10^5$，认为航天器已进入火星大气。航天器进入火星大气后，在火星固联坐标系下描述航天器的运动状态。气动力和力矩的计算是在航天器本体坐标系下进行的，应用时需要转换到火星固联坐标系下。

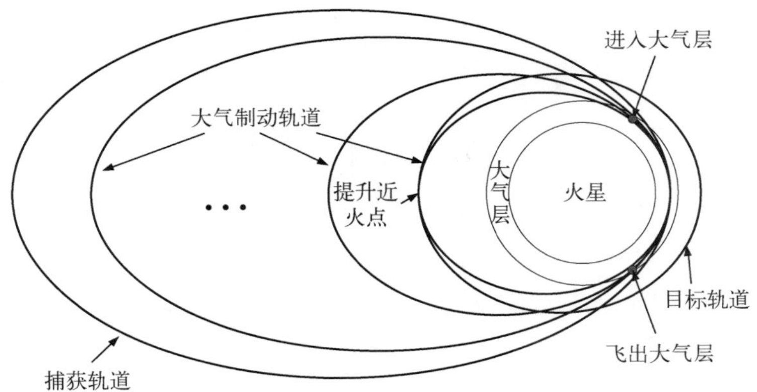

图 2.30　火星大气气动减速原理图

在大气层内，火星固联坐标系下的轨道动力学方程为

$$\dot{\delta}=\frac{V\cos\gamma\cos\chi}{r\cos\lambda} \tag{2.160}$$

$$\dot{\lambda}=\frac{V\cos\gamma\sin\chi}{r} \tag{2.161}$$

$$\dot{r}=V\sin\gamma \tag{2.162}$$

$$\dot{V}=-\frac{\mu}{r^2}\sin\gamma+\frac{T\cos\alpha-D}{m}+\Omega^2 r\cos\lambda(\sin\gamma\cos\lambda-\cos\gamma\sin\chi\sin\lambda) \tag{2.163}$$

$$\begin{aligned}\dot{\gamma}=&\left(\frac{V}{r}-\frac{\mu}{r^2V}\right)\cos\gamma+\frac{T\sin\alpha+L}{Vm}\cos\sigma+2\Omega\cos\chi\cos\lambda\\&+\frac{\Omega^2 r\cos\lambda(\cos\gamma\cos\lambda+\sin\gamma\sin\chi\sin\lambda)}{V}\end{aligned} \tag{2.164}$$

$$\begin{aligned}\dot{\chi}=&\frac{-V\cos\gamma\cos\chi\tan\lambda}{r}+\frac{(T\sin\alpha+L)\sin\sigma}{mV\cos\gamma}\\&+2\Omega(\tan\gamma\sin\chi\cos\lambda-\sin\lambda)-\frac{\Omega^2 r\cos\chi\cos\lambda\sin\lambda}{V\cos\gamma}\end{aligned} \tag{2.165}$$

式中，δ 为经度；λ 为纬度；r 为航天器到火心的距离；V 为航天器的速度；γ 为轨迹倾角；χ 为航向角；T 为推力；D 为气动阻力；L 为气动升力；Ω 为火星自转角速度；α 为攻角；σ 为滚转角；m 为航天器质量。

在大气层外，在惯性系下描述航天器的运动：

$$\dot{\delta}^*=\frac{V^*\cos\gamma^*\cos\chi^*}{r^*\cos\lambda^*} \tag{2.166}$$

$$\dot{\lambda}^*=\frac{V^*\cos\gamma^*\sin\chi^*}{r^*} \tag{2.167}$$

$$\dot{r}^*=V^*\sin\gamma^* \tag{2.168}$$

$$\dot{V}^* = -\frac{\mu}{r^2}\sin\gamma^* + \frac{T}{m} \tag{2.169}$$

$$\dot{\gamma}^* = \left(\frac{V^*}{r^*} - \frac{\mu}{r^2 V^*}\right)\cos\gamma^* \tag{2.170}$$

$$\dot{\chi}^* = \frac{-V^*\cos\gamma^*\cos\chi^*\tan\lambda^*}{r^*} \tag{2.171}$$

式中，δ^* 为赤经，λ^* 为赤纬，r^* 为航天器到火心的距离，V^* 为航天器的速度，γ^* 为轨迹倾角，χ^* 为航向角，T 为推力。

2.6 天文导航原理

天文导航的基本原理是通过观测已知运动规律的导航目标源的特征，对航天器当前位置和速度进行估计。根据观测量的不同类型，天文导航可分为测角导航、测距导航与测速导航。

2.6.1 天文测角导航原理

天文测角导航观测量为天体视线方向之间的夹角，目标源包括恒星、行星、小行星、行星卫星等。通过几何解算或结合轨道动力学得到航天器的位置和速度。

1. 以太阳/行星与两颗背景恒星之间的夹角为观测量

设有惯性坐标系 $oxyz$（图 2.31）。测角导航源包括太阳、恒星 1、恒星 2 和行星。太阳位于坐标原点；恒星 1 和恒星 2 的惯性指向已知；行星星历已知。

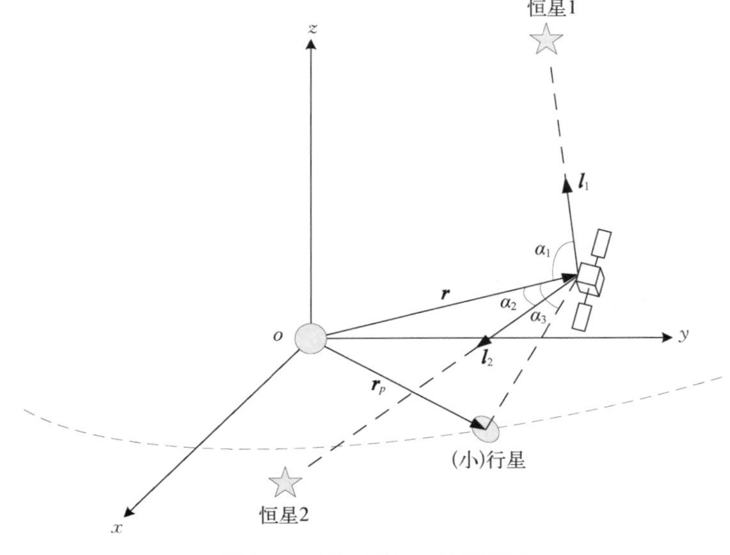

图 2.31　天文测角导航原理 1

设测角导航敏感器测得太阳方向与恒星1之间的夹角为α_1、太阳与恒星2之间的夹角为α_2，太阳方向与行星之间的夹角为α_3。根据空间几何关系，有

$$\begin{cases}\dfrac{\boldsymbol{r}\cdot\boldsymbol{l}_1}{r}=-\cos\alpha_1\\[2ex]\dfrac{\boldsymbol{r}\cdot\boldsymbol{l}_2}{r}=-\cos\alpha_2\\[2ex]\dfrac{\boldsymbol{r}}{r}\cdot\dfrac{\boldsymbol{r}_p-\boldsymbol{r}}{|\boldsymbol{r}_p-\boldsymbol{r}|}=-\cos\alpha_3\end{cases}\tag{2.172}$$

式中，$\boldsymbol{l}_1$为恒星1方向单位矢量；$\boldsymbol{l}_2$为恒星2方向单位矢量；$\boldsymbol{r}$为航天器相对于太阳的位置矢量，$r=|\boldsymbol{r}|$；$\boldsymbol{r}_p$为行星相对于太阳的位置矢量。表示成x、y、z分量形式后，有

$$\begin{cases}\dfrac{r_x l_{1x}+r_y l_{1y}+r_z l_{1z}}{\sqrt{r_x^2+r_y^2+r_z^2}}=-\cos\alpha_1\\[2ex]\dfrac{r_x l_{2x}+r_y l_{2y}+r_z l_{2z}}{\sqrt{r_x^2+r_y^2+r_z^2}}=-\cos\alpha_2\\[2ex]\dfrac{r_x(r_{px}-r_x)+r_y(r_{py}-r_z)+r_z(r_{pz}-r_z)}{\sqrt{r_x^2+r_y^2+r_z^2}\sqrt{(r_{px}-r_x)^2+(r_{py}-r_y)^2+(r_{pz}-r_z)^2}}=-\cos\alpha_3\end{cases}\tag{2.173}$$

式中包含r_x、r_y和r_z为未知量，通过上述方程组可以求解出航天器在日心惯性系中的位置矢量$\boldsymbol{r}=[r_x, r_y, r_z]^{\mathrm{T}}$。式中仅包含了位置信息，无法对速度进行求解。可见，测角导航无法通过几何解算获得速度信息，仅能通过位置微分间接获得。

2. 以两颗行星与三颗背景恒星之间的夹角为观测量

设有惯性坐标系$oxyz$（图2.32）。测角导航源包括行星1、行星2和恒星1、恒星2、恒星3。三颗恒星的惯性指向已知，单位矢量分别为$\boldsymbol{s}_1$、$\boldsymbol{s}_2$、$\boldsymbol{s}_3$；两颗行星的星历已知，设行星1指向航天器的单位矢量为$\boldsymbol{L}_1$，行星2指向航天器的单位矢量为$\boldsymbol{L}_2$。

设测角导航敏感器测得行星1与恒星1之间的夹角为α_1，与恒星2之间的夹角为α_2，与恒星3之间的夹角为α_3。一般认为恒星处于无穷远，则$\boldsymbol{L}_1$与$\boldsymbol{s}_1$夹角为$\beta_1=180^\circ-\alpha_1$，$\boldsymbol{L}_1$与$\boldsymbol{s}_2$夹角为$\beta_2=180^\circ-\alpha_2$。$\boldsymbol{L}_1$与$\boldsymbol{s}_3$夹角为$\beta_3=180^\circ-\alpha_3$，根据余弦定理，有

$$\begin{cases}\boldsymbol{L}_1\cdot\boldsymbol{s}_1=-\cos\alpha_1\\ \boldsymbol{L}_1\cdot\boldsymbol{s}_2=-\cos\alpha_2\\ \boldsymbol{L}_1\cdot\boldsymbol{s}_3=-\cos\alpha_3\end{cases}\tag{2.174}$$

$$\begin{cases}s_{1x}l_{1x}+s_{1y}l_{1y}+s_{1z}l_{1z}=-\cos\alpha_1\\ s_{2x}l_{1x}+s_{2y}l_{1y}+s_{2z}l_{1z}=-\cos\alpha_2\\ s_{3x}l_{1x}+s_{3y}l_{1y}+s_{3z}l_{1z}=-\cos\alpha_3\end{cases}\tag{2.175}$$

从上式可得解得$\boldsymbol{L}_1$为

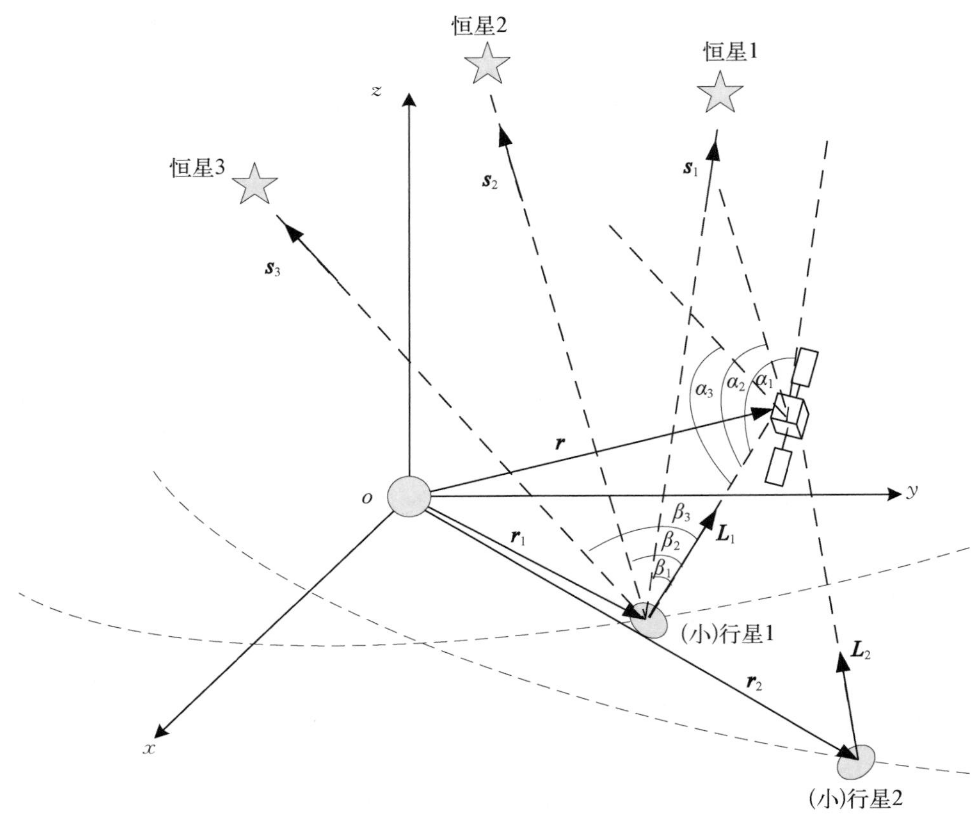

图 2.32　天文测角导航原理 2

$$\boldsymbol{L}_1=\begin{pmatrix}l_{1x}\\l_{1y}\\l_{1z}\end{pmatrix}=-\boldsymbol{S}^{-1}\begin{pmatrix}\cos\alpha_1\\\cos\alpha_2\\\cos\alpha_3\end{pmatrix}\tag{2.176}$$

其中，

$$\boldsymbol{S}=\begin{pmatrix}s_{1x}&s_{1x}&s_{1x}\\s_{2y}&s_{2y}&s_{2y}\\s_{3z}&s_{3z}&s_{3z}\end{pmatrix}\tag{2.177}$$

同理，利用行星 2 可得航天器指向行星 2 的单位矢量 $\boldsymbol{L}_2$。当两次观测的误差均为零时，则 $\boldsymbol{L}_1$ 与 $\boldsymbol{L}_2$ 必将交于航天器所在的位置。当存在观测误差时，可根据如下关系式求解航天器位置：

$$\boldsymbol{r}=\boldsymbol{r}_1+\rho_1\boldsymbol{L}_1=\boldsymbol{r}_2+\rho_2\boldsymbol{L}_2\tag{2.178}$$

式中，$\boldsymbol{r}$ 为航天器在惯性坐标系中的位置矢量；$\boldsymbol{r}_1$ 和 $\boldsymbol{r}_2$ 分别为行星 1 和行星 2 的位置矢量；ρ_1 和 ρ_2 分别为行星 1 和行星 2 到航天器的距离。整理上式可得

$$\rho_1\boldsymbol{L}_1-\rho_2\boldsymbol{L}_2=\boldsymbol{r}_2-\boldsymbol{r}_1\tag{2.179}$$

改写为分量形式，有

$$\begin{pmatrix} l_{1x}-l_{2x} \\ l_{1y}-l_{2y} \\ l_{1z}-l_{2z} \end{pmatrix} \begin{pmatrix} \rho_1 \\ \rho_2 \end{pmatrix} = \begin{pmatrix} r_{2x}-r_{1x} \\ r_{2y}-r_{1y} \\ r_{2z}-r_{1z} \end{pmatrix} \tag{2.180}$$

其中，ρ_1和ρ_2可通过下式求出：

$$\begin{pmatrix} \rho_1 \\ \rho_2 \end{pmatrix} = \frac{1}{\sin^2\Theta}\begin{pmatrix} 1 & \cos\Theta \\ \cos\Theta & 1 \end{pmatrix}\begin{pmatrix} L_1^{\mathrm{T}} \\ -L_2^{\mathrm{T}} \end{pmatrix}(\boldsymbol{r}_2-\boldsymbol{r}_1) \tag{2.181}$$

式中，$\cos\Theta=\boldsymbol{L}_1\cdot\boldsymbol{L}_2$。将$\rho_1$或$\rho_2$代入上式可得$\boldsymbol{r}$。

2.6.2 天文测距导航原理

天文测距导航通过测量航天器与导航天体之间的相对距离，来解算航天器在惯性坐标系下的位置和速度。已知三颗导航天体在惯性坐标系$oxyz$下的位置矢量$\boldsymbol{r}_1$、$\boldsymbol{r}_2$和$\boldsymbol{r}_3$，设航天器的位置矢量为$\boldsymbol{r}$，航天器指向三个导航天体的矢量为$\boldsymbol{s}_1$、$\boldsymbol{s}_2$和$\boldsymbol{s}_3$(图 2.33)。

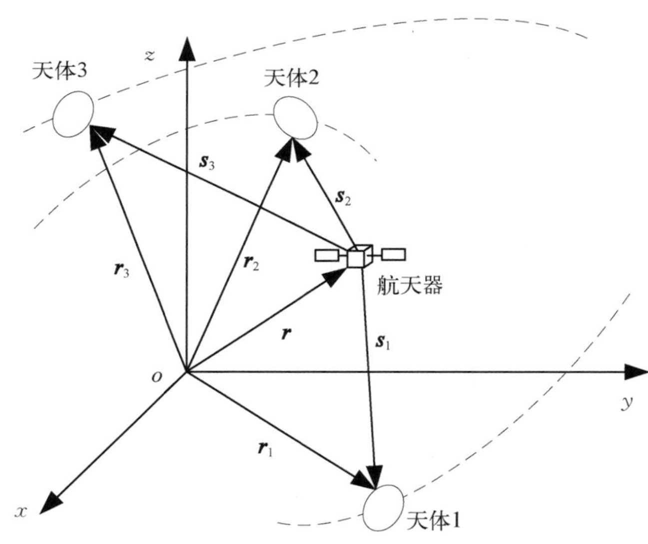

图 2.33　天文测距导航原理

在理想情况下(测量误差为零)，以导航天体为球心，以s_1、s_2和s_3为半径的三个球面将交于两点，其中一个即为航天器的位置。根据空间几何关系，有

$$\begin{cases} |\boldsymbol{s}_1|=|\boldsymbol{r}_1-\boldsymbol{r}| \\ |\boldsymbol{s}_2|=|\boldsymbol{r}_2-\boldsymbol{r}| \\ |\boldsymbol{s}_3|=|\boldsymbol{r}_3-\boldsymbol{r}| \end{cases} \tag{2.182}$$

$\boldsymbol{s}_1$、$\boldsymbol{s}_2$和$\boldsymbol{s}_3$可以根据光速和传播时间得到

$$s_i = |\boldsymbol{s}_i| = c(T_{ui} - T_{si}) = c\Delta T_i, \quad i = 1, 2, 3 \tag{2.183}$$

式中，c 为光在真空中的传播速度；T_u 为电磁波信号离开第 i 个导航天体的时刻；T_s 为航天器接收到第 i 个导航天体所发出的信号的时刻；ΔT_i 为 T_{ui} 与 T_{si} 在同一时间基准下的间隔。将式(2.183)写为分量形式

$$\begin{cases} s_1 = \sqrt{(r_{1x} - r_x)^2 + (r_{1y} - r_y)^2 + (r_{1z} - r_z)^2} \\ s_2 = \sqrt{(r_{2x} - r_x)^2 + (r_{2y} - r_y)^2 + (r_{2z} - r_z)^2} \\ s_3 = \sqrt{(r_{3x} - r_x)^2 + (r_{3y} - r_y)^2 + (r_{3z} - r_z)^2} \end{cases} \tag{2.184}$$

通过求解上式方程组可以求得航天器在惯性坐标系下的位置 $\boldsymbol{r} = (r_x, r_y, r_z)^{\mathrm{T}}$，可以通过线性化迭代的方法求解式。设已知航天器在惯性坐标系下的标称位置 $\boldsymbol{r}^* = (r_x^*, r_y^*, r_z^*)^{\mathrm{T}}$，标称位置与真实位置之间的差为 $\Delta\boldsymbol{r} = (\Delta r_x, \Delta r_y, \Delta r_z)^{\mathrm{T}}$，则有

$$\boldsymbol{r} = \boldsymbol{r}^* + \Delta\boldsymbol{r} \tag{2.185}$$

标称值同样满足关系

$$\begin{aligned} s_i^* &= \sqrt{(r_{ix} - r_x^*)^2 + (r_{iy} - r_y^*)^2 + (r_{iz} - r_z^*)^2} \\ &= f(r_x^*, r_y^*, r_z^*), \quad i = 1, 2, 3 \end{aligned} \tag{2.186}$$

根据真实值与标称值之间的关系，有

$$s_i^* = f(r_x, r_y, r_z) = f(r_x^* + \Delta r_x, r_y^* + \Delta r_y, r_z^* + \Delta r_z) \tag{2.187}$$

将式(2.187)在标称点 $\boldsymbol{r}^* = (r_x^*, r_y^*, r_z^*)^{\mathrm{T}}$ 附近作泰勒展开，并省略二阶偏导项，有

$$\begin{aligned} & f(r_x^* + \Delta r_x, r_y^* + \Delta r_y, r_z^* + \Delta r_z) \\ = & f(r_x^*, r_y^*, r_z^*) + \frac{\partial f(r_x^*, r_y^*, r_z^*)}{\partial r_x^*}\Delta r_x + \frac{\partial f(r_x^*, r_y^*, r_z^*)}{\partial r_y^*}\Delta r_y \\ & + \frac{\partial f(r_x^*, r_y^*, r_z^*)}{\partial r_z^*}\Delta r_z + \cdots \end{aligned} \tag{2.188}$$

式中，

$$\begin{aligned} \frac{\partial f(r_x^*, r_y^*, r_z^*)}{\partial r_x^*} &= -\frac{r_{ix} - r_x^*}{s_i^*} \\ \frac{\partial f(r_x^*, r_y^*, r_z^*)}{\partial r_y^*} &= -\frac{r_{iy} - r_y^*}{s_i^*} \\ \frac{\partial f(r_x^*, r_y^*, r_z^*)}{\partial r_z^*} &= -\frac{r_{iz} - r_z^*}{s_i^*} \end{aligned} \tag{2.189}$$

将式(2.186)和式(2.189)代入式(2.188)，得

$$s_i = s_i^* - \frac{r_{ix} - r_x^*}{s_i^*}\Delta r_x - \frac{r_{iy} - r_y^*}{s_i^*}\Delta r_y - \frac{r_{iz} - r_z^*}{s_i^*}\Delta r_z \tag{2.190}$$

令 $\Delta s_i = s_i^* - s_i$，$a_{xi} = \dfrac{r_{ix} - r_x^*}{s_i^*}$，$a_{yi} = \dfrac{r_{iy} - r_y^*}{s_i^*}$，$a_{zi} = \dfrac{r_{iz} - r_z^*}{s_i^*}$，式(2.190)可简化为

$$\Delta s_i = a_{xi}\Delta r_x + a_{yi}\Delta r_y + a_{zi}\Delta r_z, \quad i = 1, 2, 3 \tag{2.191}$$

求解上述线性方程组，得到真实位置关于标称位置的偏差值

$$\Delta \boldsymbol{r} = \boldsymbol{H}^{-1}\Delta \boldsymbol{s} \tag{2.192}$$

式中，

$$\Delta \boldsymbol{r} = \begin{pmatrix} \Delta r_x \\ \Delta r_y \\ \Delta r_z \end{pmatrix} \tag{2.193}$$

$$\boldsymbol{H} = \begin{pmatrix} a_{x1} & a_{y1} & a_{z1} \\ a_{x2} & a_{y2} & a_{z2} \\ a_{x3} & a_{y3} & a_{z3} \end{pmatrix} \tag{2.194}$$

$$\Delta \boldsymbol{s} = \begin{pmatrix} \Delta s_1 \\ \Delta s_2 \\ \Delta s_3 \end{pmatrix} \tag{2.195}$$

将式(2.192)的计算结果代入式(2.185)，即得到航天器在惯性坐标系下的位置。航天器的速度可通过位置的微分或差分获得

$$\boldsymbol{v} = \frac{\mathrm{d}\boldsymbol{r}}{\mathrm{d}\boldsymbol{t}} \approx \frac{\boldsymbol{r}(t_2) - \boldsymbol{r}(t_1)}{t_2 - t_1} \tag{2.196}$$

2.6.3 天文测速导航原理

天文测速自主导航是一种新型天文导航方法。航天器在接收恒星光谱时，若航天器相对于恒星的位置是静止的，那么航天器上接收的恒星光谱就是恒定的，若航天器相对于恒星的位置是变化的(视线方向接近或远离)，那么所接收的光谱就会有波长的漂移，波长的漂移表现在光谱上就是谱线的移动。

天文测速自主导航是航天器通过测量太阳或恒星特征谱线的多普勒频移，获取航天器与恒星的相对运动速度，对速度积分获得位置，利用几何解析的方法或结合轨道动力学滤波解算航天器位置、速度等导航信息，天文测速导航的基本原理如图2.34所示。

根据多普勒原理，波长的漂移量与航天器相对于恒星位置静止时的波长之比等于视向速度与光速之比，即

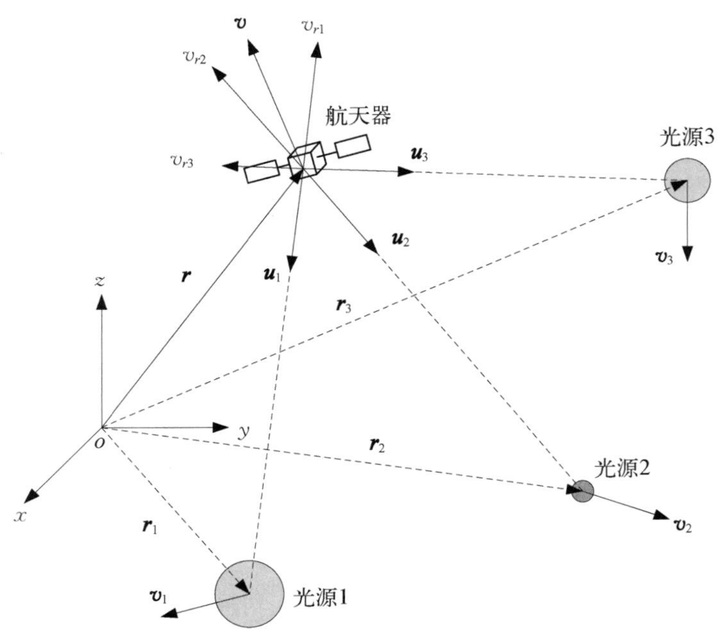

图 2.34　天文测速导航原理

$$\frac{v_r}{c}=\frac{\Delta\lambda}{\lambda_0} \tag{2.197}$$

$$v_r=\frac{\Delta\lambda}{\lambda_0}c \tag{2.198}$$

式中，v_r 为航天器与光源的视向速度(靠近时为正，远离时为负)；c 为真空中的光速；$\Delta\lambda$ 为波长漂移量。利用测速导航敏感器，可以得到航天器沿三个光源视线方向的速度值 v_{r1}、v_{r2} 和 v_{r3}。根据矢量合成原理，可得航天器在惯性系下的速度矢量 $\boldsymbol{v}$。在已知航天器位置初值 $\boldsymbol{r}_0$ 的情况下，可通过积分得到航天器任意时刻下的位置 $\boldsymbol{r}$。

设 $\boldsymbol{v}_1$，$\boldsymbol{v}_2$，$\boldsymbol{v}_3$ 为三个导航天体在惯性系下的速度，$\boldsymbol{u}_1$，$\boldsymbol{u}_2$，$\boldsymbol{u}_3$ 为航天器指向三个导航天体的单位方向矢量。$\boldsymbol{v}_1$，$\boldsymbol{v}_2$，$\boldsymbol{v}_3$ 可由恒星星历给出，$\boldsymbol{u}_1$，$\boldsymbol{u}_2$，$\boldsymbol{u}_3$ 可由导航敏感器测得。根据几何关系有

$$\begin{cases} v_{r1}=(\boldsymbol{v}-\boldsymbol{v}_1)\cdot\boldsymbol{u}_1 \\ v_{r2}=(\boldsymbol{v}-\boldsymbol{v}_2)\cdot\boldsymbol{u}_2 \\ v_{r3}=(\boldsymbol{v}-\boldsymbol{v}_3)\cdot\boldsymbol{u}_3 \end{cases} \tag{2.199}$$

令 $\boldsymbol{v}=[v_x, v_y, v_z]^{\mathrm{T}}$，$\boldsymbol{u}_i=[u_{ix}, u_{iy}, u_{iz}]^{\mathrm{T}}$，$\boldsymbol{v}_i=[v_{ix}, v_{iy}, v_{iz}]^{\mathrm{T}}(i=1, 2, 3)$。将式(2.199)写成 x、y、z 分量形式，有

$$\begin{cases} v_x u_{1x}+v_y u_{1y}+v_z u_{1z}=v_{r1}+v_{1x}u_{1x}+v_{1y}u_{1y}+v_{1z}u_{1z} \\ v_x u_{2x}+v_y u_{2y}+v_z u_{2z}=v_{r2}+v_{2x}u_{2x}+v_{2y}u_{2y}+v_{2z}u_{2z} \\ v_x u_{3x}+v_y u_{3y}+v_z u_{3z}=v_{r3}+v_{3x}u_{3x}+v_{3y}u_{3y}+v_{3z}u_{3z} \end{cases} \tag{2.200}$$

上式等价于

$$\begin{pmatrix} u_{1x} & u_{1y} & u_{1z} \\ u_{2x} & u_{2y} & u_{2z} \\ u_{3x} & u_{3y} & u_{3z} \end{pmatrix} \begin{pmatrix} v_z \\ v_y \\ v_z \end{pmatrix} = \begin{pmatrix} v_{r1} + v_{1x}u_{1x} + v_{1y}u_{1y} + v_{1z}u_{1z} \\ v_{r2} + v_{2x}u_{2x} + v_{2y}u_{2y} + v_{2z}u_{2z} \\ v_{r3} + v_{3x}u_{3x} + v_{3y}u_{3y} + v_{3z}u_{3z} \end{pmatrix} \tag{2.201}$$

写成矢量形式

$$(\boldsymbol{u}_1, \boldsymbol{u}_2, \boldsymbol{u}_3)^{\mathrm{T}} \boldsymbol{v} = \begin{pmatrix} v_{r1} + \boldsymbol{v}_1 \cdot \boldsymbol{u}_1 \\ v_{r2} + \boldsymbol{v}_2 \cdot \boldsymbol{u}_2 \\ v_{r3} + \boldsymbol{v}_3 \cdot \boldsymbol{u}_3 \end{pmatrix} \tag{2.202}$$

在上式两边同时左乘 $(\boldsymbol{u}_1, \boldsymbol{u}_2, \boldsymbol{u}_3)^{-\mathrm{T}}$，可得航天器在惯性坐标系下的速度矢量 $\boldsymbol{v}$ 为

$$\boldsymbol{v} = (\boldsymbol{u}_1, \boldsymbol{u}_2, \boldsymbol{u}_3)^{-\mathrm{T}} \begin{pmatrix} v_{r1} + \boldsymbol{v}_1 \cdot \boldsymbol{u}_1 \\ v_{r2} + \boldsymbol{v}_2 \cdot \boldsymbol{u}_2 \\ v_{r3} + \boldsymbol{v}_3 \cdot \boldsymbol{u}_3 \end{pmatrix} \tag{2.203}$$

由此建立位置矢量 $\boldsymbol{r}_p$ 和速度矢量 $\boldsymbol{v}_p$ 的状态估计方程

$$\begin{cases} \boldsymbol{v}_p = f(\boldsymbol{v}_1, \boldsymbol{v}_2, \boldsymbol{v}_3, \boldsymbol{u}_1, \boldsymbol{u}_2, \boldsymbol{u}_3, v_{r1}, v_{r2}, v_{r3}) \\ \boldsymbol{r}_p = \int \boldsymbol{v}_p \mathrm{d}t \end{cases} \tag{2.204}$$

给定初值后，通过求解上述方程组，可得到航天器在惯性坐标系下的速度矢量 $\boldsymbol{v}_p$ 及位置矢量 $\boldsymbol{r}_p$。

当观测源数量大于3时，将使方程组出现超定现象。一般地，对于 N 个观测源的情况，可等效为线性方程组求解问题，采用线性代数中一般线性方程组解的存在性相关理论进行分析。对于 N 个观测源的情况，式(2.199)变为

$$\begin{cases} v_{r1} = (\boldsymbol{v} - \boldsymbol{v}_1) \cdot \boldsymbol{u}_1 \\ v_{r2} = (\boldsymbol{v} - \boldsymbol{v}_2) \cdot \boldsymbol{u}_2 \\ \quad\vdots \\ v_{rN} = (\boldsymbol{v} - \boldsymbol{v}_N) \cdot \boldsymbol{u}_N \end{cases} \tag{2.205}$$

写成 x、y、z 分量形式，有

$$\begin{cases} v_x u_{1x} + v_y u_{1y} + v_z u_{1z} = v_{r1} + v_{1x}u_{1x} + v_{1y}u_{1y} + v_{1z}u_{1z} \\ v_x u_{2x} + v_y u_{2y} + v_z u_{2z} = v_{r2} + v_{2x}u_{2x} + v_{2y}u_{2y} + v_{2z}u_{2z} \\ \quad\vdots \\ v_x u_{Nx} + v_y u_{Ny} + v_z u_{Nz} = v_{rN} + v_{Nx}u_{Nx} + v_{Ny}u_{Ny} + v_{Nz}u_{Nz} \end{cases} \tag{2.206}$$

等价于

$$\begin{pmatrix} u_{1x} & u_{1y} & u_{1z} \\ u_{2x} & u_{2y} & u_{2z} \\ \vdots & \vdots & \vdots \\ u_{Nx} & u_{Ny} & u_{Nz} \end{pmatrix} \begin{pmatrix} v_z \\ v_y \\ v_z \end{pmatrix} = \begin{pmatrix} v_{r1} + v_{1x}u_{1x} + v_{1y}u_{1y} + v_{1z}u_{1z} \\ v_{r2} + v_{2x}u_{2x} + v_{2y}u_{2y} + v_{2z}u_{2z} \\ \vdots \\ v_{rN} + v_{Nx}u_{Nx} + v_{Ny}u_{Ny} + v_{Nz}u_{Nz} \end{pmatrix} \tag{2.207}$$

式(2.207)为线性超定方程组,可从最小二乘意义上进行求解。在此基础上可引入姿态动力学,通过最小二乘等估计方法,充分利用冗余观测量的误差统计信息,提高多矢量融合的精度。

令$\boldsymbol{U}=(\boldsymbol{u}_1, \boldsymbol{u}_2, \cdots, \boldsymbol{u}_N)^{\mathrm{T}}$, $\boldsymbol{b}=(b_1, b_2, \cdots, b_N)^{\mathrm{T}}$, $b_i=v_{ri}+v_{ix}u_{ix}+v_{iy}u_{iy}+v_{iz}u_{iz}$, $(i=1, \cdots, N)$,则式可简写为

$$\boldsymbol{U}\boldsymbol{v}=\boldsymbol{b} \tag{2.208}$$

式中,$\boldsymbol{U}$ 为N 行 3 列的系数矩阵,N 为导航源个数。令增广矩阵$\widetilde{\boldsymbol{U}}=(\boldsymbol{U}, \boldsymbol{b})$,根据非齐次线性方程组解的存在定理,方程组有解的充分必要条件为

$$\operatorname{rank}(\boldsymbol{U})=\operatorname{rank}(\widetilde{\boldsymbol{U}}) \tag{2.209}$$

设 $\operatorname{rank}(\boldsymbol{U})=\operatorname{rank}(\widetilde{\boldsymbol{U}})=r$,则

(1) 当 $r<3$ 时,方程组有无穷多组解,即少于 3 个观测源无法唯一确定航天器的速度矢量;

(2) 当 $r=3$ 时,方程组有唯一解,即 3 个观测源可唯一确定航天器的速度矢量;

(3) 当 $r>3$ 时,方程组无解。

根据上述分析可知,当不存在测量误差时,当且仅当 $r=3$ 时,能够唯一确定航天器的速度矢量。当存在测量误差时,可以利用冗余观测数据提高速度矢量融合的精度。即当 $r>3$ 时,方程组存在最小二乘意义上的最优解

$$\hat{\boldsymbol{v}}=(\boldsymbol{U}^{\mathrm{T}}\boldsymbol{U})^{-1}\boldsymbol{U}^{\mathrm{T}}\boldsymbol{b} \tag{2.210}$$

此时,$\boldsymbol{b}$ 与 $\boldsymbol{U}\hat{\boldsymbol{v}}$ 之差的平方和将达到最小值,即

$$J(\hat{\boldsymbol{v}})=(\boldsymbol{b}-\boldsymbol{U}\hat{\boldsymbol{v}})^{\mathrm{T}}(\boldsymbol{b}-\boldsymbol{U}\hat{\boldsymbol{v}})\rightarrow \min \tag{2.211}$$

2.6.4 天文组合导航原理

天文组合导航的原理(图 2.35)是利用天文测角导航、天文测距导航、天文测速导航中导航信息具有互补性的特点,借助数据处理手段,将不同导航子系统组成天文组合导航系统,获得性能更优的导航参数,满足更高的导航要求。

天文测角导航通过几何解算确定航天器位置参数,而速度信息需通过对位置的差分获得,其瞬时速度估计精度不高。天文测速导航通过直接测量脉冲信号到达时间,可解算获得航天器在太阳系质心坐标系下的位置参数,同样存在瞬时速度估计精度不高的问题。天文测速导航可直接通过几何解算获得航天器的速度,但位置信息需通过速度积分进行估计,存在位置误差随时间发散的问题。

天文组合自主导航充分利用深空间中的天然资源,增加量测信息的种类、丰富导航手段,可有效弥补天文测角、测距和测速方法的不足。

对于一般的导航系统数学模型如下

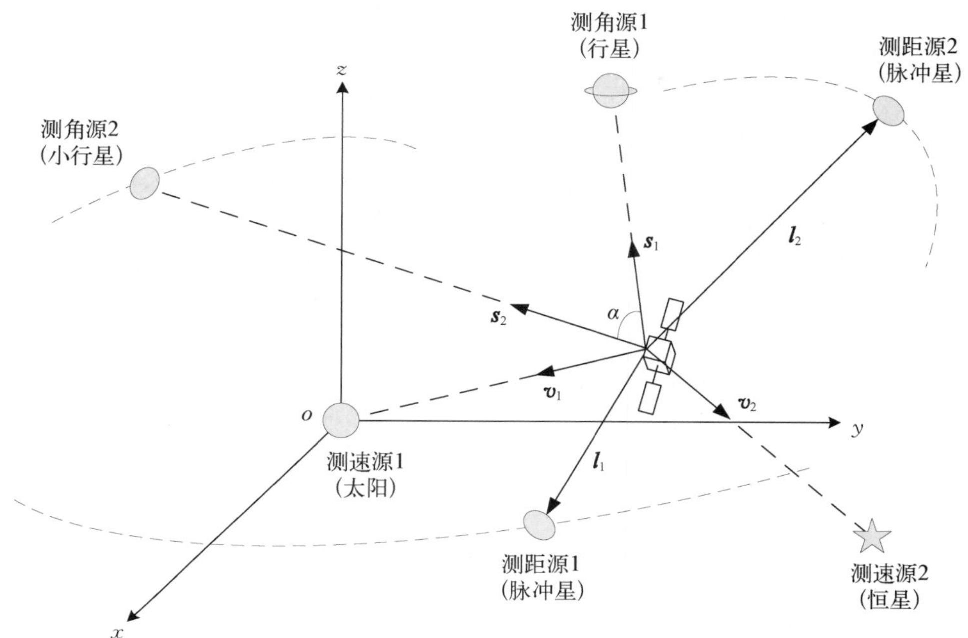

图 2.35　天文组合导航原理

$$\begin{aligned} \dot{X} &= AX \\ Z &= HX \end{aligned} \tag{2.212}$$

将状态微分式代入量测方程中,可得

$$\dot{Z}(t) = H\dot{X} = HAX \tag{2.213}$$

推广到整个 n 维状态空间,则有

$$\begin{bmatrix} Z(t) \\ \dot{Z}(t) \\ \vdots \\ Z^{(n-1)}(t) \end{bmatrix} = \begin{bmatrix} H \\ HA \\ \vdots \\ HA^{n-1} \end{bmatrix} X(t) = Q(X)X(t) \tag{2.214}$$

分析上式可知,若状态变量与观测量的 p 阶导数线性相关(其中 $0 \leqslant p \leqslant n-1$),那么需要经过 p 次的观测量积分才能得到相应的系统状态变量。

利用状态方程对 p 阶的量测导数作递推,可知

$$Z^{(p)} = HA^p X_0 = HA^{p-1}(AX_0) = HA^{p-1} X_1 \tag{2.215}$$

显然,依次递推下去,即可知

$$Z^{(p)} = HX_p = Z_p \tag{2.216}$$

即需要第 $p+1$ 次的量测值 Z_p 才能完全确定系统的状态变量 X_0。显然，积分次数越多，需要的观测步数就越多，可观测性就越弱。

因此，对于一个 n 维状态变量的系统，若使系统可观测矩阵 $Q(X)$ 满足可观测性判据 $\rho(Q(X))=n$ 的最小观测次数是 $p+1$，那么该系统的可观测阶数就是 p 阶。

综上所述，系统的可观测阶数反映了系统的状态与观测之间的积分关系，它会影响导航结果的收敛速度和抗干扰能力，是衡量导航系统可观测能力的参考指标。

对于单纯测角导航方法，分析其可观测性可知，可观测阶数为 0 时不完全可观；同理，单纯的测速导航方法在可观测阶数为 0 时不完全可观；测角测速组合导航在可观测阶数为 0 时完全可观。

从组合导航系统的可观测阶数、可观测性可见，不同天文导航方法组合后可有效提高系统的可观测性，增强系统的导航能力。

2.7 天文导航相对论效应

航天器天文导航系统的状态方程基于航天器轨道动力学建立，而轨道动力学则是以绝对时空观下的牛顿力学为理论基础的。与近地卫星不同，深空探测器在太阳系空间尺度内飞行，其飞行速度、时间和距离均远超其他人造飞行器。并且随着航天技术的不断进步，航天器的飞行速度仍在不断加快，所涉及的时空尺度正逐步接近经典物理学适用范围的边缘。因此，在研究深空导航问题时分析相对论效应甚至引入其他新的时空观，将是非常有意义的。

天文自主导航在航天器本体时空基准下确定航天器相对于目标天体的位置、速度。在制动捕获段，航天器需要根据相对目标天体的位置和速度进行器上自主解算，这将涉及地球时空框架与航天器本体时空框架之间的转换。在不同时空框架间的转换也将涉及相对论效应的问题。

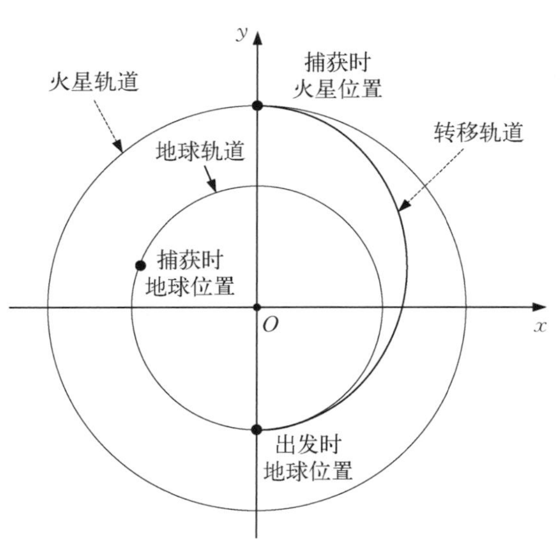

图 2.36　火星探测霍曼转移轨道

由于航天器高速飞行，所以地面无线电导航测得的器火距离与真实的器火距离(器火坐标系下的两者距离)有相对论效应差。在探测器执行制动捕获指令时，必须考虑这一误差，并在器火坐标系下，在正确的制动时刻执行制动动作。

以火星探测为例对相对论效应进行分析。设地球与火星轨道均为理想圆轨道，地火转移轨道为霍曼转移，地球公转半径为 1 AU，火星公转半径为 1.52 AU，如图 2.36 所示。分析所采用的模型参数如表 2.12 所示。

表 2.12　主要模型参数

序　号	名　　称	取　　值
1	地球公转半径	1 AU
2	地球公转周期	365 天
3	地球公转线速度	29.79 km/s
4	捕获时地球位置	(−0.95 AU，0.32 AU)
5	捕获时地球速度	(−9.40 km/s，−28.27 km/s)
6	火星公转半径	1.52 AU
7	火星公转周期	687 天
8	火星公转线速度	24.13 km/s
9	捕获时火星位置	(0 AU，1.52 AU)
10	捕获时火星速度	(−24.13 km/s，0 km/s)
11	火星引力球半径	1.29×10^5 km
12	捕获时探测器速度	[−21.48 km/s，0 km/s]

根据狭义相对论，相对运动在捕获段造成的钟缓、尺缩等相对论效应如表 2.13 所示。

表 2.13　深空探测捕获段相对论效应

序　号	名　　称	计 算 公 式	与经典物理的差异
1	时钟减缓	$\Delta t' = \Delta t/\sqrt{1-(v/c)^2}$	-4.26×10^{-6} s
2	器火距离收缩	$L' = L\sqrt{1-(v/c)^2}$	0.52 m
3	火星半径收缩	$R' = R\sqrt{1-(v/c)^2}$	0.3 mm
4	探测器动质量增加	$m' = m_0/\sqrt{1-(v/c)^2}$	0.01 g

第3章 深空探测天文自主导航的基本方法

3.1 引　言

按照观测量的不同，深空探测天文自主导航方法可分为测角、测距和测速三类。

天文测角自主导航方法最早在1960年由NASA提出，曾应用于“水手号”、“旅行者号”、“伽利略号”、“深空一号”和“深度撞击号”等多颗深空探测器中，是目前最成熟的方法。该方法是利用航天器携带的光学导航敏感器在轨获取星历已知的导航目标源（如行星、小行星、恒星等）的光学图像，通过图像处理从中提取导航目标源的方向信息（如星光角距、视线矢量等），经导航算法获得航天器在参考坐标系中的位置、速度信息。该方法可通过几何解算确定航天器位置参数，而速度信息需通过对位置的差分获得，因此其瞬时速度估计精度不高，并且测角导航精度会受到可观测目标天体数量及观测距离等因素影响，其应用范围主要在近地段或接近导航天体的飞行阶段。

天文测距自主导航方法是1974年由美国NASA的G. S. Downs博士提出的基于射电脉冲星的自主导航方法。该方法提出已有40余年，但由于工程实现困难，目前仍处于验证阶段。天文测距自主导航方法是利用航天器携带的X射线导航敏感器获取导航目标源发出的X射线脉冲的到达时间，通过与该脉冲到达太阳系质心的时间比较得到航天器相对太阳系质心的距离，经自主解算得到航天器在参考坐标系中的位置、速度信息。与测角导航类似，测距导航方法可直接获得位置参数，但瞬时速度估计精度不高。X射线脉冲星是空间中稳定的信号源，其可见性不受观测距离的限制，其应用范围可覆盖深空探测全过程。

天文测速自主导航方法是近5年提出的新型天文导航方法，受到了国内外科研机构的广泛关注。目前，经过相关专家学者的攻关，已完成大量深入细致的研究工作，具备了搭载验证条件。该方法利用航天器携带的光谱测速导航敏感器在轨检测星历已知的导航目标源（如太阳、系外恒星等）的光谱信息，基于多普勒效应提取航天器相对于导航目标源的速度，经自主解算得到航天器在参考坐标系中的位置、速度信息。测速导航方法可直接通过几何解算获得航天器的速度，但位置信息需通过速度积分进行估计，存在位置误差随时间发散的问题。太阳及系外恒星是空间中稳定的信号源，其光谱测速精度不受探测距离的限制。因此，该方法适用于深空探测中短时自主导航，或与其他天文导航方法融合，形成适用于深空探测全过程的天文组合自主导航系统。

3.2 天文测角导航方法

3.2.1 测角导航流程

天文测角自主导航方法通过测量并提取行星、小行星、恒星等导航目标源的方向信息解算航天器在参考坐标系中的位置和速度。下面以火星探测过程为例，说明天文测角导航的流程。

对于地火转移段，天文测角导航的导航观测目标为小行星，如图 3.1 所示，具体实现流程如下：

(1) 根据导航目标源星历，确定目标源(如近地小行星)的观测序列，并预测目标源相对于航天器的方位；

(2) 调整航天器姿态，使测角导航敏感器指向目标源；

(3) 测角导航敏感器对恒星背景下的导航目标源成像；

(4) 对恒星背景下的导航目标源图像进行处理，识别并提取导航目标源和背景恒星在测角导航敏感器像平面上的坐标参数；

(5) 调整航天器姿态，重复步骤(2)～(4)，获取足够的导航小行星观测信息；

(6) 结合天体星历和航天器轨道动力学模型，采用导航滤波算法，实时估计航天器在参考坐标系下的位置和速度。

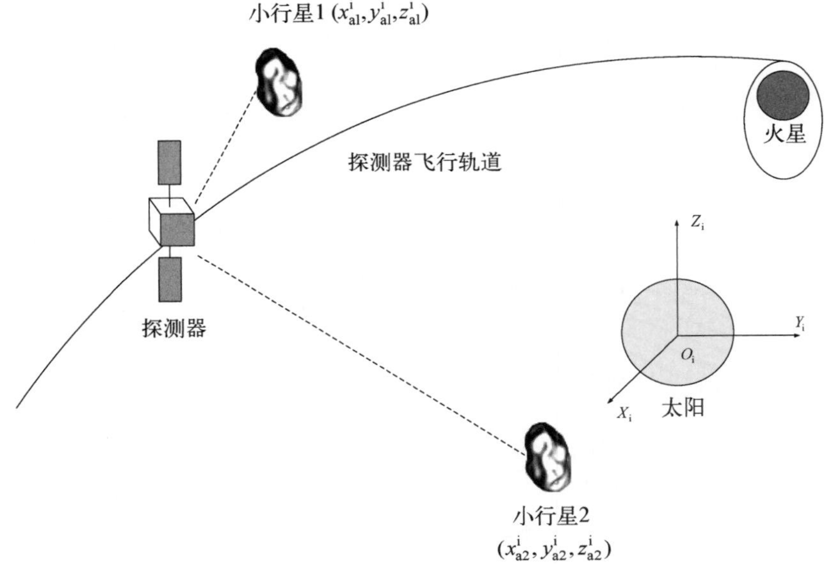

图 3.1 地火转移段天文测角自主导航方法

地火转移段天文测角自主导航方法与流程如图 3.2 所示。

对于火星制动捕获段，天文测角自主导航的导航观测目标为火星及其卫星，如

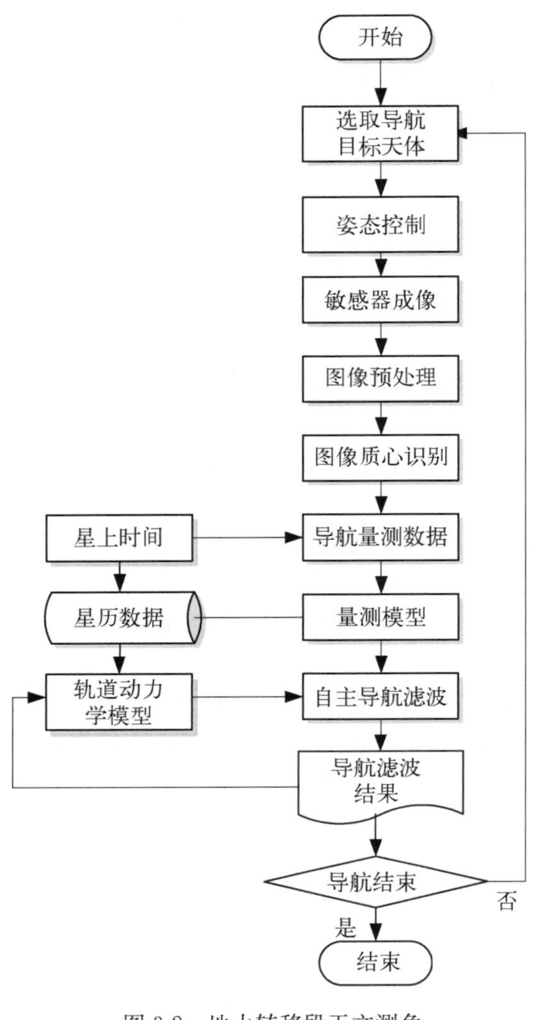

图 3.2 地火转移段天文测角导航方法与流程

图 3.3 所示。自主导航流程与转移段类似，但无须切换不同的导航目标源，具体实现流程如下：

(1) 在航天器接近火星过程中，调整航天器姿态，使测角导航敏感器指向火星；

(2) 测角导航敏感器对火星、火卫一、火卫二成像；

(3) 利用中心点提取技术对导航图像进行处理，确定目标源中心，获取导航目标源相对于航天器的视线方向；

(4) 调整航天器姿态，持续跟踪观测火星、火卫一、火卫二，获取观测信息；

(5) 结合天体星历、航天器姿态、轨道动力学模型，采用测角导航滤波算法，实时估计航天器的位置和速度。

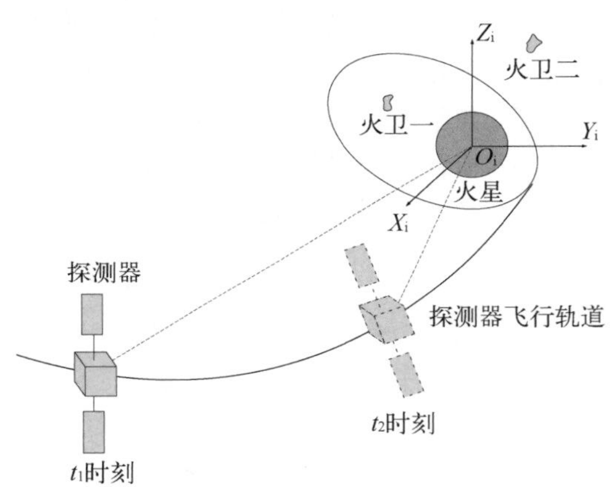

图 3.3 制动捕获段天文测角自主导航方法

火星捕获段天文测角自主导航流程如图 3.4 所示。

3.2.2 导航天体特性与选取

天文测角导航以太阳系内小行星、行星及其卫星等天体作为导航目标源。测角导航目标源的轨道、辐照特性等先验信息是实现测角导航的前提。

以火星探测为例，在不同的探测阶段分别以火星、火星卫星、小行星为测角导航目标源。下面对测角导航目标源的特性及选取准则进行介绍。

1. 火星

1) 外形

火星外形呈略扁平的近似球体，赤道区域隆起，赤道半径比两极半径长约 20 km。国际天文联合会推荐的火星外形数据如下：

(1) 平均半径　(3 389.50±0.2)km

(2) 平均赤道半径 (3 396.19±0.1)km

(3) 平均极地半径 (3 376.20±0.1)km

(4) 扁率　0.005 89±0.000 15

(5) 北极半径　(3 373.19±0.1)km

(6) 南极半径　(3 379.21±0.1)km

(7) 最高处高程(奥林匹斯山) (22.64±0.1)km

(8) 最洼处高程(海拉斯盆地) (−7.55±0.1)km

(9) 体积　$1.631\,8\times10^{11}\ \text{km}^3$

2) 反照率

反照率是表示物体对太阳光反射程度的物理量，理想的反射体反照率为 1.0，理想的吸收体反照率为 0。常用的两种反照率为邦德反照率(A_b)和几何反照率(A_0)。

邦德反照率 A_b 定义为反射通量 F_r 与入射通量 F_i 的比值，即

$$A_b=\frac{F_r}{F_i}=F_r\cdot\frac{4r^2}{L_{solar}R^2} \tag{3.1}$$

式中，r 为行星和太阳的距离；R 为行星半径；L_{solar} 为太阳光的能量，一般取 3.9×10^{26} W。

同时，天体反射的太阳光与地球接收太阳光的量随相角 ϕ（太阳-目标-地球夹角）变化。几何反照率 A_0 定义为 $\phi=0°$ 时的反照率。A_b 与 A_0 通过相角积分 q_{ph} 互相关，因此

$$A_b=A_0q_{ph} \tag{3.2}$$

式中，相角积分 q_{ph} 与反射通量 F_r 变化关系如下：

$$q_{ph}=2\int_0^{\pi}\frac{F_r(\phi)}{F_r(\phi=0°)}\sin\phi\,\mathrm{d}\phi \tag{3.3}$$

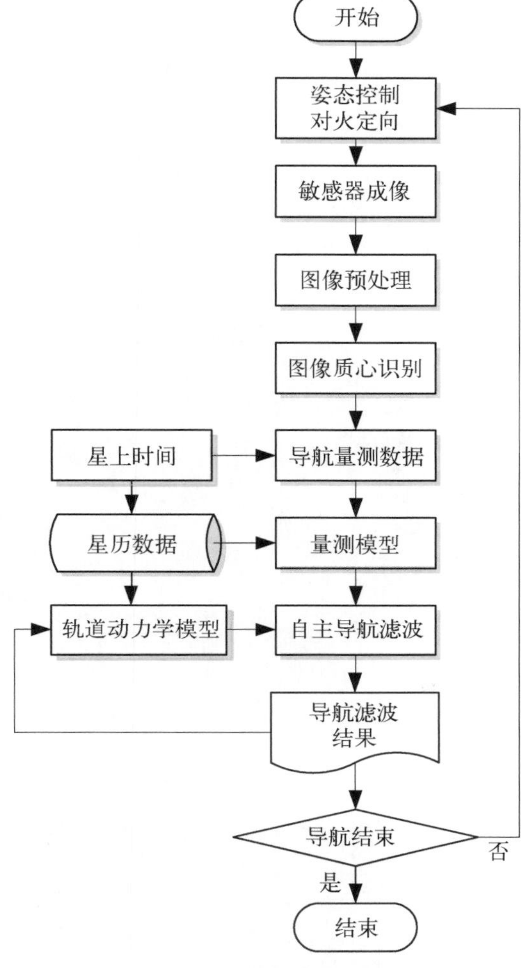

图 3.4　火星捕获段天文测角自主导航流程

火星表面的区域反照率随位置不同而变化，平均反照率 $A_b=0.25$，$A_0\approx0.15$。其中，最暗的区域 $A_0\approx0.1$，最明亮的区域 $A_0\approx0.36$（不包括极冠）。

3) 表面颜色

火星尘和火星大气中分布的氧化铁导致火星表面呈红橙色。在高反照率区域(不包括极冠)呈现赤红色，低反照率区域呈现浅灰色。图 3.5 为哈勃空间望远镜在距离火星约 5 576 万 km 时拍摄到的火星图像，从图中可以看出火星表面颜色的细微变化。

2. 火星卫星

火星有两颗天然卫星，分别为“火卫一”福布斯(Phobos)和“火卫二”戴莫斯(Deimos)，如图3.6和图3.7所示。福布斯的平均半径为11 km，戴莫斯的平均半径为6.2 km。福布斯的质量约为戴莫斯的7倍。两颗火卫的密度都小于2 000 $kg \cdot m^{-3}$，表明其内部组成十分疏松。福布斯的表面有大量撞击坑，而戴莫斯则显得更为光滑，其表面可能被一层尘埃所覆盖。火卫的表面反照率较低(小于0.1)，表面热惯量小，表面温度随日照角变化较大。福布斯和戴莫斯的基本物理参数如表3.1所示。

图3.5 哈勃望远镜拍摄的火星照片

图3.6 火星快车拍摄的福布斯

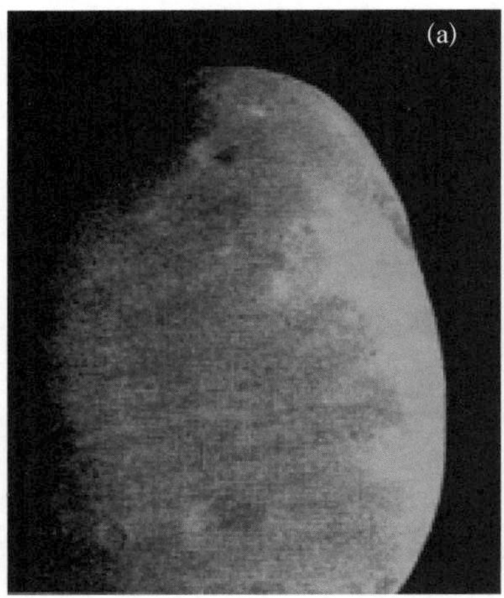

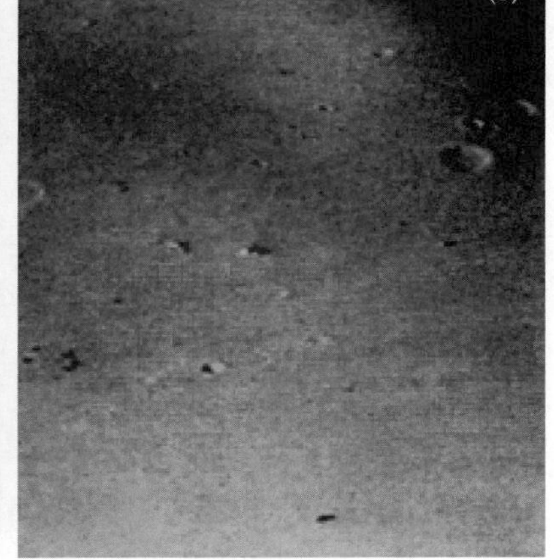

图3.7 海盗2号飞船拍摄的戴莫斯

福布斯的轨道位于火星同步轨道(6.02倍火星半径)以内，轨道半长轴约为2.8倍的火星半径。戴莫斯运行在火星同步轨道以外，轨道形状接近圆形，半长轴约为火星半径的6.9倍。在火星潮汐力的长期作用下，两颗火卫的自转均与公转同步，即自转周期与轨道周期相同，且自转轴几乎垂直于轨道面，轨道面相对火星赤道面的夹角仅为1°。火卫的公转轨道和自转运动的参数如表3.2所示。

表 3.1　火卫基本物理参数

参　　数		福　布　斯	戴　莫　斯
引力常数 GM/($km^3 \cdot s^{-2}$)		$(7.092\pm0.004)\times10^{-4}$	$(1.01\pm0.03)\times10^{-4}$
质量/kg		$(1.063\pm0.001)\times10^{16}$	$(1.51\pm0.04)\times10^{15}$
椭球体三轴半径	火星星下点方向/km	13.0	7.8
	沿轨道方向/km	11.4	6.0
	极轴方向/km	9.1	5.1
椭球体偏差均方根/km		0.5	0.2
平均半径/km		11.08± 0.04	6.2±0.25
体积/km^3		5 690±60	1 020±130
平均密度/($kg \cdot m^{-3}$)		1 870±20	1 480±220
平均几何反照率(可见光)		0.07±0.01	0.07±0.01
表面温度范围/K		100	350

表 3.2　火卫轨道参数

参　　数	福　布　斯	戴　莫　斯
半长轴	9 375.0 km	23 458.0 km
偏心率	0.015 1°	0.000 2°
轨道倾角	1.075 6°	1.787 8°
轨道周期/自转周期	7 h 39 min 13.84 s	30 h 17 min 54.88 s
自转轴倾角	0°	0°

3. 小行星

在深空探测巡航段，天文测角导航的主要目标源是小行星。对于以小行星为导航目标源的测角导航系统，需要获得小行星的轨道、直径、光谱类型、绝对星等、反照率等先验信息。

由于大多数的小行星形状不规则，所以常用三轴直径来描述小行星的尺寸。对于大多数小行星，通过地面光变曲线分析可以估测其极轴方向和直径比。美国的行星数据系统(Planetary Data System，PDS)系统记录了从光变曲线得到的小行星模型，由这些数据可以得到较为准确的直径估计。

小行星的直径常常用三坐标椭圆体给出，按照降序排列设为 $a\times b\times c$。如果令从光变曲线得到的直径比为 $\mu=a/b$，$\upsilon=b/c$，平均直径为 d，设几何平均直径 $d=(abc)^{\frac{1}{3}}$，则可以得到三轴直径分别为

$$a=d\,(\mu^2\upsilon)^{\frac{1}{3}} \tag{3.4}$$

$$b=d\left(\frac{\upsilon}{\mu}\right)^{\frac{1}{3}} \tag{3.5}$$

$$c=\frac{d}{(\upsilon^2\mu)^{\frac{1}{3}}} \tag{3.6}$$

小行星质量 M 可以从直径和密度 ρ 计算得到

$$M=\frac{\pi abc\rho}{6} \tag{3.7}$$

此外，小行星的质量还可以通过测量小行星互相之间的轨道摄动，或获取小行星伴星的轨道半径来推算。如谷神星、智神星和灶神星的质量就可以从其对火星轨道的摄动情况来求取。

小行星的绝对星等和几何反照率可参考 IRAS 小行星勘测计划或 MSX 小行星勘测计划。若数据不可获取，一般取平均值 0.1。

大部分小行星主要分布在太阳系的两个区域内：一个区域为火星和木星之间的小行星带；另一个区域为地球附近。

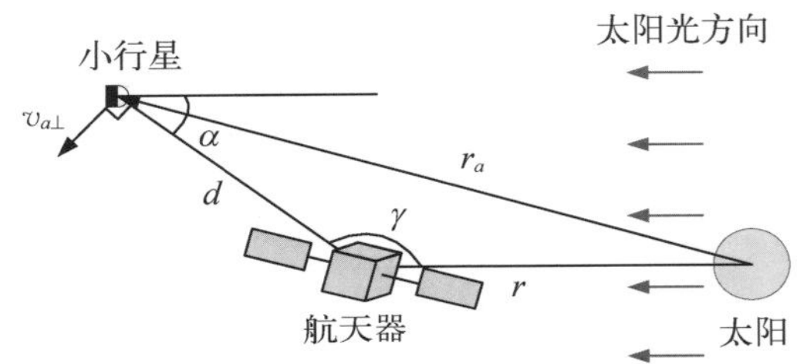

图 3.8　影响小行星选取的各因素

在众多的小行星中，只有符合一系列特征的小行星才可用于测角导航，如图 3.8 所示。影响天文测角导航目标源选取的特征包括：小行星相角（太阳-小行星-航天器）α、小行星视星等、太阳相角（小行星-航天器-太阳）γ，小行星相对于航天器的视向运动 $v_{a\perp}/d$，三星概率和航天器与小行星的距离 d 等。

1）小行星相角

小行星相角是指太阳-小行星-航天器之间的夹角，反映了小行星、太阳以及航天器之间的相对位置变化。由于小行星依靠反射太阳光发光，所以在航天器上观测到的小行星相位与地球上观测到的月球相位类似。为了满足测角导航敏感器的成像要求，需对小行星相角进行筛选。

当小行星相角大于 135°时，小行星的大部分区域因无法受到太阳光照射，难以被测角导航敏感器准确测量，因此对小行星相角的要求为不大于 135°。

2）小行星视星等

小行星视星等用于描述航天器观测到的小行星亮度。视星等与小行星到太阳中心的距离 r_a、小行星到航天器的距离 d 以及小行星相角 α 有关。根据 IAU 1995 年采用的 Bowell 模型，视星等的表达式为

$$V=H+5\lg(d\cdot r_a)-2.5\lg[(1-G)\phi_1(\alpha)+G\phi_2(\alpha)] \tag{3.8}$$

式中，H 为小行星的绝对星等，d 和 r_a 的单位为 AU，G 为小行星的星体反照率系数，$\phi_1(\alpha)$ 和 $\phi_2(\alpha)$ 为相位函数，可以表示为

$$\begin{cases}\phi_1(\alpha)=W\phi_{1s}+(1-W)\phi_{1L}\\ \phi_2(\alpha)=W\phi_{2s}+(1-W)\phi_{2L}\end{cases} \tag{3.9}$$

式中，$W=\exp[-90.56\tan^2(\alpha/2)]$；$\phi_{1S}=1-\dfrac{C_1\sin\alpha}{0.119+1.341\sin\alpha-0.754\sin^2\alpha}$；$\phi_{1L}=\exp\left[-A_1\tan\left(\dfrac{\alpha}{2}\right)^{B_1}\right]$；$A_1=3.332$；$B_1=0.631$；$C_1=0.986$；$\phi_{2S}=1-\dfrac{C_2\sin\alpha}{0.119+1.341\sin\alpha-0.754\sin^2\alpha}$；$\phi_{2L}=\exp\left[-A_2\tan\left(\dfrac{\alpha}{2}\right)^{B_2}\right]$，$A_2=1.862$；$B_2=1.218$；$C_2=0.238$。

备选小行星的视星等需要低于测角导航敏感器可识别的星等下限。目前主流光学成像敏感器可敏感的星等为12等，天文测角自主导航敏感器可敏感的极限星等为14等，因此备选的导航目标源视星等应低于14等。

3）太阳相角

太阳相角是小行星-航天器-太阳之间的夹角，用于描述在对小行星成像过程中太阳光线对测角导航敏感器的影响程度。

在测角导航敏感器成像过程中，太阳相角越小，敏感器视场中来自太阳的杂散光就越强，导航敏感器的成像能力就越弱，可敏感的恒星星等将更小，可感知的导航小行星也就越少。

遮光罩可以大幅度减小太阳保护角以外太阳光的影响，因此太阳相角不应小于测角导航敏感器的太阳保护角。

4）小行星相对运动速度

小行星相对测角导航敏感器的运动速度是影响导航敏感器成像质量的因素之一。在小行星相对测角导航敏感器的运动过程中，垂直于敏感器视线方向的分量将会引起导航图像的拖影，造成导航信息提取的误差，可用小行星相对于测角导航敏感器的运动角速度进行描述。小行星相对于航天器的运动角速度必须足够小，以便于图像处理系统能够完成对小行星的识别。一般认为小行星相对于航天器的运动角速度应小于0.1 μrad/s。

5）小行星与航天器之间的距离

由于测角导航敏感器的测量误差会造成视线方向的误差，小行星与航天器之间的距离越小，敏感器的测量误差对导航精度的影响越小，一般认为测角导航敏感器的观测距离需小于3×10^8 km。

表3.3为小行星导航目标源选取标准。

表3.3　小行星选取标准

参　　数	选 取 标 准
小行星相角	≤135°
小行星视星等	<14
太阳相角	>敏感器太阳保护角大小
小行星相对航天器视运动	<0.1 μrad/s
小行星与航天器之间的距离	$<3\times10^8$ km

3.2.3 导航图像感知与检测

导航图像的感知与检测是实现天文测角导航的基础。

导航图像感知与检测的主要目的是从各类光学导航图像中获取有用的特征信息。其输入是导航敏感器在某一时刻拍摄的天体光学图像，输出是导航目标源在导航敏感器中的坐标或视向方向。天文光学导航图像处理涉及光学成像、光学图像去噪、光学图像复原、光学图像目标感知与提取等环节。

1. 光学成像感知与退化

成像器件与目标源间的相对运动会对导航图像带来影响，并造成光学成像系统的成像退化。

光学成像系统的退化使目标点与图像并非一一对应，而是被弥散成图像平面上的一个区域。因此，图像上的每个像点是目标的多个像经混合叠加的反映，或是目标上同一点在不同时刻的像经混合叠加的反映。

成像过程通常可以看做一个信息处理系统，数学描述为

$$g = T[f] + n \tag{3.10}$$

式中，f 为输入信号；g 为观测信号；$T[\cdot]$ 为系统响应函数；n 为成像过程中引入的加性噪声。

一般情况下，成像过程是非线性的，带有混合噪声叠加，在空间上可用一个叠加积分来描述

$$g(x,\ y) = S\left[\int_{-\infty}^{\infty}\int_{-\infty}^{\infty} f(s,\ t)h(x,\ y;\ s,\ t)\mathrm{d}s\mathrm{d}t\right] + n(x,\ y) \tag{3.11}$$

式中，$(x,\ y)$ 和 $(s,\ t)$ 表示像平面和物平面上的二维空间坐标；$h(x,\ y;\ s,\ t)$ 表示成像过程的点扩展性质，描述一个处于物平面上 $(s,\ t)$ 位置的目标点如何被成像过程扩展成像平面二维函数；$f(s,\ t)$ 为原始图像；$g(x,\ y)$ 为观测图或称为退化图像；$S[\cdot]$ 是一个逐点非线性运算；$n(x,\ y)$ 为加性噪声。

如图 3.9 所示，考虑到光学成像系统的成像过程，图像的退化一般可以分成三个阶段：光学成像系统引起的图像退化、目标像在像面上的相对运动引起的图像退化和光电成像器件响应特性引起的图像退化。假设这三个阶段是串联的，则

$$g = T_D[T_M[T_O[f]]] + n \tag{3.12}$$

式中，T_O 是与光学成像系统有关的响应函数；T_M 是与像、像面相对运动有关的响应函数；T_D 是与成像有关的响应函数。

如图 3.10 所示，光学成像系统的退化过程一般可以看成是一个线性退化过程。对于线性退化过程，退化模型可以简化为

$$g(x,\ y) = \int_{-\infty}^{\infty}\int_{-\infty}^{\infty} f(s,\ t)h(x-s,\ y-t)\mathrm{d}s\mathrm{d}t + n(x,\ y) \tag{3.13}$$

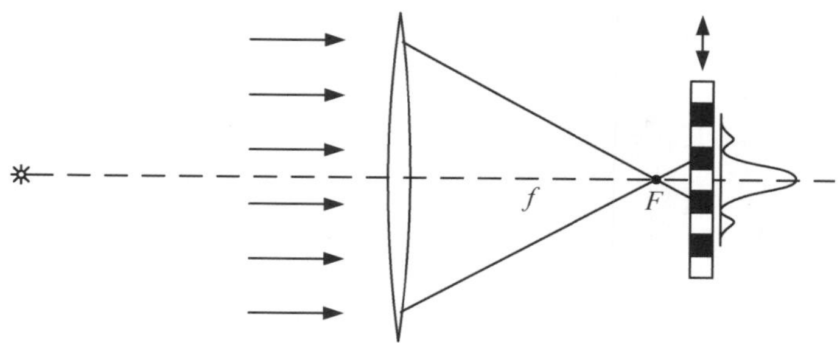

图 3.9　光学成像系统的成像过程

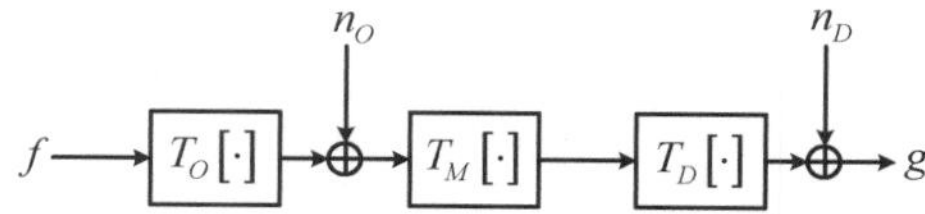

图 3.10　光学成像系统的成像退化模型

该模型可以写成卷积的形式

$$g(x, y)=f(x, y)*h(x, y)+n(x, y) \tag{3.14}$$

式中，* 表示卷积运算，$h(x, y)$ 所描述的响应函数常被称为点扩散函数(Point Spread Function，PSF)。

光学成像系统引起的图像退化主要由光学孔径衍射、离焦、光学元件结构特性等因素造成的。由于实际的光学成像系统不可能是理想的、无限大的系统，因此，一个点光源经过光学成像系统后在像面上所成的像不再是一个点，而是形成了一个像斑，在像斑范围内的探测单元都会有响应输出，实际的成像结果是一个经过退化后的像。

由于光学成像系统的孔径效应，无穷远处的平行光在像面上形成的像不再是一个点，而是形成一个夫琅禾费衍射图样，如图 3.11 所示。

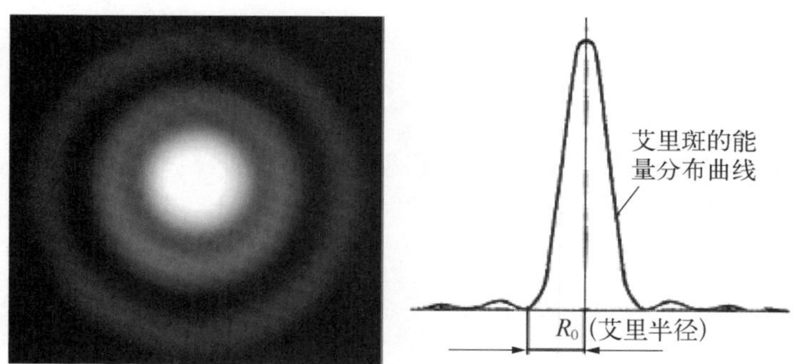

图 3.11　光学成像系统的夫琅禾费衍射图像

像的振幅可以用一个叠加积分得到，对于理想光学成像系统，这个叠加积分可以简化为卷积的形式：

$$U_i(u, v)=\frac{1}{|M|}U_O\left(\frac{x}{M}, \frac{y}{M}\right)*h(u, v) \tag{3.15}$$

其中，M 为光学成像系统放大率，$U_O(\cdot)$ 为入瞳面上的复振幅分布，(x, y) 为入瞳面上的坐标，(u, v) 为像面上的坐标，脉冲响应函数 $h(u, v)$ 是出射光瞳的夫琅禾费衍射图样，可以由光学成像系统的光瞳函数的傅里叶变换得到

$$h_1(u, v)=\frac{A}{\lambda z_i}\int_{-\infty}^{+\infty}\int_{-\infty}^{+\infty}P(x, y)\exp\left(-\mathrm{j}\frac{2\pi}{\lambda z_i}(ux+vy)\right)\mathrm{d}x\mathrm{d}y \tag{3.16}$$

式中，A 为常数振幅；$P(x, y)$ 为光瞳函数；λ 为入射光波波长；z_i 为出射光瞳到像平面的距离。

约 84%的光能量集中在中央亮斑，其余 16%的光能量分布在各级明环上。衍射图样的中心区域有最大的亮斑，称为艾里斑。艾里斑的大小可以衡量成像面分辨率的极限，其半径可以表示为

$$r=1.22\lambda f/D_O \tag{3.17}$$

其中，λ 为入射光波波长，f 为光学成像系统焦距，D_O 为光学成像系统孔径。对于波长为 0.5 μm 的入射光波，当光学成像系统的孔径为 400 mm、焦距为 450 mm 时，可以计算得到艾里斑的直径约为 0.68 μm。

2. 光学图像复原

在建立成像退化模型的基础上，可以采用非盲复原方法或盲复原方法实现对退化图像的复原，从而提高导航图像像质。

1）非盲复原方法

航天器在空间飞行过程中，会受到星体引力、发动机推力以及其他各种力的作用，呈现出复杂的运动状态。在三维宇宙空间里，航天器的运动具有六个自由度，可以分解为沿三个坐标轴的平动和绕三个坐标轴的转动。对于一致线性运动来说，通常认为退化系统满足线性空间不变特性。点扩散函数与景物空间点位置无关。成像过程可以用卷积形式描述为

$$g(x, y)=h(x, y)\otimes x(x, y)+n(x, y) \tag{3.18}$$

其中，g 为模糊图像，f 为原始图像，h 为模糊核，n 为加性噪声。写为矩阵形式并引入 L_p范数因子，得到如下计算公式：

$$\min_x f(x)=\frac{1}{2}\ \|Ax-y\|_2^2+\lambda\ \|Rx\|_p^p,\quad 0<p<1 \tag{3.19}$$

由于 p 范数的非凸性，迭代求解无法得到最优解，故引入

$$\varphi(v)=\begin{cases}\dfrac{p}{2}\varepsilon^{p-2}v^2+\dfrac{2-p}{2}\varepsilon^p, & \text{if } |v|<\varepsilon\\ |v|^p, & \text{if } |v|\geqslant\varepsilon\end{cases} \tag{3.20}$$

代替上式中等式右边第二项，经过适当变形，得到如下中间函数

$$G_\varepsilon(x, w) = \frac{1}{2}\|Ax - y\|_2^2 + \frac{\lambda}{2}\sum_i \left(w_i (R_i x)^2 - \frac{p^{1-q}}{q} w_i^q\right), \quad \frac{2}{p} + \frac{1}{q} = 1 \tag{3.21}$$

采用共轭梯度法或者 ADMM(Alternating Direction Method of Multipliers)方法进行迭代求解,得到复原后的图像如图 3.12 所示。

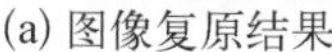

(a) 图像复原结果

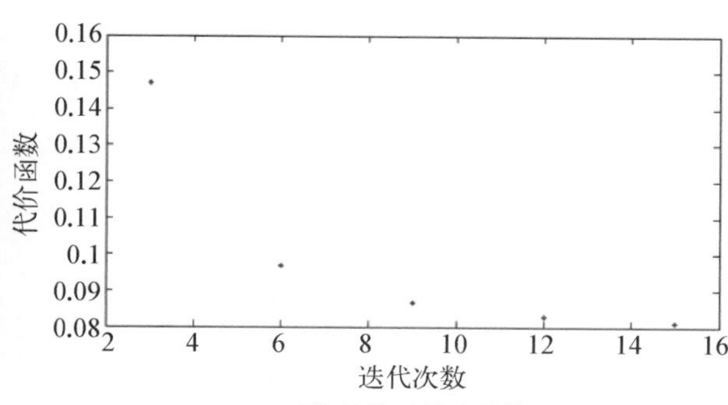

(b) 代价函数迭代值

图 3.12 模糊图像复原结果

图 3.12(a)为图像复原结果,图 3.12(b)为代价函数 $\|Ax-y\|_2^2$ 迭代值,其中 x 为估计出的图像,A 为由模糊核生成的 Toeplitz 矩阵。从收敛曲线可以看出,整个非盲复原迭代 8 次就完成收敛,复原完成后图像的信噪比得以提高。计算复原图像的改善信噪比 ISNR 为

$$\mathrm{ISNR} = 10\log_{10}\frac{\sum_{i,j}[y(i,j) - o(i,j)]^2}{\sum_{i,j}[x(i,j) - o(i,j)]^2} \tag{3.22}$$

得到计算结果见表 3.4。

表 3.4 非盲复原图像信噪比

	a	b	c
信噪比	11.072 4	9.673 5	10.729 5

模糊图像的信噪比明显增强,背景恒星能量集中,为后续处理提供了可靠的质心信息和轮廓信息。其去模糊前后的质心精度见表 3.5。

表 3.5 非盲复原方法复原面目标质心精度

	a	b	c
模糊影像质心精度/(像素)	1.014 271	1.263 852	1.621 963
去模糊后质心精度/(像素)	0.604 305	0.637 773	0.874 621

2) 盲复原方法

通过盲复原方法对模糊图像进行去卷积操作。采用如下模型

$$J_w(x,h)=\frac{1}{2}\parallel Bx-y\parallel_R^2+\frac{\alpha}{2}\parallel Cx\parallel_s^2+\frac{\beta}{2}\parallel Dh\parallel_T^2 \tag{3.23}$$

其中，T 和R、S 为加权矩阵；D 和C 为高通算子，此处取二阶差分。且满足

$$\parallel Bx-y\parallel_R^2=(Bx-y)^{\mathrm{T}}R(Bx-y) \tag{3.24}$$

$$\parallel Cx\parallel_s^2=x^{\mathrm{T}}C^{\mathrm{T}}SCx \tag{3.25}$$

$$\parallel Dh\parallel_s^2=h^{\mathrm{T}}D^{\mathrm{T}}TDh \tag{3.26}$$

采用交替迭代的方式，求取以下公式的最小值

$$\begin{aligned}J_1(x)&=\frac{1}{2}\parallel Bx-y\parallel_R^2+\frac{\alpha}{2}\parallel Cx\parallel_s^2,\quad \text{fixed } h\\ J_2(x)&=\frac{1}{2}\parallel Bx-y\parallel_R^2+\frac{\beta}{2}\parallel Dh\parallel_T^2,\quad \text{fixed } x\end{aligned} \tag{3.27}$$

在每一次迭代中需要对估计的图像与核进行限制（正性限制和支持域限制），选择合适的规整化参数 α、β 以使复原效果最好。迭代时需要初值，考虑到星图具有强稀疏性，星点的模糊区域中存在有实际模糊核的解的信息，因此可以将其作为模糊核的初值和支持域，将模糊图像作为估计图像的初始值。复原结果如图 3.13 所示。

图 3.13　复原图像及相应模糊核估计

从图中可以看出，背景恒星能量集中，火星面目标轮廓清晰，存在少量振铃。使用盲复原方法的面目标影像的质心精度见表 3.6。

表 3.6　盲复原方法复原面目标影像的质心精度

	a	b	c
模糊影像质心精度/(像素)	1.181 628	1.861 118	1.432 4
去模糊后质心精度/(像素)	0.882 078	0.978 441	0.854 634

3. 光学导航图像目标提取

1）星点目标提取

为了从星图中获得更高的星点位置定位精度，常采用离焦的方式，使恒星在像面上的像点扩散到较多的像素上。理论及实验证明，当弥散斑直径在3～5个像元时，可以达到理想的细分定位精度。

点状光斑目标的细分定位方法可以分为基于灰度和基于边缘两大类。基于灰度的方法一般利用目标的灰度分布信息，如质心法、曲面拟合法等。基于边缘的方法一般利用目标的边缘形状信息，这些方法有边缘圆（椭圆）拟合、霍夫变换等。一般而言，基于灰度的方法比较适用于外形较小的且灰度分布均匀的目标，而基于边缘的方法则适合较大的目标，且对灰度分布不敏感。通过仿真实验表明，基于灰度的方法比基于边缘的方法具有更高的精度。下面介绍基于灰度的方法，包括质心法、改进形式的质心法和高斯曲面拟合法等。

A. 质心法

设包含目标的图像表示为$f(x, y)$，其中$x=1, \cdots, m$，$y=1, \cdots, n$。阈值化过程表述如下：

$$F(x, y)=\begin{cases} f(x, y), & f(x, y) \geqslant T \\ 0, & f(x, y) < T \end{cases} \tag{3.28}$$

其中，T表示为背景阈值。质心法实际上就是计算二值化后图像的一阶矩，即

$$\begin{cases} x_0=\dfrac{\sum\limits_{x=1}^{m}\sum\limits_{y=1}^{n}F(x, y)x}{\sum\limits_{x=1}^{m}\sum\limits_{y=1}^{n}F(x, y)} \\ y_0=\dfrac{\sum\limits_{x=1}^{m}\sum\limits_{y=1}^{n}F(x, y)y}{\sum\limits_{x=1}^{m}\sum\limits_{y=1}^{n}F(x, y)} \end{cases} \tag{3.29}$$

质心法是应用最多的一种细分定位方法，实现比较简单，而且有一定的定位精度。质心法要求点状光斑图像的灰度分布比较均匀。质心法也有一些改进的形式，主要有平方加权质心法和带阈值的质心法。

B. 平方加权质心法

平方加权质心法计算公式为

$$\begin{cases} x_0=\dfrac{\sum\limits_{x=1}^{m}\sum\limits_{y=1}^{n}F^2(x, y)x}{\sum\limits_{x=1}^{m}\sum\limits_{y=1}^{n}F^2(x, y)} \\ y_0=\dfrac{\sum\limits_{x=1}^{m}\sum\limits_{y=1}^{n}F^2(x, y)y}{\sum\limits_{x=1}^{m}\sum\limits_{y=1}^{n}F^2(x, y)} \end{cases} \tag{3.30}$$

平方加权质心法采用灰度值的平方代替灰度值作为权值，突出了离中心较近的较大灰度值像素点对中心位置的影响。

C. 带阈值的质心法

带阈值的质心法将式中的 $F(x, y)$ 重新定义如下：

$$F'(x, y)=\begin{cases}f(x, y)-T, & f(x, y)\geqslant T' \\ 0, & f(x, y)<T'\end{cases} \tag{3.31}$$

其中，T' 为阈值，一般情况下有 $T'>T$。改进后的质心法计算公式为

$$\begin{cases}x_0=\dfrac{\sum\limits_{x=1}^{m}\sum\limits_{y=1}^{n}F'(x, y)x}{\sum\limits_{x=1}^{m}\sum\limits_{y=1}^{n}F'(x, y)} \\ y_0=\dfrac{\sum\limits_{x=1}^{m}\sum\limits_{y=1}^{n}F'(x, y)y}{\sum\limits_{x=1}^{m}\sum\limits_{y=1}^{n}F'(x, y)}\end{cases} \tag{3.32}$$

带阈值的质心法相当于将原图像与背景阈值相减，对原始图像中大于阈值的像素点求质心。可以证明，带阈值的质心法比传统的质心法具有更高的精度。当且仅当 $T'=T$，且灰度分布 $f(x, y)$ 与 x，y 坐标值不相关时，二者才是等价的。

D. 高斯曲面拟合法

由于目标源在像面上所成的像可以近似地看做高斯分布，因此可以用高斯曲面对其灰度分布进行拟合。二维高斯曲面函数可以表示为

$$f(x, y)=A\cdot\exp\left\{-\frac{1}{2(1-\rho^2)}\left[\left(\frac{x-x_0}{\sigma_x}\right)^2-2\rho\left(\frac{x}{\sigma_x}\right)\left(\frac{y}{\sigma_y}\right)+\left(\frac{y-y_0}{\sigma_y}\right)^2\right]\right\} \tag{3.33}$$

式中，A 为比例系数，代表灰度幅值的大小，它与星的亮度（星等）有关；(x_0, y_0) 为高斯函数的中心；σ_x，σ_y 分别为 x，y 方向的标准偏差；ρ 为相关系数。一般情况下，可取 $\rho=0$，且 $\sigma_x=\sigma_y$。利用最小二乘方法可以计算出高斯函数的中心，即为星体的中心位置坐标。为了使计算简便，可以从 x，y 方向分别用一维高斯曲线来拟合。

2）面目标提取

行星面目标的质心是测角导航的参数之一。为了提取行星质心，需要先提取行星边缘，并保留行星图像的有效边缘，然后利用椭圆模型拟合行星的有效边缘计算出椭圆模型的参数 (A, B, C, D, E)，据此计算出行星的质心 (x_c, y_c)。

$$f(A, B, C, D, E)=Ax^2+Bxy+Cy^2+Dx+Ey+F \tag{3.34}$$

$$x_c=\frac{BE-2CD}{4AC-B^2},\quad y_c=\frac{BD-2AE}{4AC-B^2} \tag{3.35}$$

该算法的主要步骤如图 3.14 所示。

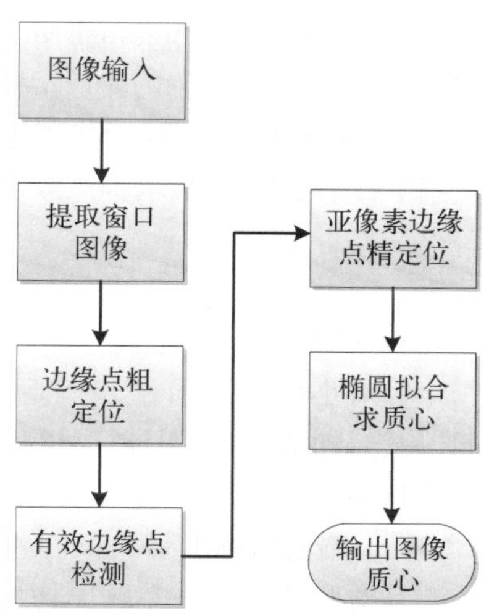

图 3.14　面目标质心提取算法流程

面目标的质心精度与行星边缘提取的精度有直接关系。边缘提取的定位精度越高，拟合的质心位置越准确。常规的亚像素边缘提取的算法分为三类：① 拟合法，如高斯函数曲面拟合法，其定位精度较好，但抗噪能力不强；② 插值法，多项式插值法，精度适中，但抗噪能力不强；③ 基于矩的方法，如空间矩，其有良好的定位精度，对加性、乘性噪声不敏感，具有一定的抗噪性。这里选取了四种亚像素边缘提取算法进行质心提取实验。

A. 高斯函数曲面拟合法

高斯曲面拟合法是根据二维高斯曲面模型，利用边缘像素附近的灰度值拟合边缘模型来获得亚像素的边缘定位。首先选用 Canny 算子对图像进行边缘粗定位，然后在此基础上给定一个窗口，对窗口内的边缘梯度幅值用高斯曲面拟合算法进行精细定位。二维高斯曲面方程可表示为

$$Z=\frac{1}{2\pi\sigma^2}\mathrm{e}^{\frac{(x-\mu_1)^2+(y-\mu_2)^2}{2\sigma^2}} \tag{3.36}$$

B. 多项式插值法

插值方法在亚像素边缘检测中应用广泛。首先选用 Canny 算子对图像进行边缘粗定位，然后在此基础上给定一个窗口，对窗口内的像素级边缘进行二次曲线拟合并得到拟合曲线在粗定位像素点的切线及垂线方向，取若干个灰度值进行径向基函数插值，根据采集图像的边缘处灰度值分布特点，选取边缘渐变处的中点位置作为最佳边缘位置，即亚像素点位置。插值的给定点集，求解如下关于 α_i 的线性方程组：

$$S(X)=\sum_{i=0}^{n}a_i\phi_i,\quad i=0,1,\cdots,n \tag{3.37}$$

$$\phi_i=\sqrt{(x-x_i)^2+c^2},\quad i=0,1,\cdots,n \tag{3.38}$$

C. 灰度矩法

灰度矩边缘定位法是由 Tabatabai 首先提出的，利用前三阶灰度矩对边缘进行亚像素定位的算法。用 Canny 算子求得像素级边缘图像，再选取合适大小的矩模板，用模板对像素边缘图像进行卷积，得到像素边缘图像的矩，并求出灰度模型中各个参数，最后求得亚像素边缘坐标。对图像 $f(x,y)$ 目标区域 S 的 p 阶灰度矩的定义为

$$m_p=\frac{1}{n}\sum_{(i,j)\in S}I^p(i,j) \tag{3.39}$$

式中，n 为区域 S 中的像素点个数。

D. 正交矩法

正交矩通过对边缘建立理想的阶跃灰度模型，计算图像的三个不同阶次的 Zernike

正交矩(Zernike Orthogonal Moment，ZOM)，再通过这三个 ZOM 计算出边缘所在直线的参数，从而确定边缘的亚像素极坐标。首先用 Canny 算子求得像素级边缘图像，再选取合适大小的矩模板，用模板对像素边缘图像进行卷积，得到像素边缘图像的矩，并求出正交矩模型中各个参数，最后求得亚像素边缘坐标。对图像 $f(x, y)$ 的 N 阶 M 次正交矩定义为

$$A_{nm}=\sum_{x}\sum_{y}f(x, y)V_{nm}^{*}(\rho, \theta) \tag{3.40}$$

3）星迹目标提取方法

针对小行星、行星卫星等暗弱目标形成的星迹目标，可充分利用图像序列中帧内、帧间以及运动信息，运用计算机视觉中的图像增强、背景建模等多种方法，对图像序列中运动的暗弱目标进行提取，主要步骤如下：

（1）暗弱目标增强。

针对暗弱目标在单帧图像中的特性，利用计算机视觉方法在单帧图像中增强暗弱目标，凸显目标信号、压制噪声信号。

（2）基于背景建模的运动目标检测。

针对图像序列帧间存在的关联性，利用背景建模技术，检测运动暗弱目标。

（3）多目标跟踪。

针对运动目标所遵循的运动规律，对检测的运动暗弱目标进行多目标跟踪，以去除噪声，获取目标运动轨迹。

以某一段星图序列为例，假设曝光过程中导航敏感器相对星空背景保持不变，则小行星相对背景的运动会在影像上产生积分效应，从而得到运动模糊，这可以通过将小行星对一个运动模糊做卷积，并跟踪模拟运动目标的运动轨迹来得到，检测结果如图 3.15 所示。

图 3.15　星迹图像目标提取

3.2.4 测角导航数学模型

1. 状态方程

考虑到深空探测器在深空中受到多个天体引力的作用，航天器的轨道运动属于 N 体问题。在转移段，太阳是深空探测器的主要引力天体，其他天体的引力考虑为摄动力。根据牛顿力学定律，可建立航天器在日心黄道惯性坐标系中的轨道动力学模型

$$\begin{cases}\dot{\boldsymbol{r}}=\boldsymbol{v}\\ \dot{\boldsymbol{v}}=-\mu_{\mathrm{s}}\dfrac{\boldsymbol{r}_{\mathrm{ps}}}{r_{\mathrm{ps}}^{3}}+\sum\limits_{i=1}^{N}\mu_{i}\left[-\dfrac{\boldsymbol{r}_{\mathrm{p}i}}{r_{\mathrm{p}i}^{3}}+\dfrac{\boldsymbol{r}_{\mathrm{s}i}}{r_{\mathrm{s}i}^{3}}\right]+\boldsymbol{a}_{\mathrm{c}}+\boldsymbol{a}_{\mathrm{p}}+\boldsymbol{a}_{\mathrm{s}}+\boldsymbol{a}_{\mathrm{o}}\end{cases} \tag{3.41}$$

式中，$\boldsymbol{r}$ 为航天器在日心黄道惯性坐标系中的位置矢量；$\boldsymbol{r}=[X, Y, Z]^{\mathrm{T}}$，$X, Y, Z$ 为航天器位置在日心黄道惯性坐标系中的坐标；$\boldsymbol{v}$ 为航天器在日心黄道惯性坐标系中的速度矢量；$\boldsymbol{v}=[v_x, v_y, v_z]^{\mathrm{T}}$，$v_x, v_y, v_z$ 为航天器速度在日心黄道惯性坐标系中的坐标；μ_{s} 为日心引力常数 GM_{sun}；$\boldsymbol{r}_{\mathrm{ps}}$ 为日心到航天器的位置矢量；μ_i 为第 i 颗行星的引力常数 GM_i；$\boldsymbol{r}_{\mathrm{p}i}$ 为第 i 颗行星到航天器的位置矢量；$\boldsymbol{r}_{\mathrm{s}i}$ 为第 i 颗行星到日心的位置矢量；$\boldsymbol{a}_{\mathrm{c}}$ 为其他天体对航天器的引力加速度；$\boldsymbol{a}_{\mathrm{p}}$ 为火箭推力加速度；$\boldsymbol{a}_{\mathrm{s}}$ 为太阳辐射压力加速度；$\boldsymbol{a}_{\mathrm{o}}$ 为其他未建模的摄动加速度。

该模型适用于数值积分方法求解，即直接对微分方程进行数值积分计算，在航天器轨道初值给定的情况下，可根据轨道动力学模型外推积分计算任意时刻的航天器位置和速度。

令 $\boldsymbol{X}=[\boldsymbol{r}, \boldsymbol{v}]^{\mathrm{T}}$，状态模型噪声 $\boldsymbol{W}(t)$，则状态方程可简写为

$$\dot{\boldsymbol{X}}(t)=\boldsymbol{f}(\boldsymbol{X}(t), t)+\boldsymbol{W}(t) \tag{3.42}$$

2. 观测模型

1）矢量方向观测量

导航目标源矢量方向是目标源天体相对航天器的单位方向矢量(图 3.16)，可以由导航敏感器获得的像元像线坐标转换得到。设导航敏感器固联于航天器本体，由敏感器测得的在航天器本体坐标系中的目标源矢量方向可表示为

$$\boldsymbol{l}_{\mathrm{pc}}^{\mathrm{B}}=\boldsymbol{l}_{\mathrm{pc}}^{\mathrm{c}}=\frac{1}{\sqrt{x_{2\mathrm{d}}^{2}+x_{2\mathrm{d}}^{2}+f^{2}}}\begin{bmatrix}x_{2\mathrm{d}}\\ y_{2\mathrm{d}}\\ -f\end{bmatrix} \tag{3.43}$$

其中，$\boldsymbol{l}$ 的下标 p 表示航天器，下标 c 表示天体，上标 B 表示本体坐标系，上标 c 表示天体敏感器测量坐标系，$(x_{2\mathrm{d}}, y_{2\mathrm{d}})$可以由像元像线转换得出，具体表达式为

$$\begin{bmatrix}x_{2\mathrm{d}}\\ y_{2\mathrm{d}}\end{bmatrix}=\boldsymbol{K}^{-1}\left(\begin{bmatrix}p\\ l\end{bmatrix}-\begin{bmatrix}p_0\\ l_0\end{bmatrix}\right) \tag{3.44}$$

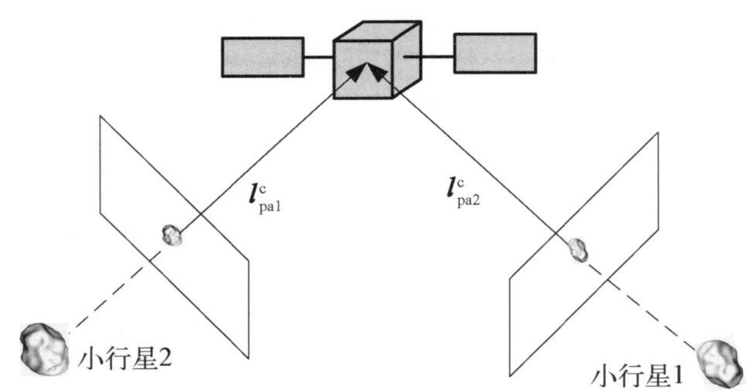

图 3-16　矢量方向的观测方案

令 $\boldsymbol{Z}_2=[\boldsymbol{l}_1,\ \boldsymbol{l}_2]^{\mathrm{T}}$，观测噪声 $\boldsymbol{V}_2=[\boldsymbol{v}_{l_1},\ \boldsymbol{v}_{l_2}]^{\mathrm{T}}$，$\boldsymbol{v}_{l_1}$，$\boldsymbol{v}_{l_2}$ 分别为 $\boldsymbol{l}_1$，$\boldsymbol{l}_2$ 的观测误差，则分别以两颗小行星矢量作为观测量的观测模型，可表示为

$$\boldsymbol{Z}_2(t)=H_2[\boldsymbol{X}(t),\ t]+\boldsymbol{V}_2(t) \tag{3.45}$$

2）星光角距观测量

利用导航敏感器观测两颗小行星及背景恒星（或小行星、火星及背景恒星），可以获得两颗小行星、火星和背景恒星的像元像线，由像元像线信息可以得出小行星、火星与恒星之间的星光角距信息，如图 3.17 所示，两颗小行星和火星的星光角距观测信息表达式为

$$\begin{cases}\theta_1=\arccos(-\boldsymbol{l}^c_{pa1}\cdot\boldsymbol{s}^c_1)\\ \theta_2=\arccos(-\boldsymbol{l}^c_{pa2}\cdot\boldsymbol{s}^c_2)\\ \theta_3=\arccos(-\boldsymbol{l}^c_{pm}\cdot\boldsymbol{s}^c_3)\end{cases} \tag{3.46}$$

式中，$\boldsymbol{s}^c_1$、$\boldsymbol{s}^c_2$ 和 $\boldsymbol{s}^c_3$ 分别为三颗背景恒星星光方向矢量，$\boldsymbol{l}^c_{pa1}$ 、$\boldsymbol{l}^c_{pa2}$ 和 $\boldsymbol{l}^c_{pm}$ 分别为小行星 1、小行星 2 和火星的方向矢量，$\boldsymbol{s}^c_i$ 和 $\boldsymbol{l}^c_{pai}$ 由同一导航敏感器获取（i=1，2，3）。令 $\boldsymbol{Z}_3=[\theta_1,\ \theta_2]^{\mathrm{T}}$，$\boldsymbol{Z}_4=[\theta_2,\ \theta_3]^{\mathrm{T}}$，观测噪声 $\boldsymbol{V}_3=[v_{\theta_1},\ v_{\theta_2}]^{\mathrm{T}}$，观测噪声 $\boldsymbol{V}_4=[v_{\theta_2},\ v_{\theta_3}]^{\mathrm{T}}$，$v_{\theta_1}$，$v_{\theta_2}$，$v_{\theta_3}$ 分别为 θ_1，θ_2，θ_3 的观测误差，则分别以两颗小行星星光角距作为观测量的观测模型可表示为

$$\boldsymbol{Z}_3(t)=H_3[\boldsymbol{X}(t),\ t]+\boldsymbol{V}_3(t) \tag{3.47}$$

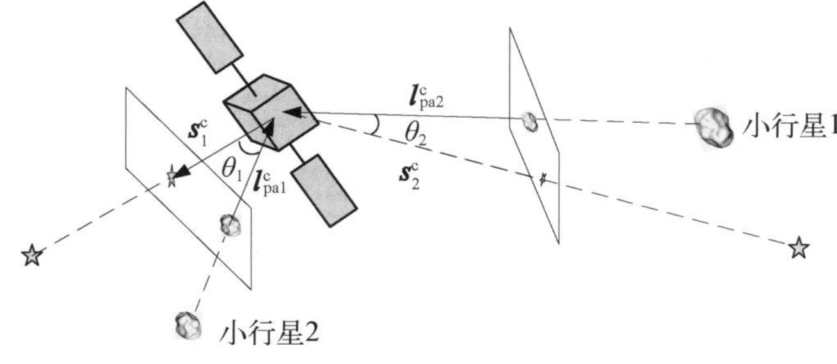

图 3.17　星光角距方案示意图

3.3 天文测距导航方法

3.3.1 测距导航流程

天文测距导航通过航天器携带的导航敏感器测量脉冲星 X 射线脉冲的到达时间，解算得到航天器的位置、速度信息。如图 3.18 所示，其实现流程如下：

(1) 通过测距导航敏感器探测 X 射线光子数量、提取脉冲星方位信息；

(2) 星载原子时钟记录 X 射线脉冲星脉冲到达时间；

(3) 结合脉冲星星历和航天器轨道动力学模型，解算航天器在参考坐标系下的位置和速度。

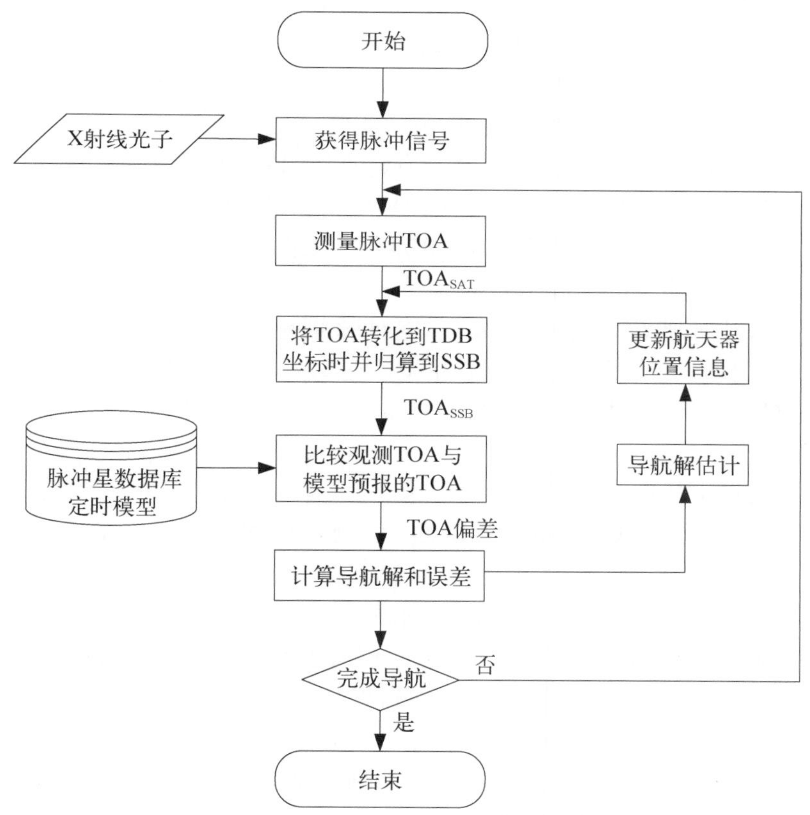

图 3.18 基于脉冲星的天文测距导航流程

3.3.2 脉冲星特性及选取

天文测距导航以脉冲星辐射的 X 射线光子到达时间和脉冲星影像角位置为导航观

测量。脉冲星的方位、辐照特性等先验信息是实现测距导航的前提。

1. 脉冲星特性

脉冲星是一种快速自转并具有强磁场的中子星，1967 年首次被发现。脉冲星的发现被誉为 20 世纪 60 年代天文学四大发现之一。迄今已发现的脉冲星约 1 700 颗，其中能够发射强 X 射线的脉冲星约 140 颗。

大质量恒星演化到晚期，由于内部核原料大部分已经消耗，不能产生正常的热压力来支持引力坍缩，导致星体的质量密度相当高，这种星体称作致密星，包括白矮星、中子星和黑洞 3 类。其中，已经发现的最密集的星体是中子星。在中子星里，电子被压缩到原子核中，同质子中和成为中子，使原子变得仅由中子组成，而整个中子星就是由这样的原子核紧挨在一起形成的。中子星的密度约为 10^{11} kg/cm^3，即每立方厘米的质量为一亿吨。由角动量守恒可得，在坍缩阶段由于恒星体积骤然变小，恒星的旋转速度会剧增。新形成的脉冲星的旋转周期为 10 ms 量级，老年的脉冲星旋转周期会增加，达到几秒量级，但其周期都是非常稳定且可预测的。中子星具有非常强的磁场，在磁极冠区，带电粒子在磁场中运动发出曲率辐射，形成一个方向性很强的辐射锥，辐射锥的中心为磁轴。一般地，磁轴和中子星自转轴不重合，所以当辐射锥和中子星一起转动扫过地球上的射电望远镜时，就能接收到一个脉冲，因此，此类中子星也称为脉冲星。

对脉冲星的长期观测表明，脉冲星是具有超高压、超强磁场、辐射、高温、高速及超高稳定周期等极端物理特征的恒星天体。脉冲星质量和半径约为 0.2～2.5M 和 10^{-5}R（其中 M、R 分别代表太阳质量和半径），质量密度约为太阳的 10^{15} 倍。绝大多数脉冲星的半径范围在 10～20 km，星体内部的密度是 $10^{11}\sim10^{15}$ g/cm^3。

根据近年来计时观测资料的分析结果，毫秒脉冲星计时精度已达 1×10^{-7} s，其自转频率稳定度可以和原子钟相媲美，长期稳定度已达 2×10^{-14} s。由脉冲星时间算法得到的毫秒脉冲星时比现代原子时有更高的长期稳定度，被誉为“自然界最稳定的钟，最精确的频率基准”。

脉冲星具有以下特点：

（1）辐射的电磁波谱线呈现周期性脉冲状。脉冲周期在 ms～s 量级，具有相当高的稳定度。

（2）周围有很强的磁场，绝大多数的表面磁场为 $10^{12}\sim10^{13}$ G。由于电子在磁场中运动产生的同步辐射、曲率辐射以及电子与光子作用的逆康普顿散射等机制产生了 X 射线的辐射，而成为宇宙中的一种 X 射线源。但脉冲星的辐射并不像太阳一样向四周均匀发射，而是沿磁极方向在一个较窄的锥体（锥角$<10°$）内发射。

（3）X 射线脉冲星体自身产生高速旋转，自转周期为 $1.5\times10^{-3}\sim8$ s，自转轴与磁极不重合。脉冲星自转使得辐射光束在宇宙中扫过一个锥形，当光束扫过观测者时，就可接收到 X 射线脉冲。

2. 脉冲星选取准则

目前，已经发现的射电脉冲星有 1 700 多颗，其中已经认证具有 X 射线辐射的脉冲星约 140 颗。可用于导航的 X 射线脉冲星的优选准则包括精确的脉冲星位置矢量、高信噪比的脉冲轮廓、高精度的脉冲计时模型、较高的 X 射线辐射流量、较短的脉冲周期、尖锐的脉冲形状以及长期的周期稳定性等。从定量的角度，X 射线脉冲信号信噪比是定量评价和标定脉冲星 X 射线信号质量的重要指标。综合考虑脉冲星的物理特性、空间环境和航天器对脉冲到达时间测量精度的影响，根据脉冲信号噪声的定义，X 射线信号信噪比(SNR)可以表示为脉冲部分光子数 $N_{S_{\text{pulsed}}}$ 与噪声信号 σ_{noise} 之比，即

$$\begin{aligned}\text{SNR} &= \frac{N_{S_{\text{pulsed}}}}{\sigma_{\text{noise}}} = \frac{N_{S_{\text{pulsed}}}}{\sqrt{(N_B + N_{S_{\text{non-pulsed}}})_{\text{dutycycle}} + N_{S_{\text{pulsed}}}}} \\ &= \frac{F_X A p_f \Delta t_{\text{obs}}}{\sqrt{[B_X + F_X(1 - p_f)](A\Delta t_{\text{obs}} d) + F_X A p_f \Delta t_{\text{obs}}}}\end{aligned} \tag{3.48}$$

式中，占空周期 d 可以表示为脉冲宽度 W 与脉冲周期 P 之比；N_B 为占空周期内背景辐射的光子数；$N_{S_{\text{non-pulsed}}}$ 为占空周期内信号非脉冲部分光子数；F_x 为 X 射线光子流量；B_x 为 X 射线背景辐射流量；p_f 为脉冲比例；A 为脉冲检测器件的面积；Δt_{obs} 为观测时间。

3.3.3 导航脉冲信号处理

导航脉冲信号处理是天文测距导航实现的基础。脉冲信号处理的主要功能是根据测距导航敏感器探测到的 X 射线光子数量、提取脉冲星影像和角位置信息，通过积分、拟合等手段获得脉冲轮廓曲线，进而提取脉冲到达时延。

1. 脉冲轮廓建模

脉冲星的物理参数包括脉冲轮廓、辐射流量、脉冲比例、脉冲宽度等。脉冲轮廓是脉冲星的标识符。标准脉冲轮廓是通过长期观测并进行数据处理及大量脉冲周期整合而得到的，具有极高的信噪比。辐射流量以光子计数率的形式表示，即单位时间单位面积内光子到达的数量或能量，对应的流量单位为 photons/cm^2/s，反映了脉冲辐射强度的大小。

脉冲比例和脉冲宽度反映了脉冲轮廓中波峰突兀程度。脉冲比例是辐射流量与平均流量的比值。脉冲宽度有 50%脉冲轮廓宽度(Full-Width Half-Maximum，FWHM)和 10%脉冲轮廓宽度(Full-Width 10% Maximum，FW10)两种表示方法，如图 3.19 所示。

2. 脉冲轮廓测量

脉冲星轮廓是脉冲星辐射信号强度随时间的周期变化曲线，也称为光变曲线。脉冲轮廓是由脉冲星的内部机制和外部空间环境决定的，具有唯一性。脉冲星的脉冲周期、脉冲振幅、脉冲峰数和周期稳定性等基本物理参数均可从脉冲轮廓中提取。单个脉冲信号很不稳定，脉冲强度是变化的，有时甚至消失，但成百上千个脉冲的平均值则具有十分稳定的周期性，因此，测量脉冲到达时间需要对大量脉冲进行历元折叠和同步平均处理才能获得准确观测量。

X 射线导航敏感器可检测光子能量和单位时间内的入射光子数目判断视场内是否有脉冲星。一旦目标源的入射光子被检测到，X 射线导航敏感器的高精度时钟系统(精度能达到微秒级)将记录下每个光子到达的时刻。设在某一观测时间段内记录了某个脉冲星的

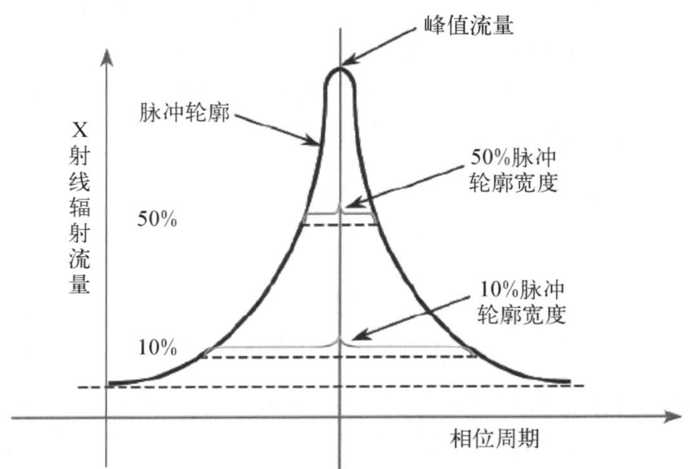

图 3.19　脉冲宽度示意图

N 个光子到达时刻分别为 τ_0，…，τ_{N-1}，将这些时刻转换成惯性坐标系下的时刻 t_0，…，t_{N-1}。设检测的 N 个光子在时间跨度上包含了多个脉冲周期，每个光子的到达时刻对应其所属脉冲的特定相位值，必须把所有光子按其在单一脉冲的相位值进行对齐后累加，才能生成脉冲轮廓，这一过程称为历元折叠，即按期望的脉冲周期(由定时模型预测)同步累加所有的到达光子数目。具体步骤是，把导航脉冲星的整个相位等分为 M 段(称为收集仓)，每一个光子事件按折叠周期依次放入相应的仓中。在一个周期长度上生成代表脉冲轮廓的直方图，相当于对多个脉冲波形的相位平均。脉冲轮廓一旦创建，就可以获得脉冲的各种特征，包括有效的脉冲幅度、脉峰个数、形状和噪声特征等。

为了实现每个脉冲的到达时间(Time of Arrival，TOA)测量，需要一个信噪比极高的标准参考脉冲轮廓。标准轮廓模板的生成过程与观测轮廓的生成相似，仅有两点不同：第一，需要足够长的观测时间以减小噪声影响；第二，选择轮廓的某一特征点(一般为主峰)作为零相位，目的是让轮廓的记录时刻正好对应特征点的时刻，即表征轮廓的到达时刻，使得利用相关法估计观测脉冲的 TOA 时更加直观。

综上所述，天文测距导航的基本观测量获得方法及步骤如图 3.20 所示。

上述基本观测量获取包含如下几个步骤：

(1) 安装于航天器上的 X 射线导航敏感器采集脉冲星辐射的 X 射线光子，在航天器本体坐标系下用原子时钟测量每一个光子的到达时间，脉冲信号进入锁相环路，修正本地时钟漂移并输出脉冲到达时间 t_{obs}；

(2) 对 t_{obs} 进行 Roemer 延迟、Shapiro 延迟、Einstein 延迟以及其他误差项改正，将光子到达时间转换到太阳系质心坐标系下，得到 $t_{\text{SSB/obs}}$；

(3) 在给定的观测时间内，将所有光子相对于太阳系质心坐标的时间序列进行折叠和同步平均处理，生成测量脉冲轮廓，并得到测量脉冲到达时间 TOA；

(4) 调用脉冲星模型数据库，提取标准脉冲轮廓和脉冲计时模型，由脉冲计时模型预报脉冲到达时间 $t_{\text{SSB/std}}$；

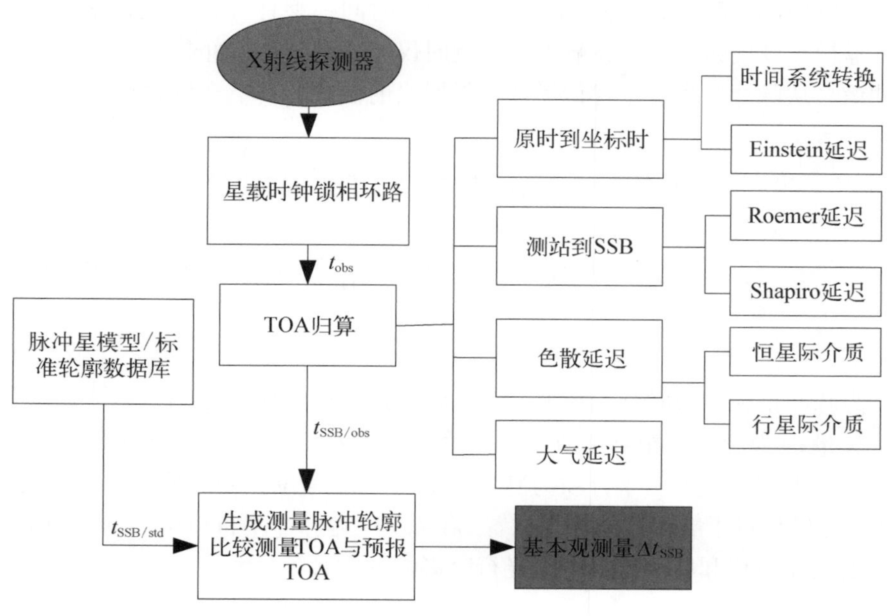

图 3.20　天文测距观测量获取过程

(5) 与标准轮廓进行相关处理，比较测量 TOA 和预报 TOA 得到脉冲到达时间差，即是基本观测量 Δt_{SSB}。

3.3.4　测距导航数学模型

1. 状态方程

对于测距导航系统，可采用与飞行阶段相对应的轨道动力学模型作为状态方程，此处不再赘述。

2. 观测方程

根据 X 射线脉冲 TOA 传播方程，将航天器到太阳系质心的位置向量 SC_r 分解为航天器到地球质心的位置向量 SC/E_r 与地球质心到太阳系质心的坐标 E_r 之和，则地球质心系下的观测方程为

$$c(\delta t_E-\delta t_{SC})=\hat{\boldsymbol{n}}\cdot\delta\boldsymbol{r}_{SC/E}+\frac{1}{D_0}\begin{bmatrix}(\hat{\boldsymbol{n}}\cdot\tilde{\boldsymbol{r}}_{SC/E})(\hat{\boldsymbol{n}}\cdot\delta\boldsymbol{r}_{SC/E})-\tilde{\boldsymbol{r}}_{SC/E}\cdot\delta\boldsymbol{r}_{SC/E}\\+(\boldsymbol{V}\Delta t_N)\cdot\delta\boldsymbol{r}_{SC/E}-(\hat{\boldsymbol{n}}\cdot V\Delta t_N)(\hat{\boldsymbol{n}}\cdot\delta\boldsymbol{r}_{SC/E})\\-(\boldsymbol{b}\cdot\delta\boldsymbol{r}_{SC/E})+(\hat{\boldsymbol{n}}\cdot\boldsymbol{b})(\hat{\boldsymbol{n}}\cdot\delta\boldsymbol{r}_{SC/E})\end{bmatrix}$$

$$+\frac{2\mu_s}{c^2}\left[\frac{\hat{\boldsymbol{n}}\cdot\delta\boldsymbol{r}_{SC/E}+\dfrac{\tilde{\boldsymbol{r}}}{\tilde{r}}\cdot\delta\boldsymbol{r}_{SC/E}}{(\hat{\boldsymbol{n}}\cdot\tilde{\boldsymbol{r}}_{SC/E}+\tilde{r}_{SC/E})+(\hat{\boldsymbol{n}}\cdot\boldsymbol{b}+b)}\right] \tag{3.49}$$

式中，t_E 为脉冲到达地心的时间，$\delta t_E=t_E-\tilde{t}_E$；$\delta\boldsymbol{r}_{SC/E}$ 为 $\boldsymbol{r}_{SC/E}$ 的改正量。t_{SSB}、t_E、t_{SC} 均

包含脉冲的整周部分和小数部分；t_{SSB}、t_{E} 在利用时间模型计算时已包含整周数；t_{SC} 中的整周数依靠模糊度搜索得到。在航天器观测时仅能得到其小数部分。

脉冲信号从脉冲星当前位置传播到航天器当前位置的真空光行时 δt_{nvac} 可表述为

$$\begin{aligned}\delta t_{\mathrm{nvac}}=&\frac{1}{c}R_0-\frac{1}{c}(\boldsymbol{k}\cdot r_n)+\frac{1}{2cR_0}[r_n^2-(\boldsymbol{k}\cdot r_n)^2]+\frac{1}{c}(\boldsymbol{k}\cdot v)\Delta t_n\\&+\frac{1}{2cR_0}[(v\Delta t_n)^2-(\boldsymbol{k}\cdot v\Delta t_n)^2]-\frac{1}{cR_0}[v\cdot r_n-(\boldsymbol{k}\cdot v)(\boldsymbol{k}\cdot r_n)]\Delta t_n\end{aligned}\tag{3.50}$$

式中，R_0 为脉冲星在参考时刻的质心距离；$\boldsymbol{k}$ 为脉冲星的质心方向；r_n 为航天器的瞬时质心坐标矢量；v 为脉冲星相对于质心的三维速度；Δt_n 为标准参考脉冲和当前脉冲发射时刻的间隔。上式右端第 1 个分项为脉冲从脉冲星参考位置到达质心的真空光行时，前 3 项表示脉冲星相对于航天器的光程位置，第 4、5 项为脉冲星自行引起的光行时的变化，第 6 项为航天器位移和脉冲星自行对光行时影响的交叉项。

3.4 天文测速导航方法

3.4.1 测速导航流程

天文测速导航利用航天器携带的测速导航敏感器在轨检测星历已知的导航目标源的光谱频移信息，提取航天器相对于导航目标源的速度信息，进而得到航天器位置、速度。如图 3.21 所示，其实现流程如下：

(1) 根据天体星历，确定导航目标源(如太阳、系外恒星)，遴选并预测目标源方位；

(2) 通过航天器姿态控制系统调整航天器姿态，使导航敏感器指向目标源；

(3) 测速导航敏感器感知并获得天体光谱信息；

(4) 进行光谱处理，识别并提取特征谱线的频移量，进而获得航天器相对于目标源的视向速度；

(5) 结合天体星历信息和航天器轨道动力学模型，采用导航滤波算法，实时估计航天器在参考坐标系下的位置和速度。

3.4.2 导航光谱特征与选取

天文测速导航以惯性空间中稳定且广泛存在的恒星光谱作为导航信息源。恒星的轨道运动、光谱特性等先验信息是实现测速导航的前提。

以火星探测为例，测速导航可将太阳、天狼星、织女星等恒星作为导航天体，下面给出测速导航目标源的特性及选取准则。

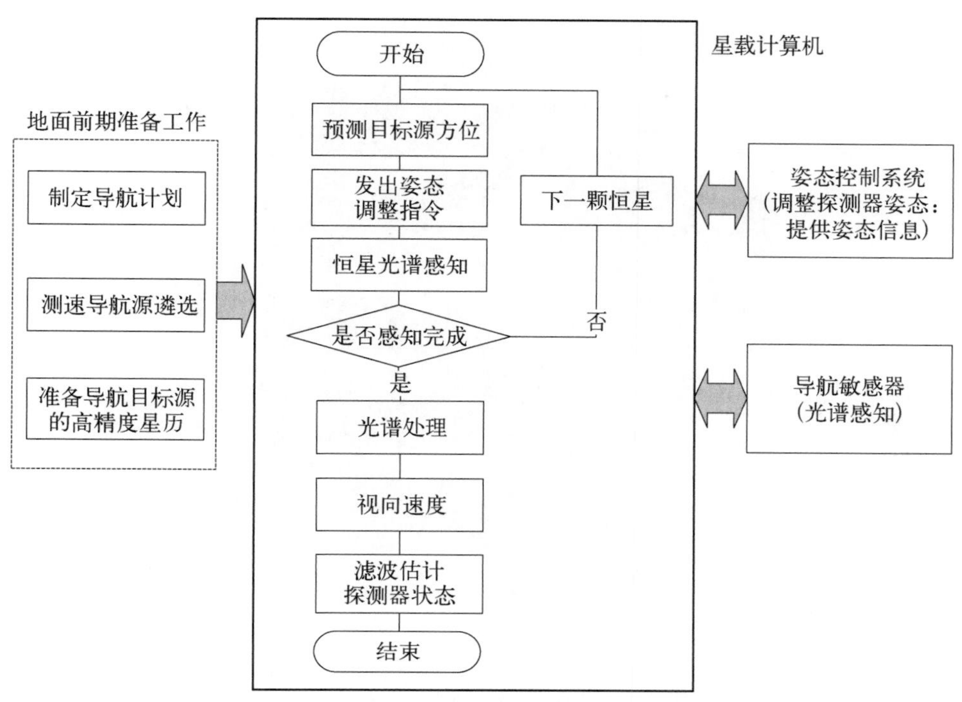

图 3.21　天文测速导航流程图导航光谱特征与选取

1. 太阳

1）基本参数

太阳是由热等离子体与磁场交织组成的球体。其直径约为 1.392×10^6 km，相当于地球直径的 109 倍；质量约为 2×10^{30} kg，相当于地球质量的 330 000 倍，约占太阳系总质量的 99.86%。太阳质量的大约 3/4 是氢。

2）内部结构

太阳是一颗 G 型主序星，其形状接近理想的球体，估计扁率仅为 900 万分之一。太阳并非固态，其赤道自转比极区快，这种现象称作较差自转，其原因是从太阳核心向外伸展的温度变化引发了太阳物质的对流运动，这些物质造成了从黄道北极看来为逆时针方向的角动量，因而重新分配了角速度。实际的太阳自转周期在赤道大约是 25.6 天，在极区是 33.5 天。太阳内部结构的组成部分包括核心、辐射层、对流层、光球、色球、日冕、黑子、米粒及日珥等。太阳内部结构如图 3.22 所示。

光球是太阳可见的表面，在光球之上的可见光可以自由地传播到太空中，光球的能量随之被带走。光球的厚度只有数十至数百公里。因为光球上半部分的温度比下半部的低，因此太阳盘面的影像会呈现中央比周围的边缘或周边明亮的现象，这一种现象称为周边昏暗。

3）太阳光谱

在天文测速导航中，太阳是可以利用的信号最强的目标源。对太阳光谱的研究，是开展天文测速导航的基础。

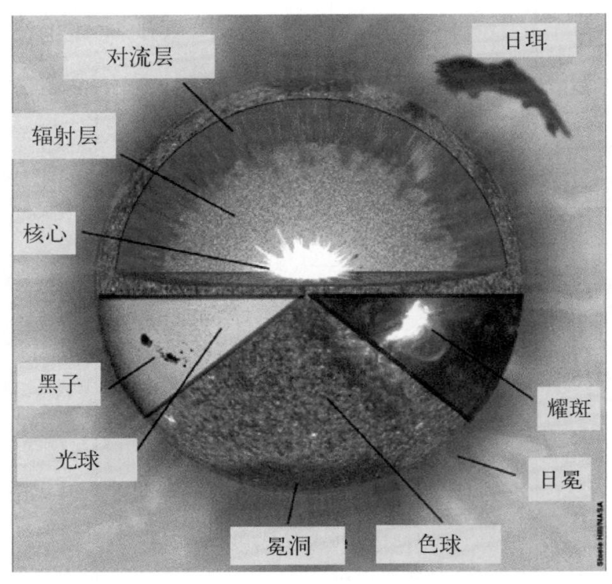

图 3.22　太阳结构图

按照恒星光谱分类，太阳属于 G 型主序星，光谱分类标示为 G2V。其中 G2 表示其表面温度约为 5 778 K(5 505℃)，V 则表示太阳像其他大多数的恒星一样，是一颗主序星，能量来自内部氢聚变成氦的核聚变反应。太阳的绝对星等是＋4.83，但由于距地球较近，因此从地球上来看，为天空中最亮的天体，视星等达到－26.74。

太阳光有着近似于黑体的光谱，叠加着数千条来自光球上稀薄的原子吸收线。太阳光谱如图 3.23 所示。

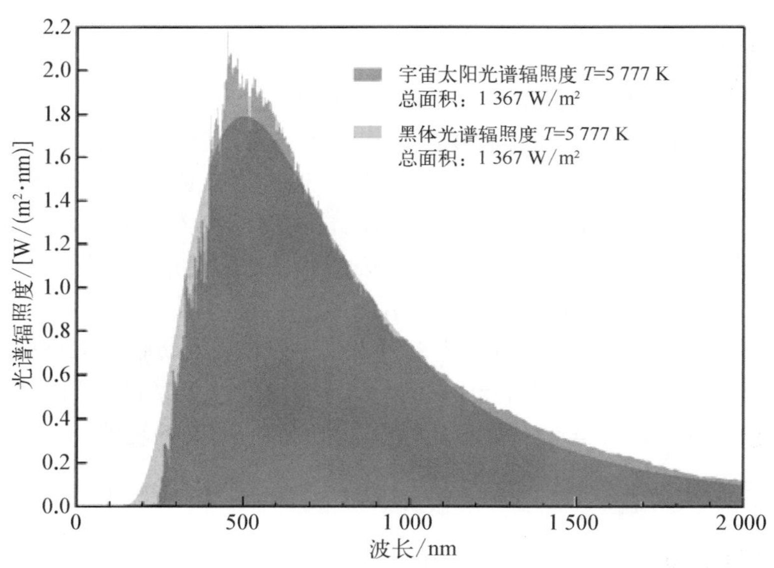

图 3.23　太阳光谱(5 777 K)

太阳大气中有很多离子、原子以及分子，在光谱上呈现出非常丰富的吸收线，图 3.24 为实测的太阳吸收光谱，波长覆盖范围约为 380～1 000 nm，其中的短黑线即为太阳大气吸收线。

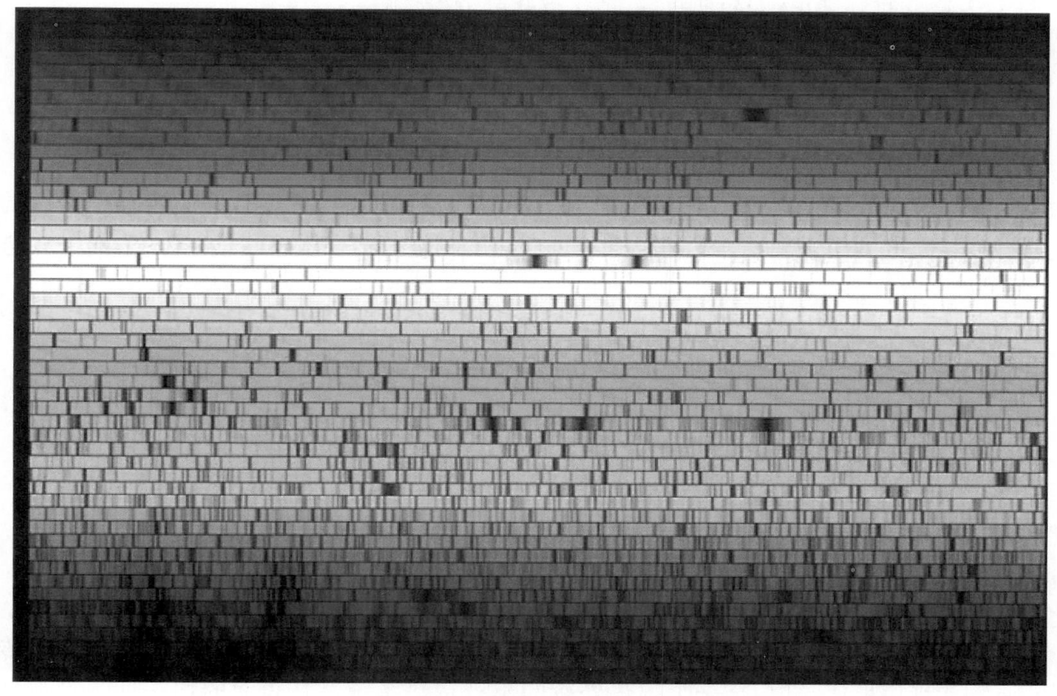

图 3.24　实测太阳吸收谱线

4）太阳特征谱线误差

对于太阳等此类恒星而言，除了由其整体自转引入的宏观有序运动速度，其表面上每一点还具有一随机运动速度，因此其多普勒位移需考虑上述两种现象。考虑到运动速度在时间和空间上的随机性，有两种方法来消除其随机速度对观测者视向速度测量的影响：一是增加曝光时间（等价于时间平均），二是对目标源表面各点光谱进行空间积分（等价于空间平均）。由于深空探测导航的实时性要求，可考虑采用空间积分的方式进行处理。

5）太阳特征谱线选取准则

深空探测测速导航的基本原理为利用光谱的多普勒效应，获得探测器相对于数个参考光源的视向速度（Radial Velocity，RV），由此解算出探测器在惯性参考系中的速度信息。

速度信息的精度除与解算过程中截断误差及舍入误差关系密切外，更重要的是导航天体的源端固有误差，具体包括模型误差及观测误差。前文已从光谱的多普勒效应原理出发对建模精度进行详细分析，此处重点结合测速导航敏感器的具体方案阐述太阳特征谱线的遴选准则。

太阳辐射谱中具备识别特征的谱线状态包括发射型谱线及吸收型谱线，下面分别对其进行描述。

(1) 发射型谱线。选择发射型谱线作为特征谱线的前提是太阳在该频点处具备足够的辐射强度,以满足敏感器信噪比要求。结合敏感器具体方案,对谱线遴选要求如下:

(a) 谱线具备足够高的辐射强度;

(b) 谱线轮廓确定,如高斯轮廓、洛伦兹轮廓等;

(c) 谱线线宽足够窄,以提供更大的外差干涉相干长度;

(d) 谱线具备足够高的时间稳定性;

(e) 谱线频点应尽可能高,以提供更大的波数;

(f) 谱线受塞曼效应影响较小,刚特因子低,无磁分裂现象。

(2) 吸收型谱线。由于太阳大气对光球层辐射谱线的吸收作用,形成遍布全谱段的吸收谱,可充分利用该现象作为特征开展视向速度测量。结合敏感器具体方案,对谱线遴选要求如下:

(a) 谱线具备足够大的吸收深度;

(b) 谱线轮廓确定,如高斯轮廓、洛伦兹轮廓等;

(c) 谱线线宽足够窄,以提供更大的外差干涉相干长度;

(d) 谱线具备足够高的时间稳定性;

(e) 谱线频点应尽可能高,以提供更大的波数;

(f) 谱线受塞曼效应影响较小,刚特因子低,无磁分裂现象。

2. 系外恒星

1) 恒星活动对视向速度测量的影响

恒星不是一个温度均一的热平衡体,其能量来源为中心区域的核聚变,能量向外传播,直到光球层形成辐射,是一个内热外冷的不稳定热系统。其表面的均一性一旦被破坏,如太阳黑子的出现,将会对视向速度测量带来严重的噪声。

对恒星表面周期性和准周期性活动进行分析,考察其对视向速度测量的影响。以太阳为例,通过对其长期观测,发现有四种不同频率的太阳活动会影响视向速度测量:颗粒活动(Granulation, G)、中等颗粒活动(Mesogranulation, MG)、大型颗粒活动(Supergranulation,SG)和局地活动(Active Regions,AR)。这些现象对应的噪声在频谱上跨越5个数量级。其中,AR产生的噪声最大,其平均值为3.1 m/s,典型时标为10^6 s;SG的平均噪声水平为1.9 m/s ,典型时标为10^5 s;MG的平均噪声水平为1.6 m/s,典型时标为10^4 s;G的平均噪声水平为0.69 m/s,典型时标为400 s。在太阳活动极大年份,这些噪声将会更大。

2) 适合进行视向速度观测的恒星种类

可从恒星结构和演化的角度来定性研究其有可能具备实现高精度视向速度测量的条件。恒星Hertzsprung - Russell(H - R)图是恒星演化研究的最重要结果,如图3.25所示。

H - R图横轴为恒星的光谱型对应的不同恒星表面有效温度,温度由约40 000℃降到约2 000℃,依次为O,B,A,F,G,K,M型恒星。纵轴为绝对光度,即恒星的本征亮度。在H - R图中有一条斜着的窄带区域,代表主序恒星,即恒星演化中最稳定的时期。主序期间,恒星的主要能源是氢氦核聚变,能量释放稳定。恒星一生中大部分时间都处于主序

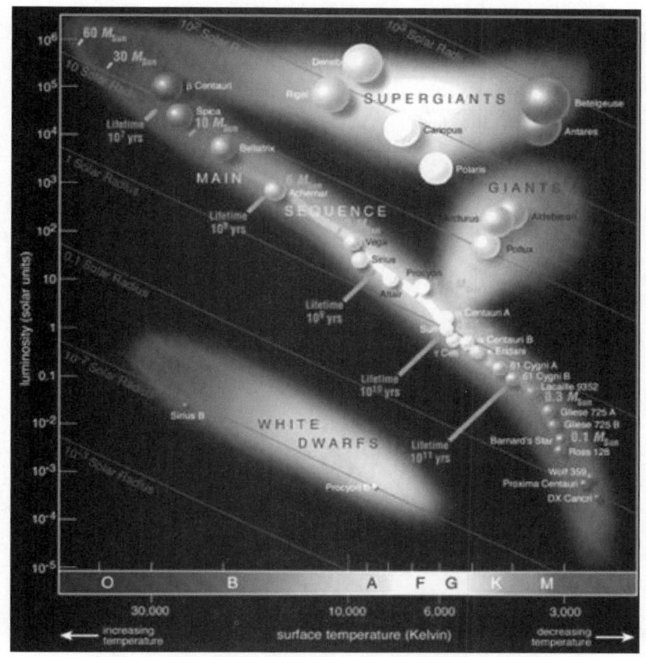

图 3.25　恒星 Hertzsprung - Russell(H - R)图

阶段。主序恒星处于 H - R 图中的具体位置主要由恒星的质量决定。大质量恒星的表面温度高、亮度高,而小质量恒星的表面温度低、亮度低。主序恒星的属性和行为相对稳定,在 H - R 图中的位置也相对固定。当恒星的氢氦核聚变燃料用尽时,恒星内核将坍缩触发更重元素的核聚变,能量剧烈释放,恒星直径变大、亮度增加,进而脱离主序阶段进入 H - R 图的右上角,即巨星和超巨星阶段。最后,根据恒星初始质量的不同产生恒星演化残余,如经历Ⅰ型超新星爆炸形成白矮星、中子星等,或由大质量恒星经历Ⅱ型超新星爆炸被完全摧毁。

从恒星演化的角度来看,最稳定的恒星为处于主序阶段的恒星。细致观测表明,大质量主序恒星(即 O,B,A 光谱型的恒星),其自转速度较快且磁场活动较活跃。这类主序恒星的视向速度实测精度在 30 m/s 左右。而最冷的 M 型恒星,其主要辐射谱段为红外波段,不适合用于光学观测。所以在以研究太阳系外行星为目的的视向速度观测中,普遍选取 F,G,K 光谱型的主序恒星进行观测。

大量观测表明,F,G,K 光谱型主序恒星自身活动导致的视向速度噪声水平和太阳类似,约为 3 m/s。观测中也曾发现存在视向速度噪声在 1 m/s 以下的宁静恒星,但其中的部分恒星可以被先期排除掉,如处于双星系统中的恒星、光度有变化的恒星等。

3) Hipparcos 全天星表

Hipparcos 全天星表由欧洲航天局 1989 年发射的 Hipparcos 天文观测卫星的数据绘制完成。1989 年至 1993 年间,Hipparcos 卫星获得了全天 110 000 颗恒星的高精度数据,包括赤经、赤纬、赤经自行、赤纬自行、三角视差、B 和 V 波段亮度等。根据这些数据形成 Hipparcos 全天星表。利用 Hipparocs 全天星表可以精确确定恒星在 H - R 图中的位置,并分析其恒星类型，如图 3.26 所示。测速导航恒星目标源视星等低于 5 等，均包括在 Hipparcos 全天星表内。

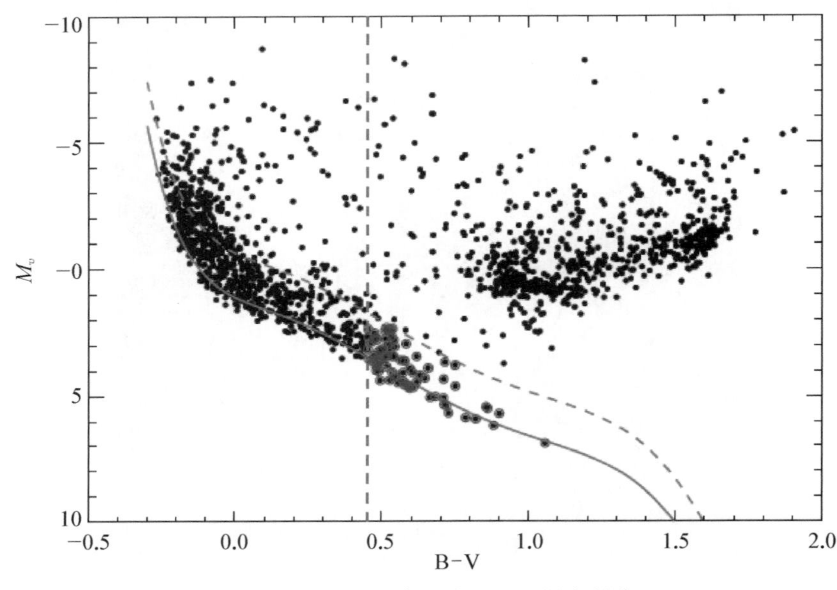

图 3.26　Hipparcos 亮星在 H－R 图中的位置

4）测速导航恒星目标源选取

首先以视星等低于 5 为条件对 Hipparcos 星表进行搜索，得到 1 627 颗亮恒星。然后利用表中的三角视差数据和 V 波段星等计算出这些恒星的绝对星等，并通过色差 B－V，即 B 波段亮度和 V 波段亮度的插值来判断该恒星的有效表面温度，即光谱型。在获得上述数据的基础上，可以得到这 1 627 颗恒星在 H－R 图上的位置，进而推得它们的恒星类型。

灰色实线是主序恒星的理论曲线。右上方的恒星均为巨星，其典型的视向速度噪声在 10 m/s 以上，从测速精度角度予以排除。灰色虚线所示的曲线是轻微演化的主序恒星所处的范围，在该曲线以下的恒星是可以被挑选的。但还需排除表面温度较高的恒星（色差较小），其视向速度噪声水平在 30 m/s 左右。用 B－V＝0.45 作为判断恒星表面温度高低的标准，从而排除了灰色垂直虚线左边的恒星。在此基础上，考虑恒星的光变和环境因子，排除不适合进行高精度视向速度观测的恒星。剩余 25 颗有后续研究价值的恒星，如表 3.7 所示。

表 3.7　测速导航恒星目标源遴选结果

序　号	代号：HIP	赤经：J2000	赤纬：J2000	星等：V
1	HIP910	2.816 284 1	−15.467 323	4.89
2	HIP1599	5.007 975 8	−64.877 623	4.23
3	HIP5862	18.794 032	−45.532 097	4.97
4	HIP8102	26.021 364	−15.939 556	3.49
5	HIP14632	47.262 014	+49.613 500	4.05

续表

序　号	代号：HIP	赤经：J2000	赤纬：J2000	星等：V
6	HIP15510	49.971 770	−43.071 549	4.26
7	HIP16852	54.218 829	+0.402 833 1	4.29
8	HIP23693	76.377 877	−57.472 989	4.71
9	HIP24813	79.783 660	+40.100 667	4.69
10	HIP27072	86.116 562	−22.447 487	3.59
11	HIP36795	113.513 36	−22.296 181	4.44
12	HIP47592	145.561 13	−23.916 209	4.93
13	HIP51459	157.657 35	+55.980 618	4.82
14	HIP51523	157.842 65	−53.715 993	4.89
15	HIP57443	176.634 36	−40.501 335	4.89
16	HIP57757	177.672 03	+1.765 377 0	3.59
17	HIP64394	197.970 51	+27.876 038	4.23
18	HIP64924	199.604 05	−18.308 611	4.74
19	HIP65721	202.108 13	+13.780 188	4.97
20	HIP75206	230.534 98	−47.927 470	4.99
21	HIP77760	238.167 48	+42.449 988	4.60
22	HIP86736	265.857 73	−21.683 086	4.86
23	HIP96100	293.085 78	+69.665 402	4.67
24	HIP97295	296.606 60	+33.728 688	5.00

3.4.3　导航光谱精细认证

天文测速导航需要对目标源进行光谱观测，并由此提取视向速度信息。鉴于测速导航的精度要求，采用光谱交叉相关法对多根谱线进行处理是提高精度的一种有效手段。

光谱交叉相关法是将某一谱段范围内观测的光谱 $S(\lambda)$ 与参考光谱 $M(\lambda)$ 进行交叉相关运算。参考光谱 $M(\lambda)$ 可以为对该目标源进行观测所获得的基准光谱，也可以由理论计算获得。将参考光谱从 λ 位移至 $\lambda_{v_R}=\lambda\sqrt{\dfrac{1+v_R/c}{1-v_R/c}}$，其中 v_R 为视向速度，由下式

$$\mathrm{CCF}(v_R)=\int S(\lambda)M(\lambda_{v_R})\mathrm{d}\lambda, \tag{3.51}$$

可得视向速度为 v_R 时观测光谱 $S(\lambda)$ 和参考光谱 $M(\lambda_{v_R})$ 的交叉相关函数(Cross-Correlation Function，CCF)。图3.27展示了太阳光球宁静大气(实线)和黑子(虚线)光谱的交叉相关函数。理论上，对于无噪声的高斯轮廓谱线，所得交叉相关函数也将呈现标准的高斯轮廓，而轮廓最深处对应的 v_R 即为所求的目标源视向速度。实际观测所得光谱都存在误差，谱线轮廓相对于高斯轮廓也有偏差，因此实际做法是对交叉相关函数进行高

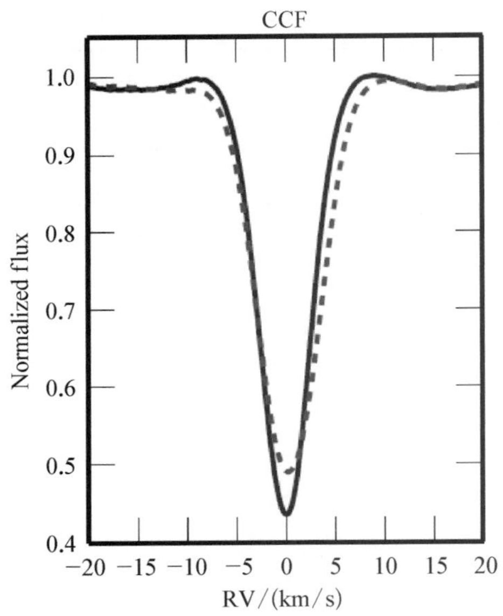

图 3.27　太阳大气和黑子的光谱交叉相关函数

斯拟合，以得到视向速度 v_R。

实际应用中，为抑制误差，通常会采用较差分光技术，即在较宽的谱段范围内对目标源进行分光。将所得光谱划分为若干包含足够谱线信息的子段，在每一子段内运用上述交叉相关方法，得到对应该子段光谱的视向速度 v_{Ri}。整体视向速度将由下式给出：

$$v_R = \frac{\sum_{i=1}^{N} v_{Ri}}{N} \tag{3.52a}$$

其误差将随所划分光谱子段数的增加而减小，误差如下：

$$\sigma = \sqrt{\frac{\sum_{i=1}^{N} (v_R - v_{Ri})^2}{N(N-1)}} \tag{3.52b}$$

3.4.4　测速导航数学模型

1. 状态方程

对于测速导航系统，可采用与飞行阶段相对应的轨道动力学模型作为状态方程，此处不再赘述。

2. 观测方程

1）太阳视向速度观测模型

基于太阳视线矢量的观测模型为

$$l_s = -\frac{\boldsymbol{r}}{r} + v_{l_s} \tag{3.53}$$

式中，v_{l_s} 为太阳视线矢量观测误差；$\boldsymbol{r}$ 为在参考惯性系下航天器相对太阳径向位置矢量。

航天器相对于太阳的运动中会有多普勒效应，导航敏感器可以直接获取多普勒效应引起的光谱频移变化，从而反演得到相对于太阳的视向速度。相对太阳的视向速度观测模型为

$$v_r = \frac{\boldsymbol{v} \cdot \boldsymbol{r}}{r} + v_{v_s} \tag{3.54}$$

式中，v_{v_s} 为太阳视线矢量观测误差；v_r 为航天器相对于太阳的径向速度大小；$\boldsymbol{v}$ 为在参考惯性系下航天器的速度矢量；$\boldsymbol{r}$ 为在参考惯性系下航天器相对太阳径向位置矢量。

2）系外恒星视向速度观测模型

考虑到恒星在惯性参考坐标系中的方位保持恒定，得到相对于其他恒星的视线方向

观测模型为

$$l_{\text{star}} = -\frac{\boldsymbol{r}}{r} + v_{l_{\text{star}}} \tag{3.55}$$

相对其他恒星的视向速度模型为

$$v_{r_{\text{star}}} = \frac{\boldsymbol{v} \cdot \boldsymbol{r}}{r} + v_{v_{\text{star}}} \tag{3.56}$$

在深空探测导航任务中，可以基于单个或多个测速源作为测速导航系统的观测量。

从测速导航原理出发，以航天器相对太阳及两颗恒星的视向速度大小为观测量，则观测方程可表示为

$$\boldsymbol{Z}_v = \begin{bmatrix} v_{\text{Spe1}} \\ v_{\text{Spe2}} \\ v_{\text{Spe3}} \end{bmatrix} + \boldsymbol{V} = \begin{bmatrix} \dfrac{\boldsymbol{v} \cdot \boldsymbol{r}}{r} \\ (\boldsymbol{v}_{\text{Star1}} - \boldsymbol{v}) \cdot \boldsymbol{l}_{\text{Star1}} \\ (\boldsymbol{v}_{\text{Star2}} - \boldsymbol{v}) \cdot \boldsymbol{l}_{\text{Star2}} \end{bmatrix} + \boldsymbol{V} \tag{3.57}$$

式中，v_{Spe1}、v_{Spe2}、v_{Spe3} 是由测速导航敏感器解算得到的航天器相对于导航目标源的视向速度值；$\boldsymbol{r}$、$\boldsymbol{v}$ 是航天器在参考惯性坐标系下的位置和速度；$\boldsymbol{v}_{\text{Star}}$、$\boldsymbol{l}_{\text{Star}}$ 是恒星在参考惯性坐标系下的速度和视线方向矢量，具体数据可由星表获得；$\boldsymbol{V}$ 是观测噪声，一般作高斯白噪声处理。

3.5 导航系统可观性分析

可观测性是指系统的状态能够由已有的量测数据唯一确定的能力，它表征系统利用一定的量测数据得到系统状态的能力。导航系统的可观测性可以衡量利用量测信息解算探测器的位置、速度状态信息的能力；若系统不具备可观测性，那么系统状态就不能被完全估计。传统的地面导航方式能直接测得探测器相对地面测控站的距离、方位和视向速度，很容易直接反演探测器的位置和速度，其可观测性问题并未引起重视。由于天文自主导航系统自身特点，没有测控站的量测辅助，所以直接通过量测量获取探测器的状态信息比较困难。

选取导航滤波算法时，通常需要考虑滤波估计的稳定性。滤波器的稳定性是指，当滤波步数增多时，状态的初值 X_0 和协方差的初值 P_0 对估计值 $\hat{X}_k$ 和协方差 P_k 都渐渐没有影响。导航系统如果满足可观测条件，同时系统噪声都能作用到每一个系统状态变量上，那么滤波估计就可以看作是稳定的，后者在自主导航系统中通常是符合条件的，此时滤波估计的稳定性问题就变成分析其可观测性。

导航的目的是消除初始误差影响，可靠、稳定地得到探测器位置和速度的状态估计，因此导航系统能否满足要求，首先要对导航系统的可观测性进行分析。

3.5.1 可观测性

可观测性是由系统输出量确定系统状态的能力指标，系统的输出就是导航敏感器的量测量，可观测性从状态的识别能力上描述了系统内部性质。典型的 n 维线性离散系统如下：

$$\begin{aligned}\dot{X} &= AX \\ Z &= HX\end{aligned} \tag{3.58}$$

依据 Dan Simon 在 *Optimal State Estimation* 书中的表述，上述系统的可观测性可定义如下：如果对于任意的初始状态 X_0 和某末端时刻 k，初始状态 X_0 可由输入 u_i 和输出 Z_i 唯一确定，那么该离散系统是可观测的（其中，$i \in [0,k]$）。

此时，上述系统的可观测矩阵可定义为

$$Q = \begin{bmatrix} A \\ HA \\ \vdots \\ HA^{n-1} \end{bmatrix} \tag{3.59}$$

那么，当且仅当可观测矩阵 Q 的秩等于状态维数 n 导航系统就是可观测的，即

$$\rho(Q) = n \tag{3.60}$$

深空探测导航系统是一个典型的强非线性时变系统，导致其可观测性分析非常复杂。目前比较常用的分析方法有基本的解析法、基于可观测矩阵的分析方法、基于误差协方差阵的分析方法和基于 Fisher 信息矩阵的分析方法等。基于误差协方差阵的分析方法和基于 Fisher 信息矩阵的分析方法需要事先得到导航系统估计协方差矩阵，所以不能在滤波估计之前的导航方案确定阶段直观给出有指导意义的参考，实际应用受限；可观测矩阵的求解方法仅和导航系统自身有关，它能够直接得到系统的可观测性。

对于具体深空探测任务而言，自主导航系统的主要区别在于量测方法的不同。本文选用基于可观测矩阵的方法分析系统的可观测性能，直接从系统出发比较分析不同的量测方法的可观测性能，进而总结得出有关量测方法的可观测性能分析结论，并据此对导航目标恒星进行优选。利用可观测矩阵分析系统可观测性的常用方法有基于分段定常系统（Piece-Wise Constant System，PWCS）方法和基于李导数方法。

1. 基于分段定常系统方法

基于 PWCS 方法获得可观测矩阵是工程上常用的方法，即在一段足够小的时间区间内，将时变系统的系数矩阵视为不变，此时系统就可作为定常系统处理。为了求解方便，可通过条带化可观测性矩阵（Stripped Observability Matrix，SOM）代替系统的总可观测性矩阵（Total Observability Matrix，TOM）来分析系统的可观测性能，即将总时间划分成一系列的时间段，在每个时间段内选取一系列离散的时刻点，用这些离散时刻点组成的时间段的可观测性来代替系统的总体可观测性。

一般地，采用PWCS方法可将典型非线性系统描述为如下形式：

$$\begin{aligned} X(k) &= A_j X(k-1) + W(k-1) \\ Z_j(k) &= H_j X(k) + V(k) \end{aligned} \tag{3.61}$$

其中，$X(k) \in R^n$，$A_j \in R^{n\times n}$，$W(k) \in R^l$，$Z_j(k) \in R^m$，$H_j \in R^{m\times n}$，$j=1, 2, \cdots, r$ 表示系统分段间隔符。

系统的总可观测性矩阵TOM为

$$Q(r) = \begin{bmatrix} Q_1(k) \\ Q_2(k)\mathrm{e}^{A_1\Delta t_1} \\ \vdots \\ Q_r\mathrm{e}^{A_1\Delta t_1}\cdots\mathrm{e}^{A_{r-1}\Delta t_{r-1}} \end{bmatrix} \tag{3.62}$$

此时系统对应第 j 段时间的条带化可观测矩阵SOM为

$$Q_j(k) = \begin{bmatrix} H_j(k) \\ H_j(k)A_j(k) \\ \vdots \\ H_j(k+n-1)A_j(k+n-2)\cdots A_j(k) \end{bmatrix} \tag{3.63}$$

其中，n 表示系统状态变量的维数。

综上分析，若可观测性矩阵 $Q_j(k)$ 的秩等于状态变量的维数 n，那么称该系统是可观测的，即

$$\rho(Q_j(k)) = n \tag{3.64}$$

2. 基于李导数方法

上述基于PWCS的分析方法是先将非线性系统进行线性离散化，然后基于线性定常系统的可观测性相关理论，得到系统的可观测性判据。很多可观测分析的研究都是基于PWCS方法展开，文献也论证了这种线性化系统的可观测性和原系统是局部等价的，但是相关研究分析也指出，连续的可观测系统在离散线性化后，依此判据可能会出现不可观测的结果，即存在判断的模糊性。

为了避免上述方法的局限，可以利用基于李导数的可观测性分析方法。该方法从非线性系统出发，对系统的局部可观测性进行直接分析，这种方法对天文导航系统的实际意义更大。

一般非线性系统可以表示为

$$\sum: \begin{cases} \dot{X} = f(X) \\ Z = h(X) \end{cases} \tag{3.65}$$

其中，状态矢量 $X \in X^n \subset R^n$；解析函数 f 和 h 在 C^n 内是光滑的。

h 沿 X 的 k 阶李导数可以定义为

$$L_f^0 h(X) = h(X) \tag{3.66}$$

$$L_f^k h(X) = \frac{\partial(L_f^{k-1} h)}{\partial X} f(X), \quad k = 1, 2, \cdots \tag{3.67}$$

其中，

$$\mathrm{d}L_f^k h(X) = \frac{\partial(L_f^k h)}{\partial X}, \quad k = 0, 1, 2, \cdots \tag{3.68}$$

要研究非线性系统的可观测性，需要引入局部弱可观的定义，相关的定义表述如下：

(1) 若存在一个 X_0 的开邻域 U，使得对于 U 内 X_0 的任意一个开邻域，系统 Σ 都是可观的，此时系统 Σ 在 X_0 点就是局部弱可观的；

(2) 若系统 Σ 在这个区间内的每个 X 上都是局部弱可观的，此时系统 Σ 就是局部弱可观的。

那么，由 $\boldsymbol{H} = \{h, L_f h, L_f^k h, \cdots\}$ 对应的线性空间就是系统 Σ 的观测空间。此时，在 $\boldsymbol{H}$ 内描述状态与观测的最小线性空间就是 $\boldsymbol{H}^n = \{h, L_f h, \cdots, L_f^{n-1} h\}$。要利用上述李导数方法分析系统的局部弱可观测性，还需要再引入两个引理，表述如下：

(1) 若 Σ 在 X_0 点处的可观测秩判据成立，则 X_0 处 Σ 是局部弱可观的。

(2) 若 Σ 的可观性秩判据成立，则 Σ 是局部弱可观的。

结合李导数得到的非线性空间，可知：当 $X_0 \in X^n$ 时，若 $\mathrm{d}\boldsymbol{H}^n$ 可观测性秩判据成立，那么依据引理(1)可知 Σ 在 X_0 点是局部弱可观测的；当 $\forall X \in X^n$ 时，若 $\mathrm{d}\boldsymbol{H}^n$ 的可观测性秩判据全都成立，依据引理(2)可知 Σ 是局部弱可观测的。

基于上述分析，非线性系统的可观测矩阵 $\boldsymbol{Q}(X)$ 表示为

$$\boldsymbol{Q}(X) = \begin{bmatrix} \mathrm{d}L_f^0 h(X) \\ \mathrm{d}L_f^1 h(X) \\ \vdots \\ \mathrm{d}L_f^{n-1} h(X) \end{bmatrix} \tag{3.69}$$

此时，可观测性判据可以表述为：如果矩阵 $\boldsymbol{Q}(X)$ 的秩与状态变量的维数 n 相等，那么系统是局部弱可观的，即

$$\rho(\boldsymbol{Q}_j(k)) = n \tag{3.70}$$

上述判据是讨论系统在某时刻的可观测性，通过分析整个导航任务时间段内离散时刻的局部可观测性，就可以得到系统的全局可观测性的分析结果。

虽然李导数方法直接从非线性系统出发，理论上比 PWCS 方法判据更充分，但是由于李导数的计算是符号计算，对于一般的计算机求解高阶李导数还比较困难，所以当可判断导航系统具有可观测性时，常用 PWCS 方法得到它的可观测矩阵。

3.5.2 可观测阶数

可观测性反映的是由观测量确定状态的能力，下面分析系统的可观测阶数。

对于一般线性系统，将状态微分式代入量测方程中，可得

$$\dot{Z}(t)=H\dot{X}=HAX \tag{3.71}$$

推广到整个 n 维状态空间，结合前文求解得到的可观测矩阵，此时可观测性的概念可表述为

$$\begin{bmatrix} Z(t) \\ \dot{Z}(t) \\ \vdots \\ Z^{(n-1)}(t) \end{bmatrix}=\begin{bmatrix} H \\ HA \\ \vdots \\ HA^{n-1} \end{bmatrix}X(t)=Q(X)X(t) \tag{3.72}$$

分析上式可知，系统的可观测性能与观测量对状态变量的积分次数相关。若状态变量与观测量的 p 阶导数线性相关(其中 $0\leqslant p\leqslant n-1$。)，那么需要经过 p 次的观测量积分才能得到相应的系统状态变量。

量测量的 p 阶导数物理意义并不明晰，下面通过推导说明量测量的 p 阶导数就是系统的第 $p+1$ 次观测量。

由上述分析，利用状态方程对 p 阶的量测导数作递推，可知

$$Z^{(p)}=HA^{p}X_{0}=HA^{p-1}(AX_{0})=HA^{p-1}X_{1} \tag{3.73}$$

显然，依次递推下去，即可知

$$Z^{(p)}=HX_{p}=Z_{p} \tag{3.74}$$

即需要第 $p+1$ 次的量测值 Z_p 才能完全确定系统的状态变量 X_0。显然，积分次数越多，需要的观测步数就越多，可观测性就越弱。

文献中给出了系统不同的状态变量的可观测阶数概念：若 $x_i(1\leqslant i\leqslant n)$ 为 X 中状态分量，使 $Q(k)$ 中对应的 x_i 能够被观测的最小观测次数称为 x_i 的可观测阶数。但是若系统整体不可观测，那么按照上述方法得到的系统状态分量的可观测性能指标将不可求，即此时状态分量的可观测阶数没有实际的参考价值。

参照上述描述，这里给出系统的可观测阶数概念：对于一个 n 维状态变量的系统，若使系统可观测矩阵 $Q(X)$ 满足可观测性判据 $\rho(Q(X))=n$ 的最小观测次数是 $p+1$，那么该系统的可观测阶数就是 p 阶。

综上所述，系统的可观测阶数反映了系统的状态与观测之间的积分关系，它会影响导航结果的收敛速度和抗干扰能力，可以作为衡量导航系统可观测能力的参考指标。

3.5.3 可观测度

1. 基于条件数方法

上述方法可得到系统的可观测性，即系统的状态由量测确定的能力，但是并不能对其进行相对比较。系统的可观测性表征了通过一定时间内的量测数据解算其状态的可能性，而可观测度是对它的量化表述，可对其优劣性进行量化，其数值表示观测数据对于状

态改变的灵敏性,可用来表征系统状态的估计精度。通过引入可观测度指标,可以更系统地分析导航系统的状态估计性能。

常用的可观测度求解方法有可观测矩阵的奇异值、特征值以及协方差矩阵等。对于导航系统而言,可以采用可观测矩阵的条件数衡量导航系统的可观测度,相关原理及分析过程如下。

对于线性方程 $AX=b$,当状态存在微小扰动时,由矩阵扰动理论可知

$$\frac{\|\delta X\|}{\|X\|} \leqslant \frac{\operatorname{cond}(A)}{1-\operatorname{cond}(A)\dfrac{\|\delta A\|}{\|A\|}} \cdot \left(\frac{\|\delta A\|}{\|A\|}+\frac{\|\delta b\|}{\|b\|}\right) \tag{3.75}$$

其中,δA 和 δb 是方程左右两边的扰动项;δX 是由此引起的 X 的扰动项。

由该式可知,矩阵 $\boldsymbol{A}$ 的条件数反映了系统的扰动引起解的相对误差上界,即矩阵 $\boldsymbol{A}$ 的条件数反映了系统的解随扰动变化的敏感程度。矩阵的条件数越小,方程解的相对误差越小,即方程的解越可靠。

将上述矩阵条件数分析方法应用到导航系统中。典型的导航线性系统方程可写为

$$\begin{aligned}\dot{\boldsymbol{X}}&=\boldsymbol{A}\boldsymbol{X}\\ \boldsymbol{Z}&=\boldsymbol{H}\boldsymbol{X}\end{aligned} \tag{3.76}$$

式中,$\boldsymbol{X}$ 是 n 维状态向量,$\boldsymbol{A}$ 是 $n\times n$ 的状态矩阵,$\boldsymbol{H}$ 是 $m\times n$ 的量测矩阵,$\boldsymbol{Z}$ 是 m 维量测向量。

对于上述微分方程组,导航系统的输出可解得

$$\boldsymbol{Z}(t)=\boldsymbol{H}\mathrm{e}^{A(t-t_0)}\boldsymbol{X}(t_0) \tag{3.77}$$

令 $t_0=0$,对式(3.77)右边的系数作矩阵展开,有

$$\boldsymbol{H}\mathrm{e}^{At}=\boldsymbol{H}\left(I+\boldsymbol{A}t+\cdots\boldsymbol{A}^{p-1}\frac{t^{p-1}}{(p-1)!}+\cdots\right) \tag{3.78}$$

$$\boldsymbol{H}\mathrm{e}^{At}=\begin{bmatrix} I & t & \cdots & \dfrac{t^{n-1}}{(n-1)!}\end{bmatrix}\begin{bmatrix}\boldsymbol{H}\\ \boldsymbol{HA}\\ \vdots\\ \boldsymbol{HA}^{n-1}\end{bmatrix} \tag{3.79}$$

其中,展开后的左半部分是和截取的系统时间有关的量,对于选定时段可视为常量;右半部分即为可观测性方法分析中构造的可观测矩阵。

此时,导航方程可以写成

$$\boldsymbol{QX}=\boldsymbol{Z}' \tag{3.80}$$

其中,$\boldsymbol{Z}'$ 包含展开式左半部分。那么结合前述扰动分析结论,利用矩阵 $\boldsymbol{Q}$ 的条件数即可以表征导航系统的可观测度。

将上述分析结论推广到非线性的导航系统。由 3.5.1 给出的 PWCS 方法或李导数方

法可以构造得到线性空间中的可观测矩阵 $\boldsymbol{Q}$，那么可将它的条件数的倒数作为可观测度的度量指标，即

$$\gamma=\frac{1}{\operatorname{cond}(\boldsymbol{Q})}=\frac{1}{\|\boldsymbol{Q}\|\cdot\|\boldsymbol{Q}^{-1}\|}=\frac{\min\sigma_Q}{\max\sigma_Q} \tag{3.81}$$

其中，$\sigma_Q=\sqrt{\lambda}$，λ 是 $\boldsymbol{Q}^H\boldsymbol{Q}$ 的特征值；$\gamma\in[0,1]$，当 $\gamma=0$ 时，$\rho(\boldsymbol{Q}(\boldsymbol{X}))<n$，即系统不可观测。

上述分析方法可以作为判断模型好坏的指标，它不依赖于观测数据，只与系统模型的状态矩阵和观测矩阵有关。显然，基于条件数的可观测度分析，可以适应深空探测自主导航系统时变特性，得到整个导航过程中整体可观测水平及其变化情况。

2. 基于奇异值分解方法

与系统的可观测度分析思路一样，通过分析每个状态变量的可观测度，可以得到导航系统在该变量上的估计性能，从而通过更多的可观测性指标系统地评价导航系统的估计性能。下面分析并推导基于奇异值分解(Singular Value Decomposition，SVD)的可观测度求解方法，用于评价各个状态变量的可观测性。

由矩阵奇异值分解定理，对导航系统模型中的可观测矩阵 $\boldsymbol{Q}$，有

$$\boldsymbol{Q}=USV^{\mathrm{T}}$$

其中，$\boldsymbol{U}$、$\boldsymbol{V}$ 为正交矩阵，$\boldsymbol{S}=\operatorname{diag}([\sigma_1 \quad \cdots \quad \sigma_r \quad 0_{(n-r)\times 1}])$ 是 $\boldsymbol{Q}$ 的奇异值排列对角矩阵，r 即为系统可观测矩阵的秩。

假设系统完全能观，对上述线性时变离散方程取差分并整理，得

$$\delta x_i(k)=VS^{-1}U^{\mathrm{T}}\cdot\delta z=\begin{bmatrix}\frac{v_{i1}}{\sigma_1} & \cdots & \frac{v_{in}}{\sigma_n}\end{bmatrix}U^{\mathrm{T}}\cdot\delta z \tag{3.82}$$

由于 $\boldsymbol{U}$ 为正交矩阵，对上式两边取 2 范数，根据范数的包容性原理和酉不变性整理上式，可得

$$\|\delta x_i(k)\|=\left\|\begin{bmatrix}\frac{v_{i1}}{\sigma_1} & \cdots & \frac{v_{in}}{\sigma_n}\end{bmatrix}U^{\mathrm{T}}\cdot\delta z\right\| \tag{3.83}$$

$$\left\|\begin{bmatrix}\frac{v_{i1}}{\sigma_1} & \cdots & \frac{v_{in}}{\sigma_n}\end{bmatrix}U^{\mathrm{T}}\cdot\delta z\right\|\leqslant\left\|\begin{bmatrix}\frac{v_{i1}}{\sigma_1} & \cdots & \frac{v_{in}}{\sigma_n}\end{bmatrix}U^{\mathrm{T}}\right\|\cdot\|\delta z\| \tag{3.84}$$

$$\left\|\begin{bmatrix}\frac{v_{i1}}{\sigma_1} & \cdots & \frac{v_{in}}{\sigma_n}\end{bmatrix}U^{\mathrm{T}}\right\|\cdot\|\delta z\|=\left\|\begin{bmatrix}\frac{v_{i1}}{\sigma_1} & \cdots & \frac{v_{in}}{\sigma_n}\end{bmatrix}\right\|\cdot\|\delta z\| \tag{3.85}$$

$$\left\|\begin{bmatrix}\frac{v_{i1}}{\sigma_1} & \cdots & \frac{v_{in}}{\sigma_n}\end{bmatrix}\right\|\cdot\|\delta z\|=\frac{1}{\lambda}\|\delta z\| \tag{3.86}$$

即

$$\frac{\|\delta x_i(k)\|}{\|\delta z\|}\leqslant\frac{1}{\lambda_i} \tag{3.87}$$

$\frac{1}{\lambda_i}$ 是系统状态变量受到观测变量影响的误差上限，可以表征系统状态分量随观测扰动的变化情况。因此，定义不同状态变量 $x_i(k)$ 的可观测度为

$$\lambda_i = \left\| \begin{bmatrix} \frac{v_{i1}}{\sigma_1} & \cdots & \frac{v_{in}}{\sigma_n} \end{bmatrix} \right\|^{-1} \tag{3.88}$$

显然，λ_i 越大，系统状态变量误差上确界越小，可观测度就越高。

基于 SVD 的可观测度求解方法建立在导航系统可观的基础上，由于导航系统状态变量是多样的，不同的物理量的量纲并不一致。很多研究分析通过对状态变量归一化处理，进而比较它们的可观测度，但是，不同物理量的量纲归一化，等效于对物理量的坐标作拉伸，所以通过归一化不同物理量的量纲进而比较它们之间的可观测度缺乏理论依据，不同物理量的可观测度比较会有错误结论，λ_i 适用于同量纲的物理量之间比较。

3.6 导航完备性

3.6.1 GNSS 完备性

全球卫星导航系统（GNSS）包括四种导航服务性能：完备性、连续性、精度和可用性。

完备性（integrity）：对导航系统所提供信息正确性的置信度的测量，也包括系统在无法用于导航时向用户发出告警的能力——美国《联邦无线导航计划（2010）》，也译为“完好性”。

连续性（continuity）：导航系统在一段时间内连续提供用户所需精度和完备性服务的能力。

精度（accuracy）：导航系统的导航误差在规定范围之内的能力。通常表示精度时需要说明相应的置信概率，例如在 95％置信概率下，导航位置估计与真实位置的偏差小于 1 km。

可用性（availability）：导航系统同时提供满足需要的精度、完备性和连续性服务的时间，所占总时间的比例。

3.6.2 天文导航完备性

完备性：在不依赖状态方程的前提下，若仅通过观测量 Z 和观测函数 H 即可唯一确定状态量 X，则称该导航系统是完备的，否则称该系统是不完备的。

对于线性系统

$$\begin{aligned} \dot{\boldsymbol{X}} &= \boldsymbol{A}\boldsymbol{X} \\ \boldsymbol{Z} &= \boldsymbol{H}\boldsymbol{X} \end{aligned} \tag{3.89}$$

其中，$\boldsymbol{X}$ 为 $n\times1$ 维状态矢量，$\boldsymbol{A}$ 为 $n\times n$ 维状态矩阵，$\boldsymbol{Z}$ 为 $m\times1$ 维观测矢量，$\boldsymbol{H}$ 为 $m\times n$ 维观测矩阵。当 $m=n$ 时，若 $\boldsymbol{H}$ 的逆阵存在，则状态量 $\boldsymbol{X}$ 可由观测量 $\boldsymbol{Z}$ 和 $\boldsymbol{H}^{-1}$ 完全确定，

即系统是完备的。

当 $m>n$ 时，观测量数量大于状态量，若 $\mathrm{rank}(H)=n$，则状态量 X 可由观测量 Z 和 H 完全确定，即系统是完备的。

对于非线性系统

$$\begin{aligned}\dot{X}&=F(X,t)\\Z&=H(X,t)\end{aligned}\tag{3.90}$$

若函数 H 的反函数（逆映射）$H^{-1}(\cdot)$存在，则状态量 X 可由观测量 Z 和 $H^{-1}(\cdot)$完全确定

$$X=H^{-1}(Z)\tag{3.91}$$

3.6.3 测速观测量对完备性的影响

对于深空探测器天文自主导航系统，状态方程由轨道动力学决定。测角观测量为目标天体的视线方向。通过两次观测得到探测器相对目标天体的方向矢量，观测方程如下：

$$\begin{bmatrix}\alpha_1\\\delta_1\\\alpha_2\\\delta_2\end{bmatrix}=H\left(\begin{bmatrix}x\\y\\z\\v_x\\v_y\\v_z\end{bmatrix},t\right)\tag{3.92}$$

当测角导航仅用于定位时，观测量的维数(4)大于状态量维数(3)，且位置状态量 xyz 与观测量之间存在几何对应关系，因此该测角导航系统是完备的。当测角导航仅用于定位定速时，速度状态量 $v_xv_yv_z$ 与观测量之间相互独立，无法仅通过观测量得到对应的状态量，因此，测角导航对于速度估计而言是不完备的。

加入测速观测量后，观测方程表示为

$$\begin{bmatrix}\alpha_1\\\delta_1\\\alpha_2\\\delta_2\\v_{r1}\\v_{r2}\\v_{r3}\end{bmatrix}=H\left(\begin{bmatrix}x\\y\\z\\v_x\\v_y\\v_z\end{bmatrix},t\right)\tag{3.93}$$

当测角测速导航用于定位定速时，观测量的维数大于状态量维数，且位置状态量和速度状态量与观测量之间均存在函数关系，因此，测角测速组合导航无论对于位置估计还是速度估计均是完备的。

3.6.4 导航完备性与可观测性的联系与区别

1. 可观测性矩阵的物理含义

对于连续线性系统

$$\begin{aligned}\dot{\boldsymbol{X}} &= \boldsymbol{AX} \\ \boldsymbol{Z} &= \boldsymbol{HX}\end{aligned} \tag{3.94}$$

可观测性定义：若线性系统对时刻 t_0，可以相应地确定时刻 $t_1(t_1>t_0)$，使得根据 $[t_0, t_1]$上的量测值 $\boldsymbol{Z}$，就能唯一地确定系统在时刻 t_0的状态 $\boldsymbol{X}(t_0)$，则称该系统在时刻 t_0是完全可观测的。如果在系统有定义的时间区间内的任一时刻都是完全可观测的，则称该系统是完全可观测系统。

可观测矩阵 $\boldsymbol{Q}_o$ 可作为线性系统是否可观的判据。$\boldsymbol{Q}_o$ 定义如下：

$$\boldsymbol{Q}_o = \begin{bmatrix} \boldsymbol{H} \\ \boldsymbol{HA} \\ \boldsymbol{H}\boldsymbol{A}^2 \\ \vdots \\ \boldsymbol{H}\boldsymbol{A}^{m-1} \end{bmatrix} \tag{3.95}$$

其中，$\boldsymbol{A}$ 为 $n\times n$ 维状态矩阵，$\boldsymbol{H}$ 为 $m\times n$ 维观测矩阵。

系统可观的充分必要条件是 $\mathrm{rank}(\boldsymbol{Q}_o)=n$。由此可以看出，可观测性矩阵 $\boldsymbol{Q}_o$ 与 $\boldsymbol{A}$ 和 $\boldsymbol{H}$ 相关，即系统可观测性由观测方程和状态方程共同决定。而完备性仅由观测矩阵 $\boldsymbol{H}$ 决定，与系统动力学模型无关。即一个完备的导航系统可以不依赖动力学进行位置和速度估计。

2. 完备性与可观测性指数的关系

可观测性指数的定义为：对于一个可观测的系统，将 k 由 1 增加，使等式 $\mathrm{rank}(\bar{\boldsymbol{Q}}_k)=n$ 成立的最小整数 k 为系统的可观测性指数。$\bar{\boldsymbol{Q}}_k$ 的定义如下：

$$\bar{\boldsymbol{Q}}_k = \begin{bmatrix} \boldsymbol{H} \\ \boldsymbol{HA} \\ \boldsymbol{H}\boldsymbol{A}^2 \\ \vdots \\ \boldsymbol{H}\boldsymbol{A}^{k-1} \end{bmatrix} \tag{3.96}$$

由此可见，当系统的可观性指数 $k=1$ 时，有 $\mathrm{rank}(\boldsymbol{H})=n$，反之亦然。即系统完备性的充分必要条件是该系统的可观测性指数为 1。

3. 完备性与导航实时性的关系

有上述分析可知，完备的导航系统的可观测性指数为 1。下面讨论可观测性指数的物理意义。对观测方程两边求取 1～n 阶导数，有

$$\begin{aligned} \boldsymbol{Z} &= \boldsymbol{H}\boldsymbol{X} \\ \dot{\boldsymbol{Z}} &= \boldsymbol{H}\boldsymbol{A}\boldsymbol{X} \\ \ddot{\boldsymbol{Z}} &= \boldsymbol{H}\boldsymbol{A}^2\boldsymbol{X} \\ &\vdots \\ \boldsymbol{Z}^{(n)} &= \boldsymbol{H}\boldsymbol{A}^n\boldsymbol{X} \end{aligned} \tag{3.97}$$

写成矩阵形式

$$\begin{bmatrix} \boldsymbol{Z} \\ \dot{\boldsymbol{Z}} \\ \vdots \\ \boldsymbol{Z}^{(n)} \end{bmatrix} = \begin{bmatrix} \boldsymbol{H} \\ \boldsymbol{H}\boldsymbol{A} \\ \vdots \\ \boldsymbol{H}\boldsymbol{A}^n \end{bmatrix} \boldsymbol{X} = \boldsymbol{Q}_o\boldsymbol{X} \tag{3.98}$$

由上式可见，状态变量 $\boldsymbol{X}$ 与观测量的 n 阶导数 $\boldsymbol{Z}^{(n)}$ 之间通过观测矩阵 $\boldsymbol{A}^n$ 相关联。从物理意义上看，$\boldsymbol{Z}$ 的一阶导数反映了两次观测之间的变化率，因此至少需要执行两次观测；以此类推，$\boldsymbol{Z}$ 的 n 阶导数至少需要 $n+1$ 次观测。

因此：完备性⇔可观测性指数为 1 ⇔仅需 1 次观测。

对于一个完备的导航系统，仅需通过一次测量即可完全确定系统的状态变量。相比于可观测性指数大于 1 的导航系统，完备的导航系统状态可由一次观测后直接得到，避免了多次观测以及导航滤波过程中的迭代运算，有效提高了导航系统状态估计的实时性。

4. 完备性与导航精度的关系

考虑存在过程噪声 $\boldsymbol{w}$ 与观测噪声 $\boldsymbol{v}$ 的情况：

$$\begin{aligned} \dot{\boldsymbol{X}} &= \boldsymbol{A}\boldsymbol{X} + \boldsymbol{w} \\ \boldsymbol{Z} &= \boldsymbol{H}\boldsymbol{X} + \boldsymbol{v} \end{aligned} \tag{3.99}$$

对于完备系统，状态量可由一次观测量直接得到

$$\boldsymbol{X} = \boldsymbol{H}^{-1}\boldsymbol{Z} - \boldsymbol{H}^{-1}\boldsymbol{v} \tag{3.100}$$

对于不完备系统，以可观测性指数等于 2 为例，状态量可由观测量的一次导数得到

$$\boldsymbol{X} = \boldsymbol{A}^{-1}\boldsymbol{H}^{-1}\boldsymbol{Z} - \boldsymbol{A}^{-1}(\boldsymbol{w} + \boldsymbol{H}^{-1}\boldsymbol{v}) \tag{3.101}$$

式(3.100)和式(3.101)中的误差项分别为

$$\begin{aligned} \varepsilon_1 &= \boldsymbol{H}^{-1}\boldsymbol{v} \\ \varepsilon_2 &= \boldsymbol{A}^{-1}(\boldsymbol{w} + \boldsymbol{H}^{-1}\boldsymbol{v}) \end{aligned} \tag{3.102}$$

可见不完备系统引入的误差 ε_2 包含了过程噪声 $\boldsymbol{w}$，且经过了系统矩阵 $\boldsymbol{A}$ 的传递；而完备系统引入的误差 ε_1 仅包含了观测噪声 $\boldsymbol{v}$，与过程噪声和系统矩阵无关。

5. 小结

(1) 完备性是系统可观的充分非必要条件；

(2) 系统完备与可观测性指数为 1 等价；

(3) 完备的导航系统仅需 1 次观测即可获得状态估计，导航系统的实时性最优；

(4) 完备的导航系统估计不依赖状态方程，估计误差仅与观测噪声相关，与过程噪声无关。

3.7 导航系统滤波估计方法

在建立天文测角、测距、测速导航的状态方程和观测方程后，需要采用稳定、快速的导航滤波估计方法对导航数据进行处理，以获得航天器位置和速度的估计。

常用的滤波估计方法有最小二乘估计、最小方差估计、卡尔曼滤波及其改进算法等，不同的滤波估计方法在收敛性、稳定性、估计精度及计算量等方面各有特点。

3.7.1 最小二乘估计

1. 一般最小二乘估计

最小二乘估计是由高斯在 1795 年提出的一种参数估计方法。最小二乘估计不需要被估计量及观测量的任何统计信息。

设 $\boldsymbol{X}$ 为某一确定性常值向量，维数为 n。对状态 $\boldsymbol{X}$ 的第 i 次观测 $\boldsymbol{Y}_i$ 为 $\boldsymbol{X}$ 各分量的线性组合，记为

$$\boldsymbol{Y}_i = \boldsymbol{H}_i \boldsymbol{X} + \boldsymbol{V}_i \tag{3.103}$$

式中，$\boldsymbol{Y}_i$ 为 m_i 维向量；$\boldsymbol{H}_i$ 和 $\boldsymbol{V}_i$ 为第 i 次观测的观测矩阵和观测噪声。

若进行了 r 次观测，有

$$\begin{cases} \boldsymbol{Y}_1 = \boldsymbol{H}_1 \boldsymbol{X} + \boldsymbol{V}_1 \\ \boldsymbol{Y}_2 = \boldsymbol{H}_2 \boldsymbol{X} + \boldsymbol{V}_2 \\ \qquad \vdots \\ \boldsymbol{Y}_r = \boldsymbol{H}_r \boldsymbol{X} + \boldsymbol{V}_r \end{cases} \tag{3.104}$$

可将上式联立得到 r 次观测的观测方程

$$\boldsymbol{Y} = \boldsymbol{H}\boldsymbol{X} + \boldsymbol{V} \tag{3.105}$$

式中：$\boldsymbol{Y}$ 和 $\boldsymbol{V}$ 为 $m = \sum_{i=1}^{r} m_i$ 维向量，$\boldsymbol{H}$ 为 $m \times n$ 维观测矩阵。

最小二乘估计的指标是令各次观测 $\boldsymbol{Y}_i$ 与由估计 $\hat{\boldsymbol{X}}$ 确定的观测估计 $\hat{\boldsymbol{Y}}_i$ 之差的平方和最小，即

$$J(\hat{\boldsymbol{X}}) = (\boldsymbol{Y} - \boldsymbol{H}\hat{\boldsymbol{X}})^{\mathrm{T}} (\boldsymbol{Y} - \boldsymbol{H}\hat{\boldsymbol{X}}) \rightarrow \min \tag{3.106}$$

为使上式达到最小，在 $\boldsymbol{H}^{\mathrm{T}}\boldsymbol{H}$ 正定，且满足 $m > n$ 时，$\boldsymbol{X}$ 的最小二乘估计为

$$\hat{\boldsymbol{X}} = (\boldsymbol{H}^{\mathrm{T}}\boldsymbol{H})^{-1} \boldsymbol{H}^{\mathrm{T}}\boldsymbol{Y} \tag{3.107}$$

可知最小二乘估计是一种线性估计。若观测噪声 $\boldsymbol{V}$ 是均值为零，方差阵为 $\boldsymbol{R}$ 的随机向量，则最小二乘估计具有以下性质：

(1) 最小二乘估计是无偏估计，即 $E[\hat{\boldsymbol{X}}] = \boldsymbol{X}$。

(2) 最小二乘估计的方差阵为 $E[\tilde{\boldsymbol{X}} \tilde{\boldsymbol{X}}^{\mathrm{T}}] = (\boldsymbol{H}^{\mathrm{T}}\boldsymbol{H})^{-1} \boldsymbol{H}^{\mathrm{T}}\boldsymbol{R}\boldsymbol{H}(\boldsymbol{H}^{\mathrm{T}}\boldsymbol{H})^{-1}$，其中 $\tilde{\boldsymbol{X}} = \boldsymbol{X} - \hat{\boldsymbol{X}}$

为估计误差。

2. 加权最小二乘估计

一般最小二乘估计算法中没有对不同观测精度的观测量进行区分。若已知观测量精度的统计信息，则可用加权法来区别对待不同观测量。

一般情况下，加权矩阵 $\boldsymbol{W}$ 取为对称阵，即 $\boldsymbol{W}^{\mathrm{T}}=\boldsymbol{W}$。加权最小二乘估计表达式为

$$\hat{\boldsymbol{X}}=(\boldsymbol{H}^{\mathrm{T}}\boldsymbol{W}\boldsymbol{H})^{-1}\boldsymbol{H}^{\mathrm{T}}\boldsymbol{W}\boldsymbol{Y} \tag{3.108}$$

若观测噪声 $\boldsymbol{V}$ 是均值为零，方差阵为 $\boldsymbol{R}$ 的随机向量，则加权最小二乘估计也是无偏估计，估计方差阵为

$$E[\tilde{\boldsymbol{X}}\tilde{\boldsymbol{X}}^{\mathrm{T}}]=(\boldsymbol{H}^{\mathrm{T}}\boldsymbol{W}\boldsymbol{H})^{-1}\boldsymbol{H}^{\mathrm{T}}\boldsymbol{W}\boldsymbol{R}\boldsymbol{W}\boldsymbol{H}(\boldsymbol{H}^{\mathrm{T}}\boldsymbol{W}\boldsymbol{H})^{-1} \tag{3.109}$$

当 $\boldsymbol{W}=\boldsymbol{R}^{-1}$ 时，则式变为

$$\hat{\boldsymbol{X}}=(\boldsymbol{H}^{\mathrm{T}}\boldsymbol{R}^{-1}\boldsymbol{H})^{-1}\boldsymbol{H}^{\mathrm{T}}\boldsymbol{R}^{-1}\boldsymbol{Y} \tag{3.110}$$

式(3.110)称为马尔可夫估计。马尔可夫估计的估计方差阵为

$$E[\tilde{\boldsymbol{X}}\tilde{\boldsymbol{X}}^{\mathrm{T}}]=(\boldsymbol{H}^{\mathrm{T}}\boldsymbol{R}^{-1}\boldsymbol{H})^{-1} \tag{3.111}$$

可以证明，马尔可夫估计的估计方差是任何其他加权最小二乘估计中最小的。

3. 递推最小二乘估计

递推最小二乘估计是从每次获得的观测值中提取出被估计量的信息，用于修正上一步所得到的估计。观测次数越多，估计精度也越高。

设 $\boldsymbol{X}$ 为确定性常值向量，k 为观测次数，递推最小二乘估计算法为

$$\begin{aligned}\boldsymbol{P}_{k+1}&=\boldsymbol{P}_k-\boldsymbol{P}_k\boldsymbol{H}_{k+1}^{\mathrm{T}}(\boldsymbol{W}_{k+1}^{-1}+\boldsymbol{H}_{k+1}\boldsymbol{P}_k\boldsymbol{H}_{k+1}^{\mathrm{T}})^{-1}\boldsymbol{H}_{k+1}\boldsymbol{P}_k\\ \hat{\boldsymbol{X}}_{k+1}&=\hat{\boldsymbol{X}}_k+\boldsymbol{P}_{k+1}\boldsymbol{H}_{k+1}^{\mathrm{T}}\boldsymbol{W}_{k+1}(\boldsymbol{Y}_{k+1}-\boldsymbol{H}_{k+1}\hat{\boldsymbol{X}}_k)\end{aligned} \tag{3.112}$$

递推算法的初值 $\hat{\boldsymbol{X}}_0$ 和 $\boldsymbol{P}_0$ 的选取可以是任意的，一般可取 $\hat{\boldsymbol{X}}_0=0$，$\boldsymbol{P}_0=p\boldsymbol{I}$，其中 p 为大正数。

3.7.2 最小方差估计

最小方差估计是使得下述指标达到最小的估计：

$$J=E_{XY}\{[\boldsymbol{X}-\hat{\boldsymbol{X}}(\boldsymbol{Y})]^{\mathrm{T}}[\boldsymbol{X}-\hat{\boldsymbol{X}}(\boldsymbol{Y})]\}\mid_{\hat{\boldsymbol{X}}(\boldsymbol{Y})=\hat{\boldsymbol{X}}_{MV}(\boldsymbol{Y})}\rightarrow\min \tag{3.113}$$

若待估计向量 $\boldsymbol{X}_{n\times1}$ 和观测向量 $\boldsymbol{Z}_{m\times1}$ 都服从正态分布，满足

$$\begin{aligned}&E[\boldsymbol{X}]=\boldsymbol{m}_X,\quad E[\boldsymbol{Y}]=\boldsymbol{m}_Y\\ &\mathrm{Cov}[\boldsymbol{X},\boldsymbol{Y}]=E[(\boldsymbol{X}-\boldsymbol{m}_X)(\boldsymbol{Y}-\boldsymbol{m}_Y)^{\mathrm{T}}]=\boldsymbol{C}_{XY}\\ &\mathrm{Cov}[\boldsymbol{Y},\boldsymbol{X}]=E[(\boldsymbol{Y}-\boldsymbol{m}_Y)(\boldsymbol{X}-\boldsymbol{m}_X)^{\mathrm{T}}]=\boldsymbol{C}_{YX}\\ &\mathrm{Var}[\boldsymbol{Y}]=E[(\boldsymbol{Y}-\boldsymbol{m}_Y)(\boldsymbol{Z}-\boldsymbol{m}_Y)^{\mathrm{T}}]=\boldsymbol{C}_Y\\ &\mathrm{Var}[\boldsymbol{X}]=E[(\boldsymbol{X}-\boldsymbol{m}_X)(\boldsymbol{Z}-\boldsymbol{m}_X)^{\mathrm{T}}]=\boldsymbol{C}_X\end{aligned} \tag{3.114}$$

则 $\boldsymbol{X}$ 的最小方差估计为

$$\hat{\boldsymbol{X}}_{MV}(\boldsymbol{Y}) = \boldsymbol{m}_X + \boldsymbol{C}_{XY}\boldsymbol{C}_Y^{-1}(\boldsymbol{Y} - \boldsymbol{m}_Y) \tag{3.115}$$

该估计的均方差阵为

$$\mathrm{Var}[\boldsymbol{X} - \hat{\boldsymbol{X}}_{MV}(\boldsymbol{Y})] = \boldsymbol{P} = \boldsymbol{C}_X - \boldsymbol{C}_{XY}\boldsymbol{C}_Y^{-1}\boldsymbol{C}_{YX} \tag{3.116}$$

可以看出，当 $\boldsymbol{X}$ 和 $\boldsymbol{Y}$ 服从正态分布时，$\boldsymbol{X}$ 的最小方差估计为线性估计，且仅与 $\boldsymbol{X}$ 和 $\boldsymbol{Y}$ 的一阶、二阶矩有关。$\boldsymbol{P} = \mathrm{Var}[\boldsymbol{X} - \hat{\boldsymbol{X}}_{MV}(\boldsymbol{Y})]$，反映了估计误差的分散程度，$\boldsymbol{P}$ 越小则估计精度越高。

3.7.3 卡尔曼滤波

1. 卡尔曼滤波的一般形式

1960 年，卡尔曼(R. E. Kalman)提出了一种最优线性递推滤波方法，即卡尔曼滤波(Kalman Filter, KF)。

卡尔曼滤波是一种线性最小方差估计，不但考虑了信号与观测量的基本统计信息(一、二阶矩)，还应用了状态空间的概念。由于卡尔曼滤波能够估计非平稳的随机矢量过程，具有实时计算、储存容量小等优点，在飞行器导航系统、导弹制导、火力控制等领域得到了广泛应用。

卡尔曼滤波可分为离散型和连续型。下面给出离散型卡尔曼滤波的具体算法。

设离散系统状态方程与观测方程如下：

$$\begin{aligned} \boldsymbol{X}_k &= \boldsymbol{\Phi}_{k,k-1}\boldsymbol{X}_{k-1} + \boldsymbol{\Gamma}_{k-1}\boldsymbol{W}_{k-1} \\ \boldsymbol{Y}_k &= \boldsymbol{H}_k\boldsymbol{X}_k + \boldsymbol{V}_k \end{aligned} \tag{3.117}$$

式中，$\boldsymbol{\Phi}_{k,k-1}$ 为 t_{k-1} 至 t_k 时刻的一步状态转移矩阵；$\boldsymbol{\Gamma}_{k-1}$ 为 t_{k-1} 时刻的系统噪声驱动矩阵；$\boldsymbol{W}_{k-1}$ 为 t_{k-1} 时刻的系统激励噪声；$\boldsymbol{H}_k$ 为 t_k 时刻的观测矩阵；$\boldsymbol{V}_k$ 为 t_k 时刻的观测噪声。系统激励噪声 $\boldsymbol{W}_k$ 和观测噪声 $\boldsymbol{V}_k$ 满足

$$\begin{aligned} &E[\boldsymbol{W}_k] = 0, \quad \mathrm{Cov}[\boldsymbol{W}_k, \boldsymbol{W}_j] = E[\boldsymbol{W}_k\boldsymbol{W}_j^{\mathrm{T}}] = \boldsymbol{Q}_k\delta_{kj} \\ &E[\boldsymbol{V}_k] = 0, \quad \mathrm{Cov}[\boldsymbol{V}_k, \boldsymbol{V}_j] = E[\boldsymbol{V}_k\boldsymbol{V}_j^{\mathrm{T}}] = \boldsymbol{R}_k\delta_{kj} \\ &\mathrm{Cov}[\boldsymbol{W}_k, \boldsymbol{V}_j] = E[\boldsymbol{W}_k\boldsymbol{V}_j^{\mathrm{T}}] = 0 \end{aligned} \tag{3.118}$$

式中，$\boldsymbol{Q}_k$ 为系统噪声方差阵，为非负定矩阵；$\boldsymbol{R}_k$ 为观测噪声方差阵，为正定矩阵。δ_{kj} 可表示为

$$\delta_{kj} = \begin{cases} 1, & k = j \\ 0, & \text{else} \end{cases} \tag{3.119}$$

若被估计状态 $\boldsymbol{X}_k$ 和观测量 $\boldsymbol{Y}_k$ 满足式(3-117)；系统噪声 $\boldsymbol{W}_k$ 和观测噪声 $\boldsymbol{V}_k$ 满足式(3-118)；t_k 时刻的观测值为 $\boldsymbol{Y}_k$，则 $\boldsymbol{X}_k$ 的估计值 $\hat{\boldsymbol{X}}_k$ 可按如下步骤求解：

(1) 状态估计一步预测：

$$\hat{\boldsymbol{X}}_{k/k-1} = \boldsymbol{\Phi}_{k,k-1}\hat{\boldsymbol{X}}_{k-1} \tag{3.120}$$

（2）估计误差协方差阵一步预测：

$$\boldsymbol{P}_{k/k-1}=\boldsymbol{\Phi}_{k,\,k-1}\boldsymbol{P}_{k-1}\boldsymbol{\Phi}_{k,\,k-1}^{\mathrm{T}}+\boldsymbol{\Gamma}_{k-1}\boldsymbol{Q}_{k-1}\boldsymbol{\Gamma}_{k-1}^{\mathrm{T}} \tag{3.121}$$

（3）滤波增益：

$$\boldsymbol{K}_k=\boldsymbol{P}_{k/k-1}\boldsymbol{H}_k^{\mathrm{T}}(\boldsymbol{H}_k\boldsymbol{P}_{k/k-1}\boldsymbol{H}_k^{\mathrm{T}}+\boldsymbol{R}_k)^{-1} \tag{3.122}$$

（4）状态估计：

$$\hat{\boldsymbol{X}}_k=\hat{\boldsymbol{X}}_{k/k-1}+\boldsymbol{K}_k(\boldsymbol{Y}_k-\boldsymbol{H}_k\hat{\boldsymbol{X}}_{k/k-1}) \tag{3.123}$$

（5）估计误差协方差阵：

$$\boldsymbol{P}_k=(\boldsymbol{I}-\boldsymbol{K}_k\boldsymbol{H}_k)\boldsymbol{P}_{k/k-1} \tag{3.124}$$

卡尔曼滤波过程如图3.28所示。

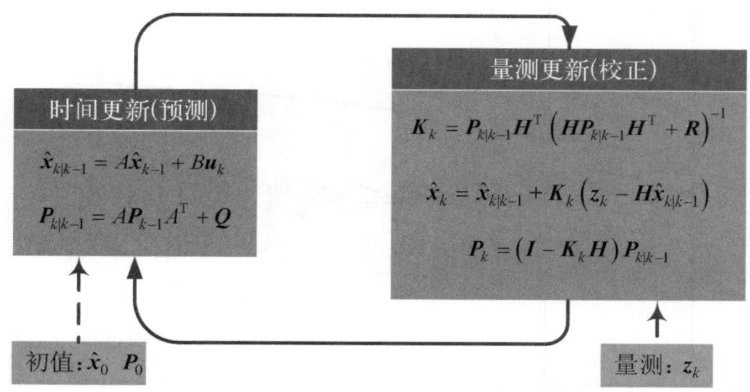

图3.28 卡尔曼滤波过程

2. 扩展卡尔曼滤波

卡尔曼滤波是一种线性估计方法，而工程实践中所遇到的具体问题往往是非线性的。因此，在应用过程中通常采用近似方法来解决非线性滤波问题。扩展卡尔曼滤波就是在卡尔曼滤波基础上发展而来的非线性滤波方法。

定义非线性系统的离散数学模型为

$$\dot{\boldsymbol{X}}(t)=f(\boldsymbol{X}(t),\,t)+\boldsymbol{\Gamma}(t)\boldsymbol{W}(t) \tag{3.125}$$

$$\boldsymbol{Z}(t)=h(\boldsymbol{X}(t),\,t)+\boldsymbol{V}(t) \tag{3.126}$$

式中，$\boldsymbol{W}(t)$，$\boldsymbol{V}(t)$ 均为彼此不相关的零均值白噪声，且与初始状态不相关，即对于 $t\geqslant 0$ 有

$$\begin{cases}E(\boldsymbol{W}(t))=0\\ E(\boldsymbol{W}(t)\boldsymbol{W}^{\mathrm{T}}(t))=\boldsymbol{Q}(t)\delta(t-\tau)\end{cases} \tag{3.127}$$

$$\begin{cases}E(\boldsymbol{V}(t))=0\\ E(\boldsymbol{V}(t)\boldsymbol{V}^{\mathrm{T}}(t))=\boldsymbol{R}(t)\delta(t-\tau)\end{cases} \tag{3.128}$$

$$E(\boldsymbol{W}(t)\boldsymbol{V}^{\mathrm{T}}(t))=0,\quad E(\boldsymbol{X}_0\boldsymbol{W}^{\mathrm{T}}(\tau))=0,\quad E(\boldsymbol{X}_0\boldsymbol{V}^{\mathrm{T}}(\tau))=0 \tag{3.129}$$

式中，$\boldsymbol{X}(t)$ 是 n 维状态矢量，$f(\boldsymbol{X}(t),t)$ 是 n 维非线性矢量连续函数，$\boldsymbol{\Gamma}(t)$ 是 $n\times r$ 矩阵，$h(\boldsymbol{X}(t),t)$ 是 m 维非线性矢量连续函数。

定义真轨迹与标称轨迹的偏差为

$$\delta\boldsymbol{X}(t)=\boldsymbol{X}(t)-\hat{\boldsymbol{X}}^*(t) \tag{3.130}$$

$$\delta\boldsymbol{Z}(t)=\boldsymbol{Z}(t)-\hat{\boldsymbol{Z}}^*(t) \tag{3.131}$$

其中，$\hat{\boldsymbol{X}}^*(t)$ 是非线性系统标称微分方程，即

$$\dot{\hat{\boldsymbol{X}}}^*(t)=f(\hat{\boldsymbol{X}}^*(t),t) \tag{3.132}$$

用状态最优估计 $\hat{\boldsymbol{X}}(t)$ 作为初始状态，按上式求出的标称值 $\hat{\boldsymbol{X}}^*(t)$ 轨迹将是一条逐段连续的曲线，如图 3.29 所示。

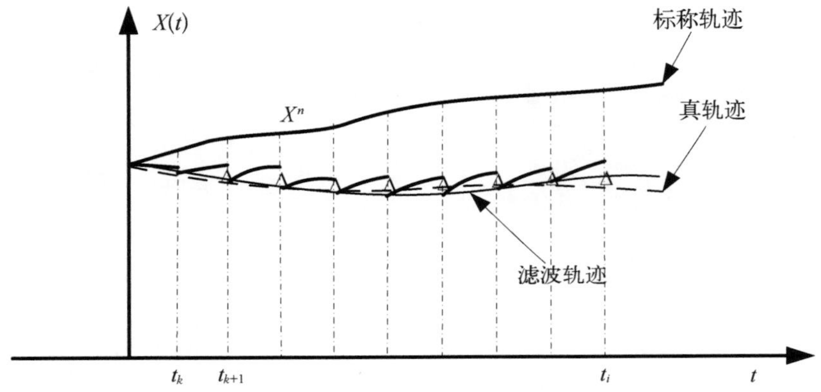

图 3.29　状态最优估计附近线性化的状态轨迹

标称观测量 $\hat{\boldsymbol{Z}}^*(t)$ 是由 $\hat{\boldsymbol{X}}^*(t)$ 计算得到的：

$$\hat{\boldsymbol{Z}}^*(t)=h(\hat{\boldsymbol{X}}^*(t),t) \tag{3.133}$$

考虑到 $\delta\boldsymbol{X}(t)$ 足够小，非线性系统在最优估计附近泰勒展开，取其一阶近似得

$$\dot{\boldsymbol{X}}(t)=f(\boldsymbol{X}(t),t)\big|_{\boldsymbol{X}(t)=\hat{\boldsymbol{X}}(t)}+\left.\frac{\partial f(\boldsymbol{X}(t),t)}{\partial\boldsymbol{X}(t)}\right|_{\boldsymbol{X}(t)=\hat{\boldsymbol{X}}(t)}\cdot[\boldsymbol{X}(t)-\hat{\boldsymbol{X}}(t)]+\boldsymbol{\Gamma}(t)\boldsymbol{W}(t) \tag{3.134}$$

考虑到标称值

$$\dot{\hat{\boldsymbol{X}}}^*(t)=f(\boldsymbol{X}(t),t)\big|_{\boldsymbol{X}(t)=\hat{\boldsymbol{X}}(t)} \tag{3.135}$$

$$\hat{\boldsymbol{Z}}^*(t)=h(\boldsymbol{X}(t),t)\big|_{\boldsymbol{X}(t)=\hat{\boldsymbol{X}}(t)} \tag{3.136}$$

则上式可改写为

$$\delta\dot{\boldsymbol{X}}(t)=\boldsymbol{F}(t)\delta\boldsymbol{X}(t)+\boldsymbol{\Gamma}(t)\boldsymbol{W}(t) \tag{3.137}$$

$$\delta\boldsymbol{Z}(t)=\boldsymbol{H}(t)\delta\boldsymbol{X}(t)+\boldsymbol{V}(t) \tag{3.138}$$

式中，

$$\boldsymbol{F}(t)=\left.\frac{\partial f(\boldsymbol{X}(t),t)}{\partial \boldsymbol{X}(t)}\right|_{\boldsymbol{X}(t)=\hat{\boldsymbol{X}}(t)}$$

$$=\left.\begin{bmatrix}\dfrac{\partial f_1(\boldsymbol{X}(t),t)}{\partial \boldsymbol{X}_1(t)} & \dfrac{\partial f_1(\boldsymbol{X}(t),t)}{\partial \boldsymbol{X}_2(t)} & \cdots & \dfrac{\partial f_1(\boldsymbol{X}(t),t)}{\partial \boldsymbol{X}_n(t)}\\ \dfrac{\partial f_2(\boldsymbol{X}(t),t)}{\partial \boldsymbol{X}_1(t)} & \dfrac{\partial f_2(\boldsymbol{X}(t),t)}{\partial \boldsymbol{X}_2(t)} & \cdots & \dfrac{\partial f_2(\boldsymbol{X}(t),t)}{\partial \boldsymbol{X}_n(t)}\\ \vdots & \vdots & & \vdots\\ \dfrac{\partial f_n(\boldsymbol{X}(t),t)}{\partial \boldsymbol{X}_1(t)} & \dfrac{\partial f_n(\boldsymbol{X}(t),t)}{\partial \boldsymbol{X}_2(t)} & \cdots & \dfrac{\partial f_n(\boldsymbol{X}(t),t)}{\partial \boldsymbol{X}_n(t)}\end{bmatrix}\right|_{\boldsymbol{X}(t)=\hat{\boldsymbol{X}}(t)} \tag{3.139}$$

$$\boldsymbol{H}(t)=\left.\frac{\partial h(\boldsymbol{X}(t),t)}{\partial \boldsymbol{X}(t)}\right|_{\boldsymbol{X}(t)=\hat{\boldsymbol{X}}(t)}$$

$$=\left.\begin{bmatrix}\dfrac{\partial h_1(\boldsymbol{X}(t),t)}{\partial \boldsymbol{X}_1(t)} & \dfrac{\partial h_1(\boldsymbol{X}(t),t)}{\partial \boldsymbol{X}_2(t)} & \cdots & \dfrac{\partial h_1(\boldsymbol{X}(t),t)}{\partial \boldsymbol{X}_n(t)}\\ \dfrac{\partial h_2(\boldsymbol{X}(t),t)}{\partial \boldsymbol{X}_1(t)} & \dfrac{\partial h_2(\boldsymbol{X}(t),t)}{\partial \boldsymbol{X}_2(t)} & \cdots & \dfrac{\partial h_2(\boldsymbol{X}(t),t)}{\partial \boldsymbol{X}_n(t)}\\ \vdots & \vdots & & \vdots\\ \dfrac{\partial h_n(\boldsymbol{X}(t),t)}{\partial \boldsymbol{X}_1(t)} & \dfrac{\partial h_n(\boldsymbol{X}(t),t)}{\partial \boldsymbol{X}_2(t)} & \cdots & \dfrac{\partial h_n(\boldsymbol{X}(t),t)}{\partial \boldsymbol{X}_n(t)}\end{bmatrix}\right|_{\boldsymbol{X}(t)=\hat{\boldsymbol{X}}(t)} \tag{3.140}$$

由于滤波算法需要通过计算机实现，需将连续系统转化成离散系统，对连续线性干扰方程进行离散化得到

$$\delta \boldsymbol{X}_{k+1}=\boldsymbol{\Phi}_{k+1,k}\delta \boldsymbol{X}_k+\boldsymbol{\Gamma}_{k+1,k}\boldsymbol{W}_k \tag{3.141}$$

$$\delta \boldsymbol{Z}_{k+1}=\boldsymbol{H}_{k+1,k}\delta \boldsymbol{X}_{k+1}+\boldsymbol{V}_{k+1} \tag{3.142}$$

式中，

$$\boldsymbol{\Phi}_{k+1,k}=\boldsymbol{I}+\boldsymbol{F}(t_k)T$$

$$=\boldsymbol{I}+T\cdot\left.\begin{bmatrix}\dfrac{\partial f_1(\boldsymbol{X}(t_k),t_k)}{\partial \boldsymbol{X}_1(t_k)} & \dfrac{\partial f_1(\boldsymbol{X}(t_k),t_k)}{\partial \boldsymbol{X}_2(t_k)} & \cdots & \dfrac{\partial f_1(\boldsymbol{X}(t_k),t_k)}{\partial \boldsymbol{X}_n(t_k)}\\ \dfrac{\partial f_2(\boldsymbol{X}(t_k),t_k)}{\partial \boldsymbol{X}_1(t_k)} & \dfrac{\partial f_2(\boldsymbol{X}(t_k),t_k)}{\partial \boldsymbol{X}_2(t_k)} & \cdots & \dfrac{\partial f_2(\boldsymbol{X}(t_k),t_k)}{\partial \boldsymbol{X}_n(t_k)}\\ \vdots & \vdots & & \vdots\\ \dfrac{\partial f_n(\boldsymbol{X}(t_k),t_k)}{\partial \boldsymbol{X}_1(t_k)} & \dfrac{\partial f_n(\boldsymbol{X}(t_k),t_k)}{\partial \boldsymbol{X}_2(t_k)} & \cdots & \dfrac{\partial f_n(\boldsymbol{X}(t_k),t_k)}{\partial \boldsymbol{X}_n(t_k)}\end{bmatrix}\right|_{\boldsymbol{X}(t_k)=\hat{\boldsymbol{X}}_{k/k}} \tag{3.143}$$

$$\boldsymbol{H}_{k+1}=\left.\frac{\partial h(\boldsymbol{X}(t_{k+1}),t_{k+1})}{\partial \boldsymbol{X}(t_{k+1})}\right|_{\boldsymbol{X}(t_{k+1})=\hat{\boldsymbol{X}}_{k+1/k}}$$

$$=\left.\begin{bmatrix}\frac{\partial h_1(\boldsymbol{X}(t_{k+1}),t_{k+1})}{\partial \boldsymbol{X}_1(t_{k+1})} & \frac{\partial h_1(\boldsymbol{X}(t_{k+1}),t_{k+1})}{\partial \boldsymbol{X}_2(t_{k+1})} & \cdots & \frac{\partial h_1(\boldsymbol{X}(t_{k+1}),t_{k+1})}{\partial \boldsymbol{X}_n(t_{k+1})}\\ \frac{\partial h_2(\boldsymbol{X}(t_{k+1}),t_{k+1})}{\partial \boldsymbol{X}_1(t_{k+1})} & \frac{\partial h_2(\boldsymbol{X}(t_{k+1}),t_{k+1})}{\partial \boldsymbol{X}_2(t_{k+1})} & \cdots & \frac{\partial h_2(\boldsymbol{X}(t_{k+1}),t_{k+1})}{\partial \boldsymbol{X}_n(t_{k+1})}\\ \vdots & \vdots & & \vdots\\ \frac{\partial h_n(\boldsymbol{X}(t_{k+1}),t_{k+1})}{\partial \boldsymbol{X}_1(t_{k+1})} & \frac{\partial h_n(\boldsymbol{X}(t_{k+1}),t_{k+1})}{\partial \boldsymbol{X}_2(t_{k+1})} & \cdots & \frac{\partial h_n(\boldsymbol{X}(t_{k+1}),t_{k+1})}{\partial \boldsymbol{X}_n(t_{k+1})}\end{bmatrix}\right|_{\boldsymbol{X}(t_{k+1})=\hat{\boldsymbol{X}}_{k+1/k}} \tag{3.144}$$

$$\boldsymbol{\Gamma}_{k+1,k}\approx T\left[\boldsymbol{I}+\frac{\boldsymbol{F}(t_k)}{2!}T\right]\boldsymbol{\Gamma}(t_k) \tag{3.145}$$

式中，T 为采样周期。

参照线性卡尔曼滤波基本方程，可导出偏差 $\delta\boldsymbol{X}_{k+1}$ 的卡尔曼滤波方程如下：

$$\delta\hat{\boldsymbol{X}}_{k+1/k}=\boldsymbol{\Phi}_{k+1,k}\delta\hat{\boldsymbol{X}}_{k/k} \tag{3.146}$$

$$\delta\hat{\boldsymbol{X}}_{k+1/k+1}=\delta\hat{\boldsymbol{X}}_{k+1/k}+\boldsymbol{K}_{k+1}(\delta\boldsymbol{Z}_{k+1}-\boldsymbol{H}_{k+1}\delta\hat{\boldsymbol{X}}_{k+1/k}) \tag{3.147}$$

$$\boldsymbol{K}_{k+1}=\boldsymbol{P}_{k+1/k}\boldsymbol{H}_{k+1}^{\mathrm{T}}(\boldsymbol{H}_{k+1}\boldsymbol{P}_{k+1/k}\boldsymbol{H}_{k+1}^{\mathrm{T}}+\boldsymbol{R}_{k+1})^{-1} \tag{3.148}$$

$$\boldsymbol{P}_{k+1/k}=\boldsymbol{\Phi}_{k+1,k}\boldsymbol{P}_{k/k}\boldsymbol{\Phi}_{k+1,k}^{\mathrm{T}}+\boldsymbol{\Gamma}_{k+1,k}\boldsymbol{Q}_k\boldsymbol{\Gamma}_{k+1,k}^{\mathrm{T}} \tag{3.149}$$

$$\boldsymbol{P}_{k+1/k+1}=(\boldsymbol{I}-\boldsymbol{K}_{k+1}\boldsymbol{H}_{k+1})\boldsymbol{P}_{k+1/k}(\boldsymbol{I}-\boldsymbol{K}_{k+1}\boldsymbol{H}_{k+1})^{\mathrm{T}}+\boldsymbol{K}_{k+1}\boldsymbol{R}_{k+1}\boldsymbol{K}_{k+1}^{\mathrm{T}} \tag{3.150}$$

考虑到 $\delta\hat{\boldsymbol{X}}_{k/k}$ 足够小，可忽略 $\delta\hat{\boldsymbol{X}}_{k/k}$，即

$$\delta\hat{\boldsymbol{X}}_{k/k}=\delta\hat{\boldsymbol{X}}_{0/0}=0 \tag{3.151}$$

从而状态偏差的一步预测值为

$$\delta\hat{\boldsymbol{X}}_{k+1/k}=0 \tag{3.152}$$

将上式代入，求得离散非线性系统的扩展卡尔曼滤波方程为

$$\hat{\boldsymbol{X}}_{k+1/k}=\hat{\boldsymbol{X}}_{k/k}+f(\hat{\boldsymbol{X}}_{k/k},t_k) \tag{3.153}$$

$$\hat{\boldsymbol{X}}_{k+1/k+1}=\hat{\boldsymbol{X}}_{k+1/k}+\delta\hat{\boldsymbol{X}}_{k+1/k+1} \tag{3.154}$$

$$\delta\hat{\boldsymbol{X}}_{k+1/k+1}=\boldsymbol{K}_{k+1}[\boldsymbol{Z}_{k+1}-h(\hat{\boldsymbol{X}}_{k+1/k},t_{k+1})] \tag{3.155}$$

$$\boldsymbol{K}_{k+1}=\boldsymbol{P}_{k+1/k}\boldsymbol{H}_{k+1}^{\mathrm{T}}(\boldsymbol{H}_{k+1}\boldsymbol{P}_{k+1/k}\boldsymbol{H}_{k+1}^{\mathrm{T}}+\boldsymbol{R}_{k+1})^{-1} \tag{3.156}$$

$$\boldsymbol{P}_{k+1/k}=\boldsymbol{\Phi}_{k+1,k}\boldsymbol{P}_{k/k}\boldsymbol{\Phi}_{k+1,k}^{\mathrm{T}}+\boldsymbol{\Gamma}_{k+1,k}\boldsymbol{Q}_k\boldsymbol{\Gamma}_{k+1,k}^{\mathrm{T}} \tag{3.157}$$

$$\boldsymbol{P}_{k+1/k+1}=(\boldsymbol{I}-\boldsymbol{K}_{k+1}\boldsymbol{H}_{k+1})\boldsymbol{P}_{k+1/k}(\boldsymbol{I}-\boldsymbol{K}_{k+1}\boldsymbol{H}_{k+1})^{\mathrm{T}}+\boldsymbol{K}_{k+1}\boldsymbol{R}_{k+1}\boldsymbol{K}_{k+1}^{\mathrm{T}} \tag{3.158}$$

扩展卡尔曼滤波虽然解决了一部分非线性系统滤波问题，但由于需对系统线性化，需要计算雅可比矩阵和海森矩阵，滤波精度有限，而且当线性化假设不成立时滤波器的稳定性问题一直没有解决。为了克服这些缺点，提出了无迹卡尔曼滤波算法。

3. 无迹卡尔曼滤波

介绍无迹卡尔曼滤波(Unscented Kalman Filter，UKF)算法前，首先给出 Unscented 变换(Unscented Transformation，UT)。Unscented 变换是计算历经非线性变换的随机变量统计量的一种方法，其基本思想是近似高斯分布比近似任意非线性函数更容易些。

考虑非线性函数 $\boldsymbol{y}=f(\boldsymbol{x})$，$\boldsymbol{x}$ 是一个 L 维随机变量，假设 $\boldsymbol{x}$ 均值为 $\bar{x}$，方差为 $\boldsymbol{P}_x$。为计算 $\boldsymbol{y}$ 的统计量，首先产生 $2L+1$ 个西格马矢量 ,$\boldsymbol{\chi}_i$，$i=0,\cdots,2L$，表示如下：

$$\begin{cases}\boldsymbol{\chi}_0=\bar{\boldsymbol{x}}\\ \boldsymbol{\chi}_i=\bar{\boldsymbol{x}}+(\sqrt{(L+\lambda)\boldsymbol{P}_x})_i, & i=1,\cdots,L\\ \boldsymbol{\chi}_i=\bar{\boldsymbol{x}}-(\sqrt{(L+\lambda)\boldsymbol{P}_x})_{i-L}, & i=L+1,\cdots,2L\end{cases} \tag{3.159}$$

式中，$\lambda=\alpha^2(L+\kappa)-L$ 是一个比例参数，常数 α 确定 $\bar{\boldsymbol{x}}$ 周围西格马点的分布，一般设为一小正数(如 $\alpha=1e-3$)，常数 κ 是比例参数，一般设为 0 或 $3-L$；$(\sqrt{(L+\lambda)\boldsymbol{P}_x})_i$ 是矩阵 $(L+\lambda)\boldsymbol{P}_x$ 第 i 列的平方根。西格马矢量通过非线性函数传播，即

$$\boldsymbol{y}_i=f(\boldsymbol{\chi}_i),\quad i=0,\cdots,2L \tag{3.160}$$

用加权的后验西格马点样本均值和方差近似 $\boldsymbol{y}$ 的均值和方差：

$$\begin{cases}\bar{\boldsymbol{y}}\approx\sum_{i=0}^{2L}W_i^{(\mathrm{m})}\boldsymbol{y}_i\\ \boldsymbol{P}_y\approx\sum_{i=0}^{2L}W_i^{(\mathrm{c})}(\boldsymbol{y}_i-\bar{\boldsymbol{y}})(\boldsymbol{y}_i-\bar{\boldsymbol{y}})^{\mathrm{T}}\end{cases} \tag{3.161}$$

其中，权值 W_i 为

$$\begin{cases}W_0^{(\mathrm{m})}=\lambda/(L+\lambda)\\ W_0^{(\mathrm{c})}=\lambda(L+\lambda)+(1-\alpha^2+\beta)\\ W_i^{(\mathrm{m})}=W_i^{(\mathrm{c})}=1/\{2(L+\lambda), & i=1,\cdots,2L\}\end{cases} \tag{3.162}$$

式中，β 根据 $\boldsymbol{x}$ 分布的先验知识来确定(对于高斯分布，$\beta=2$ 是最优的)。

利用 Unscented 变换、航天器的状态方程和观测方程，可得到递推的 Unscented 卡尔曼滤波算法如下：

$$\begin{cases}\boldsymbol{x}_{k+1}=\boldsymbol{f}(\boldsymbol{x}_k,\boldsymbol{u}_k,\boldsymbol{w}_k)\\ \boldsymbol{y}_k=\boldsymbol{h}(\boldsymbol{x}_k,\boldsymbol{v}_k)\end{cases} \tag{3.163}$$

初始化：

$$\begin{cases}\hat{\boldsymbol{x}}_0=E[\boldsymbol{x}_0]\\ \boldsymbol{P}_0=E[(\boldsymbol{x}_0-\hat{\boldsymbol{x}}_0)(\boldsymbol{x}_0-\hat{\boldsymbol{x}})^{\mathrm{T}}]\\ \hat{\boldsymbol{x}}_0^{\mathrm{a}}=E[\boldsymbol{x}_0]=[\hat{\boldsymbol{x}}_0^{\mathrm{T}}\quad 0\quad 0]^{\mathrm{T}}\\ \boldsymbol{P}_0^{\mathrm{a}}=E[(\boldsymbol{x}_0^{\mathrm{a}}-\hat{\boldsymbol{x}}_0^{\mathrm{a}})(\boldsymbol{x}_0^{\mathrm{a}}-\hat{\boldsymbol{x}}_0^{\mathrm{a}})^{\mathrm{T}}]=\begin{bmatrix}\boldsymbol{P}_0 & 0 & 0\\ 0 & \boldsymbol{R}^{\mathrm{w}} & 0\\ 0 & 0 & \boldsymbol{R}^{\mathrm{v}}\end{bmatrix}\end{cases}\tag{3.164}$$

对于 $k=1, 2, \cdots, \infty$，西格马矢量计算

$$\boldsymbol{\chi}_{k-1}^{\mathrm{a}}=[\hat{\boldsymbol{x}}_{k-1}^{\mathrm{a}}\quad \hat{\boldsymbol{x}}_{k-1}^{\mathrm{a}}+\gamma\sqrt{\boldsymbol{P}_{k-1}^{\mathrm{a}}}\quad \hat{\boldsymbol{x}}_{k-1}^{\mathrm{a}}-\gamma\sqrt{\boldsymbol{P}_{k-1}^{\mathrm{a}}}]\tag{3.165}$$

时间更新方程

$$\begin{cases}\boldsymbol{\chi}_{k|k-1}^{\mathrm{x}}=f(\boldsymbol{\chi}_{k-1}^{\mathrm{x}},\boldsymbol{\chi}_{k-1}^{\mathrm{w}})\\ \hat{\boldsymbol{x}}_k^{-}=\sum\limits_{i=0}^{2L}W_i^{(\mathrm{m})}\boldsymbol{\chi}_{i,k|k-1}^{\mathrm{x}}\\ \boldsymbol{P}_k^{-}=\sum\limits_{i=0}^{2L}W_i^{(\mathrm{c})}[\boldsymbol{\chi}_{i,k|k-1}^{\mathrm{x}}-\hat{\boldsymbol{x}}_k^{-}][\boldsymbol{\chi}_{i,k|k-1}^{\mathrm{x}}-\hat{\boldsymbol{x}}_k^{-}]^{\mathrm{T}}\\ \boldsymbol{y}_{k|k-1}=\boldsymbol{h}(\boldsymbol{\chi}_{k|k-1}^{\mathrm{x}},\boldsymbol{\chi}_{k-1}^{\mathrm{v}})\\ \hat{\boldsymbol{y}}_k^{-}=\sum\limits_{i=0}^{2L}W_i^{(\mathrm{m})}\boldsymbol{y}_{i,k|k-1}\end{cases}\tag{3.166}$$

测量更新方程

$$\begin{cases}\boldsymbol{P}_{\bar{\boldsymbol{y}}_k\bar{\boldsymbol{y}}_k}=\sum\limits_{i=0}^{2L}W_i^{(\mathrm{c})}[\boldsymbol{y}_{i,k|k-1}-\hat{\boldsymbol{y}}_k^{-}][\boldsymbol{y}_{i,k|k-1}-\hat{\boldsymbol{y}}_k^{-}]^{\mathrm{T}}\\ \boldsymbol{P}_{\boldsymbol{x}_k\boldsymbol{y}_k}=\sum\limits_{i=0}^{2L}W_i^{(\mathrm{c})}[\boldsymbol{\chi}_{i,k|k-1}-\hat{\boldsymbol{x}}_k^{-}][\boldsymbol{y}_{i,k|k-1}-\hat{\boldsymbol{y}}_k^{-}]^{\mathrm{T}}\\ \boldsymbol{K}_k=\boldsymbol{P}_{\boldsymbol{x}_k\boldsymbol{y}_k}\boldsymbol{P}_{\bar{\boldsymbol{y}}_k\bar{\boldsymbol{y}}_k}^{-1}\\ \hat{\boldsymbol{x}}_k=\hat{\boldsymbol{x}}_k^{-}+\boldsymbol{K}_k(\boldsymbol{y}_k-\hat{\boldsymbol{y}}_k^{-})\\ \boldsymbol{P}_k=\boldsymbol{P}_k^{-}-\boldsymbol{K}_k\boldsymbol{P}_{\bar{\boldsymbol{y}}_k\bar{\boldsymbol{y}}_k}\boldsymbol{K}_k^{\mathrm{T}}\end{cases}\tag{3.167}$$

其中，$\gamma=\sqrt{(L+\lambda)}$，$\lambda$ 为一个比例参数，L 为增广的状态维数，这里 $\boldsymbol{x}^{\mathrm{a}}=[\boldsymbol{x}^{\mathrm{T}}\boldsymbol{w}^{\mathrm{T}}\boldsymbol{v}^{\mathrm{T}}]^{\mathrm{T}}$，$\boldsymbol{\chi}^{\mathrm{a}}=[(\boldsymbol{\chi}^{\mathrm{x}})^{\mathrm{T}}(\boldsymbol{\chi}^{\mathrm{w}})^{\mathrm{T}}(\boldsymbol{\chi}^{\mathrm{v}})^{\mathrm{T}}]^{\mathrm{T}}$。

可以看出，Unscented 卡尔曼滤波是利用高斯随机变量来近似状态分布，以一个最小样本点集合完全捕获高斯随机变量的真实均值和方差，并通过真实的非线性系统来捕获预测的均值和方差。研究表明，Unscented 卡尔曼滤波对于任何非线性系统精度均能达到二阶，而扩展卡尔曼滤波仅能达到一阶精度。

为了保证算法数值计算的稳定性，避免矩阵的求逆运算，对增益矩阵的计算作如下处理：基于 $\boldsymbol{P}_{\bar{\boldsymbol{y}}_k\bar{\boldsymbol{y}}_k}$ 是对称正定矩阵，对其进行 UD 分解。令 $\boldsymbol{P}_{\bar{\boldsymbol{y}}_k\bar{\boldsymbol{y}}_k}=\mathbf{UDU}^{\mathrm{T}}$，则有

$$
\begin{cases}
\boldsymbol{K}_k = \boldsymbol{P}_{\boldsymbol{x}_k \boldsymbol{y}_k} \boldsymbol{P}_{\bar{\boldsymbol{y}}_k \bar{\boldsymbol{y}}_k}^{-1} = \boldsymbol{P}_{\boldsymbol{x}_k \boldsymbol{y}_k} (\mathbf{UDU}^{\mathrm{T}})^{-1} \\
\boldsymbol{K}_k \boldsymbol{UDU}^{\mathrm{T}} = \boldsymbol{P}_{\boldsymbol{x}_k \boldsymbol{y}_k} \\
\mathbf{UDU}^{\mathrm{T}} \boldsymbol{K}_k^{\mathrm{T}} = \boldsymbol{P}_{\boldsymbol{x}_k \boldsymbol{y}_k}^{\mathrm{T}}
\end{cases}
\tag{3.168}
$$

令 $\mathbf{UDU}^{\mathrm{T}} \boldsymbol{X} = \boldsymbol{P}_{\boldsymbol{x}_k \boldsymbol{y}_k}^{\mathrm{T}}$，则可通过解以下方程组得出 $\boldsymbol{X}$ 的解：

$$
\begin{aligned}
&\mathbf{UX}_1 = \boldsymbol{P}_{\boldsymbol{x}_k \boldsymbol{y}_k}^{\mathrm{T}} \\
&\mathbf{DX}_2 = \boldsymbol{X}_1 \\
&\mathbf{U}^{\mathrm{T}} \mathbf{X} = \boldsymbol{X}_2
\end{aligned}
\tag{3.169}
$$

进而得到 $\boldsymbol{K}_k = \boldsymbol{X}^{\mathrm{T}}$。

无迹卡尔曼滤波如图 3.30 所示。

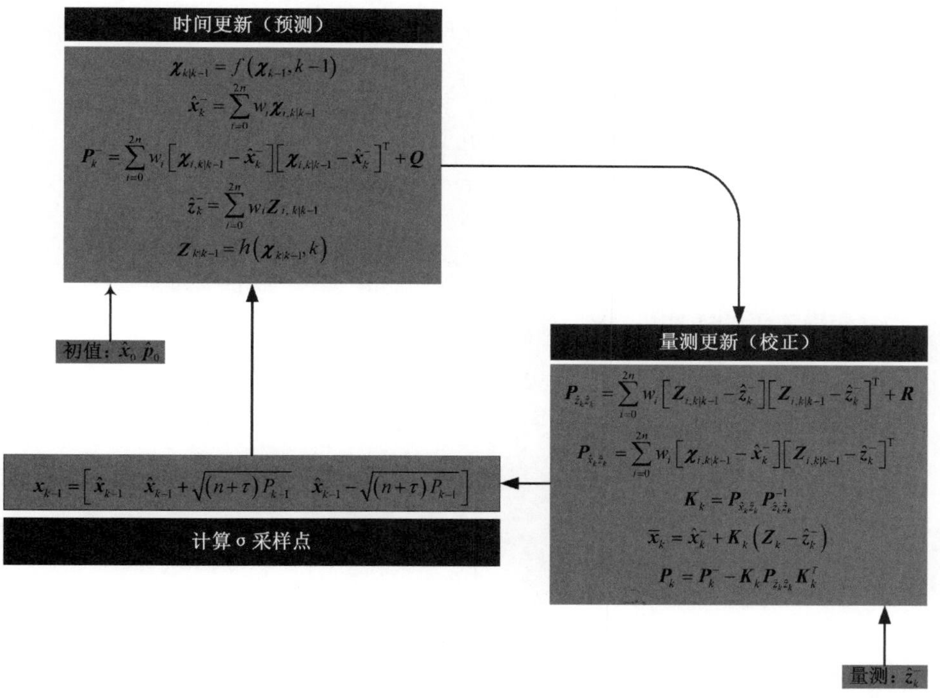

图 3.30　无迹卡尔曼滤波过程

3.7.4　自适应滤波

当数学模型不准确时，一般采用自适应滤波方法防止滤波精度发散。迄今已提出了多种自适应滤波方案，其中 Sage 和 Husa 提出的极大后验估计器具有原理简单、实时性好的特点，因此在许多领域中得到广泛的应用。

对于线性离散系统，Sage－Husa 自适应滤波流程如下：

(1) 一步递推估计：

$$\hat{X}_{k|k-1}=\Phi_{k-1}\hat{X}_{k-1|k-1}+\hat{q}_{k-1} \tag{3.170}$$

$$P_{k|k-1}=\Phi_{k-1}P_{k-1|k-1}+\hat{Q}_{k-1} \tag{3.171}$$

(2) 观测噪声估计：

$$\begin{cases}\hat{r}_k=(1-d_k)\hat{r}_k+d_k(Z_k-H_k\hat{X}_{k|k-1})\\ \varepsilon_k=Z_k-H_k\hat{X}_{k|k-1}-\hat{r}_k\\ \hat{R}_k=(1-d_{k-1})\hat{R}_{k-1}+d_{k-1}(\varepsilon_k\varepsilon_k^{\mathrm{T}}-H_kP_kH_k^{\mathrm{T}})\end{cases} \tag{3.172}$$

(3) 观测更新：

$$\begin{cases}K_k=P_kH_k^{\mathrm{T}}(H_kP_kH_k^{\mathrm{T}}+\hat{R}_k)^{-1}\\ P_{k|k}=(I-K_kH_k)P_{k|k-1}\\ \hat{X}_{k|k}=\hat{X}_{k|k-1}+K_k\varepsilon_k\end{cases} \tag{3.173}$$

(4) 状态噪声估计：

$$\begin{cases}\hat{q}_{k+1}=(1-d_{k-1})\hat{q}_k+d_k(\hat{X}_{k|k}-\Phi_{k-1}\hat{X}_{k-1|k-1})\\ \hat{Q}_{k+1}=(1-d_{k-1})\hat{Q}_{k-1}+d_{k-1}(K_k\varepsilon_k\varepsilon_k^{\mathrm{T}}K_k^{\mathrm{T}}+P_{k|k}-\Phi_{k-1}P_{k-1|k-1}\Phi_{k-1}^{\mathrm{T}})\end{cases} \tag{3.174}$$

将针对线性系统的 Sage - Husa 次优极大后验噪声估计器推广到非线性系统，可以得到非线性时变噪声无偏递推估计器，具体噪声估计计算关系如下：

$$\begin{cases}\hat{\boldsymbol{q}}_{k+1}=(1-d_k)\hat{\boldsymbol{q}}_k+d_k\boldsymbol{x}_{k+1}^{\delta}\\ \hat{\boldsymbol{Q}}_{k+1}=d_k\boldsymbol{K}_{k+1}[\varepsilon_{k+1}\varepsilon_{k+1}^{\mathrm{T}}-P_{k+1|k}]\boldsymbol{K}_{k+1}^{\mathrm{T}}+\hat{\boldsymbol{Q}}_k\end{cases} \tag{3.175}$$

$$\begin{cases}\hat{\boldsymbol{r}}_{k+1}=(1-d_k)\hat{\boldsymbol{r}}_k+d_k\boldsymbol{z}_{k+1}^{\delta}\\ \hat{\boldsymbol{R}}_{k+1}=d_k[\varepsilon_{k+1}\varepsilon_{k+1}^{\mathrm{T}}-P_{hh,k+1|k}]+\hat{\boldsymbol{R}}_k\end{cases} \tag{3.176}$$

其中，

$$\boldsymbol{x}_{k+1}^{\delta}=\hat{\boldsymbol{x}}_{k+1}-\bar{f} \tag{3.177}$$

$$\boldsymbol{z}_{k+1}^{\delta}=\boldsymbol{z}_{k+1}-\bar{h} \tag{3.178}$$

$$\varepsilon_{k+1}=\boldsymbol{z}_{k+1}-\bar{h}-\hat{\boldsymbol{r}}_{k+1} \tag{3.179}$$

系数 d_k 采用指数加权法实现

$$d_k=\frac{1-b}{1-b^k} \tag{3.180}$$

式中，一般地遗忘因子 $b\in[0.95,\ 0.99]$；$\bar{f}=\bar{f}(\hat{\boldsymbol{x}}_k,\ \boldsymbol{u}_k)$ 和 $\bar{h}=\bar{h}(\hat{\boldsymbol{x}}_{k+1|k})$ 分别表示经过相应非线性变换后的均值；其余必要参数均由滤波器给出。

上述非线性 Sage - Husa 估计器避免了线性化截断误差，同时便于利用采样点对噪声统计特性做高精度估计。但当系统的状态和观测噪声同时未知时，Sage - Husa不能同时对两者做出估计，此时滤波估计器只适用于存在一类噪声统计特性未知情况下的估计。

对于深空导航系统，存在观测噪声不确定情况，在滤波算法中 $\hat{\boldsymbol{r}}_{k+1}$、$\boldsymbol{R}_{k+1}$ 由 Sage - Husa 噪声估计器给出。系统噪声矩阵选取方法如下：

$$\boldsymbol{Q}_k=(\lambda_{\mathrm{RLS}}^{-1}-1)\boldsymbol{P}_k \tag{3.181}$$

上式中，更新因子 $\lambda_{\mathrm{RLS}}\in[0.95,\ 0.999]$。该方法依据系统误差协方差矩阵，更新卡尔曼滤波器中的状态模型噪声，使之具有一定的自适应调节能力。

3.7.5 粒子滤波

粒子滤波直接根据概率密度计算条件均值，即最小方差估计，其中概率密度由EKF或者UKF近似确定，k 时刻的估计值 $\hat{X}_k$ 由众多不同分布的样本值(粒子)加权平均确定，而计算每个粒子必须完成一次EKF或UKF计算，所以粒子滤波适用于系统和观测为非线性条件下的估值，且估值精度高于单独采用EKF或UKF时的精度，但计算量往往高于EKF和UKF。

粒子滤波执行步骤包括：

(1) 初始化。根据初始状态 X_0 的先验概率密度 $p(X_0)$ 生成粒子初始值 $\chi_0^{(i)}$，$i=1,2,\cdots,N$。

(2) 选定推荐概率密度 $q[X_k/(X_0^k(i),Z_0^k)]$，并据此生成 k 时刻的粒子 $\chi_k^{(i)}$，$i=1,2,\cdots,N$，作为二次采样的原始粒子。计算权重系数为

$$\begin{cases}\omega_k^{(i)}=\omega_{k-1}^{(i)}\dfrac{p[Z_k/\chi_k^{(i)}]p[\chi_k^{(i)}/\chi_{k-1}^{(i)}]}{q[\chi_k^{(i)}/(\chi_0^k(i),Z_0^k)]}\\ \omega_0^{(i)}=p(\chi_0^{(i)})\\ \tilde{\omega}_k^{(i)}=\omega_k^{(i)}\left[\sum\limits_{j=1}^{N}\omega_k^{(j)}\right]^{-1},\quad i=1,2,\cdots,N\end{cases} \tag{3.182}$$

(3) 采用SIR法或残差二次采样法，对原始粒子 $\chi_k^{(i)}(i=1,2,\cdots,N)$ 作二次采样，生成二次采样粒子 $\chi_k^{(j)}(j=1,2,\cdots,N)$，每个粒子的权重系数均为 $\dfrac{1}{N}$。

(4) 根据二次采样粒子计算滤波值：

$$\hat{X}_k=\frac{1}{N}\sum_{j=1}^{N}\chi_k^{(j)} \tag{3.183}$$

粒子滤波是基于贝叶斯估计导出的。只有在对象为非线性且噪声不满足高斯分布的条件下，粒子滤波在估计精度上的优势才能充分显现出来，并且计算量比UKF计算量大。粒子滤波使用的粒子数越多，估计精度就越高，计算量也越大。因此，在选用粒子滤波时，必须对适用对象、估计精度及计算量等进行权衡。

粒子滤波的核心是合理选择概率密度。概率密度选择与真实密度越接近，则滤波效

果就越好。若概率密度由 UKF 确定,将粒子滤波和 UKF 相结合,即为 UPF。UPF 可以解决粒子退化问题,同时使粒子更新时获得观测量的最新验后估计信息,有利于粒子移向似然比高的区域。UPF 的执行步骤如下:

(1) $T=0$ 时,初始化。

对 $p(\boldsymbol{x}_0)$ 进行采样,生成 N 个服从 $p(\boldsymbol{x}_0)$ 分布的粒子 $\boldsymbol{x}_0^i$, $i=1, \cdots, N$,其均值和方差满足

$$\begin{cases}\bar{\boldsymbol{x}}_0^i = E[\boldsymbol{x}_0^i] \\ \boldsymbol{P}_0^i = E[(\boldsymbol{x}_0^i - \bar{\boldsymbol{x}}_0^i)(\boldsymbol{x}_0^i - \bar{\boldsymbol{x}}_0^i)^{\mathrm{T}}]\end{cases} \tag{3.184}$$

(2) $T=k$ 时。

第一步:采样。

用 UKF 更新粒子 $\{\boldsymbol{x}_{k-1}^i, \boldsymbol{P}_{k-1}^i\}$ 得到 $\{\bar{\boldsymbol{x}}_k^i, \boldsymbol{P}_k^{(i)}\}$,采样满足关系:

$$\hat{\boldsymbol{x}}_k^i \sim q(\boldsymbol{x}_k^i \mid \boldsymbol{x}_{k-1}^i, \boldsymbol{z}_k) = N(\bar{\boldsymbol{x}}_k^i, \boldsymbol{P}_k^i) \tag{3.185}$$

第二步:计算并归一化权重。

$$\tilde{w}_k^i = w_{k-1}^i \frac{p(z_k \mid \hat{\boldsymbol{x}}_k^i) p(\hat{\boldsymbol{x}}_k^i \mid \boldsymbol{x}_{k-1}^i)}{q(\hat{\boldsymbol{x}}_k^i \mid \hat{\boldsymbol{x}}_{k-1}^i, \boldsymbol{z}_{k-1})} \tag{3.186}$$

$$w_k^i = \tilde{w}_k^i \Big/ \sum_{j=1}^{N} \tilde{w}_k^i \tag{3.187}$$

第三步:重采样。

从离散分布的 $\{\hat{\boldsymbol{x}}_k^i, w_k^i\}$, $i=1, \cdots, N$ 中进行 N 次重采样,得到一组新的粒子 $\{\boldsymbol{x}_k^i, 1/N\}$,仍为 $p(\boldsymbol{x}_k \mid \boldsymbol{z}_{0:k})$ 的近似表示。

第四步:输出。

$$\hat{\boldsymbol{x}}_k = \sum_{i=1}^{N} w_k^i \boldsymbol{x}_k^i \tag{3.188}$$

$$\boldsymbol{P}_k = \sum_{i=1}^{N} w_k^i (\boldsymbol{x}_k^i - \hat{\boldsymbol{x}}_k)(\boldsymbol{x}_k^i - \hat{\boldsymbol{x}}_k)^{\mathrm{T}} \tag{3.189}$$

3.7.6 智能滤波

智能滤波算法的核心是神经网络。人工神经网络是一种模拟人类神经网络的技术,使用加权连接来模拟模块之间的突触,由此可以构造大量的非线性系统,适合处理非线性非高斯等复杂问题。

径向基函数(Radial Basis Function,RBF)神经网络由三层组成,如图 3.31 所示。

输入层的处理单元数 R 等于输入向量分量的个数,隐含层神经元数为 N,输出层神经元数为 M。隐含层神经元的激励函数选取高斯函数,即

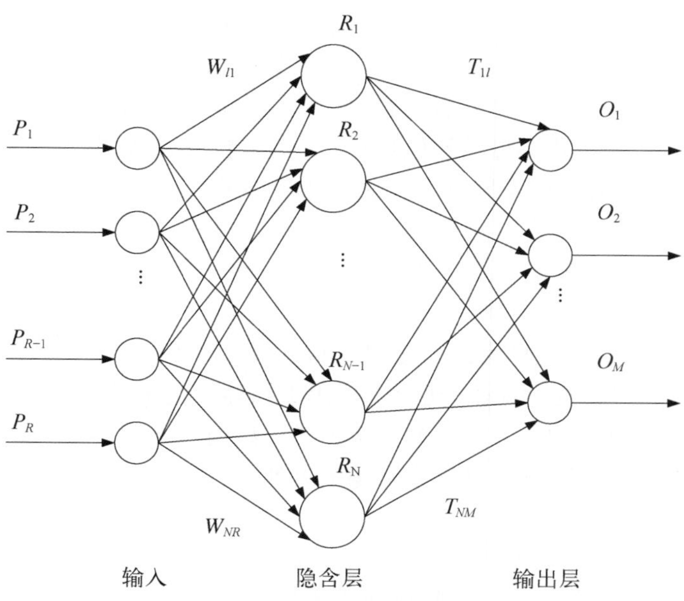

图 3.31 RBF 神经网络模型图

$$R_i(p)=\mathrm{e}^{\frac{-\|p-c_i\|^2}{2\sigma_i^2}} \tag{3.190}$$

隐含层神经元中的基函数用以实现从输入向量 $R_i(p)$ 到输出向量的非线性映射，其中 $\boldsymbol{p}$ 是 R 维输入向量，c_i 是 σ_i 高斯函数中心。$\|p-c_i\|$ 为输入模式与中心向量之间的距离。

输出向量实现从 $R_i \to O_i$ 的线性映射，即

$$O_l=\sum_{i=1}^{N} w_{li}R_i(p), \quad l=1, 2, \cdots, M \tag{3.191}$$

RBF 网络的待定参数有基函数的中心向量 c_p、形状参数 σ_p 及隐含层与输出之间的权值 w，c_i 和 σ_i 可以通过经验预先获得。

由于 RBF 函数是一个典型的局部性核函数，对于输入的被测对象而言，仅仅在测试点附近小领域内对数据点有影响。这样的函数学习能力强，但相对泛化能力稍弱。

3.8 导航系统误差分析

按照特点与性质，误差可分为系统误差和随机误差。

系统误差是指在同一测量条件下，多次测量同一量值时，绝对值和符号保持不变，或在条件改变时，按一定规律变化的误差，如标准量值不准确、仪器刻度不准确引起的误差。系统误差可分为不变系统误差和变化系统误差。不变系统误差是指误差的绝对值和符号固定的系统误差。变化系统误差是指误差绝对值和符号变化的系统误差，按其变化规律又可进一步分为线性系统误差、周期性系统误差和复杂规律系统误差等。

随机误差是指在同一测量条件下，多次测量同一量值时，绝对值和符合以不可预定方式变化的误差。根据随机误差的统计特性，可分为高斯随机误差（正态分布）和非高斯随机误差。非高斯随机误差又可进一步分为均匀分布误差、反正弦分布误差、不可建模误差等。

深空天文导航系统的误差受到导航目标源特性、导航敏感器测量、导航数据处理等多个环节的作用影响，并在导航系统各环节中传递，形成误差传播链。

3.8.1 导航模型误差

导航系统的数学模型包括状态方程和观测方程。状态方程用于描述航天器状态量（位置、速度等）随时间的变化规律；观测方程用于描述航天器状态量与观测量的映射关系。导航系统的状态方程基于航天器轨道动力学模型列写，观测方程基于观测模型列写，而动力学模型与观测模型均为真实物理环境的近似。

1. *状态方程误差*

航天器导航系统的状态方程由轨道动力学模型决定。目前近地卫星导航使用的精细轨道动力学模型包括二体中心引力项、太阳引力摄动项、月球引力摄动项、行星摄动项、地球非球型引力摄动项、地球潮汐摄动项、太阳光压摄动项、地球红外辐射压摄动项、地球大气阻力摄动项、相对论效应等。但即使精确的动力学模型仍然与真实的物理过程存在差异，且模型中部分参数也无法确知（如光压系数等）。此外，深空自主导航系统通常会根据实际情况对动力学模型进行简化以降低计算复杂度，如 DS－1 在巡航段自主导航所采用的动力学模型仅考虑了太阳中心引力项、行星摄动项和太阳光压摄动项。因此，深空探测天文导航动力学模型与真实轨道力学环境的差异无法避免。

采用的动力学模型越精确（考虑的摄动项越多），则动力学模型误差越小。可能的动力学模型误差主要包括多体摄动、非球形引力摄动、光压摄动、大气阻力摄动、未建模误差等。

1）行星摄动误差

深空探测的轨道动力学模型不能简单考虑为太阳-航天器的二体问题，还需对其他行星的摄动力进行建模。太阳系内深空探测的引力体有太阳、八大行星等。轨道动力学模型是否需要考虑所有引力体、如何选择主要的引力体进行建模等问题都会影响导航精度和导航的实时性。

行星摄动误差对轨道动力学方程的影响可以表示为

$$\delta\dot{\boldsymbol{v}} = -\sum_{i=1}^{N}\mu_i\left[\frac{\boldsymbol{r}_{\mathrm{p}i}}{r_{\mathrm{p}i}^3}-\frac{\boldsymbol{r}_{\mathrm{s}i}}{r_{\mathrm{s}i}^3}\right] \tag{3.192}$$

式中，μ_i 为第 i 颗行星的引力常数；$\boldsymbol{r}_{\mathrm{p}i}$ 为第 i 颗行星到航天器的位置矢量；$\boldsymbol{r}_{\mathrm{s}i}$ 为第 i 颗行星到日心的矢量。

2）行星星历误差

以火星探测为例，影响航天器导航精度的一项主要因素是行星星历误差。目前应用于深空导航任务的星历主要有 DE 系列星历、EPM 系列星历和 INPOP 系列星历等，应用最为广泛的是 JPL 的 DE 系列星历。DE405 星历可以获得 1997 年以前高精度的星历数据，但利用 DE405 星历计算 2008 年的火星地球星历数据，星历误差将达 2 km。DE421 在 DE405 的基础上加入了 1997 年以后最新的行星观测数据，是目前可用的最高精度的行星星历数据。DE421 星历提供的太阳系主要行星星历的精度如表 3.8 所示。

表 3.8　DE421 星历表行星星历精度

行星名称	星历精度
水星	≈1 km
金星	200 m
地球	300 m
火星	300 m
木星	≈10 km
土星	≈10 km

第 i 颗行星星历误差对轨道动力学方程的影响可以表示为

$$\delta \dot{\boldsymbol{v}} = -\mu_i \left[\left(\frac{\boldsymbol{r}_{pi} + \delta \boldsymbol{r}_{si}}{\| \boldsymbol{r}_{pi} + \delta \boldsymbol{r}_{si} \|^3} - \frac{\boldsymbol{r}_{pi}}{\| \boldsymbol{r}_{pi} \|^3} \right) - \left(\frac{\boldsymbol{r}_{si} + \delta \boldsymbol{r}_{si}}{\| \boldsymbol{r}_{si} + \delta \boldsymbol{r}_{si} \|^3} - \frac{\boldsymbol{r}_{si}}{\| \boldsymbol{r}_{si} \|^3} \right) \right] \tag{3.193}$$

式中，μ_i 为第 i 颗行星的引力常数 GM_i；$\boldsymbol{r}_{p_i}$ 为第 i 颗行星到航天器的位置矢量；$\boldsymbol{r}_{si}$ 为第 i 颗行星到日心的矢量；$\delta\boldsymbol{r}_{si}$ 为第 i 颗行星的星历误差。

3）行星引力常数误差

由轨道动力学模型可以看出，状态模型中的行星引力常数 GM 的精度也将对轨道模型的精度产生有影响。行星引力常数 GM 是引力常数 G 与行星质量 M 的乘积，GM 的整体精度要比单独考虑 G 和 M 的精度要高。在短时间内，引力常数误差可视为常值误差，不同天体的引力常数误差不同。表 3.9 给出了太阳及各行星引力常数及引力常数的误差范围。

表 3.9　各天体引力常数及误差

天体	引力常数/(km^3/s^2)	误差范围/(km^3/s^2)
太阳	1.327×10^{11}	±8
水星	2.203×10^{4}	±0.91
金星	3.249×10^{4}	±0.04
地球	3.986×10^{5}	±0.000 8
火星	4.283×10^{4}	±0.1
木星	1.267×10^{8}	±100
土星	3.794×10^{7}	±98
天王星	5.795×10^{6}	±23
海王星	6.837×10^{6}	±15

行星引力常数误差对轨道动力学方程的影响可以表示为

$$\delta\dot{\boldsymbol{v}} = -\delta\mu_{\mathrm{s}}\frac{\boldsymbol{r}_{\mathrm{ps}}}{r_{\mathrm{ps}}^{3}} - \sum_{i=1}^{N}\delta\mu_{i}\left[\frac{\boldsymbol{r}_{\mathrm{p}i}}{r_{\mathrm{p}i}^{3}} - \frac{\boldsymbol{r}_{\mathrm{s}i}}{r_{\mathrm{s}i}^{3}}\right] \tag{3.194}$$

式中，μ_{s} 为日心引力常数；$\boldsymbol{r}_{\mathrm{ps}}$ 为日心到航天器的位置矢量；μ_i 为第 i 颗行星的引力常数 GM_i；$\boldsymbol{r}_{\mathrm{p}i}$ 为第 i 颗行星到航天器的位置矢量；$\boldsymbol{r}_{\mathrm{s}i}$ 为第 i 颗行星到日心的矢量。

2. 观测方程误差

观测方程由观测函数和观测噪声两部分组成。观测函数误差体现了状态量到观测量的函数映射关系，观测函数误差体现了该数学映射与实际物理过程的一致性；观测噪声误差体现了观测噪声统计特性与实际的差异。针对测速导航光谱观测的物理过程，建立状态量与测速观测量的映射关系，分析将观测方程误差等价于加性噪声的可行性。尝试利用非线性曲率等方法，定量评价观测函数的非线性程度，分析不同飞行阶段的观测函数线性化误差量级。测速导航以天文光谱中的特征谱线为直接观测量。观测误差包括目标源运动误差、恒星表面随机湍动、致宽谱线中心提取误差等。

3. 有色噪声与相关噪声

噪声相关性包括状态噪声或观测噪声本身在时间上的相关性（即有色噪声）以及状态噪声与观测噪声之间的相关性。以深空测速导航实际飞行过程为依据，分析观测噪声的基本特征。由于测速导航以天体光谱特征为观测量，因此在测速敏感器测量与数据处理的过程中可能出现某一频率或频带的噪声明显增强的情况，即有色噪声。

3.8.2 导航源端误差

1. 天体星历误差

天体星历包括天体的角位置、距离、自转周期及其各阶导数等参数。上述参数可通过地面长期观测获得，但由于技术水平的限制，统计值与真实值存在偏差。

天体星历误差主要指天体实际的位置坐标与星历预报的位置坐标之间的误差。天体星历误差将导致在状态方程和观测方程中引入误差项，最终影响位置与速度的解算精度。按照误差的性质，该误差属于系统误差。

根据目前常用星历，地球、火星等行星星历误差为 3～5 km(1σ)，近地小行星星历误差为 30～50 km(1σ)，火卫一星历误差为 8～10 km(1σ)，火卫二星历误差为 30～40 km(1σ)。

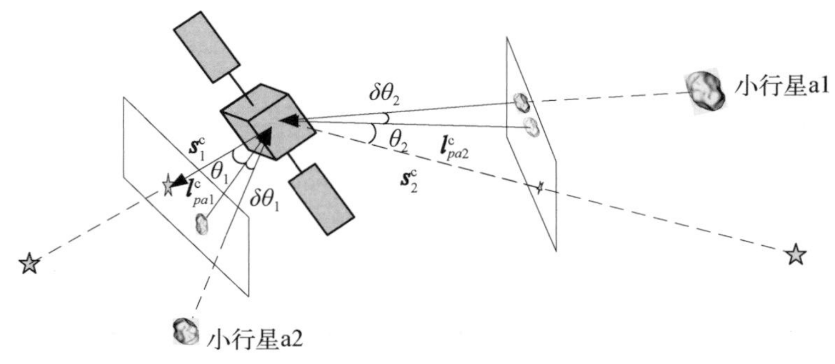

图 3.32　航天器相对小行星几何关系图

设小行星 a_1 和 a_2 在惯性坐标系中星历误差为 $\delta \boldsymbol{r}_{a1}$ 和 $\delta \boldsymbol{r}_{a2}$，由航天器相对小行星几何关系(图 3.32)以及星光角距观测方程，可得

$$\delta\theta_1 = \frac{\boldsymbol{s}_1^c \cdot \delta \boldsymbol{l}_{pa1}^c}{\sqrt{1-(\boldsymbol{l}_{pa1}^c \cdot \boldsymbol{s}_1^c)^2}} \tag{3.195}$$

$$\delta\theta_2 = \frac{\boldsymbol{s}_2^c \cdot \delta \boldsymbol{l}_{pa2}^c}{\sqrt{1-(\boldsymbol{l}_{pa2}^c \cdot \boldsymbol{s}_2^c)^2}} \tag{3.196}$$

其中，$\boldsymbol{s}_1^c$、$\boldsymbol{s}_2^c$ 分别为 2 颗背景恒星星光方向矢量，$\boldsymbol{l}_{pa1}^c$、$\boldsymbol{l}_{pa2}^c$ 分别为小行星 1、小行星 2 的方向矢量；$\delta \boldsymbol{l}_{pa1}^c$、$\delta \boldsymbol{l}_{pa2}^c$ 为星历误差引起的小行星视线方向误差。写成矢量形式

$$\delta \boldsymbol{Z}_{k+1|k} = \begin{bmatrix} \delta\theta_1 \\ \delta\theta_2 \\ 0 \end{bmatrix} = \mathrm{diag}\left(\frac{\boldsymbol{s}_1^{c\mathrm{T}}}{\sqrt{1-(\boldsymbol{l}_{pa1}^c \cdot \boldsymbol{s}_1^c)^2}},\ \frac{\boldsymbol{s}_2^{c\mathrm{T}}}{\sqrt{1-(\boldsymbol{l}_{pa2}^c \cdot \boldsymbol{s}_2^c)^2}},\ 0 \right) \begin{bmatrix} \delta \boldsymbol{l}_{pa1}^c \\ \delta \boldsymbol{l}_{pa2}^c \\ 0 \end{bmatrix} \tag{3.197}$$

根据几何关系，航天器相对于小行星 a_1 的视线方向矢量为

$$\boldsymbol{l}_{pa1}^i = \frac{\boldsymbol{r}_{a1} - \boldsymbol{r}}{\| \boldsymbol{r}_{a1} - \boldsymbol{r} \|} \tag{3.198}$$

其中，$\boldsymbol{r}$ 为航天器在惯性坐标系的位置，$\boldsymbol{r}_{a1}$ 为小行星 a_1 在惯性坐标系中的位置。上式对 $\boldsymbol{r}_{a1}$ 微分可得

$$\begin{aligned} \delta \boldsymbol{l}_{pa1}^i &= \frac{\delta \boldsymbol{r}_{a1}}{\| \boldsymbol{r}_{a1} - \boldsymbol{r} \|} - \frac{(\boldsymbol{r}_{a1} - \boldsymbol{r})(\boldsymbol{r}_{a1} - \boldsymbol{r})^{\mathrm{T}} \delta \boldsymbol{r}_{a1}}{\| \boldsymbol{r}_{a1} - \boldsymbol{r} \|^3} \\ &= \left(\frac{\boldsymbol{I}}{\| \boldsymbol{r}_{a1} - \boldsymbol{r} \|} - \frac{(\boldsymbol{r}_{a1} - \boldsymbol{r})(\boldsymbol{r}_{a1} - \boldsymbol{r})^{\mathrm{T}}}{\| \boldsymbol{r}_{a1} - \boldsymbol{r} \|^2} \right) \delta \boldsymbol{r}_{a1} \end{aligned} \tag{3.199}$$

则

$$\begin{bmatrix} \delta \boldsymbol{l}_{pa1}^c \\ \delta \boldsymbol{l}_{pa2}^c \\ \boldsymbol{0} \end{bmatrix} = \mathrm{diag}(\Gamma_{a1},\ \Gamma_{a2},\ 0) \begin{bmatrix} \delta \boldsymbol{r}_{a1} \\ \delta \boldsymbol{r}_{a2} \\ \boldsymbol{0} \end{bmatrix} \tag{3.200}$$

其中，

$$\Gamma_{a1} = \frac{\boldsymbol{I}}{\| \boldsymbol{r}_{a1} - \boldsymbol{r} \|} - \frac{(\boldsymbol{r}_{a1} - \boldsymbol{r})(\boldsymbol{r}_{a1} - \boldsymbol{r})^{\mathrm{T}}}{\| \boldsymbol{r}_{a1} - \boldsymbol{r} \|^2} \tag{3.201}$$

$$\Gamma_{a2} = \frac{\boldsymbol{I}}{\| \boldsymbol{r}_{a2} - \boldsymbol{r} \|} - \frac{(\boldsymbol{r}_{a2} - \boldsymbol{r})(\boldsymbol{r}_{a2} - \boldsymbol{r})^{\mathrm{T}}}{\| \boldsymbol{r}_{a2} - \boldsymbol{r} \|^2} \tag{3.202}$$

矢量在本体坐标系和惯性坐标系中的夹角不变，可得小行星星历误差在星光角距观

测方程中的传播关系

$$\delta \boldsymbol{Z}_k = \operatorname{diag}\left(\frac{\boldsymbol{s}_1^{i\,\mathrm{T}} \boldsymbol{\Gamma}_{a1}}{\sqrt{1-(\boldsymbol{l}_{pa1}^i \cdot \boldsymbol{s}_1^i)^2}}, \frac{\boldsymbol{s}_2^{i\,\mathrm{T}} \boldsymbol{\Gamma}_{a2}}{\sqrt{1-(\boldsymbol{l}_{pa2}^i \cdot \boldsymbol{s}_2^i)^2}}, \boldsymbol{0}\right) \begin{bmatrix} \delta \boldsymbol{r}_{a1} \\ \delta \boldsymbol{r}_{a2} \\ \boldsymbol{0} \end{bmatrix} \tag{3.203}$$

下面对小行星星历误差在 UKF 滤波器中的传播规律进行推导，可得

$$\delta \boldsymbol{Z}_{k+1|k} = \operatorname{diag}\left(\frac{\boldsymbol{s}_1^{c\,\mathrm{T}} \boldsymbol{\Gamma}_{a1}}{\sqrt{1-(\boldsymbol{l}_{pa1}^c \cdot \boldsymbol{s}_1^c)^2}}, \frac{\boldsymbol{s}_2^{c\,\mathrm{T}} \boldsymbol{\Gamma}_{a2}}{\sqrt{1-(\boldsymbol{l}_{pa2}^c \cdot \boldsymbol{s}_2^c)^2}}, \boldsymbol{0}\right) \begin{bmatrix} \delta \boldsymbol{r}_{a1} \\ \delta \boldsymbol{r}_{a2} \\ \boldsymbol{0} \end{bmatrix} \tag{3.204}$$

$$\begin{aligned} \delta \hat{\boldsymbol{z}}_{k+1}^- &= \sum_{i=0}^{2n} w_i \, \delta \boldsymbol{Z}_{i,\,k+1|k} \\ &= \sum_{i=0}^{2n} w_i \operatorname{diag}\left(\frac{\boldsymbol{s}_{i,\,1}^{c\;\mathrm{T}} \boldsymbol{\Gamma}_{i,\,a1}}{\sqrt{1-(\boldsymbol{l}_{i,\,pa1}^c \cdot \boldsymbol{s}_{i,\,1}^c)^2}}, \frac{\boldsymbol{s}_{i,\,2}^{c\;\mathrm{T}} \boldsymbol{\Gamma}_{i,\,a2}}{\sqrt{1-(\boldsymbol{l}_{i,\,pa2}^c \cdot \boldsymbol{s}_{i,\,2}^c)^2}}, \boldsymbol{0}\right) \begin{bmatrix} \delta \boldsymbol{r}_{a1} \\ \delta \boldsymbol{r}_{a2} \\ \boldsymbol{0} \end{bmatrix} \end{aligned} \tag{3.205}$$

$$\delta \boldsymbol{P}_{\hat{z}_{k+1}\hat{z}_{k+1}} = \sum_{i=0}^{2n} w_i \left[(\boldsymbol{Z}_{i,\,k+1|k} - \hat{\boldsymbol{z}}_{k+1}^-) \boldsymbol{\Phi}^{\mathrm{T}} + \boldsymbol{\Phi} (\boldsymbol{Z}_{i,\,k+1|k} - \hat{\boldsymbol{z}}_{k+1}^-)^{\mathrm{T}} \right] \tag{3.206}$$

$$\delta \boldsymbol{P}_{\hat{x}_{k+1}\hat{z}_{k+1}} = \sum_{i=0}^{2n} w_i \left[(\boldsymbol{\chi}_{i,\,k+1|k} - \hat{\boldsymbol{x}}_{k+1}^-) \boldsymbol{\Phi}^{\mathrm{T}} \right] \tag{3.207}$$

其中，w_i 为权重系数；状态转移矩阵 $\boldsymbol{\Phi}$ 为

$$\begin{aligned} \boldsymbol{\Phi} &= (\delta \boldsymbol{Z}_{i,\,k+1|k} - \delta \hat{\boldsymbol{z}}_{k+1}^-) \\ &= \operatorname{diag}\left(\frac{\boldsymbol{s}_{i,\,1}^{c\;\mathrm{T}} \boldsymbol{\Gamma}_{i,\,a1}}{\sqrt{1-(\boldsymbol{l}_{i,\,pa1}^c \cdot \boldsymbol{s}_{i,\,1}^c)^2}}, \frac{\boldsymbol{s}_{i,\,2}^{c\;\mathrm{T}} \boldsymbol{\Gamma}_{i,\,a2}}{\sqrt{1-(\boldsymbol{l}_{i,\,pa2}^c \cdot \boldsymbol{s}_{i,\,2}^c)^2}}, \boldsymbol{0}\right) \begin{bmatrix} \delta \boldsymbol{r}_{a1} \\ \delta \boldsymbol{r}_{a2} \\ \boldsymbol{0} \end{bmatrix} \\ &\quad - \sum_{i=0}^{2n} w_i \operatorname{diag}\left(\frac{\boldsymbol{s}_{i,\,1}^{c\;\mathrm{T}} \boldsymbol{\Gamma}_{i,\,a1}}{\sqrt{1-(\boldsymbol{l}_{i,\,pa1}^c \cdot \boldsymbol{s}_{i,\,1}^c)^2}}, \frac{\boldsymbol{s}_{i,\,2}^{c\;\mathrm{T}} \boldsymbol{\Gamma}_{i,\,a2}}{\sqrt{1-(\boldsymbol{l}_{i,\,pa2}^c \cdot \boldsymbol{s}_{i,\,2}^c)^2}}, \boldsymbol{0}\right) \begin{bmatrix} \delta \boldsymbol{r}_{a1} \\ \delta \boldsymbol{r}_{a2} \\ \boldsymbol{0} \end{bmatrix} \end{aligned} \tag{3.208}$$

根据上式可得

$$\begin{aligned} \delta \boldsymbol{K}_{k+1} &= (\delta \boldsymbol{P}_{\hat{x}_{k+1}\hat{z}_{k+1}} - \boldsymbol{K}_{k+1} \delta \boldsymbol{P}_{\hat{z}_{k+1}\hat{z}_{k+1}}) \boldsymbol{P}_{\hat{z}_{k+1}\hat{z}_{k+1}}^{-1} \\ &= \sum_{i=0}^{2n} w_i \left[(\boldsymbol{\chi}_{i,\,k+1|k} - \hat{\boldsymbol{x}}_{k+1}^-) \boldsymbol{\Phi}^{\mathrm{T}} - \boldsymbol{K}_{k+1} (\boldsymbol{Z}_{i,\,k+1|k} - \hat{\boldsymbol{z}}_{k+1}^-) \boldsymbol{\Phi}^{\mathrm{T}} \right. \\ &\quad \left. - \boldsymbol{K}_{k+1} \boldsymbol{\Phi} (\boldsymbol{Z}_{i,\,k+1|k} - \hat{\boldsymbol{z}}_{k+1}^-)^{\mathrm{T}} \right] \boldsymbol{P}_{\hat{z}_{k+1}\hat{z}_{k+1}}^{-1} \end{aligned} \tag{3.209}$$

最后可以得出小行星星历误差对导航滤波结果的影响

$$
\begin{aligned}
\delta \bar{\boldsymbol{x}}_{k+1} &= -\boldsymbol{K}_{k+1}\delta \hat{\boldsymbol{z}}_{k+1}^{-} + \delta\boldsymbol{K}_{k+1}(\boldsymbol{Z}_{k+1} - \hat{\boldsymbol{z}}_{k+1}) \\
&= -\boldsymbol{K}_{k+1}\sum_{i=0}^{2n} w_i \operatorname{diag}\left(\frac{\boldsymbol{s}_{i,1}^{c\ \mathrm{T}}\boldsymbol{\Gamma}_{i,a1}}{\sqrt{1-(\boldsymbol{l}_{i,pa1}^{c}\cdot\boldsymbol{s}_{i,1}^{c})^2}}, \frac{\boldsymbol{s}_{i,2}^{c\ \mathrm{T}}\boldsymbol{\Gamma}_{i,a2}}{\sqrt{1-(\boldsymbol{l}_{i,pa2}^{c}\cdot\boldsymbol{s}_{i,2}^{c})^2}}, \boldsymbol{0}\right)\begin{bmatrix}\delta\boldsymbol{r}_{a1}\\ \delta\boldsymbol{r}_{a2}\\ \boldsymbol{0}\end{bmatrix} \\
&\quad + \sum_{i=0}^{2n} w_i\left[(\boldsymbol{\chi}_{i,k+1|k} - \hat{\boldsymbol{x}}_{k+1}^{-})\boldsymbol{\Phi}^{\mathrm{T}} - \boldsymbol{K}_{k+1}(\boldsymbol{Z}_{i,k+1|k} - \hat{\boldsymbol{z}}_{k+1}^{-})\boldsymbol{\Phi}^{\mathrm{T}}\right. \\
&\quad \left. - \boldsymbol{K}_{k+1}\boldsymbol{\Phi}(\boldsymbol{Z}_{i,k+1|k} - \hat{\boldsymbol{z}}_{k+1}^{-})^{\mathrm{T}}\right]\boldsymbol{P}_{\hat{z}_{k+1}\hat{z}_{k+1}}^{-1}(\boldsymbol{Z}_{k+1} - \hat{\boldsymbol{z}}_{k+1}^{-})
\end{aligned} \tag{3.210}
$$

2. 光谱特性误差

以太阳为例说明天体光谱特性误差，其他恒星类似。太阳由其内部及外围大气层组成，大气层又分为光球层、色球层、日冕层。太阳光谱是在温度约为 5 770 K 的黑体辐射谱上叠加一系列吸收谱线（夫琅禾费线）所形成的，这些吸收谱线由太阳光经光球层、色球层中的原子、分子或离子吸收而产生。光谱特性误差主要体现在以下方面：

1）太阳自转误差

由于较差自转的特性，在其面光源中的速度信息将包含太阳自转速度信息分量，分析时需要进行分离。

2）太阳表面活动

太阳的表面物质一直处于活动状态中，如太阳耀斑，日冕物质抛射等。当太阳光球层、色球层、日冕层上的大量原子物质整体移动时，将使太阳夫琅禾费线发生多普勒频移，原子移动的径向速率可以达到每秒公里量级，进而对航天器速度数据产生影响。

3）引力红移误差

引力红移产生的频移可通过下式计算：

$$
\nu_2 = \frac{\nu_1}{1+\dfrac{GM}{rc^2}} \tag{3.211}
$$

式中，M 为星体质量；ν_1 为光子从星体表面发射频率；r 为光子沿径向到达发射点位置的距离；ν_2 为光子在距离星体表面为 r 处的频率，以星体表面为引力势能零点。

若敏感器接收到各天体光波频率存在误差 δf_{m1}，δf_{m2}，δf_{m3}，则

$$
\begin{bmatrix}\nu_{px}+\delta\nu_{px}\\ \nu_{py}+\delta\nu_{py}\\ \nu_{pz}+\delta\nu_{pz}\end{bmatrix} = \begin{bmatrix}u_{1x} & u_{1y} & u_{1z}\\ u_{2x} & u_{2y} & u_{2z}\\ u_{3x} & u_{3y} & u_{3z}\end{bmatrix}^{-1}\begin{bmatrix}\dfrac{f_{m1}+\delta f_{m1}}{f_{01}}c + \nu_{1x}u_{1x} + \nu_{1y}u_{1y} + \nu_{1z}u_{1z}\\ \dfrac{f_{m2}+\delta f_{m2}}{f_{02}}c + \nu_{2x}u_{2x} + \nu_{2y}u_{2y} + \nu_{2z}u_{2z}\\ \dfrac{f_{m3}+\delta f_{m3}}{f_{03}}c + \nu_{3x}u_{3x} + \nu_{3y}u_{3y} + \nu_{3z}u_{3z}\end{bmatrix} \tag{3.212}
$$

式中，$\nu_1 = [\nu_{1x} \quad \nu_{1y} \quad \nu_{1z}]^{\mathrm{T}}$ 为航天器相对导航目标源 1 的速度矢量；$u_1 = [u_{1x} \quad u_{1y} \quad u_{1z}]^{\mathrm{T}}$ 为航天器观测导航目标源 1 的视线方向单位矢量；f_{01}、f_{02}、f_{03} 分别为所观测的三个导航目标源的特征谱线中心频率；f_{m1}、f_{m2}、f_{m3} 分别为航天器相对于三个导航目标源运动引起的频移量；c 为真空中光速。

由此可得误差传播关系为

$$\begin{bmatrix} \delta\nu_{px} \\ \delta\nu_{py} \\ \delta\nu_{pz} \end{bmatrix} = \begin{bmatrix} u_{1x} & u_{1y} & u_{1z} \\ u_{2x} & u_{2y} & u_{2z} \\ u_{3x} & u_{3y} & u_{3z} \end{bmatrix}^{-1} \begin{bmatrix} \dfrac{\delta f_{m1}}{f_{01}} c \\ \dfrac{\delta f_{m2}}{f_{02}} c \\ \dfrac{\delta f_{m3}}{f_{03}} c \end{bmatrix} \tag{3.213}$$

如果同时观测 4 个天体，则

$$\begin{bmatrix} \dfrac{f_{m1}}{f_{01}} c + \nu_{1x} u_{1x} + \nu_{1y} u_{1y} + \nu_{1z} u_{1z} \\ \dfrac{f_{m2}}{f_{02}} c + \nu_{2x} u_{2x} + \nu_{2y} u_{2y} + \nu_{2z} u_{2z} \\ \dfrac{f_{m3}}{f_{03}} c + \nu_{3x} u_{3x} + \nu_{3y} u_{3y} + \nu_{3z} u_{3z} \\ \dfrac{f_{m4}}{f_{04}} c + \nu_{4x} u_{4x} + \nu_{4y} u_{4y} + \nu_{4z} u_{4z} \end{bmatrix} = \begin{bmatrix} u_{1x} & u_{1y} & u_{1z} \\ u_{2x} & u_{2y} & u_{2z} \\ u_{3x} & u_{3y} & u_{3z} \\ u_{4x} & u_{4y} & u_{4z} \end{bmatrix} \begin{bmatrix} \nu_{px} \\ \nu_{py} \\ \nu_{pz} \end{bmatrix} \tag{3.214}$$

由最小二乘法可得

$$\boldsymbol{v}_p = (\boldsymbol{U}^{\mathrm{T}} \boldsymbol{U})^{-1} \boldsymbol{U}^{\mathrm{T}} \boldsymbol{b} \tag{3.215}$$

其中，

$$\boldsymbol{U} = \begin{bmatrix} u_{1x} & u_{1y} & u_{1z} \\ u_{2x} & u_{2y} & u_{2z} \\ u_{3x} & u_{3y} & u_{3z} \\ u_{4x} & u_{4y} & u_{4z} \end{bmatrix} \tag{3.216}$$

$$\boldsymbol{b} = \begin{bmatrix} \dfrac{f_{m1}}{f_{01}} c + \nu_{1x} u_{1x} + \nu_{1y} u_{1y} + \nu_{1z} u_{1z} \\ \dfrac{f_{m2}}{f_{02}} c + \nu_{2x} u_{2x} + \nu_{2y} u_{2y} + \nu_{2z} u_{2z} \\ \dfrac{f_{m3}}{f_{03}} c + \nu_{3x} u_{3x} + \nu_{3y} u_{3y} + \nu_{3z} u_{3z} \\ \dfrac{f_{m4}}{f_{04}} c + \nu_{4x} u_{4x} + \nu_{4y} u_{4y} + \nu_{4z} u_{4z} \end{bmatrix} \tag{3.217}$$

可得如下误差传播关系

$$\delta \boldsymbol{v}_p = (\boldsymbol{U}^{\mathrm{T}}\boldsymbol{U})^{-1}\boldsymbol{U}^{\mathrm{T}}\delta \boldsymbol{b} \tag{3.218}$$

其中，

$$\delta \boldsymbol{b} = \begin{bmatrix} \dfrac{\delta f_{m1}}{f_{01}}c & \dfrac{\delta f_{m2}}{f_{02}}c & \dfrac{\delta f_{m3}}{f_{03}}c & \dfrac{\delta f_{m4}}{f_{04}}c \end{bmatrix}$$

3. 脉冲模型误差

脉冲模型误差是指脉冲星自转模型或时延模型不能完全反映真实情况所引起的误差。造成脉冲模型误差的因素包括脉冲星自转稳定性、距离、视向速度、视线方向等。

脉冲星自转稳定性与脉冲星的物理机制有关，产生于脉冲星固有的自转现象，使得脉冲星的自转参数呈现一种类随机变化。在进行轮廓叠加时，该误差将影响脉冲周期的准确性及脉冲到达时间 TOA 的测量精度。可通过测量自转频率的二阶导数对该误差进行识别。年轻的脉冲星比年老的毫秒脉冲星表现出更大的不稳定性。因此，在选取导航用脉冲星时，应将自转周期相对稳定的毫秒脉冲星作为目标导航星。

根据脉冲星星表，目前已观测到的脉冲星中与地球的最近距离为 0.13 千秒差距(kpc)，最远距离为 30.0 千秒差距。由于脉冲星与地球的距离相差很大，因此与距离有关的二阶小量时延分项将导致一定程度的误差。当航天器的坐标方向和脉冲星的坐标方向垂直时，脉冲星在最小距离 0.13 kpc 和最大距离 30.0 kpc 时二阶时延项的估计值分别为 9.3 μs 和 0.04 μs。因此，在建立脉冲星脉冲信号模型过程中，脉冲星距离误差不可忽略。

脉冲星的视向速度很难准确测定，目前脉冲星星表也缺乏脉冲星视向速度的信息，因此将造成 TOA 时延的建模误差。地面站接收的脉冲星自转视周期与脉冲星视向速度是相关的，在计时观测中进行脉冲轮廓的折叠时，需要对视周期进行修正。此外，在建立脉冲星时延模型的过程中，由于缺少视向速度，计算时一般取为 0，将脉冲星切向运动速度作为脉冲星的运动速度。这种情况相当于设定脉冲星仅做切向运动。这种近似将误差引入 TOA 时延模型。

同样，脉冲星视线方向的误差也会对导航定位精度产生影响。根据测量模型可估计脉冲星视线方向误差对自主定位精度的影响：当航天器位于距太阳系质心 1 AU 处，且航天器的质心方向和脉冲星的质心方向垂直时，0.1 mas 的脉冲星方向误差对时延 TOA 的影响可达 0.242 μs。

3.8.3 仪器误差

1. 导航敏感器指向误差

导航敏感器指向误差是指在导航系统数学模型中采用的导航敏感器标称指向与导航敏感器实际指向之间的误差。该误差一般由导航敏感器安装误差、航天器平台姿态确定误差等因素造成。按误差特性，该项误差包括系统误差和随机误差。图 3.33 为导航敏感器指向误差。

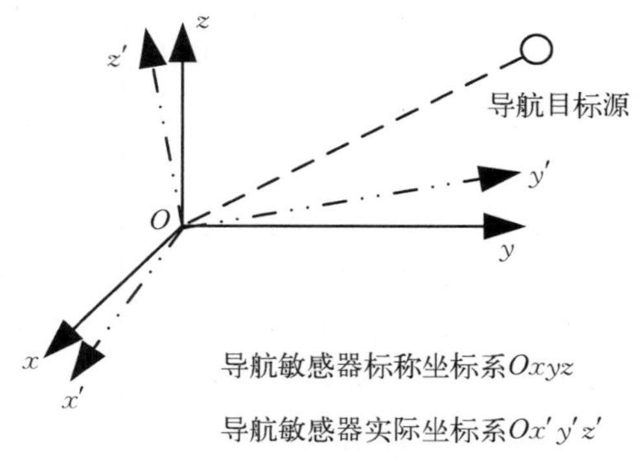

图 3.33 导航敏感器安装误差

两颗小行星和火星的星光角距观测信息表达式为

$$\begin{cases}\theta_1 = \arccos(-\boldsymbol{l}_{pa1}^c \cdot \boldsymbol{s}_1^c) \\ \theta_2 = \arccos(-\boldsymbol{l}_{pa2}^c \cdot \boldsymbol{s}_2^c) \\ \theta_3 = \arccos(-\boldsymbol{l}_{pm}^c \cdot \boldsymbol{s}_3^c)\end{cases} \tag{3.219}$$

设姿态误差和安装角误差的共同影响为 $\delta\theta_1$、$\delta\theta_2$、$\delta\theta_3$，则姿态误差和安装角误差的传播关系为

$$\begin{cases}\delta\theta_1 = \dfrac{\delta\boldsymbol{l}_{pa1}^c \cdot \boldsymbol{s}_1^c}{\sqrt{1-(\boldsymbol{l}_{pa1}^c \cdot \boldsymbol{s}_1^c)^2}} \\ \theta_2 = \dfrac{\delta\boldsymbol{l}_{pa2}^c \cdot \boldsymbol{s}_2^c}{\sqrt{1-(\boldsymbol{l}_{pa2}^c \cdot \boldsymbol{s}_2^c)^2}} \\ \theta_3 = \dfrac{\delta\boldsymbol{l}_{pm}^c \cdot \boldsymbol{s}_3^c}{\sqrt{1-(\boldsymbol{l}_{pm}^c \cdot \boldsymbol{s}_3^c)^2}}\end{cases} \tag{3.220}$$

2. 图像处理误差

对于天文测角导航而言，导航敏感器在成像过程中所产生的图像像元几何位置相对于参考系统发生挤压、伸展、偏移和扭曲等变形，在图像处理与识别过程中造成导航图像质心提取与真实值之间的误差。

导航图像质心提取误差是影响导航精度的重要因素之一。质心提取误差主要来源于算法本身的系统误差及像元信号的噪声。由于系统误差是空间性的，与具体坐标位置有关，而噪声是时间性的，故而二者可以认为是相互独立的。一般认为，质心提取过程的系统误差主要与成像星点的光强分布、采样窗口的大小、像点在航天器上的成像位置有关。

首先确定星点能量模型。主要包括衍射分布模型（艾里斑模型）和高斯分布模型两类。衍射分布模型忽略镜头像差，而导航敏感器镜头在设计时往往利用镜头像差使焦面上像点弥散，全折射类镜头的星点像能量分布是近高斯分布的。高斯能量分布在数学上相对易于处理，星点提取系统误差大小与真实质心位置、像点高斯半径及采样窗口像元数量有关。当像点高斯半径值较小时，星点质心提取系统误差与真实质心在航天器的位置成近似正弦函数关系，而当高斯半径较大时，星点质心提取系统误差与真实质心位置呈近似线性关系。星点像能量分布基本上限于一个像元内，由于其空间频率高于像元采样频率，质心真实值的绝对值大于估计值的绝对值。随着质心真实位置逐渐靠近像元边缘，由于对称关系误差逐渐减小为0，误差与像点真实位置呈现近似正弦函数关系，且幅值随高斯半径减小而增大。随着光斑尺寸逐渐变大，星点像空间频率逐渐降低，星点成像于多个像元上，精度也逐渐提高。当高斯半径比较大时，像点能量分布超出了采样像元窗口范围，窗口截断能量的不对称性使质心真实值的绝对值大于估计值的绝对值，当真实质心位于像元边缘时该偏差达到最大值，因而误差与质心真实位置呈现近似线性关系，且幅值随高斯半径增大而增大。当像点真实质心位于像元上任意位置时，在各点位置上由于误差大小不同，对提取精度的贡献大小需综合考虑。

质心提取系统误差随像点高斯半径增大先减小后增加，因而高斯半径存在最佳范围。对于3像元窗口最佳范围为0.3～0.5像元，而对于5像元窗口则为0.5～0.7像元。除此之外，测量误差还包括导航敏感器自身的安装误差以及运动模糊恢复引入的误差。

设小行星1、小行星2和火星的质心提取误差分别为$\delta\boldsymbol{s}_1=(\delta p_1,\delta l_1)^{\mathrm{T}}$、$\delta\boldsymbol{s}_2=(\delta p_2,\delta l_2)^{\mathrm{T}}$和$\delta\boldsymbol{s}_m=(\delta p_m,\delta l_m)^{\mathrm{T}}$，则

$$\begin{bmatrix} x_{2d}+\delta x_{2d} \\ y_{2d}+\delta y_{2d} \end{bmatrix}=\boldsymbol{K}^{-1}\left(\begin{bmatrix} p+\delta p \\ l+\delta l \end{bmatrix}-\begin{bmatrix} p_0 \\ l_0 \end{bmatrix}\right) \tag{3.221}$$

$$\begin{bmatrix} \delta x_{2d} \\ \delta y_{2d} \end{bmatrix}=\boldsymbol{K}^{-1}\begin{bmatrix} \delta p \\ \delta l \end{bmatrix} \tag{3.222}$$

根据几何关系

$$\boldsymbol{l}_{pa1}^{i}=\frac{\boldsymbol{r}_{2d1}}{\|\boldsymbol{r}_{2d1}\|} \tag{3.223}$$

可得

$$\begin{aligned}\delta\boldsymbol{l}_{pa1}^{i}&=\frac{\delta\boldsymbol{r}_{2d1}}{\|\boldsymbol{r}_{2d1}\|}-\frac{\boldsymbol{r}_{2d1}\boldsymbol{r}_{2d1}^{\mathrm{T}}\delta\boldsymbol{r}_{2d1}}{\|\boldsymbol{r}_{2d1}\|^{3}}=\left(\frac{\boldsymbol{I}}{\|\boldsymbol{r}_{2d1}\|}-\frac{\boldsymbol{r}_{2d1}\boldsymbol{r}_{2d1}^{\mathrm{T}}}{\|\boldsymbol{r}_{2d1}\|^{3}}\right)\delta\boldsymbol{r}_{2d1}\\&=\left(\frac{\boldsymbol{I}}{\|\boldsymbol{r}_{2d1}\|}-\frac{\boldsymbol{r}_{2d1}\boldsymbol{r}_{2d1}^{\mathrm{T}}}{\|\boldsymbol{r}_{2d1}\|^{3}}\right)\begin{bmatrix} \delta x_{2d1} \\ \delta y_{2d1} \\ 0 \end{bmatrix}\\&=\left(\frac{\boldsymbol{I}}{\|\boldsymbol{r}_{2d1}\|}-\frac{\boldsymbol{r}_{2d1}\boldsymbol{r}_{2d1}^{\mathrm{T}}}{\|\boldsymbol{r}_{2d1}\|^{3}}\right)\begin{bmatrix} 1 & 0 \\ 0 & 1 \\ 0 & 0 \end{bmatrix}\boldsymbol{K}^{-1}\delta\boldsymbol{s}_1\end{aligned} \tag{3.224}$$

由观测方程可得

$$\begin{aligned}\delta\theta_1&=\frac{\boldsymbol{s}_1^{c\,\mathrm{T}}\delta\boldsymbol{l}_{pa1}^{c}}{\sqrt{1-(\boldsymbol{l}_{pa1}^{c}\cdot\boldsymbol{s}_1^{c})^2}}\\&=\frac{\boldsymbol{s}_1^{c\,\mathrm{T}}}{\sqrt{1-(\boldsymbol{l}_{pa1}^{c}\cdot\boldsymbol{s}_1^{c})^2}}\left(\frac{\boldsymbol{I}}{\|\boldsymbol{r}_{2d1}\|}-\frac{\boldsymbol{r}_{2d1}\boldsymbol{r}_{2d1}^{\mathrm{T}}}{\|\boldsymbol{r}_{2d1}\|^{3}}\right)\begin{bmatrix} 1 & 0 \\ 0 & 1 \\ 0 & 0 \end{bmatrix}\boldsymbol{K}^{-1}\delta\boldsymbol{s}_1\end{aligned} \tag{3.225}$$

同理，

$$\delta\theta_2=\frac{\boldsymbol{s}_2^{c\,\mathrm{T}}}{\sqrt{1-(\boldsymbol{l}_{pa2}^{c}\cdot\boldsymbol{s}_2^{c})^2}}\left(\frac{\boldsymbol{I}}{\|\boldsymbol{r}_{2d2}\|}-\frac{\boldsymbol{r}_{2d2}\boldsymbol{r}_{2d2}^{\mathrm{T}}}{\|\boldsymbol{r}_{2d2}\|^{3}}\right)\begin{bmatrix} 1 & 0 \\ 0 & 1 \\ 0 & 0 \end{bmatrix}\boldsymbol{K}^{-1}\delta\boldsymbol{s}_2 \tag{3.226}$$

$$\delta\theta_1=\frac{\boldsymbol{s}_3^{c\,\mathrm{T}}}{\sqrt{1-(\boldsymbol{l}_{pm}^{c}\cdot\boldsymbol{s}_3^{c})^2}}\left(\frac{\boldsymbol{I}}{\|\boldsymbol{r}_{2dm}\|}-\frac{\boldsymbol{r}_{2dm}\boldsymbol{r}_{2dm}^{\mathrm{T}}}{\|\boldsymbol{r}_{2dm}\|^{3}}\right)\begin{bmatrix} 1 & 0 \\ 0 & 1 \\ 0 & 0 \end{bmatrix}\boldsymbol{K}^{-1}\delta\boldsymbol{s}_m \tag{3.227}$$

由上述结果可得质心提取误差对观测信号的影响为

$$\delta \boldsymbol{Z}_{k+1}=\begin{bmatrix}\delta\theta_1\\ \delta\theta_2\\ \delta\theta_3\end{bmatrix}=\operatorname{diag}(\boldsymbol{\varGamma}_1,\boldsymbol{\varGamma}_2,\boldsymbol{\varGamma}_m)\begin{bmatrix}\delta\boldsymbol{s}_1\\ \delta\boldsymbol{s}_2\\ \delta\boldsymbol{s}_m\end{bmatrix} \tag{3.228}$$

其中，

$$\boldsymbol{\varGamma}_1=\frac{\boldsymbol{s}_1^{c\,\mathrm{T}}}{\sqrt{1-(\boldsymbol{l}_{pa1}^c\cdot\boldsymbol{s}_1^c)^2}}\left(\frac{\boldsymbol{I}}{\|\boldsymbol{r}_{2d1}\|}-\frac{\boldsymbol{r}_{2d1}\boldsymbol{r}_{2d1}^{\mathrm{T}}}{\|\boldsymbol{r}_{2d1}\|^3}\right)\begin{bmatrix}1&0\\0&1\\0&0\end{bmatrix}\boldsymbol{K}^{-1} \tag{3.229}$$

$$\boldsymbol{\varGamma}_1=\frac{\boldsymbol{s}_2^{c\,\mathrm{T}}}{\sqrt{1-(\boldsymbol{l}_{pa2}^c\cdot\boldsymbol{s}_2^c)^2}}\left(\frac{\boldsymbol{I}}{\|\boldsymbol{r}_{2d2}\|}-\frac{\boldsymbol{r}_{2d2}\boldsymbol{r}_{2d2}^{\mathrm{T}}}{\|\boldsymbol{r}_{2d2}\|^3}\right)\begin{bmatrix}1&0\\0&1\\0&0\end{bmatrix}\boldsymbol{K}^{-1} \tag{3.230}$$

$$\boldsymbol{\varGamma}_m=\frac{\boldsymbol{s}_3^{c\,\mathrm{T}}}{\sqrt{1-(\boldsymbol{l}_{pm}^c\cdot\boldsymbol{s}_3^c)^2}}\left(\frac{\boldsymbol{I}}{\|\boldsymbol{r}_{2dm}\|}-\frac{\boldsymbol{r}_{2dm}\boldsymbol{r}_{2dm}^{\mathrm{T}}}{\|\boldsymbol{r}_{2dm}\|^3}\right)\begin{bmatrix}1&0\\0&1\\0&0\end{bmatrix}\boldsymbol{K}^{-1} \tag{3.231}$$

结合 UKF 滤波算法，可得质心提取误差在导航结果中的传播机理为

$$\delta\,\bar{\boldsymbol{x}}_{k+1}=\boldsymbol{K}_{k+1}\delta\boldsymbol{Z}_{k+1}=\boldsymbol{K}_{k+1}\operatorname{diag}(\boldsymbol{\varGamma}_1,\boldsymbol{\varGamma}_2,\boldsymbol{\varGamma}_m)\begin{bmatrix}\delta\boldsymbol{s}_1\\ \delta\boldsymbol{s}_2\\ \delta\boldsymbol{s}_m\end{bmatrix} \tag{3.232}$$

3. 光谱检测误差

光谱检测误差是指在轨进行特征谱线提取过程中引入的频率误差，该误差与地面特征谱线认证误差一同对测速精度产生影响。光谱检测误差包括导航敏感器设计、加工、装调、在轨使用过程中因温度、压力、重力、振动等环境因素所导致的误差等。

根据航天器在轨运行情况，若不考虑时间相对性影响，则光谱频移检测输出为

$$\nu=\nu_0\frac{c}{c+|\boldsymbol{v}_r|} \tag{3.233}$$

为了分析特征谱线误差与相对运动速率误差的对应关系，对式上式进行全微分，整理可得

$$\mathrm{d}\,|\boldsymbol{v}_r|=\frac{c+|\boldsymbol{v}_r|}{\nu_0}\mathrm{d}\nu_0-\frac{(c+|\boldsymbol{v}_r|)^2}{c\nu_0}\mathrm{d}\nu \tag{3.234}$$

从误差组成可知，速率误差由特征谱线固有频率和特征谱线多普勒频率两项组成，误差表达式为

$$\sigma_{|\boldsymbol{v}_r|}=\sqrt{\sigma_{\nu_0}^2+\sigma_{\nu}^2} \tag{3.235}$$

各误差项可写为

$$\sigma_{\nu_0}=\frac{c}{\nu}\mathrm{d}\nu_0 \tag{3.236}$$

$$\sigma_{\nu}=-\frac{c\nu_0}{\nu^2}\mathrm{d}\nu \tag{3.237}$$

根据光谱测速机理,对影响精度的误差项进一步分解归纳如下:

$$\sigma\nu_0=\sigma_{I\_\nu} \tag{3.238}$$

$$\sigma\nu=\sqrt{\sigma_{T\_\nu}^2+\sigma_{E\_\nu}^2+\sigma_{C\_\nu}^2+\sigma_{\mathrm{other}\_\nu}^2} \tag{3.239}$$

式中,σ_{I_ν} 为在轨谱线识别的频率误差;σ_{T_ν} 为由目标源天体的物理因素导致的频率误差;σ_{E_ν} 为由测试系统内部因素导致的频率误差;σ_{C_ν} 为由在轨定标系统内部因素导致的频率误差;$\sigma_{\mathrm{other}\_\nu}$ 为包括航天器平台在内的其他误差项导致的频率误差。

4. 脉冲检测误差

脉冲检测误差是导航敏感器在检测脉冲信号过程中由于仪器设备自身的误差以及观测配置的限制所引起的误差。脉冲检测误差直接影响脉冲星时延量测信息的精度。

脉冲星的个别脉冲在脉冲形状和强度上会有所变化,但数百个脉冲累加得到的平均脉冲轮廓(在接收到脉冲期间辐射能量随时间的变化曲线)是稳定的。其中脉冲辐射持续时间约为周期的 1/100。

测距导航敏感器测量精度,与脉冲宽度 W 和脉冲轮廓的信噪比 S/N 成比例关系,即

$$\sigma_{\mathrm{TOA}}\approx\frac{W}{S/N}\propto\frac{S_{\mathrm{sys}}}{\sqrt{t_{\mathrm{obs}}\Delta f}}\times\frac{p\delta^{3/2}}{S_{\mathrm{mean}}} \tag{3.240}$$

式中,W 为脉冲宽度,常用的有 W_{10}(为脉冲峰值 10%高度处的脉冲宽度)和 W_{50}(为脉冲峰值 50%高度处的脉冲宽度);S/N 为信噪比。

根据上式,单脉冲的不确定性与脉冲宽度 W 成正比,但多个脉冲轮廓叠加后信噪比将提高,得到的 TOA 精度也会提高。S_{sys} 为系统等效流量密度,即系统噪声温度与望远镜增益的比率,Δf 为观测带宽,t_{obs} 为积分时间,P 为脉冲星的自转周期,δ 占为脉冲宽度占周期的百分比(频宽比),S_{mean} 为脉冲星的平均流量密度。最优的 TOA 测量精度需要一个灵敏的宽带系统,即很小的 S_{sys} 和较宽的 Δf,用来观测流量较强的即较高的 S_{mean} 且具有较小频宽比的短周期脉冲星。

3.8.4 数据处理误差

1. 算法估计误差

1) 无偏估计与有偏估计

导航滤波的过程是对航天器运动状态的估计过程。参数估计问题是指在研究对象全体 ξ 的分布函数 $F(x;\theta)$ 未知的情况下,通过样本估计 ξ 的某些数字特征。对于航天器导航问题,可以将观测量视作样本,位置与速度为待估计参数。

若 θ 为待估计参数，$\xi_1, \cdots, \xi_n$ 为 n 个样本，且估计值 $\hat{\theta}(\xi_1, \cdots, \xi_n)$ 对一切 n 有

$$E\{\hat{\theta}\}=\theta \tag{3.241}$$

则称 $\hat{\theta}$ 为参数 θ 的无偏估计量。若

$$E\{\hat{\theta}\}-\theta=b_n \tag{3.242}$$

当 $b_n \neq 0$ 时，称 $\hat{\theta}$ 为 θ 的有偏估计量。无偏或有偏估计是由估计算法本身所决定的。最小二乘估计与最小方差估计均为无偏估计。卡尔曼滤波作为一种线性最小方差估计算法，也是无偏估计。

2）卡尔曼滤波误差

在建立导航滤波数学模型时，首先需要已知状态模型、观测模型以及系统噪声、量测噪声的统计特性。导航系统数学模型与真实系统存在差异，因此滤波输出除了可能出现发散现象外，也会产生滤波误差。滤波误差分析主要针对估计结果的均方误差阵进行分析。

设真实导航系统由如下状态方程和观测方程表示：

$$\begin{cases}\boldsymbol{X}_k^r=\boldsymbol{\Phi}_{k, k-1}^r \boldsymbol{X}_{k-1}^r+\boldsymbol{\Gamma}_{k-1}^r \boldsymbol{W}_{k-1}^r \\ \boldsymbol{Z}_k=\boldsymbol{H}_k^r \boldsymbol{X}_k^r+\boldsymbol{V}_k^r\end{cases} \tag{3.243}$$

式中，上标 r 表示真值；$\boldsymbol{W}_k^r$ 和 $\boldsymbol{V}_k^r$ 均为零均值白噪声序列；方差分别为 $\boldsymbol{Q}_k^r$ 和 $\boldsymbol{R}_k^r$；$\boldsymbol{W}_k^r$、$\boldsymbol{V}_k^r$ 和 $\boldsymbol{X}_0^r$ 三者互不相关。

卡尔曼滤波器中采用的状态模型和观测模型为

$$\begin{cases}\boldsymbol{X}_k=\boldsymbol{\Phi}_{k, k-1} \boldsymbol{X}_{k-1}+\boldsymbol{\Gamma}_{k-1} \boldsymbol{W}_{k-1} \\ \boldsymbol{Z}_k=\boldsymbol{H}_k \boldsymbol{X}_k+\boldsymbol{V}_k\end{cases} \tag{3.244}$$

式中，$\boldsymbol{W}_k$ 和 $\boldsymbol{V}_k$ 均为零均值白噪声序列；方差分别为 $\boldsymbol{Q}_k$ 和 $\boldsymbol{R}_k$；$\boldsymbol{W}_k$、$\boldsymbol{V}_k$ 和 $\boldsymbol{X}_0$ 三者互不相关。根据卡尔曼滤波算法，滤波计算得到的 $\hat{\boldsymbol{X}}_k$ 是对模型状态 $\boldsymbol{X}_k$ 的最优估计，而不是对真实状态 $\boldsymbol{X}_k^r$ 的最优估计；$\boldsymbol{P}_k$ 也仅是针对 $\boldsymbol{X}_k$ 的估计均方误差阵，而不是实际的估计均方误差阵。通过误差分析可求出实际的估计均方误差阵：

$$\boldsymbol{A}_k=\boldsymbol{\Phi}_{k, k-1}^r \boldsymbol{A}_{k-1} \boldsymbol{\Phi}_{k, k-1}^{r\mathrm{T}}+\boldsymbol{\Gamma}_{k-1}^r Q_{k-1}^r \boldsymbol{\Gamma}_{k-1}^{r\mathrm{T}} \tag{3.245}$$

$$\boldsymbol{C}_k=\boldsymbol{C}_{k/k-1}(\boldsymbol{I}-\boldsymbol{K}_k \boldsymbol{H}_k)^{\mathrm{T}}-\boldsymbol{A}_k \Delta \boldsymbol{H}_k^{\mathrm{T}} \boldsymbol{K}_k^{\mathrm{T}} \tag{3.246}$$

$$\boldsymbol{C}_{k/k-1}=\boldsymbol{\Phi}_{k, k-1}^r \boldsymbol{C}_{k-1} \boldsymbol{\Phi}_{k, k-1}^{\mathrm{T}}+\boldsymbol{\Phi}_{k, k-1}^r \boldsymbol{A}_{k-1} \Delta \boldsymbol{\Phi}_{k, k-1}^{\mathrm{T}}+\boldsymbol{\Gamma}_{k-1}^r Q_{k-1}^r \boldsymbol{\Gamma}_{k-1}^{r\mathrm{T}} \tag{3.247}$$

初值分别为

$$\boldsymbol{P}_0^P=E[(\boldsymbol{X}_0^r-\hat{\boldsymbol{X}}_0)(\boldsymbol{X}_0^r-\hat{\boldsymbol{X}}_0)^{\mathrm{T}}] \tag{3.248}$$

$$\boldsymbol{A}_0=E[\boldsymbol{X}_0^r \boldsymbol{X}_0^{r\mathrm{T}}] \tag{3.249}$$

$$\boldsymbol{C}_0=E[\boldsymbol{X}_0^r(\boldsymbol{X}_0^r-\hat{\boldsymbol{X}}_0)^{\mathrm{T}}] \tag{3.250}$$

通过上述递推算法可以求出在简化系统模型条件下所作的滤波估计的实际均方误差

阵 $\boldsymbol{P}_0^P$。

2. 数值积分误差

轨道动力学模型是典型的微分方程,解微分方程的许多数值方法已经广泛应用,如龙格-库塔法、Gauss – Jackson 方法、Bulirshch – stoer 方法等。这些方法可以为两类：一类为单步法,另一类为多步法。理论上多步法可以获得比单步法精度更高的积分结果,但由于龙格-库塔法需要更小的存储空间、更简便的编程计算,因此更易于使用且更为稳定。

常用的龙格-库塔法有 4 阶龙格-库塔法(RK4th)、7～8 阶龙格-库塔法(RKF7th8th)、8～9 阶龙格-库塔法(RKV8th9th)。不同方法的精度不等,研究表明更高阶的龙格-库塔法可以提供更高精度的积分结果。在导航系统选择积分方法时需要综合平衡精度和计算复杂度之间的关系,选择更适于导航系统的积分方法。

无论采用何种数值积分方法,都需要设置积分步长。积分步长可以设置为固定的,也可以设置为变化。固定步长的数值积分方法每次积分的步长大小不变;变步长的数值积分方法每次积分的步长由积分精度确定,即如果使用某一步长所获得的积分精度比设定的精度高,则使用此积分步长;反之,减小积分步长。

3. 时间配准误差

时间配准误差指在观测数据处理、导航解算过程中由于不同时间系统配准等带来的偏差。

时间配准指的是将各导航敏感器时间同步到统一基准时标下,并将不同步的观测信息配准到同一融合时刻。

在深空探测导航系统中,所涉及的时间系统有恒星时(sidereal time, ST)、世界时(universal time, UT)、国际原子时(international atomic time, TAI)、协调世界时(coordinate universal time, UTC)、地球动力学时(terrestrial dynamic time, TDT)和质心动力学时(barycenter dynamic time, TDB)。导航系统的时间同步采用 UTC 作为基准。

在导航系统中,时间误差主要来自：

(1) 各导航敏感器时间基准之间的误差,即由于各导航敏感器时钟精度不同形成的时间偏差,该误差目前通常通过时间统一装置或算法进行补偿。

(2) 各导航敏感器开机时刻和采样周期不一致,其与星载导航计算机交互的时刻也不相同,进而造成时间不同步误差。

(3) 各导航敏感器观测信息和时间基准统一信号在通信中均有延时,由于数据传输的复杂性,即使是同一网络,通信延迟时间也不同,从而造成时间不同步。

4. 空间配准误差

空间配准不仅包括导航敏感器的坐标系统一,即将各导航敏感器坐标系中的信息变换到统一的导航坐标系中,而且包括校正各导航敏感器因空间位置所造成的相对偏差。

空间坐标系的误差影响是直观的,如天文测距导航中采用的是太阳系质心惯性坐标系,而火星制动捕获任务则采用火星赤道 IAU 惯性坐标系。坐标系转换过程中存在误差,如果坐标系转换精度不足,会导致导航参数估计偏差增大。因此,各测量子系统的导航参数必须经过坐标变换统一到一致的坐标系下。

空间配准误差来源主要包括：

(1) 不同坐标系体系存在的定位偏差；

(2) 各导航敏感器参考坐标系不统一；

(3) 导航敏感器测量单元或天线处于不同位置所造成的空间测量偏差；

(4) 受相对论时空扭曲效应等影响造成的空间测量偏差。

第4章 深空探测天文组合自主导航方法

4.1 引　　言

深空天文测角、测距和测速导航方法各有优势与不足，单一导航方法在应用过程中将面临不同程度的局限。

天文测角导航通过几何解算确定航天器位置参数，而速度信息需通过对位置的差分获得，其瞬时速度估计精度不高。天文测速导航通过直接测量脉冲信号到达时间，可解算获得航天器在太阳系质心坐标系下的位置参数，同样存在瞬时速度估计精度不高的问题。天文测速导航可直接通过几何解算获得航天器的速度，但位置信息需通过速度积分进行估计，存在位置误差随时间发散的问题。

天文组合自主导航方法通过对不同导航方法的有效融合，充分利用深空间中的天然资源，增加量测信息的种类、丰富导航手段，弥补天文测角、测距和测速方法的不足，可为实现深空探测连续实时、自主高精度导航提供有效保障。

天文组合导航系统的基本思想是利用具有互补性能的两种或两种以上的子系统，借助于计算机技术和信息融合理论，利用不同导航设备性能上的互补特性，构成性能优于其中任何一个子系统的组合系统，提取各系统的误差并校正之，以满足更高的导航要求。

按照导航方法的类别，基本的组合形式有天文测角测速组合导航、天文测角测距组合导航、天文测速测距组合导航、天文测角测距测速组合导航等。

4.2　测角测速组合导航

4.2.1　总体方案

由于测角导航子系统的速度信息是通过位置差分获得的，其瞬时速度估计精度不高；测速导航子系统的位置信息通过速度积分获得，存在随时间发散的问题。因此，两个导航子系统的各自量测信息均存在各自不足，无法实现对位置与速度信息的整体优化估计。通过对测角、测速信息的有效融合，可以避免测角、测速子系统的不足，实现对定位、定速信息的整体优化估计。

根据天文组合导航系统特点，深空天文测角测速组合自主导航系统由3部分组成：

(1) 测角导航子系统：包括轨道动力学模型、测角导航敏感器和测角子滤波器；

(2) 测速导航子系统：包括轨道动力学模型、测速导航敏感器和测速子滤波器；

(3) 组合导航子系统：实现对两个子系统输出估计值的信息融合。

天文测角测速组合自主导航系统框架如图4.1所示。

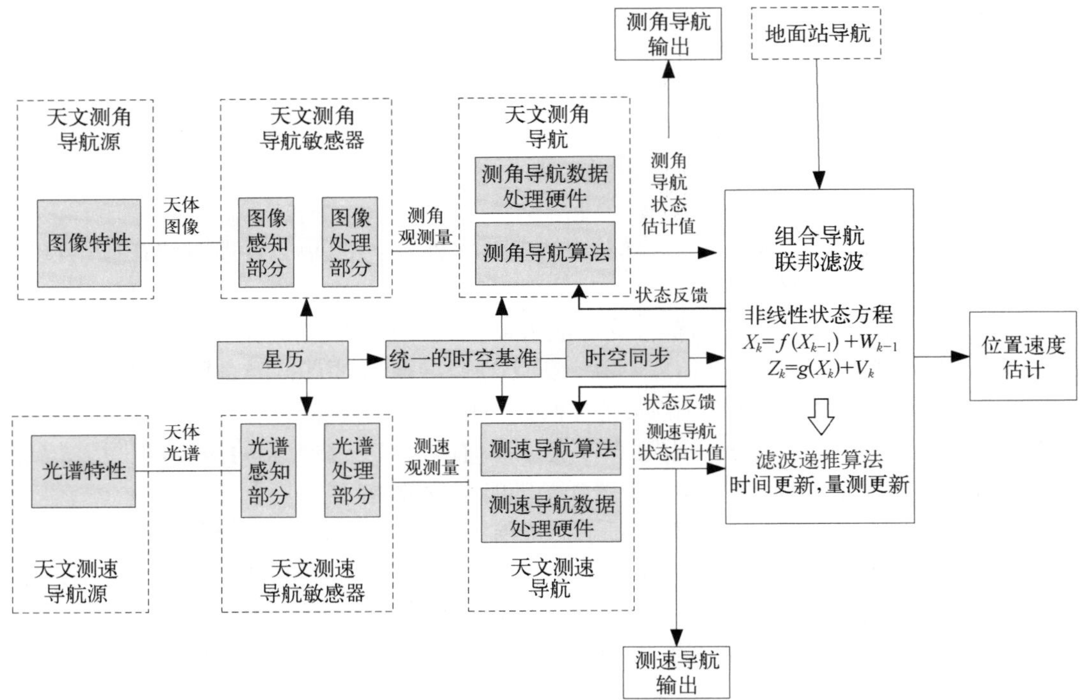

图4.1　天文测角测速组合自主导航系统框架

4.2.2　数学模型

1. 状态方程

建立精确的轨道动力学模型是减小导航系统模型误差，提高导航精度的手段之一。导航系统状态模型越精确，导航估计结果精度越高。

深空探测轨道动力学受近似模型或没有模型的摄动力影响，模型误差特性并不符合高斯白噪声假设。为进一步提高模型精度，可将未建模加速度进行扩维估计，得到加速度的补偿模型。

将动力学模型中已建模的加速度项与未建模加速度项分离，可得导航系统的状态方程为

$$\begin{cases}\dot{\boldsymbol{r}}=\boldsymbol{v}\\ \dot{\boldsymbol{v}}=\boldsymbol{a}_f(\boldsymbol{r},\ \boldsymbol{v})+\boldsymbol{a}_\varepsilon(t)\end{cases} \tag{4.1}$$

式中，$\boldsymbol{a}_f(\boldsymbol{r},\boldsymbol{v})$ 表示已有模型加速度，如引力加速度、太阳光压加速度等；$\boldsymbol{a}_\varepsilon(t)$ 表示探测器的未建模加速度，即动力学中的模型简化误差、星历误差及各种不确定因素，如太阳光压的参数误差、高阶的引力场误差等。

依据随机过程理论，该方法中动力学未建模加速度项包括随时间有规律变化的可模型化部分和满足高斯分布的随机噪声部分，该项数据的变化满足一阶高斯-马尔可夫过程，故可用一阶高斯-马尔可夫过程 $\boldsymbol{\varepsilon}_a(t)$ 描述，并替代未建模加速度项 $\boldsymbol{a}_\varepsilon(t)$：

$$\dot{\boldsymbol{\varepsilon}}_a(t)=C_\varepsilon\cdot\boldsymbol{\varepsilon}_a(t)+G_\varepsilon\cdot\boldsymbol{u}(t) \tag{4.2}$$

式中，$\boldsymbol{\varepsilon}_a(t)$ 是三维矢量；$\boldsymbol{u}(t)$ 是三维高斯白噪声矢量；C_ε 和 G_ε 是系数矩阵。它们有如下关系：

$$\begin{cases}E[\boldsymbol{u}(t)]=0\\E[\boldsymbol{u}(t)\boldsymbol{u}^{\mathrm{T}}(t)]=\boldsymbol{I}\delta(t-\tau)\end{cases} \tag{4.3}$$

$$\begin{cases}C_\varepsilon=\alpha_a^i\delta_{ij}\\G_\varepsilon=q_i\delta_{ij}\end{cases},\quad i,j=1,2,3 \tag{4.4}$$

其中，$\alpha_a^i=\dfrac{1}{\tau_{oi}}$；$\tau_{oi}$ 是对应的随机过程相关时间；$\dot{\alpha}_a^i=0$，表征有规律部分强度；q_i 是常数，表征高斯部分噪声强度。

至此，可以利用扩维估计的方法对系统状态模型做参数估计。定义扩维后的状态参数为 $\boldsymbol{X}=[\boldsymbol{r};\ \boldsymbol{v};\ \boldsymbol{\varepsilon}_a;\ \boldsymbol{\alpha}_a]^{\mathrm{T}}$，代入导航系统模型中，有

$$\dot{\boldsymbol{X}}=\begin{bmatrix}\dot{\boldsymbol{r}}\\\dot{\boldsymbol{v}}\\\dot{\boldsymbol{\varepsilon}}\\\dot{\boldsymbol{\alpha}}\end{bmatrix}=f(\boldsymbol{X},\boldsymbol{u},t)=\begin{bmatrix}\boldsymbol{v}\\\boldsymbol{a}_f+\boldsymbol{\varepsilon}_a\\C_\varepsilon\boldsymbol{\varepsilon}(t)+G_\varepsilon\boldsymbol{u}(t)\\0\end{bmatrix} \tag{4.5}$$

对上式积分，对于 $t>t_i$，可以得到

$$\boldsymbol{r}(t)=\boldsymbol{r}_i+\boldsymbol{v}_i(t-t_i)+\int_{t_i}^{t}(\boldsymbol{a}_f+\boldsymbol{\varepsilon}_a)(t-t_i)\mathrm{d}\tau \tag{4.6}$$

$$\boldsymbol{v}(t)=\boldsymbol{v}_i+\int_{t_i}^{t}(\boldsymbol{a}_f+\boldsymbol{\varepsilon}_a)\mathrm{d}\tau \tag{4.7}$$

$$\boldsymbol{\varepsilon}(t)=A_\varepsilon\boldsymbol{\varepsilon}_i+L_i\cdot\boldsymbol{u} \tag{4.8}$$

$$\boldsymbol{\alpha}_a(t)=\boldsymbol{\alpha}_i \tag{4.9}$$

式中，A_ε 是高斯-马尔可夫模型中参数部分的积分系数矩阵；L_i 是高斯-马尔可夫模型随机部分的积分系数矩阵。它们满足

$$A_\varepsilon=\mathrm{diag}([a_1\quad a_2\quad a_3]) \tag{4.10}$$

$$L_i = [\sigma_1\sqrt{1-a_1^2} \quad \sigma_2\sqrt{1-a_2^2} \quad \sigma_3\sqrt{1-a_3^2}]^{\mathrm{T}} \tag{4.11}$$

$$\boldsymbol{u} = [u_1 \quad u_2 \quad u_3]^{\mathrm{T}} \tag{4.12}$$

$$\begin{cases} a_i = \mathrm{e}^{-\alpha_a(t-t_i)} \\ \sigma_j = \dfrac{q_j}{2\alpha_a^j}, \quad j=1,\ 2,\ 3 \end{cases} \tag{4.13}$$

利用上述估计方法得到的状态参数误差为

$$\boldsymbol{q}_r = \int_{t_i}^{t} (L_i \cdot \boldsymbol{u})(t-t_i)\mathrm{d}\tau \tag{4.14}$$

$$\boldsymbol{q}_v = \int_{t_i}^{t} (L_i \cdot \boldsymbol{u})\mathrm{d}\tau \tag{4.15}$$

$$\boldsymbol{q}_\varepsilon = L_i \cdot \boldsymbol{u} \tag{4.16}$$

$$\boldsymbol{q}_\alpha = 0 \tag{4.17}$$

假设 $\boldsymbol{q}_i=[\boldsymbol{q}_r \quad \boldsymbol{q}_v \quad \boldsymbol{q}_\varepsilon \quad \boldsymbol{q}_\alpha]$，则 $E[\boldsymbol{q}_i]=0$，且有 $E[\boldsymbol{q}_i\boldsymbol{q}_j^{\mathrm{T}}]=\boldsymbol{Q}_i\delta_{ij}$，那么，状态协方差矩阵 Q_i 可以写为

$$\boldsymbol{Q}_i = \begin{bmatrix} Q_{rr} & Q_{rv} & Q_{r\varepsilon} & 0 \\ Q_{vr} & Q_{vv} & Q_{v\varepsilon} & 0 \\ Q_{\varepsilon r} & Q_{\varepsilon v} & Q_{\varepsilon\varepsilon} & 0 \\ 0 & 0 & 0 & 0 \end{bmatrix} \tag{4.18}$$

其中，$Q_{rr}=\mathrm{diag}(L_i)^2\Delta t^4/4$；$Q_{rv}=Q_{vr}=\mathrm{diag}(L_i)^2\Delta t^3/2$；$Q_{vv}=\mathrm{diag}(L_i)^2\Delta t^2/2$；$Q_{r\varepsilon}=Q_{\varepsilon r}=\mathrm{diag}(L_i)^2\Delta t^2/2$；$Q_{v\varepsilon}=Q_{\varepsilon v}=\mathrm{diag}(L_i)^2\Delta t$；$Q_{\varepsilon\varepsilon}=\mathrm{diag}(L_i)^2$；$\Delta t=t-t_i$ 为积分步长。

2. 观测方程

将天文测角导航子系统及天文测速导航子系统的所有量测量作为组合导航滤波器的量测量，这样可充分利用天文测速导航精度较高的视向速度量测信息修正测角导航子系统中速度估计值，同时又采用天文测角导航子系统的定位信息作为天文测速导航子系统的标定和校正。

在火星探测任务的捕获段中，天文测角导航子系统以太阳视线矢量和火星视线矢量作为导航的观测量，即

$$\boldsymbol{Z}_A = \boldsymbol{r} + \left(\frac{\partial \boldsymbol{r}}{\partial \boldsymbol{l}_{ps}}\boldsymbol{V}_{ps} + \frac{\partial \boldsymbol{r}}{\partial \boldsymbol{l}_{pm}}\boldsymbol{V}_{pm}\right) \tag{4.19}$$

式中，$\boldsymbol{r}$ 是在参考坐标系下航天器的位置矢量；$\boldsymbol{l}_{ps}$、$\boldsymbol{l}_{pm}$ 分别是航天器观测到的太阳及火星视线方向矢量；$\boldsymbol{V}_{ps}$、$\boldsymbol{V}_{pm}$ 是观测噪声，一般作高斯白噪声处理。即测角子系统观测方程为

$$\boldsymbol{Z}_A=\boldsymbol{H}_A\boldsymbol{X}_{AV}+\boldsymbol{V}_A \tag{4.20}$$

其中，$\boldsymbol{H}_A=[I_{3\times3}\quad 0_{3\times9}]$，$\boldsymbol{V}_A=\dfrac{\partial \boldsymbol{r}}{\partial \boldsymbol{l}_{ps}}\boldsymbol{V}_{ps}+\dfrac{\partial \boldsymbol{r}}{\partial \boldsymbol{l}_{pm}}\boldsymbol{V}_{pm}$。

天文测速导航子系统以航天器相对太阳及两颗恒星的视向速度大小为观测量，则观测方程可表示为

$$\boldsymbol{Z}_V=\begin{bmatrix}v_{\text{Spe1}}\\v_{\text{Spe2}}\\v_{\text{Spe3}}\end{bmatrix}+\boldsymbol{V}_V=\begin{bmatrix}(\boldsymbol{v}_{\text{Sun}}-\boldsymbol{v})\cdot\boldsymbol{l}_{\text{Sun}}\\(\boldsymbol{v}_{\text{Star1}}-\boldsymbol{v})\cdot\boldsymbol{l}_{\text{Star1}}\\(\boldsymbol{v}_{\text{Star2}}-\boldsymbol{v})\cdot\boldsymbol{l}_{\text{Star2}}\end{bmatrix}+\boldsymbol{V}_V \tag{4.21}$$

式中，v_{Spe1}、v_{Spe2}、v_{Spe3} 是由测速导航敏感器解算得到的航天器相对于恒星的视向速度值；$\boldsymbol{r}$、$\boldsymbol{v}$ 是航天器在惯性参考坐标系下的位置和速度；$\boldsymbol{v}_{\text{Sun}}$、$\boldsymbol{l}_{\text{Sun}}$ 是太阳在惯性参考坐标系下的速度和视线方向矢量；$\boldsymbol{v}_{\text{Star}}$、$\boldsymbol{l}_{\text{Star}}$ 是恒星在惯性参考坐标系下的速度和视线方向矢量，具体数据可由星表获得；$\boldsymbol{V}$ 是观测噪声，一般作高斯白噪声处理。即测速子系统观测方程为

$$\boldsymbol{Z}_V=\boldsymbol{H}_V\boldsymbol{X}_{AV}+\boldsymbol{V}_V \tag{4.22}$$

将测角、测速导航输出的量测量联立的作为组合导航量测量

$$\boldsymbol{Z}_{AV}=\begin{bmatrix}\boldsymbol{Z}_A\\\boldsymbol{Z}_V\end{bmatrix} \tag{4.23}$$

则量测方程为

$$\boldsymbol{Z}_{AV}=\boldsymbol{H}_{AV}\boldsymbol{X}_{AV}+\boldsymbol{V}_{AV} \tag{4.24}$$

式中，

$$\boldsymbol{H}_{AV}=\begin{bmatrix}\boldsymbol{H}_A\\\boldsymbol{H}_V\end{bmatrix} \tag{4.25}$$

$$\boldsymbol{V}_{AV}=\begin{bmatrix}\boldsymbol{V}_A\\\boldsymbol{V}_V\end{bmatrix} \tag{4.26}$$

4.3 测角测距组合导航

4.3.1 总体方案

天文测角导航精度随航天器与目标源的距离增大而下降，而基于 X 射线脉冲星的天文测距导航精度与观测距离无关，通过测角、测距组合可有效提高天文导航精度。

深空天文测角测距组合自主导航系统主要由天文测角导航子系统、天文测距导航子

系统及组合导航滤波子系统组成。

天文测角测距组合导航系统框架如图 4.2 所示。

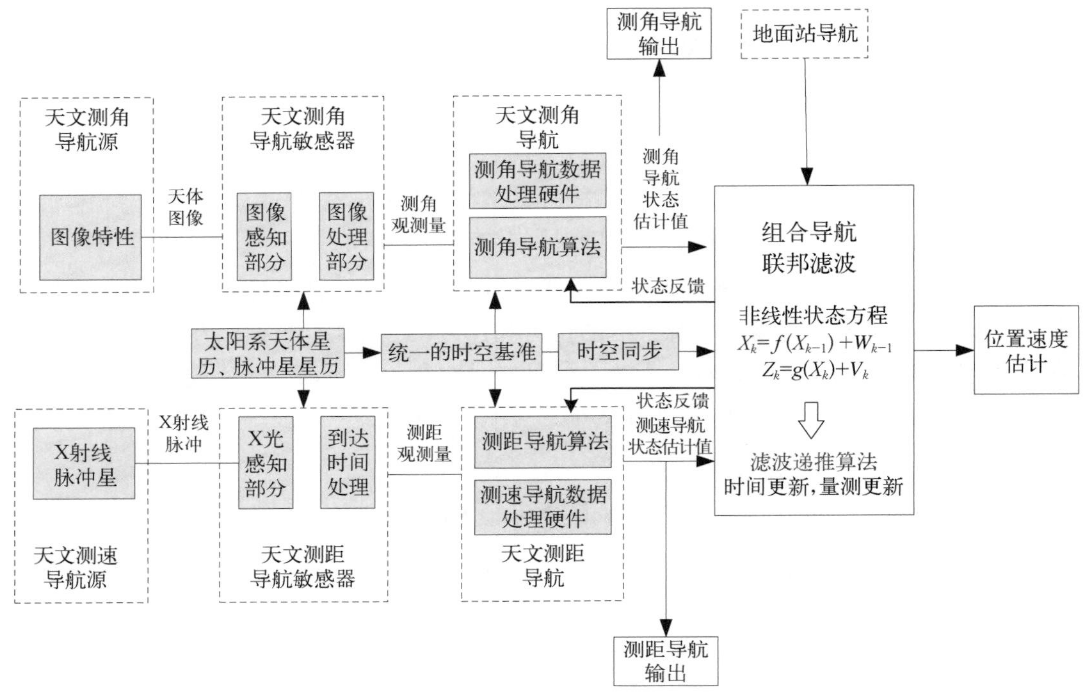

图 4.2　天文测角测距组合导航系统框架图

4.3.2　数学模型

以火星探测地火转移段为例,建立测角测距组合导航数学模型。

1. 状态方程

取状态矢量为 $\boldsymbol{X}=[x\quad y\quad z\quad v_x\quad v_y\quad v_z\quad B_1\quad B_2\quad B_3]^{\mathrm{T}}$,其中 $\boldsymbol{r}=[x\quad y\quad z]^{\mathrm{T}}$、$\boldsymbol{v}=[v_x\quad v_y\quad v_z]^{\mathrm{T}}$ 分别为航天器在日心黄道惯性坐标系中的位置矢量、速度矢量,B_1、B_2、B_3 为 3 颗脉冲星星历误差引起的系统偏差。

火星探测器在地火转移轨道上的动力学模型考虑为圆形限制性四体模型。该模型主要考虑探测器、太阳引力、地球引力以及火星引力间的相互作用。将 3 颗脉冲星观测的系统偏差作为增广向量,建立组合导航系统状态模型为

$$\begin{cases}\dot{x}=v_x\\ \dot{y}=v_y\\ \dot{z}=v_z\\ \dot{v}_x=-\dfrac{\mu_{\mathrm{s}}}{r_{\mathrm{ps}}^3}\boldsymbol{r}_{\mathrm{ps}}-\sum\limits_i^N\mu_i\left[\dfrac{x-x_i}{r_{\mathrm{p}i}^3}-\dfrac{x_{\mathrm{s}i}}{r_{\mathrm{s}i}^3}\right]+\Delta\boldsymbol{a}_x\end{cases}$$

$$
\begin{cases}
\dot{v}_y = -\dfrac{\mu_s}{r_{ps}^3}\boldsymbol{r}_{ps} - \sum_i^N \mu_i \left[\dfrac{y-y_i}{r_{pi}^3} - \dfrac{y_{si}}{r_{si}^3}\right] + \Delta \boldsymbol{a}_y \\
\dot{v}_z = -\dfrac{\mu_s}{r_{ps}^3}\boldsymbol{r}_{ps} - \sum_i^N \mu_i \left[\dfrac{z-z_i}{r_{pi}^3} - \dfrac{z_{si}}{r_{si}^3}\right] + \Delta \boldsymbol{a}_z \\
B_1 = w_1 \\
B_2 = w_2 \\
B_3 = w_3
\end{cases} \tag{4.27}
$$

式中，μ_s 为日心引力常数；$\boldsymbol{r}_{ps}$ 为日心到航天器的位置矢量，μ_i 为第 i 颗行星的引力常数，$\boldsymbol{r}_{pi}$ 为第 i 颗行星到航天器的位置矢量，$\boldsymbol{r}_{si}$ 为第 i 颗行星到日心的矢量；$\Delta \boldsymbol{a}$ 为太阳光压等其他未建模的摄动加速度。w_1、w_2、w_3 为 3 颗脉冲星星历误差引起的系统偏差，其表达式如下：

$$
w_j = (n_j - \hat{n}_j)\boldsymbol{r}
$$

式中，n_j 和 $\hat{n}_j$ 分别为真实的和测量的脉冲星方位矢量。

该轨道动力学模型可简写为

$$
\dot{\boldsymbol{X}}(t) = f(\boldsymbol{X},\ t) + \boldsymbol{\omega}(t)
$$

式中，$\boldsymbol{\omega} = [0 \quad 0 \quad 0 \quad \Delta a_x \quad \Delta a_y \quad \Delta a_z \quad w_1 \quad w_2 \quad w_3]$。

2. 观测方程

X 射线脉冲星测距导航可适用于整个深空探测任务全过程。在火星探测巡航段末端，太阳、小天体、地球等天体距离火星探测器很远，较难有效利用，而火星及其卫星的高精度方位信息则不难获得。因此，可利用脉冲到达时间以及火星(及其卫星)方位信息作为导航观测量。

1) 测角观测方程

在火星探测任务的捕获段中，天文测角导航子系统以太阳视线矢量和火星视线矢量作为导航的观测量，即

$$
\boldsymbol{Z}_A = \boldsymbol{r} + \left(\frac{\partial \boldsymbol{r}}{\partial \boldsymbol{l}_{ps}}\boldsymbol{V}_{ps} + \frac{\partial \boldsymbol{r}}{\partial \boldsymbol{l}_{pm}}\boldsymbol{V}_{pm}\right) \tag{4.28}
$$

式中，$\boldsymbol{r}$ 是在参考坐标系下航天器的位置矢量；$\boldsymbol{l}_{ps}$、$\boldsymbol{l}_{pm}$ 分别是航天器观测到的太阳及火星视线方向矢量；$\boldsymbol{V}_{ps}$、$\boldsymbol{V}_{pm}$ 是观测噪声，一般作高斯白噪声处理。

即测角子系统观测方程为

$$
\boldsymbol{Z}_A = \boldsymbol{H}_A \boldsymbol{X}_{AV} + \boldsymbol{V}_A \tag{4.29}
$$

其中，$\boldsymbol{H}_A = [I_{3\times3} \quad 0_{3\times9}]$，$\boldsymbol{V}_A = \dfrac{\partial \boldsymbol{r}}{\partial \boldsymbol{l}_{ps}}\boldsymbol{V}_{ps} + \dfrac{\partial \boldsymbol{r}}{\partial \boldsymbol{l}_{pm}}\boldsymbol{V}_{pm}$。

2) 测距观测方程

X 射线脉冲星导航的基本观测量为脉冲到达时间(Time of arrival, TOA)，可以表示为相位 Φ 的形式。两者之间的关系为 TOA$=\Phi P$(P 为脉冲周期)。X 射线导航敏感器

根据航天器搭载的原子钟记录下每个 X 射线光子的到达时间。将其转化到时间模型基准点，在 TDB/TCB 时间尺度下，将一定观测时段内记录的光子叠加累积成观测脉冲轮廓。

假设第 j 颗 X 射线脉冲星的导航量测量为

$$Z^j = c \cdot (t_b^j - t_{SC}^j) \tag{4.30}$$

式中，c 为真空中光速，t_{SC}^j 为脉冲到达火星探测器的时间，可通过安装在探测器上的导航敏感器观测获得，t_b^j 为脉冲到达 SSB(Solar System Barycenter)时间，可通过脉冲计时模型预报得到。

X 射线脉冲星测距导航量测模型可表示为

$$Z_R^j = h_R^j[\boldsymbol{X}(t),\ t] + V_R^j(t) \tag{4.31}$$

根据 X 射线脉冲星测距导航原理，$V_R^j(t)$ 为脉冲星导航量测量的量测噪声，$h_R^j[\boldsymbol{X}(t),\ t]$ 表达如下：

$$\begin{aligned} h_1^j[\boldsymbol{X}(t),\ t] = {} & \hat{\boldsymbol{n}}^j r + \frac{2\mu_s}{c^2}\ln\left|\frac{\hat{n}^j \boldsymbol{r} + r}{\hat{\boldsymbol{n}}^j \boldsymbol{b} + b} + 1\right| \\ & + \frac{1}{2D_0}[-r^2 + (\hat{\boldsymbol{n}}^j r)^2 - 2\boldsymbol{br} + 2(\hat{\boldsymbol{n}}^j\boldsymbol{b})(\hat{\boldsymbol{n}}^j\boldsymbol{r})] + B_j \end{aligned} \tag{4.32}$$

式中，r 是火星探测器相对于 SSB 的位置矢量，D_0 为脉冲星到太阳系质心的距离，$\boldsymbol{b}$ 为 SSB 相对于太阳的位置矢量。

由于广义相对论的影响相对较小，求量测矩阵时可以忽略不计。第 j 颗 X 射线脉冲星导航量测矩阵可表示如下：

$$H_R^j(k) = \left.\frac{\partial h_R^j[\boldsymbol{X}(t),\ t]}{\partial \boldsymbol{X}(t)}\right|_{\boldsymbol{X}(t)=\hat{\boldsymbol{X}}(t)} = [(n^j)^{\mathrm{T}} \quad 0_{1\times(2+j)} \quad 1 \quad 0_{1\times(3-j)}] \tag{4.33}$$

为使脉冲星导航系统具备完全可观测性，可将 3 颗脉冲星的测量矩阵构成脉冲星导航测量矩阵。

将测角、测距导航输出的量测量联立作为组合导航量测量：

$$\boldsymbol{Z}_{AR} = \begin{bmatrix} \boldsymbol{Z}_A \\ \boldsymbol{Z}_R \end{bmatrix} \tag{4.34}$$

则量测方程为

$$\boldsymbol{Z}_{AR} = \boldsymbol{H}_{AR}\boldsymbol{X}_{AR} + \boldsymbol{V}_{AR} \tag{4.35}$$

式中

$$\boldsymbol{H}_{AR} = \begin{bmatrix} \boldsymbol{H}_A \\ \boldsymbol{H}_R \end{bmatrix} \tag{4.36}$$

$$\boldsymbol{V}_{AR} = \begin{bmatrix} \boldsymbol{V}_A \\ \boldsymbol{V}_R \end{bmatrix} \tag{4.37}$$

4.4 测速测距组合导航

4.4.1 总体方案

与测角测速、测角测距组合导航方法类似，测速测距也可以组成有效的导航系统。测速测距组合自主导航系统主要由天文测速导航子系统、天文测距导航子系统、组合导航滤波子系统组成。基本框架如图 4.3 所示。

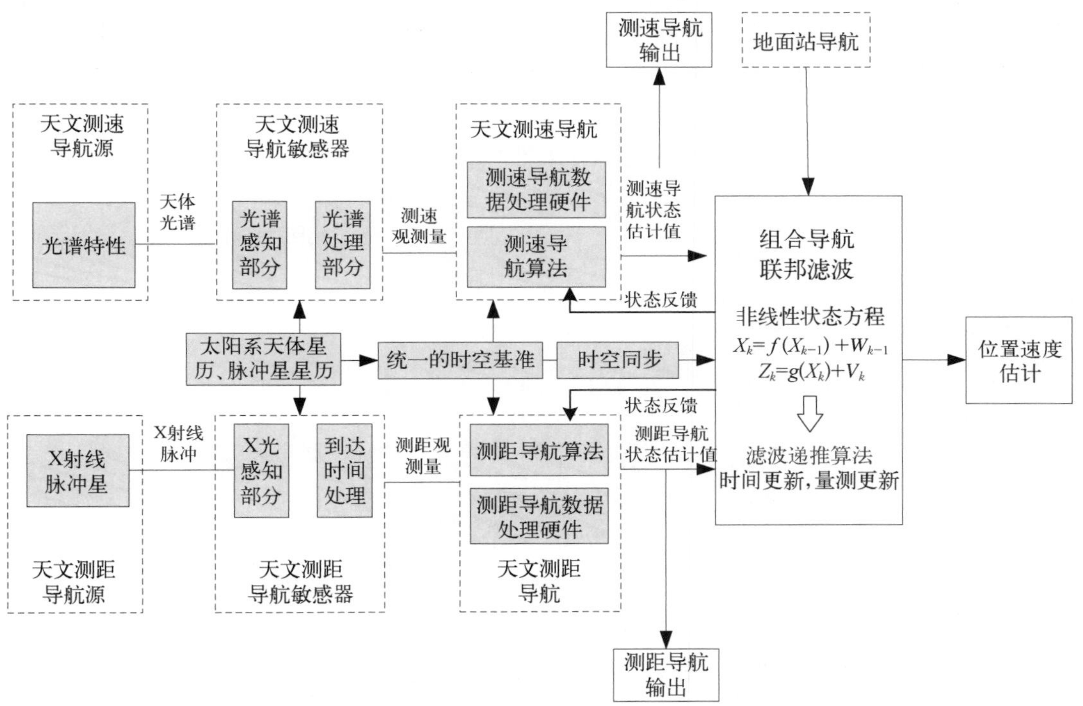

图 4.3 天文测速测距组合导航系统框架图

4.4.2 数学模型

1. 状态方程

状态方程根据不同飞行阶段的轨道动力学建立。与测角测速、测角测距组合导航所采用的状态方程一致，此处不再赘述。

2. 观测方程

测速导航观测方程与测角测速组合导航中一致。测距导航观测方程与测角测速组合导航中一致。

4.5 测角测距测速组合导航

4.5.1 总体方案

测角、测距和测速导航方法分别以天文图像中的视线方向、脉冲星信号到达时间、天文光谱中谱线频移量为直接观测量。三种导航方法的观测量互不完全相关，观测误差也互不完全相关。通过有效融合来自多个导航源的信息，实现测角测距测速组合导航，可增加导航信息矢量的维数，弥补天文测角、测距和测速方法的不足，增强系统的误差抑制能力，产生比导航敏感器更可靠、更准确的信息，获得更可靠、更高精度的导航估计量。

测角测距测速组合导航系统主要由天文测角导航子系统、天文测距导航子系统、天文测速导航子系统、组合导航滤波子系统组成。

天文测角测速组合自主导航系统框架如图 4.4 所示。

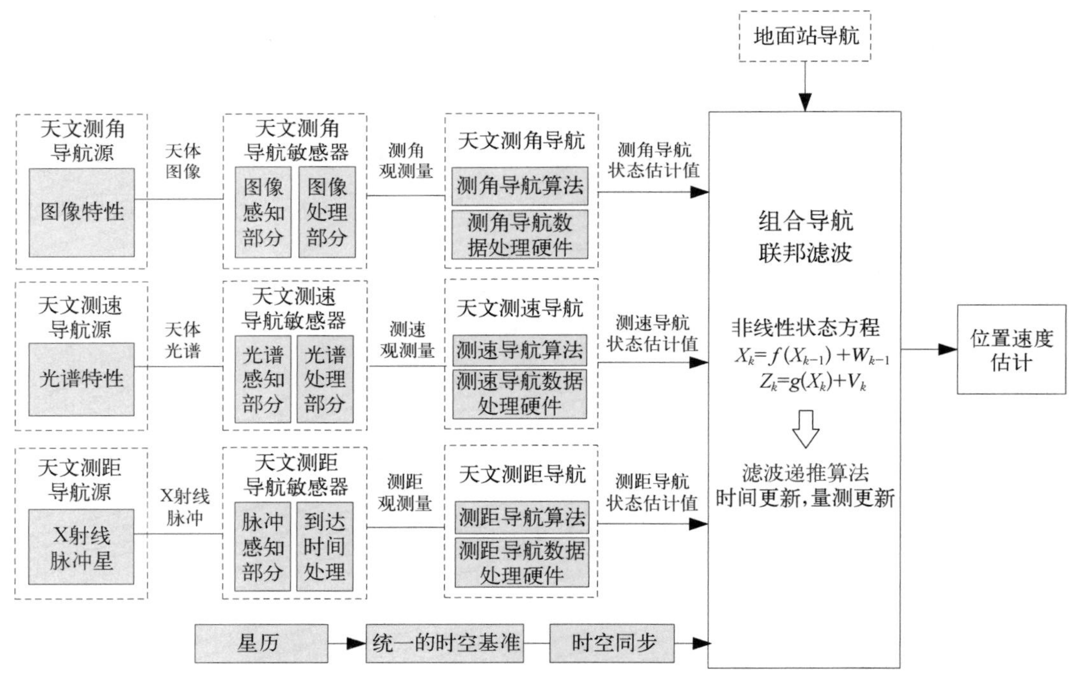

图 4.4 天文测角测速组合导航系统

4.5.2 数学模型

1. 状态方程

状态方程根据不同飞行阶段的轨道动力学建立。与其他组合导航所采用的状态方程一致，此处不再赘述。

2. 观测方程

将天文测角导航子系统、天文测距导航子系统、天文测速导航子系统的所有量测量作为组合导航滤波器的量测量，这样可充分利用天文测速导航精度较高的测速信息修正其他导航子系统的速度估计值，同时又采用天文测角及天文测距导航子系统的定位信息作为天文测速导航子系统的标定和校正。

将测角、测距、测速导航输出的量测量联立的量测方程为

$$Z_{ARV}=\begin{bmatrix}Z_A\\Z_R\\Z_V\end{bmatrix}=\begin{bmatrix}H_A\\H_R\\H_V\end{bmatrix}X+\begin{bmatrix}V_A\\V_R\\V_V\end{bmatrix}\tag{4.38}$$

4.6 组合导航可观性分析

可观测性是指系统状态能够由已有的量测信息唯一确定的能力，表征了导航系统利用一定的量测信息解算系统状态的能力。若导航系统不具备可观测性，即系统状态不能被完全估计。通过分析比较导航系统的可观测度对量测方案进行优选。

量测信息的组合可使观测矩阵 H 的信息量增加，但这是否有益于导航系统性能的提升，以及导航性能提升程度的量化指标，都需要依据可观测分析指标进行深入分析。由第3章的可观测性分析理论，导航系统的可观测矩阵为

$$\boldsymbol{Q}_j(k)=\begin{bmatrix}H_j(k)\\H_j(k)A_j(k)\\\vdots\\H_j(k+n-1)A_j(k+n-2)\cdots A_j(k)\end{bmatrix}\tag{4.39}$$

式中，H 是观测矩阵；A 是状态转移矩阵；n 表示状态变量的维数。

由式(4.39)可知，对于相同的探测任务而言，组合导航系统可观测矩阵的不同在于观测矩阵 H 的变化，所以可直接分析 H 得到组合导航系统的可观测指标的变化。

以测角测速组合导航为例，分析组合导航系统可观测性。

测角导航是以天体相对航天器的视线矢量为量测信息，基本量测方程为

$$\boldsymbol{l}=\frac{\boldsymbol{r}_P-\boldsymbol{r}}{|\boldsymbol{r}_P-\boldsymbol{r}|}\tag{4.40}$$

其中，$\boldsymbol{r}$ 是航天器在惯性坐标系的位置矢量，$\boldsymbol{r}_P$ 是目标天体在惯性坐标系的位置矢量，$\boldsymbol{l}$ 是视线方向矢量。上式展开为分量形式即为

$$\begin{bmatrix} l_x \\ l_y \\ l_z \end{bmatrix} = \begin{bmatrix} \dfrac{x_P - x}{\sqrt{(x_P - x)^2 + (y_P - y)^2 + (z_P - z)^2}} \\ \dfrac{y_P - y}{\sqrt{(x_P - x)^2 + (y_P - y)^2 + (z_P - z)^2}} \\ \dfrac{z_P - z}{\sqrt{(x_P - x)^2 + (y_P - y)^2 + (z_P - z)^2}} \end{bmatrix} \tag{4.41}$$

对于不同的目标天体，x 方向的雅可比矩阵为

$$\frac{\partial l_x}{\partial X} = \begin{bmatrix} \dfrac{x^2 - (x_P - x)^2 + (y_P - y)^2 + (z_P - z)^2}{(\sqrt{(x_P - x)^2 + (y_P - y)^2 + (z_P - z)^2})^3} \\ \dfrac{xy}{(\sqrt{(x_P - x)^2 + (y_P - y)^2 + (z_P - z)^2})^3} \\ \dfrac{xz}{(\sqrt{(x_P - x)^2 + (y_P - y)^2 + (z_P - z)^2})^3} \\ 0 \\ 0 \\ 0 \end{bmatrix}^{\mathrm{T}} \tag{4.42}$$

零阶可观测矩阵为

$$H = \begin{bmatrix} \dfrac{\partial l_x}{\partial X} \\ \dfrac{\partial l_y}{\partial X} \\ \dfrac{\partial l_z}{\partial X} \end{bmatrix} = \begin{bmatrix} L_{3\times3} & 0_{3\times3} \\ 0_{3\times3} & 0_{3\times3} \end{bmatrix} \tag{4.43}$$

其中，$L_{3\times3}$ 是互不相关的分量。

一阶可观测矩阵为

$$HA = \begin{bmatrix} L & 0 \\ 0 & 0 \end{bmatrix} \begin{bmatrix} A_1 & A_2 \\ A_3 & A_4 \end{bmatrix} = L \begin{bmatrix} A_1 & A_2 \\ 0 & 0 \end{bmatrix} \tag{4.44}$$

其中，$A_i(i=1, 2, 3, 4)$ 是 A 的分块矩阵。

二阶可观测矩阵为

$$HA^2 = HA = L \begin{bmatrix} A_1 & A_2 \\ 0 & 0 \end{bmatrix} \begin{bmatrix} A_1 & A_2 \\ A_3 & A_4 \end{bmatrix} = L \begin{bmatrix} A_1^2 + A_2 A_3 & A_1 A_2 + A_2 A_4 \\ 0 & 0 \end{bmatrix} \tag{4.45}$$

那么，视线方向矢量的可观测矩阵为

$$Q=L\begin{bmatrix} I & 0 \\ 0 & 0 \\ A_1 & A_2 \\ 0 & 0 \\ A_1^2+A_2A_3 & A_1A_2+A_2A_4 \\ 0 & 0 \end{bmatrix} \tag{4.46}$$

此时，由于 A_1、A_2、A_3、A_4 互不相关，可以保证 Q 矩阵的秩符合可观测条件。所以，任意单一视线方向矢量的可观测阶数为 2。

对于双视线矢量的导航系统，可观测矩阵为

$$H=[L_{6\times 3} \quad 0_{6\times 3}] \tag{4.47}$$

此时系统的一阶可观测矩阵为

$$HA=[L \quad 0]\begin{bmatrix} A_1 \\ A_2 \end{bmatrix}=(LA_1)_{6\times 6} \tag{4.48}$$

此时，由于 L 行向量也相互独立，A_1 列向量也相互独立，所以一阶可观测矩阵的秩符合可观测条件。

由上述分析类推可知，由于没有与探测器速度相关的信息，对于以单纯视线方向矢量为量测的导航系统，它的可观测阶数必然大于 0，即至少需要两次观测量才能完全反演得到初始状态信息。

测角导航系统的量测方程为

$$\boldsymbol{Z}_A=\boldsymbol{H}_A\boldsymbol{X}+\boldsymbol{V}_A \tag{4.49}$$

其中，$\boldsymbol{H}_A=[I_{3\times 3} \quad 0_{3\times 3}]$，$\boldsymbol{V}_A=\dfrac{\partial \boldsymbol{r}}{\partial \boldsymbol{l}_{\mathrm{ps}}}\boldsymbol{V}_{\mathrm{ps}}+\dfrac{\partial \boldsymbol{r}}{\partial \boldsymbol{l}_{\mathrm{pm}}}\mathrm{V}_{\mathrm{pm}}$。

测速导航系统的量测方程为

$$Z_V=\begin{bmatrix} v_{\mathrm{Spe1}} \\ v_{\mathrm{Spe2}} \\ v_{\mathrm{Spe3}} \end{bmatrix}+V_{\mathrm{Spe}}=\begin{bmatrix} (\boldsymbol{v}_{\mathrm{Sun}}-\boldsymbol{v})\cdot \boldsymbol{l}_{\mathrm{Sun}} \\ (\boldsymbol{v}_{\mathrm{Star1}}-\boldsymbol{v})\cdot \boldsymbol{l}_{\mathrm{Star1}} \\ (\boldsymbol{v}_{\mathrm{Star2}}-\boldsymbol{v})\cdot \boldsymbol{l}_{\mathrm{Star2}} \end{bmatrix} \tag{4.50}$$

为了表述直观，上式可以写为

$$Z_V=\boldsymbol{v}+\boldsymbol{V}_V=\begin{bmatrix} \boldsymbol{l}_{\mathrm{Sun}}^{\mathrm{T}} \\ \boldsymbol{l}_{\mathrm{Star1}}^{\mathrm{T}} \\ \boldsymbol{l}_{\mathrm{Star2}}^{\mathrm{T}} \end{bmatrix}^{-1}\left(\begin{bmatrix} \boldsymbol{l}_{\mathrm{Sun}}^{\mathrm{T}}\boldsymbol{v}_{\mathrm{Sun}} \\ \boldsymbol{l}_{\mathrm{Star1}}^{\mathrm{T}}\boldsymbol{v}_{\mathrm{Star1}} \\ \boldsymbol{l}_{\mathrm{Star2}}^{\mathrm{T}}\boldsymbol{v}_{\mathrm{Star2}} \end{bmatrix}-\begin{bmatrix} v_{\mathrm{Spe1}} \\ v_{\mathrm{Spe2}} \\ v_{\mathrm{Spe3}} \end{bmatrix}-V_{\mathrm{Spe}}\right) \tag{4.51}$$

即

$$Z_V=\boldsymbol{H}_V\boldsymbol{X}+\boldsymbol{V}_V \tag{4.52}$$

其中，$\boldsymbol{H}_V=[0_{3\times3}\quad I_{3\times3}]$，$\boldsymbol{V}_V=\dfrac{\partial \boldsymbol{v}}{\partial v_{\text{Spe}}}V_{\text{Spe}}$。

由上述叙述可知，测角测速组合量测方程为

$$Z_{AV}=\boldsymbol{H}_{AV}\boldsymbol{X}+\boldsymbol{V}_{AV} \tag{4.53}$$

其中，$\boldsymbol{H}_{AV}=\begin{bmatrix}I_{3\times3} & 0_{3\times3}\\ 0_{3\times3} & I_{3\times3}\end{bmatrix}$，$\boldsymbol{V}_{AV}=\begin{bmatrix}\dfrac{\partial \boldsymbol{r}}{\partial \boldsymbol{l}_{\text{ps}}}\boldsymbol{V}_{\text{ps}}+\dfrac{\partial \boldsymbol{r}}{\partial \boldsymbol{l}_{\text{pm}}}\boldsymbol{V}_{\text{pm}}\\ \dfrac{\partial \boldsymbol{v}}{\partial v_{\text{Spe}}}V_{\text{Spe}}\end{bmatrix}$。

通过上述整理分析可知，测角测速组合导航的可观测矩阵为

$$\boldsymbol{Q}_{AV}(k)=\begin{bmatrix}H_{AV}(k)\\ H_{AV}(k)A_{AV}(k)\\ \vdots\\ H_{AV}(k+n-1)A_{AV}(k+n-2)\cdots A_{AV}(k)\end{bmatrix} \tag{4.54}$$

由于 $\text{Rank}(H_{AV}(k))=6=\text{Dim}(X)$，$Q_{AV}(k)$ 显然满足可观测秩条件，且此时可观测阶数为 0。

对于单纯测角导航方法，分析其可观测矩阵可知，可观测阶数为 0 时不完全可观；同理，单纯的测速导航方法在可观测阶数为 0 时不完全可观；测角测速组合导航在可观测阶数为 0 时完全可观。

同理，测角测距导航、测速测距导航、测角测速测距导航等其他天文组合导航系统可参照上述推导，获得相应组合导航系统观测性。

从组合导航系统的可观测阶数、可观测性可见，不同天文导航方法组合后可有效提高系统量测信息的完备性，从而提高系统的可观测性，增强系统的导航能力。

4.7 组合导航信息融合方法

信息融合是对来自单个或多个不同导航敏感器的信息进行综合，以获得更精确的信息估计的处理过程。融合处理的对象不局限于接收到的数据，也包括对多源数据进行不同层次抽象处理后的信息。在多传感器信息融合中，各传感器提供的信息都具有一定的不确定性和不准确性。因此，信息的融合过程是一个不确定性信息的推理与决策过程。关于信息融合的定义有多种，具体如下：

(1) Waltz 的定义：信息融合是对来自多传感器的信息或数据进行联合，获得比单一传感器更多、更精确的推理和估计。

(2) Wald 的定义：信息融合是组合或联合来自不同传感器数据的处理方法和工具的通用构架，以获得更高质量的信息。

(3) Salaiman 等的定义：是一种对多个信源获取的信息进行多级的、多方面的自动

检测、关联、相关、估计以及合成等处理的技术。

(4) JPL 的定义：信息融合是指对来自单个或多个传感器(或信源)的信息或数据进行自动检测、关联、相关、估计和组合等多层次、多方面的处理，以获取对目标参数、特征、事件、行为等更加精确的描述和估计。

(5) Hall 与 Linas 的定义：信息融合技术是组合来自多传感器的数据和相关信息，以获得比单一传感器更详细而精确的推理。

(6) X. RongLi 的定义：信息融合是为了某一目的对多个实体包含的信息的组合。

(7) L. Valat 的定义：数据融合是一个有条理的框架，在框架里包含各种方法和工具，来自不同数据源的数据通过这些方法和工具结合起来，形成更高质量的信息。

对于深空天文导航系统而言，随着导航系统中敏感器数量和种类的增多，传统的集中式卡尔曼滤波方法状态维数较高，计算量大，不利于滤波的实时运行。若降低滤波维数又会损失滤波精度，甚至使滤波发散。同时，集中式卡尔曼滤波器的容错性能较差，不利于故障诊断，若有一个子系统发生故障就会污染其他状态，使得系统输出的信息不可靠。联邦滤波作为一种两级结构的分散式滤波方法，具有设计灵活、计算量小、容错性好等特点。深空探测高精度天文测角测速组合导航系统采用联邦卡尔曼滤波算法进行自主导航。在导航系统中，由于轨道动力学模型和测角观测方程都是非线性的，所以联邦滤波器的子滤波器采用扩展卡尔曼滤波算法。

4.7.1 组合导航信息融合特点

深空探测高精度天文测角测速组合自主导航系统滤波算法的作用即为实现多源信息融合。多源信息融合技术是指通过一定的算法“合并”来自多个导航源的信息，以产生比导航敏感器更可靠、更准确的信息。目前，多源信息融合常用的滤波方法有加权平均法、卡尔曼滤波法、贝叶斯估计法、统计决策法、Shafer - Dempster 证据理论、模糊逻辑和神经网络等。

与采用单一敏感器导航系统相比，基于多敏感器信息融合的组合导航系统具有以下优点：

(1) 丰富导航测量数据，实现不同导航敏感器之间的优势互补。以测角测速组合导航为例，由于测角导航子系统的速度信息通过位置差分获得，其瞬时速度估计精度不高；而测速导航子系统的位置信息通过速度积分获得，存在随时间发散的问题。因此，两个导航子系统的单一量测信息存在不足，无法实现对位置和速度信息的整体优化估计。通过对测角、测速信息的有效融合，可以实现测角、测速导航子系统的优势互补，实现对位置、速度信息的整体优化估计。

(2) 增加导航信息矢量的维数，增强系统的误差抑制能力，使整个系统精度优于子系统精度。对于天文测角测速组合导航系统，既利用了测角导航的高精度距离参数，弥补了测角导航定位误差随时间积累的缺陷；又利用了测速导航瞬时速度精度高，数据更新快的优势，提高了测角导航的定位精度、

(3) 扩大了空间和时间的覆盖范围，从而实现真正意义上的连续导航。例如，在测角

测速组合导航系统中，测速导航可以很好地补充测角导航目标源被遮挡时的导航信息参数，确保导航信息的连续输出。

(4) 提高了导航系统的实时性。基于联邦滤波的组合导航系统，采用并行处理手段，缩短了系统信息处理的总时间，提高了导航信息输出的实时性。

(5) 提高了导航系统的整体容错能力。为了确保导航系统的定位精度，除提高导航部件的可靠性之外，还必须提供足够的信息冗余度，应用多种信息融合算法，使系统具备较强的容错特性。

4.7.2 组合导航信息融合系统结构

组合导航系统作为一个多源信息融合系统，将各导航目标源的观测信息和系统内已有信息按照一定规则进行融合，实现对航天器运动状态的最优或次优估计。

按照数据融合的层次，组合导航系统信息融合结构分为以下几种：

(1) 数据层融合：直接融合来自同类敏感器的数据，在各敏感器的原始数据未经预处理前就进行数据的综合和分析，属于最底层的融合。数据层融合如图 4.5 所示。此过程可通过从原始数据中提取特征量(如视向速度等)来完成，并据此特征量进行导航参数的估计。

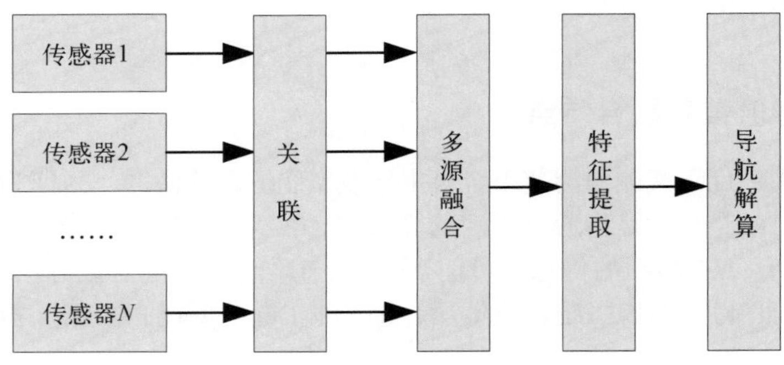

图 4.5 数据层融合

(2) 特征层融合：每个敏感器首先对各自的原始信息进行特征提取，然后对特征信息进行综合分析与处理，即从观测数据中提取特征矢量，最后进行识别。特征层融合如图 4.6 所示。

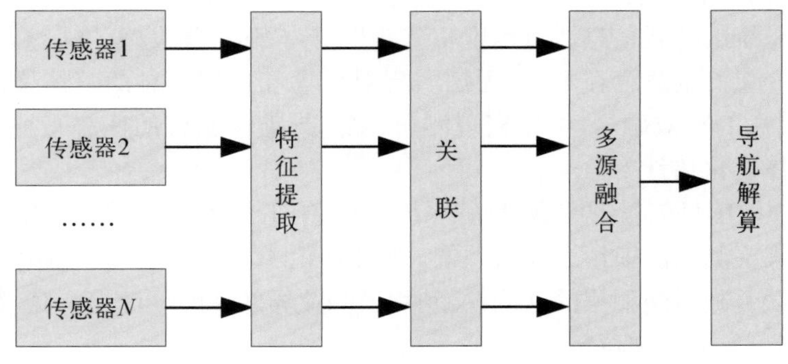

图 4.6 特征层融合

(3) 决策层融合：每个敏感器依据自身的单源数据进行导航解算，然后将解算结果进一步融合生成最终的导航结果。决策层融合如图 4.7 所示。

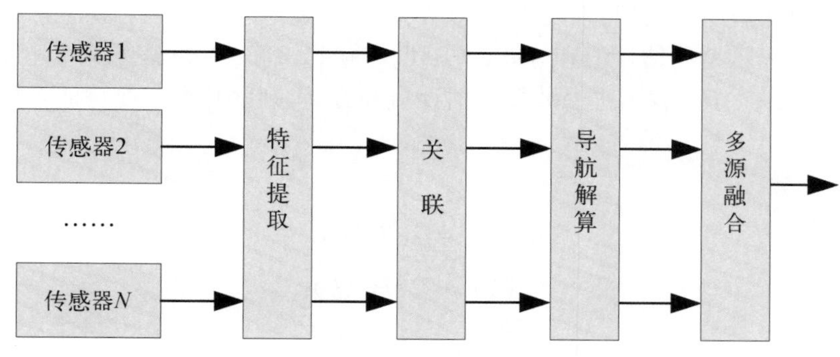

图 4.7　决策层融合

4.7.3　基于联邦滤波的信息融合方法

联邦滤波器的一般结构如图 4.8 所示。

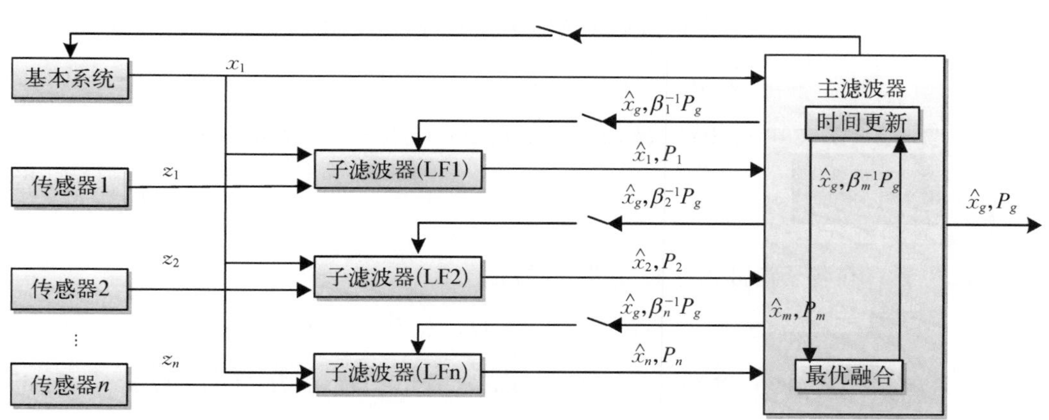

图 4.8　联邦滤波器的一般结构

设基本系统的状态方程为

$$x(k+1)=\Phi(k+1,\ k)x(k)+\Gamma(k+1,\ k)w(k) \tag{4.55}$$

其中，$\Phi(k+1,\ k)$ 是系统的状态转移矩阵，$\Gamma(k+1,\ k)$ 是系统的噪声阵。设 $w(k)$ 为零均值的白噪声序列，且有

$$E[w(k)w^{\mathrm{T}}(j)]=Q(k)\delta(k,\ j) \tag{4.56}$$

式中，$Q(k)$ 是过程噪声协方差阵；$\delta(k,\ j)$是 Kronecker 函数。

设有 n 个敏感器对系统独立地进行测量，相应的 n 个子滤波器均可独立进行滤波计算。设第 i 个子滤波器的测量方程为

$$z_i(k)=H_i(k)x(k)+\nu_i(k),\quad i=1,2,\cdots,n \tag{4.57}$$

式中，$H_i(k)$ 是第 i 个传感器的测量矩阵；测量噪声阵 $\nu_i(k)$ 是均值为零，方差为 $R_i(k)>0$ 的白噪声序列，且与系统噪声 $w(k-1)$ 无关。

设 $\hat{x}_g$、P_g 表示全局估计值和方差，$\hat{x}_i$、$P_i(i=1,2,\cdots,n)$ 表示第 i 个子滤波器的估计值和方差，$\hat{x}_m$、P_m 表示主滤波器的估计值和方差，则联邦卡尔曼滤波器的数学模型可以归纳如下：

1. 信息分配

$$\boldsymbol{Q}_i(k)=\beta_i^{-1}\boldsymbol{Q}(k) \tag{4.58}$$

$$P_i(k)=\beta_i^{-1}P_g(k) \tag{4.59}$$

$$\hat{x}_i(k)=\hat{x}_g(k) \tag{4.60}$$

其中，$i=1,2,\cdots,n,m$，β_i 是信息分配系数，并满足信息守恒原理，则有

$$\sum_{i=1}^{n}\beta_i+\beta_m=1 \tag{4.61}$$

各滤波器根据滤波的时间更新和量测更新给出各自的估计值和方差。

2. 时间更新

时间更新过程在各子滤波器和主滤波器中独立进行，则有

$$\hat{x}_i(k+1,k)=\boldsymbol{\Phi}(k+1,k)\hat{x}_i(k) \tag{4.62}$$

$$P_i(k+1,k)=\boldsymbol{\Phi}(k+1,k)P_i(k)\boldsymbol{\Phi}^{\mathrm{T}}(k+1,k)+\boldsymbol{\Gamma}(k+1,k)\boldsymbol{Q}_i(k)\boldsymbol{\Gamma}^{\mathrm{T}}(k+1,k) \tag{4.63}$$

3. 观测更新

观测更新只在各子滤波器中独立进行，则有

$$P_i^{-1}(k)=P_i^{-1}(k,k-1)+H_i^{\mathrm{T}}(k)R_i^{-1}(k)H_i(k) \tag{4.64}$$

$$P_i^{-1}(k)\hat{x}_i(k)=P_i^{-1}(k,k-1)\hat{x}_i(k,k-1)+H_i^{\mathrm{T}}(k)R_i^{-1}(k)z_i(k) \tag{4.65}$$

4. 信息融合

主滤波器得到全局最优估计

$$P_g^{-1}(k)=\sum_{i=1}^{n,m}P_i^{-1}(k) \tag{4.66}$$

$$\hat{x}_g(k)=P_g(k)\sum_{i=1}^{n,m}P_i^{-1}(k)\hat{x}_i(k) \tag{4.67}$$

在设计联邦滤波器时，信息分配系数 $\beta_i(i=1,2,\cdots,n,m)$ 的确定是至关重要的。不同的分配系数值会影响联邦滤波器的结构和特性（容错性、最优性、计算量等）。下面介绍几种典型的分配形式。

1) $\beta_m=1$，$\beta_i=0$，“零化式”重置

主滤波器分配到全部的状态运动信息，便于用主滤波器的信息检测敏感器的故障，故

主滤波器的故障检测与隔离(Fault Detection and Isolation，FDI)能力强。子滤波器的过程噪声阵被重置为无穷，无须时间更新计算，计算简单，FDI能力较差。

2) $\beta_m=\beta_i=\dfrac{1}{n+1}$，有重置

信息在主滤波器和子滤波器之间平均分配。融合后的全局滤波精度高，局部滤波精度由于有全局滤波的反馈重置而得到提高。但重置使得局部滤波受全局滤波的反馈影响。因此，一个敏感器的故障可通过全局滤波的反馈重置而使其他未有故障的敏感器局部滤波受到污染，容错性能下降。

3) $\beta_m=0$，$\beta_i=\dfrac{1}{n}$，有重置

主滤波器状态方程无信息分配，无须主滤波器进行滤波，所以主滤波器的估计即为全局估计，有重置带来的容错性下降与第二种形式相同。

4) $\beta_m=0$，$\beta_i=\dfrac{1}{n}$，无重置

各子滤波器独立滤波，没有反馈重置带来的相互影响，容错性能强。但由于没有全局最优估计的重置，滤波精度不高。比较分析可知，有重置联邦滤波器在滤波过程中具有反馈现象，导航精度相对较高。

以测角测速组合导航为例，开展联邦扩展卡尔曼滤波算法的信息融合，其算法框图如图4.9所示。

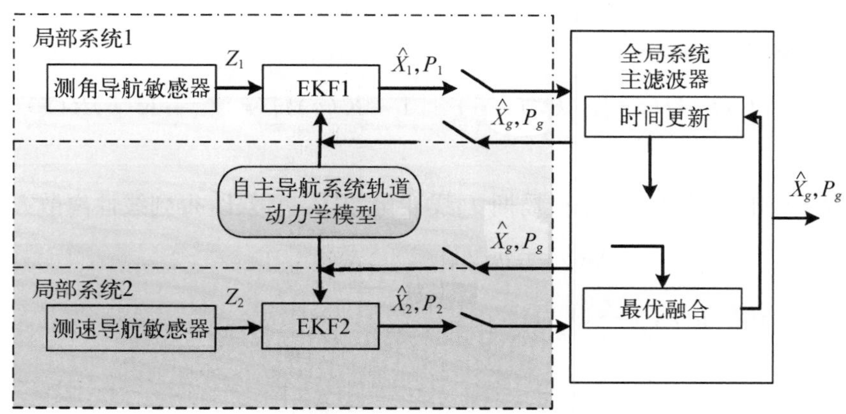

图4.9 联邦EKF组合自主导航系统

自主导航系统由三部分组成：

(1) 局部系统1：轨道动力学模型、测角导航敏感器、局部滤波器1；

(2) 局部系统2：轨道动力学模型、测速导航敏感器、局部滤波器2；

(3) 全局系统：全局滤波器，对两个局部系统输出估计值进行信息融合。

在联邦EKF组合自主导航系统中，局部滤波器1和局部滤波器2均采用EKF滤波算法独立进行时间更新和观测更新，观测信息在子系统内部并行处理。主滤波器采用有重置式对子滤波器输出的公共信息进行融合，从而获取高精度航天器自主导航信息。Z_1，

Z_2 分别为测角导航敏感器和测速导航敏感器的量测值；$\hat{X}_1$，$\hat{X}_2$ 分别为 2 个子滤波器输出的状态估计值；P_1，P_2 分别为 2 个子滤波器的协方差阵；$\hat{X}_g$，P_g 为联邦主滤波器的最优估计值和协方差阵。

当观测方程和状态方程同时为线性方程时，对于联邦卡尔曼滤波器的局部系统，可通过线性卡尔曼滤波来完成滤波。在深空探测高精度天文组合自主导航系统中，状态方程和观测方程均为非线性的，需采用扩展卡尔曼滤波算法等非线性滤波算法。

扩展卡尔曼滤波的基本思想是将非线性方程在当前状态估值处展开成泰勒级数，并取一阶近似，再按线性高斯方程进行处理。对于局部系统 1 和局部系统 2 进行 EKF 算法，具体算法步骤如下：

状态一步预测：

$$\hat{X}(k, k-1)=\hat{X}(k-1)+f[X(k-1), t_{k-1}]\cdot T \tag{4.68}$$

状态估计：

$$\hat{X}(k)=\hat{X}(k, k-1)+K(k)\{Z(k)-H[\hat{X}(k, k-1), K]\} \tag{4.69}$$

滤波增益矩阵：

$$K(k)=P(k, k-1)H^{\mathrm{T}}(k)\cdot[H(k)P(k, k-1)H^{\mathrm{T}}(k)+R(k)]^{-1} \tag{4.70}$$

一步预测误差方差矩阵：

$$P(k, k-1)=\Phi(k, k-1)P(k-1)\cdot\Phi^{\mathrm{T}}(k, k-1)+Q(k-1) \tag{4.71}$$

估计误差方差矩阵：

$$P(k)=[1-K(k)H(k)]P(k, k-1)\cdot[1-K(k)H(k)]^{\mathrm{T}}+K(k)R(k)K^{\mathrm{T}}(k) \tag{4.72}$$

将状态方程围绕滤波值 $\hat{X}_k$ 以采样周期 T 线性化，然后离散化，得到线性离散方程：

$$\hat{X}(k)=\Phi(k, k-1)\hat{X}(k-1) \tag{4.73}$$

式中，状态转移矩阵 $\Phi(k, k-1)$ 为

$$\Phi(k, k-1)=\frac{\partial f}{\partial \hat{X}_k}=\begin{bmatrix} 1 & 0 & 0 & T & 0 & 0 \\ 0 & 1 & 0 & 0 & T & 0 \\ 0 & 0 & 1 & 0 & 0 & T \\ \Pi_{41} & \Pi_{42} & \Pi_{43} & 1 & 0 & 0 \\ \Pi_{51} & \Pi_{52} & \Pi_{53} & 0 & 1 & 0 \\ \Pi_{61} & \Pi_{62} & \Pi_{63} & 0 & 0 & 1 \end{bmatrix} \tag{4.74}$$

其中，

$$\begin{aligned}\Pi_{41}=&T\cdot(u_s\cdot(3x_s^2-r_s^2)/r_s^5+u_m\cdot(3\cdot(x_s-x_m)^2-r_m^2)\\&/r_m^5+u_e\cdot(3\cdot(x_s-x_e)^2-r_e^2)/r_e^5)\end{aligned}$$

$$\Pi_{42}=T\cdot(3u_s\cdot x_s\cdot y_s/r_s^5+3u_m\cdot(x_s-x_m)\cdot(y_s-y_m)/r_m^5+3u_e\cdot(x_s-x_e)\cdot(y_s-y_e)/r_e^5)$$

$$\Pi_{43}=T\cdot(3u_s\cdot x_s\cdot z_s/r_s^5+3u_m\cdot(x_s-x_m)\cdot(z_s-z_m)/r_m^5+3u_e\cdot(x_s-x_e)\cdot(z_s-z_e)/r_e^5)$$

$$\Pi_{51}=T\cdot(3u_s\cdot x_s\cdot y_s/r_s^5+3u_m\cdot(x_s-x_m)\cdot(y_s-y_m)/r_m^5+3u_e\cdot(x_s-x_e)\cdot(y_s-y_e)/r_e^5)$$

$$\Pi_{52}=T\cdot(u_s\cdot(3y_s^2-r_s^2)/r_s^5+u_m\cdot(3(y_s-y_m)^2-r_m^2)/r_m^5+u_e\cdot(3(y_s-y_e)^2-r_e^2)/r_e^5)$$

$$\Pi_{53}=T\cdot(3u_s\cdot z_s\cdot y_s/r_s^5+3u_m\cdot(z_s-z_m)\cdot(y_s-y_m)/r_m^5+3u_e\cdot(z_s-z_e)\cdot(y_s-y_e)/r_e^5)$$

$$\Pi_{61}=T\cdot(3u_s\cdot z_s\cdot x_s/r_s^5+3u_m\cdot(z_s-z_m)\cdot(x_s-x_m)/r_m^5+3u_e\cdot(z_s-z_e)\cdot(x_s-x_e)/r_e^5)$$

$$\Pi_{62}=T\cdot(3u_s\cdot z_s\cdot y_s/r_s^5+3u_m\cdot(z_s-z_m)\cdot(y_s-y_m)/r_m^5+3u_e\cdot(z_s-z_e)\cdot(y_s-y_e)/r_e^5)$$

$$\Pi_{63}=T\cdot(u_s\cdot(3z_s^2-r_s^2)/r_s^5+u_m\cdot(3\cdot(z_s-z_m)^2-r_m^2)/r_m^5+u_e\cdot(3\cdot(z_s-z_e)^2-r_e^2)/r_e^5)$$

$$\begin{cases}r_s=\sqrt{x_s^2+y_s^2+z_s^2}\\ r_m=\sqrt{(x_s-x_m)^2+(y_s-y_m)^2+(z_s-z_m)^2}\\ r_e=\sqrt{(x_s-x_e)^2+(y_s-y_e)^2+(z_s-z_e)^2}\end{cases} \tag{4.75}$$

同理,得到观测矩阵 H_1 为

$$H_1=\frac{\partial h_{a1}}{\partial \hat{X}_k}=\begin{bmatrix}h_{x1} & h_{y1} & h_{z1} & 0 & 0 & 0\\ h_{x2} & h_{y2} & h_{z2} & 0 & 0 & 0\\ h_{x3} & h_{y3} & h_{z3} & 0 & 0 & 0\end{bmatrix} \tag{4.76}$$

其中,

$$S_1=[s_{x1}\quad s_{y1}\quad s_{z1}]^{\mathrm{T}};\ S_2=[s_{x2}\quad s_{y2}\quad s_{z2}]^{\mathrm{T}};\ S_3=[s_{x3}\quad s_{y3}\quad s_{z3}]^{\mathrm{T}}$$

$$h_{x1}=\frac{1}{\sqrt{1-\left(\dfrac{r_{\mathrm{sat}}\cdot S_1}{|r_{\mathrm{sat}}|}\right)^2}}\cdot\left[-\frac{s_{x1}}{|r_{\mathrm{sat}}|}+\frac{(x_4-x)\cdot(r_{\mathrm{sat}}\cdot S_1)}{|r_{\mathrm{sat}}|^3}\right];$$

$$h_{x2}=\frac{1}{\sqrt{1-\left(\dfrac{r_{\mathrm{sat}}\cdot S_2}{|r_{\mathrm{sat}}|}\right)^2}}\cdot\left[-\frac{s_{x2}}{|r_{\mathrm{sat}}|}+\frac{(x_4-x)\cdot(r_{\mathrm{sat}}\cdot S_2)}{|r_{\mathrm{sat}}|^3}\right];$$

$$
\begin{aligned}
h_{x3} &= \frac{1}{\sqrt{1-\left(\dfrac{r_{\text{sat}} \cdot S_3}{|r_{\text{sat}}|}\right)^2}} \cdot \left[-\frac{s_{x3}}{|r_{\text{sat}}|} + \frac{(x_4 - x)\cdot(r_{\text{sat}} \cdot S_3)}{|r_{\text{sat}}|^3}\right]; \\
h_{y1} &= \frac{1}{\sqrt{1-\left(\dfrac{r_{\text{sat}} \cdot S_1}{|r_{\text{sat}}|}\right)^2}} \cdot \left[-\frac{s_{y1}}{|r_{\text{sat}}|} + \frac{(y_4 - y)\cdot(r_{\text{sat}} \cdot S_1)}{|r_{\text{sat}}|^3}\right]; \\
h_{y2} &= \frac{1}{\sqrt{1-\left(\dfrac{r_{\text{sat}} \cdot S_2}{|r_{\text{sat}}|}\right)^2}} \cdot \left[-\frac{s_{y2}}{|r_{\text{sat}}|} + \frac{(y_4 - y)\cdot(r_{\text{sat}} \cdot S_2)}{|r_{\text{sat}}|^3}\right]; \\
h_{y3} &= \frac{1}{\sqrt{1-\left(\dfrac{r_{\text{sat}} \cdot S_3}{|r_{\text{sat}}|}\right)^2}} \cdot \left[-\frac{s_{y3}}{|r_{\text{sat}}|} + \frac{(y_4 - y)\cdot(r_{\text{sat}} \cdot S_3)}{|r_{\text{sat}}|^3}\right]; \qquad (4.77) \\
h_{z1} &= \frac{1}{\sqrt{1-\left(\dfrac{r_{\text{sat}} \cdot S_1}{|r_{\text{sat}}|}\right)^2}} \cdot \left[-\frac{s_{z1}}{|r_{\text{sat}}|} + \frac{(z_4 - z)\cdot(r_{\text{sat}} \cdot S_1)}{|r_{\text{sat}}|^3}\right]; \\
h_{z2} &= \frac{1}{\sqrt{1-\left(\dfrac{r_{\text{sat}} \cdot S_2}{|r_{\text{sat}}|}\right)^2}} \cdot \left[-\frac{s_{z2}}{|r_{\text{sat}}|} + \frac{(z_4 - z)\cdot(r_{\text{sat}} \cdot S_2)}{|r_{\text{sat}}|^3}\right]; \\
h_{z3} &= \frac{1}{\sqrt{1-\left(\dfrac{r_{\text{sat}} \cdot S_3}{|r_{\text{sat}}|}\right)^2}} \cdot \left[-\frac{s_{z3}}{|r_{\text{sat}}|} + \frac{(z_4 - z)\cdot(r_{\text{sat}} \cdot S_3)}{|r_{\text{sat}}|^3}\right]
\end{aligned}
$$

对于观测矩阵 H_2，即 $H_2=\dfrac{\partial h_{a2}}{\partial \hat{X}_k}$，具有与 H_1 类似结果，不再赘述。

4.8 组合导航数据相关性分析

天文测角测速、测角测距、测距测速、测角测距测速组合自主导航通过联邦滤波等信息融合算法，对各导航子系统进行误差抑制与补偿，实现满足连续自主、实时高精度要求的自主导航。

多源信息融合是复杂的数据处理过程，其过程不仅涉及子滤波器的滤波值和协方差，还有它们的预报值。各项数据之间的相关性会对数据融合算法产生影响。

针对导航数据信息的相关性特点，需要对信息融合算法进行改进设计，以获得全局最优估计。

4.8.1 子滤波器估计不相关时的信息融合

以测角测速组合导航为例，分析组合导航系统中各子系统误差的传播机理。

设子滤波器 1(测角导航子滤波器)和子滤波器 2(测速导航子滤波器)的输出为 $\hat{\boldsymbol{X}}_1$、$\hat{\boldsymbol{X}}_2$，可表示为

$$\hat{\boldsymbol{X}}_1 = \boldsymbol{X} + \widetilde{\boldsymbol{X}}_1 \tag{4.78}$$

$$\hat{\boldsymbol{X}}_2 = \boldsymbol{X} + \widetilde{\boldsymbol{X}}_2 \tag{4.79}$$

其中，$\boldsymbol{X}$ 为航天器的真实状态，$\widetilde{\boldsymbol{X}}_1$ 和 $\widetilde{\boldsymbol{X}}_2$ 为子滤波器的估计误差。若子滤波器工作正常，则 $\widetilde{\boldsymbol{X}}_1$ 和 $\widetilde{\boldsymbol{X}}_2$ 均应为白噪声。即测角、测速子滤波器分别实现了对测角、测速观测量中系统误差的补偿，子滤波器输出中的残差为随机误差。

设子滤波器 i 输出的估计误差协方差矩阵 $\boldsymbol{P}_{ii}$ 为

$$\boldsymbol{P}_{ii} = \begin{bmatrix} \sigma_{xx}^{ii} & \rho_{xy}^{ii} & \cdots & \cdots & \cdots & \rho_{xv_z}^{ii} \\ \rho_{xy}^{ii} & \sigma_{yy}^{ii} & & & & \vdots \\ \rho_{xz}^{ii} & & \sigma_{zz}^{ii} & & & \vdots \\ \rho_{xv_x}^{ii} & & & \sigma_{v_x v_x}^{ii} & & \vdots \\ \rho_{xv_y}^{ii} & & & & \sigma_{v_y v_y}^{ii} & \vdots \\ \rho_{xv_z}^{ii} & \cdots & \cdots & \cdots & \cdots & \sigma_{v_z v_z}^{ii} \end{bmatrix} \tag{4.80}$$

式中，σ_{xx}^{ii}、σ_{yy}^{ii}、σ_{zz}^{ii} 为航天器位置在 x、y、z 轴方向上估计误差的方差；$\sigma_{v_x v_x}^{ii}$、$\sigma_{v_y v_y}^{ii}$、$\sigma_{v_z v_z}^{ii}$ 为航天器速度在 x、y、z 轴方向上估计误差的方差；ρ 表示不同方向上位置、速度估计误差的协方差。当子滤波器正常工作时，$\boldsymbol{P}_{ii}$ 阵的对角线即为相应状态变量估计误差的方差。

设子滤波器 i 的估计误差 $\widetilde{\boldsymbol{X}}_i$ 为

$$\widetilde{\boldsymbol{X}}_i = [\tilde{x}_i, \tilde{y}_i, \tilde{z}_i, \tilde{v}_{xi}, \tilde{v}_{yi}, \tilde{v}_{zi}]^{\mathrm{T}} \tag{4.81}$$

则 $\widetilde{\boldsymbol{X}}_i$ 可表示为服从高斯分布的 0 均值随机变量

$$\begin{cases} \tilde{x}_i = \dfrac{1}{\sqrt{2\pi}\,\sigma_{xx}^{ii}} \mathrm{e}^{-\frac{x^2}{2(\sigma_{xx}^{ii})^2}} \\ \tilde{y}_i = \dfrac{1}{\sqrt{2\pi}\,\sigma_{yy}^{ii}} \mathrm{e}^{-\frac{y^2}{2(\sigma_{yy}^{ii})^2}} \\ \quad\vdots \\ \tilde{v}_{zi} = \dfrac{1}{\sqrt{2\pi}\,\sigma_{v_z v_z}^{ii}} \mathrm{e}^{-\frac{v_z^2}{2(\sigma_{v_z v_z}^{ii})^2}} \end{cases} \tag{4.82}$$

其中，方差 σ_{xx}^{ii} 等统计特性均由子滤波器 i 输出的协方差矩阵 $\boldsymbol{P}_{ii}$ 给出。

若子滤波器工作正常,状态估计值收敛,可以认为子滤波器 1 和子滤波器 2 输出的状态估计的误差为高斯白噪声,其分布由上式表示。

对于天文测角测速组合导航系统而言,在测角导航子系统中,航天器直接测量小行星、火星或火卫的角度信息,通过测角导航子滤波器实现对位置、速度的估计。根据测角误差特点及其在滤波器中的传播机理,测角导航子系统的位置估计值直接解算获得,可长期保持较高精度,位置状态估计误差相对较小;但速度估计值是通过位置差分获得的,实时精度无法保证,即速度状态估计误差相对较大。

在测速导航子系统中,航天器直接测量太阳、系外恒星的视向速度信息,通过测速导航子滤波器实现对位置、速度的估计。根据其测速误差特点及其在子滤波器中的传播机理,测速导航子系统的速度估计值可直接通过解算获得,精度较高,即速度状态估计误差相对较小;但位置估计值通过速度积分获得,存在长期发散的问题。

考虑到测角测速组合导航中,测角导航子系统与测速导航子系统采用不同的测量源,即测角观测量与测速观测量相互独立,输出的状态估计之间可视作互不相关,即测角子系统的状态估计输出不受测速子系统状态估计输出的影响;反之,测速子系统的状态估计也不受测角子系统状态估计输出的影响,即

$$\boldsymbol{P}_{ij}=0\ (i\neq j) \tag{4.83}$$

下面对子滤波器的估计满足不相关条件时的全局最优估计进行理论分析。

设主滤波器的全局状态估计输出 $\hat{\boldsymbol{X}}_g$ 为子滤波器局部状态估计的线性组合,即

$$\hat{\boldsymbol{X}}_g=\boldsymbol{W}_1\hat{\boldsymbol{X}}_1+\boldsymbol{W}_2\hat{\boldsymbol{X}}_2 \tag{4.84}$$

其中,$\boldsymbol{W}_1$ 和 $\boldsymbol{W}_2$ 为待定的加权矩阵。由于全局估计 $\hat{\boldsymbol{X}}_g$ 满足无偏估计,即

$$E\{\boldsymbol{X}-\hat{\boldsymbol{X}}_g\}=0 \tag{4.85}$$

其中,$\boldsymbol{X}$ 为航天器的真实状态。同时,$\hat{\boldsymbol{X}}_g$ 能够使估计误差的协方差阵的迹最小,即

$$\mathrm{tr}(\boldsymbol{P}_g)=\mathrm{tr}(E\{(\boldsymbol{X}-\hat{\boldsymbol{X}}_g)(\boldsymbol{X}-\hat{\boldsymbol{X}}_g)^{\mathrm{T}}\})\rightarrow\min \tag{4.86}$$

由上式可得

$$E\{\boldsymbol{X}-\hat{\boldsymbol{X}}_g\}=E\{\boldsymbol{X}-\boldsymbol{W}_1\hat{\boldsymbol{X}}_1-\boldsymbol{W}_2\hat{\boldsymbol{X}}_2\}=0 \tag{4.87}$$

即

$$\{\boldsymbol{I}-\boldsymbol{W}_1-\boldsymbol{W}_2\}E\{\boldsymbol{X}\}+\boldsymbol{W}_1E\{\boldsymbol{X}-\hat{\boldsymbol{X}}_1\}+\boldsymbol{W}_2E\{\boldsymbol{X}-\hat{\boldsymbol{X}}_2\}=0 \tag{4.88}$$

由于 $\hat{\boldsymbol{X}}_1$ 和 $\hat{\boldsymbol{X}}_2$ 为无偏估计,所以有

$$\boldsymbol{W}_1=\boldsymbol{I}-\boldsymbol{W}_2 \tag{4.89}$$

代入得

$$\hat{\boldsymbol{X}}_g=(\boldsymbol{I}-\boldsymbol{W}_2)\hat{\boldsymbol{X}}_1+\boldsymbol{W}_2\hat{\boldsymbol{X}}_2=\hat{\boldsymbol{X}}_1+\boldsymbol{W}_2(\hat{\boldsymbol{X}}_2-\hat{\boldsymbol{X}}_1) \tag{4.90}$$

等价变换后得

$$\boldsymbol{X}-\hat{\boldsymbol{X}}_g=(\boldsymbol{I}-\boldsymbol{W}_2)(\boldsymbol{X}-\hat{\boldsymbol{X}}_1)+\boldsymbol{W}_2(\boldsymbol{X}-\hat{\boldsymbol{X}}_2) \tag{4.91}$$

$$\begin{aligned}\boldsymbol{P}_g&=E\{(\boldsymbol{X}-\hat{\boldsymbol{X}}_g)(\boldsymbol{X}-\hat{\boldsymbol{X}}_g)^{\mathrm{T}}\}\\&=\boldsymbol{P}_{11}-\boldsymbol{W}_2(\boldsymbol{P}_{11}-\boldsymbol{P}_{12})^{\mathrm{T}}-(\boldsymbol{P}_{11}-\boldsymbol{P}_{12})\boldsymbol{W}_2^{\mathrm{T}}+\boldsymbol{W}_2(\boldsymbol{P}_{11}-\boldsymbol{P}_{12}-\boldsymbol{P}_{21}+\boldsymbol{P}_{22})\boldsymbol{W}_2^{\mathrm{T}}\end{aligned} \tag{4.92}$$

其中，

$$\begin{aligned}&\boldsymbol{P}_{11}=E\{(\boldsymbol{X}-\hat{\boldsymbol{X}}_1)(\boldsymbol{X}-\hat{\boldsymbol{X}}_1)^{\mathrm{T}}\}=E\{\tilde{\boldsymbol{X}}_1\tilde{\boldsymbol{X}}_1^{\mathrm{T}}\}\\&\boldsymbol{P}_{22}=E\{(\boldsymbol{X}-\hat{\boldsymbol{X}}_2)(\boldsymbol{X}-\hat{\boldsymbol{X}}_2)^{\mathrm{T}}\}=E\{\tilde{\boldsymbol{X}}_2\tilde{\boldsymbol{X}}_2^{\mathrm{T}}\}\\&\boldsymbol{P}_{12}=E\{(\boldsymbol{X}-\hat{\boldsymbol{X}}_1)(\boldsymbol{X}-\hat{\boldsymbol{X}}_2)^{\mathrm{T}}\}=E\{\tilde{\boldsymbol{X}}_1\tilde{\boldsymbol{X}}_2^{\mathrm{T}}\}\\&\boldsymbol{P}_{21}=\boldsymbol{P}_{12}^{\mathrm{T}}\end{aligned} \tag{4.93}$$

为使得 $\mathrm{tr}(\boldsymbol{P}_g)\rightarrow\min$，对 $\mathrm{tr}(\boldsymbol{P}_g)$ 关于 $\boldsymbol{W}_2$ 求偏导，得

$$\frac{\partial\mathrm{tr}(\boldsymbol{P}_g)}{\partial\boldsymbol{W}_2}=-(\boldsymbol{P}_{11}-\boldsymbol{P}_{12})-(\boldsymbol{P}_{11}-\boldsymbol{P}_{12})+2\boldsymbol{W}_2(\boldsymbol{P}_{11}-\boldsymbol{P}_{12}-\boldsymbol{P}_{21}+\boldsymbol{P}_{22})=0 \tag{4.94}$$

由此可得

$$\boldsymbol{W}_2=(\boldsymbol{P}_{11}-\boldsymbol{P}_{12})(\boldsymbol{P}_{11}+\boldsymbol{P}_{22}-\boldsymbol{P}_{12}-\boldsymbol{P}_{21})^{-1} \tag{4.95}$$

因 $\hat{\boldsymbol{X}}_1$ 与 $\hat{\boldsymbol{X}}_2$ 不相关，因此有 $\boldsymbol{P}_{12}=\boldsymbol{P}_{21}=0$，即

$$\boldsymbol{W}_2=\boldsymbol{P}_{11}(\boldsymbol{P}_{11}+\boldsymbol{P}_{22})^{-1} \tag{4.96}$$

将上式代入式(4.92)和式(4.90)可得

$$\begin{aligned}\hat{\boldsymbol{X}}_g&=\hat{\boldsymbol{X}}_1+\boldsymbol{P}_{11}(\boldsymbol{P}_{11}+\boldsymbol{P}_{22})^{-1}(\hat{\boldsymbol{X}}_2-\hat{\boldsymbol{X}}_1)\\&=(\boldsymbol{P}_{11}^{-1}+\boldsymbol{P}_{22}^{-1})^{-1}(\boldsymbol{P}_{11}^{-1}\hat{\boldsymbol{X}}_1+\boldsymbol{P}_{22}^{-1}\hat{\boldsymbol{X}}_2)\end{aligned} \tag{4.97}$$

$$\boldsymbol{P}_g=\boldsymbol{P}_{11}-\boldsymbol{P}_{11}(\boldsymbol{P}_{11}+\boldsymbol{P}_{22})^{-1}\boldsymbol{P}_{11}^{\mathrm{T}} \tag{4.98}$$

综上所述，对于子滤波器 1 和子滤波器 2 组成的组合导航系统而言，联邦主滤波器可给出全局最优估计。

下面对全局估计误差 $\boldsymbol{P}_g$ 与局部估计误差 $\boldsymbol{P}_{11}$、$\boldsymbol{P}_{22}$ 的关系进行分析。有如下关系：

$$E\{(\tilde{\boldsymbol{X}}_1-\tilde{\boldsymbol{X}}_2)(\tilde{\boldsymbol{X}}_1-\tilde{\boldsymbol{X}}_2)^{\mathrm{T}}\}\geqslant 0 \tag{4.99}$$

$$E\{(\tilde{\boldsymbol{X}}_1-\tilde{\boldsymbol{X}}_2)(\tilde{\boldsymbol{X}}_1-\tilde{\boldsymbol{X}}_2)^{\mathrm{T}}\}\geqslant 0 \tag{4.100}$$

将式(4.93)代入式(4.100)有

$$\boldsymbol{P}_{11}+\boldsymbol{P}_{22}-\boldsymbol{P}_{12}-\boldsymbol{P}_{21}\geqslant 0 \tag{4.101}$$

在不考虑 $\hat{\boldsymbol{X}}_1=\hat{\boldsymbol{X}}_2$ 的情况下(此时仅有一个子系统估计值，不需要融合)，则

$$(\boldsymbol{P}_{11}+\boldsymbol{P}_{22}-\boldsymbol{P}_{12}-\boldsymbol{P}_{21})^{-1}>0 \tag{4.102}$$

上式左乘 $\boldsymbol{P}_{11}-\boldsymbol{P}_{12}$，右乘 $(\boldsymbol{P}_{11}-\boldsymbol{P}_{12})^{\mathrm{T}}$，得

$$(\boldsymbol{P}_{11}-\boldsymbol{P}_{12})(\boldsymbol{P}_{11}+\boldsymbol{P}_{22}-\boldsymbol{P}_{12}-\boldsymbol{P}_{21})^{-1}(\boldsymbol{P}_{11}-\boldsymbol{P}_{12})^{\mathrm{T}}>0 \tag{4.103}$$

将 $\boldsymbol{P}_{12}=\boldsymbol{P}_{21}=0$ 代入式(4.103)，有

$$\boldsymbol{P}_{11}(\boldsymbol{P}_{11}+\boldsymbol{P}_{22})^{-1}\boldsymbol{P}_{11}^{\mathrm{T}}>0 \tag{4.104}$$

将式(4.104)代入式(4.98)有

$$\boldsymbol{P}_{11}-\boldsymbol{P}_{g}>0 \tag{4.105}$$

组合后的估计误差 $\boldsymbol{P}_g$ 恒小于单个子滤波器的估计误差 $\boldsymbol{P}_{11}$ 或 $\boldsymbol{P}_{22}$，即组合导航精度优于子系统导航精度。可见，组合导航联邦滤波可解决测角导航中速度估计精度不高，测速导航位置估计精度发散问题，实现对全局优化的位置、速度估计。

由此可得，当 N 个导航子系统的状态估计分别为 $\hat{\boldsymbol{X}}_1, \hat{\boldsymbol{X}}_2, \cdots, \hat{\boldsymbol{X}}_N$ 时，对应的估计误差协方差阵为 $\boldsymbol{P}_{11}, \boldsymbol{P}_{22}, \cdots, \boldsymbol{P}_{NN}$，且各子系统不相关，即 $\boldsymbol{P}_{ij}=0\ (i\neq j)$，则全局最优估计可表示为

$$\hat{\boldsymbol{X}}_g=\left(\sum_{i=1}^{N}\boldsymbol{P}_{ii}^{-1}\right)^{-1}\sum_{i=1}^{N}\boldsymbol{P}_{ii}^{-1}\hat{\boldsymbol{X}}_{ii}$$

该结果的物理意义明显，若子系统状态 $\hat{\boldsymbol{X}}_i$ 估计精度差，即 $\boldsymbol{P}_{ii}$ 大，那么它在全局估计中的贡献就比较小。

但是在实际情况中，各子系统互不相关这一条件是不满足的，这就需要在滤波估计中对滤波器进行适当改进。

4.8.2 子滤波器估计相关时的信息融合

联邦滤波器是一种两级滤波器。主滤波器根据一定的规则对子滤波器进行信息分配，来建立不同的滤波器结构，获得不同的滤波特性(容错性、精度、计算量等)。

卡尔曼滤波器分配的信息有两种：

(1) 状态方程的信息。卡尔曼滤波器利用航天器动力学建立状态方程，状态方程的信息量是与状态方程中过程噪声的方差(或协方差阵)成反比的。过程噪声越弱，状态方程就越精确。因此，状态方程的信息量可以用过程噪声的协方差阵的逆 $\boldsymbol{Q}^{-1}$ 来表示。状态初值的信息量可以初值估计的协方差阵的逆来表示。

(2) 量测方程的信息。量测方程的信息量可以用量测噪声协方差阵的逆来表示。当状态方程、量测方程及初值的协方差阵确定后，状态估计 $\hat{\boldsymbol{X}}$ 及估计误差 $\boldsymbol{P}$ 就完全确定了，而状态估计的信息量可用 $\boldsymbol{P}^{-1}$ 来表示。对于个子系统都含有的公共状态而言，它所对应的过程噪声包含在所有子滤波器中。因此，过程噪声的信息量存在重复使用的问题。各子滤波器的量测方程中只包含了对应子系统的噪声，例如测角导航子系统中，量测噪声只包含了角度量测噪声，测速导航子系统中，量测噪声只包含了速度量测噪声，所以可以认为各局部滤波器的量测信息是不存在重复使用的问题。

假设将过程噪声总的信息量 $\boldsymbol{Q}^{-1}$ 分配到各子滤波器和主滤波器中，即

$$\boldsymbol{Q}^{-1}=\sum_{i=1}^{N}\boldsymbol{Q}_i^{-1}+\boldsymbol{Q}_m^{-1} \tag{4.106}$$

取

$$\boldsymbol{Q}_i=\beta_i^{-1}\boldsymbol{Q} \tag{4.107}$$

其中 β_i 为联邦滤波器的信息分配系数，则

$$\boldsymbol{Q}^{-1}=\sum_{i=1}^{N}\beta_i\boldsymbol{Q}^{-1}+\beta_m\boldsymbol{Q}^{-1}$$

根据信息守恒定律

$$\sum_{i=1}^{N}\beta_i+\beta_m=1 \tag{4.108}$$

需要注意的是，在上述状态估计信息的分配中，已假定各子滤波器的局部估计是不相关的，即 $\boldsymbol{P}_{ij}=0\ (i\neq j)$。在不相关的假设条件下，可应用4.8.1节的方法获得全局最优估计。

为了使 $\boldsymbol{P}_{ij}$ 永远等于零，要对滤波过程进行改造。先构造一个增广系统，它的状态向量是由 N 个局部滤波器的子系统和主滤波器的子系统状态重叠而成，即

$$\boldsymbol{X}=\begin{bmatrix}\boldsymbol{X}_1\\ \vdots\\ \boldsymbol{X}_N\\ \boldsymbol{X}_{\bar{N}}\end{bmatrix} \tag{4.109}$$

其中，$\bar{N}=N+1$。

每个子系统的状态向量 $\boldsymbol{X}_i$ 可表示为

$$\boldsymbol{X}_i=\begin{bmatrix}\boldsymbol{X}_c\\ \boldsymbol{X}_{bi}\end{bmatrix} \tag{4.110}$$

式中，$\boldsymbol{X}_c$ 为公共状态向量；$\boldsymbol{X}_{bi}$ 是第 i 个子系统的误差状态。

则增广系统的状态方程为

$$\begin{bmatrix}\boldsymbol{X}_1\\ \vdots\\ \boldsymbol{X}_{\bar{N}}\end{bmatrix}=\begin{bmatrix}\boldsymbol{\Phi}_{11} & & \\ & \ddots & \\ & & \boldsymbol{\Phi}_{\bar{N}\bar{N}}\end{bmatrix}+\begin{bmatrix}\boldsymbol{G}_1\\ \vdots\\ \boldsymbol{G}_{\bar{N}}\end{bmatrix}\boldsymbol{W}_k \tag{4.111}$$

$$\boldsymbol{E}[\boldsymbol{W}_k\boldsymbol{W}_k^{\mathrm{T}}]=\boldsymbol{Q} \tag{4.112}$$

第 i 个子系统的测量方程为

$$\boldsymbol{Z}_i=\boldsymbol{H}_i\boldsymbol{X}_i+\boldsymbol{V}_i$$

令

$$\boldsymbol{H}=[0 \quad \cdots \quad \boldsymbol{H}_i \quad \cdots \quad 0] \tag{4.113}$$

则 $\boldsymbol{Z}_i$ 用增广系统状态表示为

$$\boldsymbol{Z}_i=\boldsymbol{H}\boldsymbol{X}+\boldsymbol{V}_i$$

增广系统的滤波估计协方差阵可表示为

$$\boldsymbol{P}=\begin{bmatrix}\boldsymbol{P}_{11} & \cdots & \boldsymbol{P}_{1\bar{N}} \\ \vdots & & \vdots \\ \boldsymbol{P}_{\bar{N}1} & \cdots & \boldsymbol{P}_{1\bar{N}}\end{bmatrix}_i \tag{4.114}$$

式中，$\boldsymbol{P}_{ij}$ 表示各子滤波器之间的相关性。

证明：当 $\boldsymbol{P}_{ij}(0)=\boldsymbol{0}$ 时，增广系统滤波的量测更新和时间更新可分解为各子滤波器的独立量测更新和时间更新，他们之间没有相关性。

为使符号书写方便，令

$$\hat{\boldsymbol{X}}(+)=\hat{\boldsymbol{X}}_k, \quad \hat{\boldsymbol{X}}(-)=\hat{\boldsymbol{X}}_{k|k-1}$$

$$\boldsymbol{P}(+)=\boldsymbol{P}_k, \ \boldsymbol{P}(-)=\boldsymbol{P}_{k|k-1}, \ \boldsymbol{Z}=\boldsymbol{Z}_k$$

当只有第 i 个子系统的测量更新时，有

$$\boldsymbol{A}=\boldsymbol{H}\boldsymbol{P}(-)\boldsymbol{H}^{\mathrm{T}}+\boldsymbol{R} \tag{4.115}$$

式中，

$$\boldsymbol{A}_i=\boldsymbol{H}_i\boldsymbol{P}_{ii}(-)\boldsymbol{H}_i^{\mathrm{T}}+\boldsymbol{R}_i \tag{4.116}$$

集中滤波的量测更新为

$$\hat{\boldsymbol{X}}(+)=\hat{\boldsymbol{X}}(-)+\boldsymbol{P}(-)\boldsymbol{H}^{\mathrm{T}}\boldsymbol{A}^{-1}[\boldsymbol{Z}_i-\boldsymbol{H}\hat{\boldsymbol{X}}(-)] \tag{4.117}$$

考虑第 i 个量测对第 j 个估计的更新，则有

$$\hat{\boldsymbol{X}}_j(+)=\hat{\boldsymbol{X}}_j(-)+\boldsymbol{P}_{ji}(-)\boldsymbol{H}_i^{\mathrm{T}}\boldsymbol{A}_i^{-1}[\boldsymbol{Z}_i-\boldsymbol{H}_i\hat{\boldsymbol{X}}_i(-)] \tag{4.118}$$

集中滤波协方差的量测更新为

$$\boldsymbol{P}(+)=\boldsymbol{P}(-)-\boldsymbol{P}(-)\boldsymbol{H}^{\mathrm{T}}\boldsymbol{A}^{-1}\boldsymbol{H}\boldsymbol{P}(-) \tag{4.119}$$

取出第 jl 个元，则有

$$\boldsymbol{P}_{jl}(+)=\boldsymbol{P}_{jl}(-)-\boldsymbol{P}_{jl}(-)\boldsymbol{H}_i^{\mathrm{T}}\boldsymbol{A}_i^{-1}\boldsymbol{H}_i\boldsymbol{P}_{il}(-) \tag{4.120}$$

(1) 当 $l=i$, $j\neq i$ 时，由 $\boldsymbol{P}_{ji}(-)=\boldsymbol{0}$ 可推出 $\boldsymbol{P}_{ji}(+)=\boldsymbol{0}$，即相关项 $\boldsymbol{P}_{ji}$ 的预报值若为零，则由量测更新所得滤波值仍为零。当 $\boldsymbol{P}_{ji}(-)=\boldsymbol{0}$ 时，$\hat{\boldsymbol{X}}_j(+)=\hat{\boldsymbol{X}}_j(-)$，即第 i 个量测值不会引起 $\hat{\boldsymbol{X}}_j$ 的量测更新。

(2) 当 $l=i$, $j=i$ 时，$\hat{\boldsymbol{X}}_i$ 和 $\boldsymbol{P}_{ii}$ 的量测更新都只与第 i 个量测值有关。

(3) 当 $l\neq i$, $j\neq i$ 时，只要 $\boldsymbol{P}_{ji}(-)=\boldsymbol{0}$，则有 $\boldsymbol{P}_{jl}(+)=\boldsymbol{P}_{jl}(-)$，即第 i 个量测不会对

其他局部滤波之间的相关项进行量测更新。

由此可见，只要 $\boldsymbol{P}_{ji}(-)=\boldsymbol{0}$，集中滤波的量测更新可分解为各局部滤波器的量测更新。

集中滤波的时间更新，可得

$$\begin{bmatrix} \boldsymbol{P}_{11} & \cdots & \boldsymbol{P}_{1\bar{N}} \\ \vdots & & \vdots \\ \boldsymbol{P}_{\bar{N}1} & \cdots & \boldsymbol{P}_{1\bar{N}} \end{bmatrix}_i = \begin{bmatrix} \boldsymbol{\Phi}_{11} & & \\ & \ddots & \\ & & \boldsymbol{\Phi}_{\bar{N}\bar{N}} \end{bmatrix} \begin{bmatrix} \boldsymbol{P}'_{11} & \cdots & \boldsymbol{P}'_{1\bar{N}} \\ \vdots & & \vdots \\ \boldsymbol{P}'_{\bar{N}1} & \cdots & \boldsymbol{P}'_{1\bar{N}} \end{bmatrix}_i \begin{bmatrix} \boldsymbol{\Phi}^{\mathrm{T}}_{11} & & \\ & \ddots & \\ & & \boldsymbol{\Phi}^{\mathrm{T}}_{\bar{N}\bar{N}} \end{bmatrix} + \begin{bmatrix} \boldsymbol{G}_1 \\ \vdots \\ \boldsymbol{G}_{\bar{N}} \end{bmatrix} \boldsymbol{Q} [\boldsymbol{G}_1 \quad \cdots \quad \boldsymbol{G}_{\bar{N}}] \tag{4.121}$$

可简化为

$$\boldsymbol{P}_{ji} = \boldsymbol{\Phi}_{jj} \boldsymbol{P}'_{ji} \boldsymbol{\Phi}^{\mathrm{T}}_{ii} + \boldsymbol{G}_j \boldsymbol{Q} \boldsymbol{G}^{\mathrm{T}}_i \tag{4.122}$$

式中，

$$\boldsymbol{P}_{ii} = \boldsymbol{P}_{ii}(k/k-1),\ \boldsymbol{P}'_{ii} = \boldsymbol{P}_{ii}(k-1),\ \boldsymbol{P}_{ji} = \boldsymbol{P}_{ji}(k/k-1),\ \boldsymbol{P}'_{ji} = \boldsymbol{P}'_{ji}(k/k-1)$$

公共状态的公共噪声 Q 的存在，即使 $\boldsymbol{P}'_{ji}=\boldsymbol{0}$，也不会有 $\boldsymbol{P}_{ji}=\boldsymbol{0}$。也就是说，时间更新将引入各子滤波器估计的相关。

$$\begin{bmatrix} \boldsymbol{G}_1 \\ \vdots \\ \boldsymbol{G}_{\bar{N}} \end{bmatrix} \boldsymbol{Q} [\boldsymbol{G}_1 \quad \cdots \quad \boldsymbol{G}_{\bar{N}}] = \begin{bmatrix} \boldsymbol{G}_1 & & \\ & \ddots & \\ & & \boldsymbol{G}_{\bar{N}} \end{bmatrix} \begin{bmatrix} \boldsymbol{Q} & \cdots & \boldsymbol{Q} \\ \vdots & \ddots & \vdots \\ \boldsymbol{Q} & \cdots & \boldsymbol{Q} \end{bmatrix} \begin{bmatrix} \boldsymbol{G}^{\mathrm{T}}_1 & & \\ & \ddots & \\ & & \mathrm{G}^{\mathrm{T}}_{\bar{N}} \end{bmatrix} \tag{4.123}$$

由矩阵理论可知，$\boldsymbol{Q}$ 矩阵有上界

$$\begin{bmatrix} \boldsymbol{Q} & \cdots & \boldsymbol{Q} \\ \vdots & \ddots & \vdots \\ \boldsymbol{Q} & \cdots & \boldsymbol{Q} \end{bmatrix} \leqslant \begin{bmatrix} \gamma_1 \boldsymbol{Q} & \cdots & 0 \\ \vdots & \ddots & \vdots \\ 0 & \cdots & \gamma_{\bar{N}} \boldsymbol{Q} \end{bmatrix} \tag{4.124}$$

$$\frac{1}{\gamma_1} + \cdots + \frac{1}{\gamma_{\bar{N}}} = 1, \quad 0 \leqslant \frac{1}{\gamma_i} \leqslant 1 \tag{4.125}$$

上式右端的上界矩阵与左端的原矩阵之差为半正定的，则有

$$\begin{bmatrix} \boldsymbol{P}_{11} & \cdots & \boldsymbol{P}_{1\bar{N}} \\ \vdots & & \vdots \\ \boldsymbol{P}_{\bar{N}1} & \cdots & \boldsymbol{P}_{\bar{N}\bar{N}} \end{bmatrix}_i \leqslant \begin{bmatrix} \boldsymbol{\Phi}_{11} & & \\ & \ddots & \\ & & \boldsymbol{\Phi}_{\bar{N}\bar{N}} \end{bmatrix} \begin{bmatrix} \boldsymbol{P}'_{11} & \cdots & \boldsymbol{P}'_{1\bar{N}} \\ \vdots & & \vdots \\ \boldsymbol{P}'_{\bar{N}1} & \cdots & \boldsymbol{P}'_{\bar{N}\bar{N}} \end{bmatrix}_i \begin{bmatrix} \boldsymbol{\Phi}^{\mathrm{T}}_{11} & & \\ & \ddots & \\ & & \boldsymbol{\Phi}^{\mathrm{T}}_{\bar{N}\bar{N}} \end{bmatrix} + \begin{bmatrix} \boldsymbol{G}_1 & & \\ & \ddots & \\ & & \boldsymbol{G}_{\bar{N}} \end{bmatrix} \begin{bmatrix} \gamma_1 \boldsymbol{Q} & \cdots & 0 \\ \vdots & \ddots & \vdots \\ 0 & \cdots & \gamma_{\bar{N}} \boldsymbol{Q} \end{bmatrix} \begin{bmatrix} \boldsymbol{G}^{\mathrm{T}}_1 & & \\ & \ddots & \\ & & \boldsymbol{G}^{\mathrm{T}}_{\bar{N}} \end{bmatrix} \tag{4.126}$$

上式取等号，即放大协方差，可得分离的时间更新

$$\boldsymbol{P}_{ii}=\boldsymbol{\Phi}_{ii}\boldsymbol{P}'_{ii}\boldsymbol{\Phi}_{ii}^{\mathrm{T}}+\gamma_i\boldsymbol{G}_i\boldsymbol{Q}\boldsymbol{G}_i^{\mathrm{T}} \tag{4.127}$$

$$\boldsymbol{P}_{ji}=\boldsymbol{\Phi}_{jj}\boldsymbol{P}'_{ji}\boldsymbol{\Phi}_{ii}^{\mathrm{T}}=\boldsymbol{0},\ \boldsymbol{P}'_{ji}=\boldsymbol{0} \tag{4.128}$$

由式(4.128)可知，当 $\boldsymbol{P}'_{ji}=\boldsymbol{P}_{ji}(k-1)=\boldsymbol{0}$ 时，$\boldsymbol{P}_{ji}=\boldsymbol{P}_{ji}(k/k-1)=\boldsymbol{0}$。时间更新是在各子滤波器中独立进行的，没有子滤波器之间的关联。

由 $\boldsymbol{P}_{ji}(0)=\boldsymbol{0}$，从式(4.128)可推出 $\boldsymbol{P}_{ji}(1/0)=\boldsymbol{0}$。进一步，由式(4.120)可推出 $\boldsymbol{P}_{ji}(2/1)=\boldsymbol{0}$，如此循环可得出 $\boldsymbol{P}_{ji}(k/k-1)=\boldsymbol{0}$ 和 $\boldsymbol{P}_{ji}(k)=\boldsymbol{0}$。而初始协方差阵也可设置上界，即

$$\begin{bmatrix}\boldsymbol{P}_{11}(0) & \cdots & \boldsymbol{P}_{1\bar{N}}(0)\\ \vdots & & \vdots\\ \boldsymbol{P}_{\bar{N}1}(0) & \cdots & \boldsymbol{P}_{\bar{N}\bar{N}}(0)\end{bmatrix}\leqslant\begin{bmatrix}\gamma_1\boldsymbol{P}_{11}(0) & & \\ & \ddots & \\ & & \gamma_{\bar{N}}\boldsymbol{P}_{\bar{N}\bar{N}}(0)\end{bmatrix} \tag{4.129}$$

上式右端无相关项，也就是说，将各子滤波器的初始误差阵放大即可忽略各自滤波器初始方差之间的相关项。这样就得到了保守的(次优的)局部滤波结果。

综上可见，采用方差上界技术后各子滤波器的量测更新和时间更新都可以独立进行，也就是各子滤波器估计是不相关的。故可见，采用信息分配原则后，局部滤波虽然是次优的，但合成后的全局滤波是最优的。

第 5 章 深空天文自主导航实现技术

5.1 引　　言

深空天文自主导航实现技术是深空天文自主导航工程应用的核心内容，通过该工程技术手段完成深空天文自主导航系统的硬件实现，后者经调试及测试后应用于在轨，最终获取航天器在参考坐标系下的位置和速度。

航天器运行轨道、姿态的状态确认及控制功能由航天器 GNC 系统负责完成，航天器导航系统为其组成之一。航天器 GNC 系统硬件组成框图如图 5.1 所示，其中黑框内为深空天文自主导航系统。

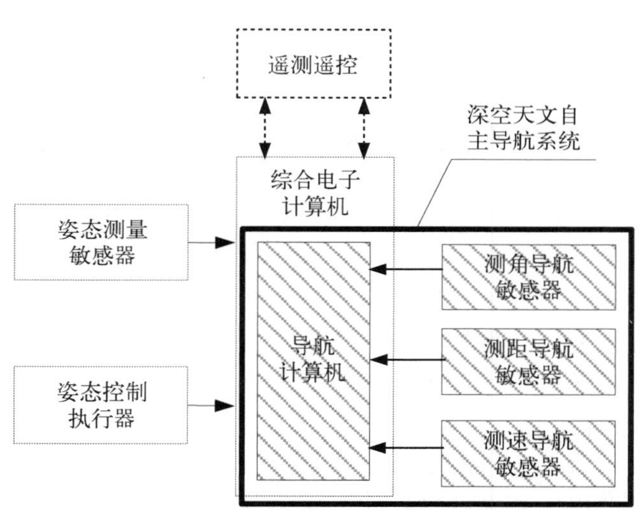

图 5.1　航天器 GNC 系统硬件组成框图

具体地，深空天文自主导航系统硬件组成包括导航敏感器及导航计算机两大部分，前者通过导航目标源基准实现各类量测信息的获取，后者负责针对该信息的解算、误差处理、融合校正及导航信息的对外输出等。

面向天文测角、天文测距及天文测速三类导航方法，导航敏感器目前主要的类别情况如图 5.2 所示。

深空天文自主导航计算机在硬件组成及配置方面，针对上述三种导航方法区别不大，计算机需提供相应的计算资源及相关接口，完成信息的接收、处理和传递。

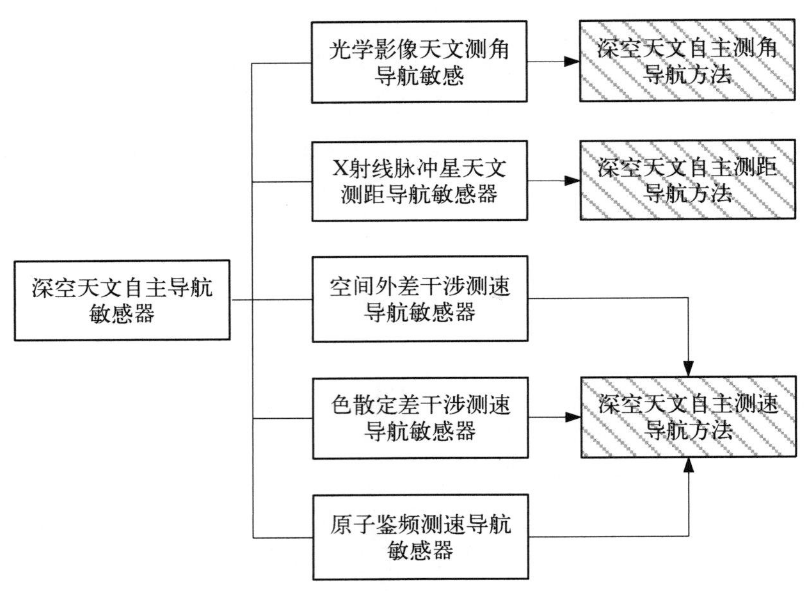

图 5.2　深空探测天文自主导航敏感器主要类别

本章将从深空天文自主导航敏感器及深空天文自主导航计算机的基本原理出发，对其基本组成功能及应用范围进行介绍。

5.2　光学影像天文测角导航敏感器

5.2.1　基本原理

光学影像天文测角导航敏感器是基于光学影像的光电感知原理，通过光电传感器件接收测角导航目标源辐射的光信号，经光学系统成像于焦面(对应于光电传感器件)，对聚焦后的信号进行采集和处理后获得测角导航目标源的二维图像，并将之发送给导航计算机进行导航信息的分析和解算。

1. 光学成像原理

天文光学导航图像通过光学成像系统对目标源成像获取。根据光学成像几何关系建立光学成像模型。

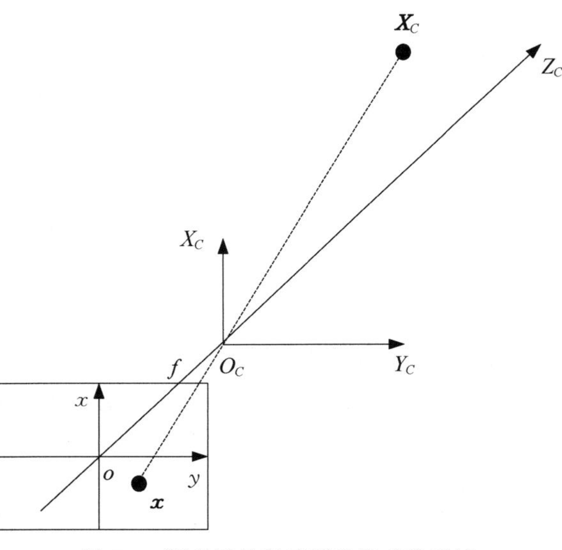

图 5.3　测角导航敏感器光学成像系统

光学影像天文测角导航敏感器光学成像系统如图 5.3 所示。将测角导航敏感器视作焦距为 f 的理想光学成像系统，对于无穷远目标成像系统的像平面位于光学系统的焦平面上。定义测角导航敏感器坐标系 $X_C Y_C Z_C$，坐标原点位于光心 O_C 处，Z_C 轴沿光轴方向，$X_C Y_C Z_C$ 构成右手系。在像平面 $Z=-f$ 上，定义图像坐标系 xy，x 坐标轴和 y 坐标轴分别平行于 X_C 坐标轴和 Y_C 坐标轴，坐标原点 o 位于 Z_C 坐标轴与像平面的交点处。

对于导航敏感器坐标系中的点 $\boldsymbol{X}_C=(X_C, Y_C, Z_C)^{\mathrm{T}}$，在像平面上的像坐标为 $\boldsymbol{x}=(x, y)^{\mathrm{T}}$，则满足

$$\begin{cases} x=-f\dfrac{X_C}{Z_C} \\ y=-f\dfrac{Y_C}{Z_C} \end{cases} \tag{5.1}$$

实际的测角导航敏感器不仅要考虑光学成像系统的焦距，还需要考虑像平面中心点偏移、像元长宽比例等因素。在不考虑光学成像系统畸变的情况下，导航敏感器参数模型可用内部参数矩阵描述如下：

$$\boldsymbol{K}=\begin{bmatrix} \tau f & c & u_0 \\ 0 & f & v_0 \\ 0 & 0 & 1 \end{bmatrix} \tag{5.2}$$

式中，f 为导航敏感器焦距；(u_0, v_0) 为图像主点坐标；c 为图像坐标轴歪斜量；τ 为图像坐标轴纵横比。

成像过程把惯性坐标系中的点 $\boldsymbol{X}_I=(X_I, Y_I, Z_I)^{\mathrm{T}}$ 投影到像平面上的点 $\boldsymbol{x}=(x, y)^{\mathrm{T}}$，将三维空间和二维空间中的坐标写成齐次坐标，分别表示为 $\boldsymbol{X}_I=(X_I, Y_I, Z_I, 1)^{\mathrm{T}}$ 和 $\boldsymbol{x}=(x, y, 1)^{\mathrm{T}}$。

根据投影变换关系，惯性坐标系中的点 $\boldsymbol{X}_I$ 和像平面上的点 $\boldsymbol{x}$ 满足

$$\boldsymbol{x}=\boldsymbol{P}(t)\boldsymbol{X}_I \tag{5.3}$$

其中，$\boldsymbol{P}(t)$ 为从惯性坐标系到像平面的投影矩阵，可以表示为

$$\boldsymbol{P}(t)=\boldsymbol{K}[\boldsymbol{R}_{I,C}(t) \mid \boldsymbol{X}_{I,C}(t)] \tag{5.4}$$

式中，$\boldsymbol{R}_{I,C}(t)$ 为 t 时刻导航敏感器坐标系相对于惯性坐标系的旋转矩阵；$\boldsymbol{X}_{I,C}(t)$ 为 t 时刻导航敏感器坐标系在惯性坐标系下的平移向量。

根据光学系统成像原理，导航敏感器所成目标源的像由敏感器光学系统与目标源之间的空间位置关系决定。航天器与导航敏感器采用固联方式，光学系统光心位置和像面位置可由航天器与敏感器的结构关系得到。为了简化计算，可以将航天器本体坐标系的原点平移到敏感器光学系统的光心位置。

在惯性坐标系 $X_I Y_I Z_I$ 中，假定 t 时刻敏感器的瞬时位置和姿态角分别为 $\boldsymbol{X}_{I,C}(t)=(X_{I,C}(t), Y_{I,C}(t), Z_{I,C}(t))^{\mathrm{T}}$ 和 $\boldsymbol{\Theta}_{I,C}(t)=(\theta_{I,C}(t), \varphi_{I,C}(t), \psi_{I,C}(t))^{\mathrm{T}}$。考察惯性坐标系与导航敏感器坐标系间的关系，如图5.4所示。

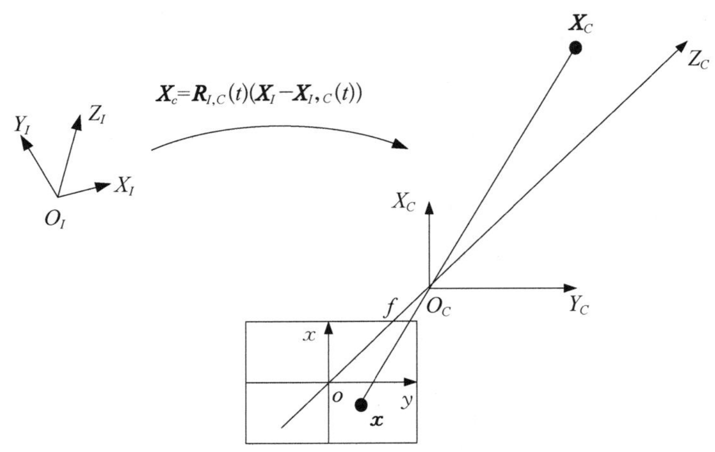

图 5.4　惯性坐标系与导航敏感器坐标系之间的关系

导航敏感器坐标系坐标 $\boldsymbol{X}_C=(X_C, Y_C, Z_C)^{\mathrm{T}}$ 与惯性系坐标 $\boldsymbol{X}_I=(X_I, Y_I, Z_I)^{\mathrm{T}}$ 之间的转换关系可描述为

$$\boldsymbol{X}_C=\boldsymbol{R}_{I,C}(t)(\boldsymbol{X}_I-\boldsymbol{X}_{I,C}(t)) \tag{5.5}$$

式中，$\boldsymbol{R}_{I,C}(t)$ 为由航天器瞬时姿态角 $\boldsymbol{\Theta}_{I,C}(t)$ 确定的旋转矩阵。

由姿态角 $\boldsymbol{\Theta}=(\theta, \varphi, \psi)$ 确定的旋转矩阵 $\boldsymbol{R}$ 可以表示为

$$\boldsymbol{R}=\begin{bmatrix} \cos\theta\cos\psi-\sin\varphi\cos\theta\sin\psi & \cos\theta\sin\psi+\sin\varphi\cos\theta\cos\psi & \sin\varphi\sin\theta \\ -\cos\varphi\sin\psi & \cos\varphi\cos\psi & \sin\varphi \\ \sin\theta\cos\psi+\sin\varphi\cos\theta\sin\psi & \sin\theta\sin\psi-\sin\varphi\cos\theta\cos\psi & \cos\varphi\cos\theta \end{bmatrix} \tag{5.6}$$

对于不同位置的目标源，在像平面上所成的像与探测单元之间存在不同的位置关系，这些位置关系会影响探测单元的响应输出结果。理想情况下，无穷远处的天体在光电传感器件上所成的像为一个点，像与光电传感器件的位置关系如图 5.5 所示。

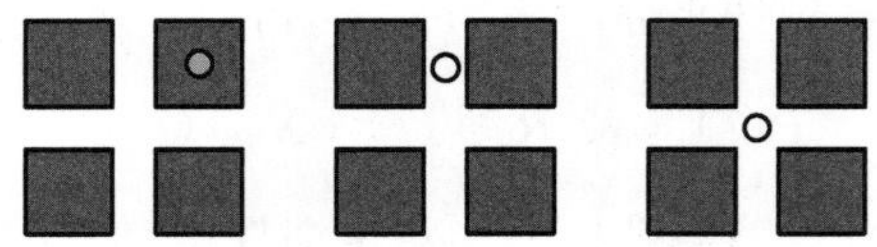

图 5.5　无穷远天体像与光电传感单元的位置关系

有限远“球状”目标源在光电传感器件上所成的像是一小的“圆斑”，像与光电传感单元的关系较为复杂，可以影响到周围数个光电传感单元的响应输出结果，如图 5.6 所示。

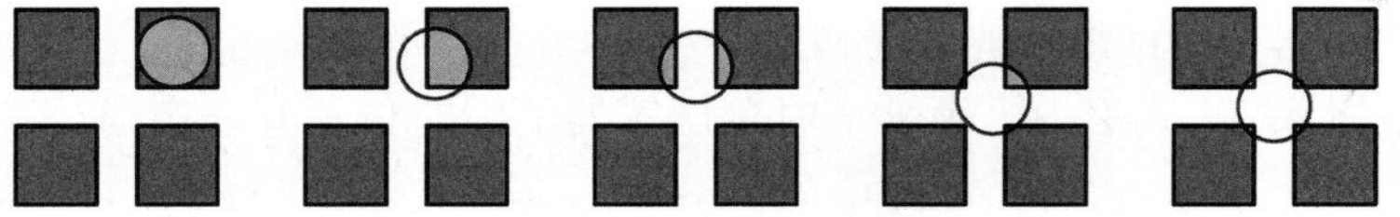

图 5.6　有限远处天体像与光电传感单元的位置关系

近处“球状”目标源在光电传感器件上所成的像是一个较大的“圆斑”，可以影响到数个光电传感单元的响应输出结果，如图5.7所示。

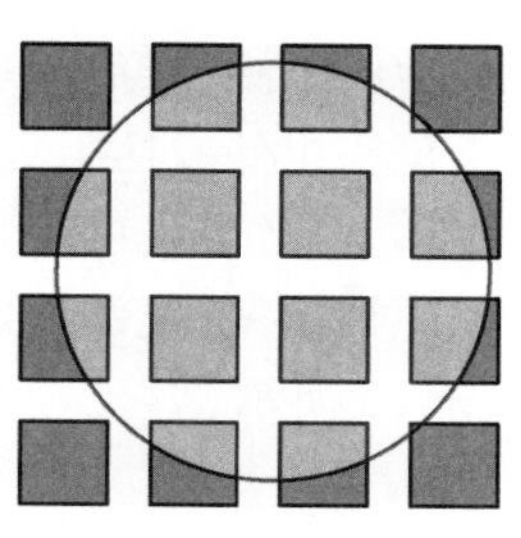
图5.7 近处天体像与光电传感单元的位置关系

目标源像在光电传感器件上运动时，光电传感器件的输出结果会随时间发生变化，与光电传感器件的响应特性有关。

2. 成像信噪比

1）导航目标源信号输出

当导航敏感器对导航目标源实施量测时，光电传感器件上单个像元响应的电子数可以表示为

$$S_o = \frac{\pi D^2 \tau_o t \eta k (1-\varepsilon^2)}{4n} \Phi_o \tag{5.7}$$

式中，η为光电传感器件量子效率；k为光电传感器件填充因子；n为导航目标源所压像元数；D为光学系统入瞳直径；τ_o为光学系统透过率；ε为光学系统遮拦比；t为成像器件积分时间；Φ_o为目标的信号光子流量密度，由光电传感器件响应特性决定。

2）背景信号输出

考虑到以深空背景为面目标，因此光电传感器件上每个像元响应的电子数可以表示为

$$S_b = \frac{\pi D^2 \theta^2 \tau_o t \eta k (1-\varepsilon^2)}{4} \Phi_b \tag{5.8}$$

式中，$\theta = \arctan(d/f)$，为导航敏感器角分辨率；d为像元尺寸；f为光学系统焦距，其他参数与目标源信号输出情况一致。

3）信噪比

信噪比主要针对光电传感器件而言，其信号噪声主要包括读出噪声、暗电流噪声和散粒噪声。读出噪声随信号电荷读出速率的增加而增加，是限制一般传感器件探测能力的主要因素；暗电流噪声属于一种热噪声，可通过制冷来抑制其对信号的影响；散粒噪声是由导航目标源和背景入射光子引起的。导航敏感器系统噪声可由式表示

$$N = \sqrt{S_o + S_b + \sigma_d + \sigma_r^2} \tag{5.9}$$

式中，S_o光电成像器件响应的目标散粒噪声；S_b为光电成像器件响应的背景散粒噪声；σ_d为暗电流噪声；σ_r为读出噪声。

由此导航敏感器信噪比可以表示为

$$SNR = \frac{S_o}{\sqrt{S_o + S_b + \sigma_d + \sigma_r^2}} \tag{5.10}$$

5.2.2 组成及功能

1. 系统基本组成

光学影像天文测角导航敏感器是以光学影像为基础，开展天体光辐照信号量测的一

类导航量测仪器，其系统组成主要包括光学镜头组件、主体结构组件及电子学组件等。光学镜头组件包括 1 套镜头光学系统、1 套镜头光机结构及 1 套遮光罩；主体结构组件包括主体支撑结构、视觉测量坐标基准点及安装接口；电子学组件包括光电成像传感器、导航敏感器控制、电源、数据输出、数据与控制接口等。测角导航敏感器系统基本组成框图如图 5.8 所示。

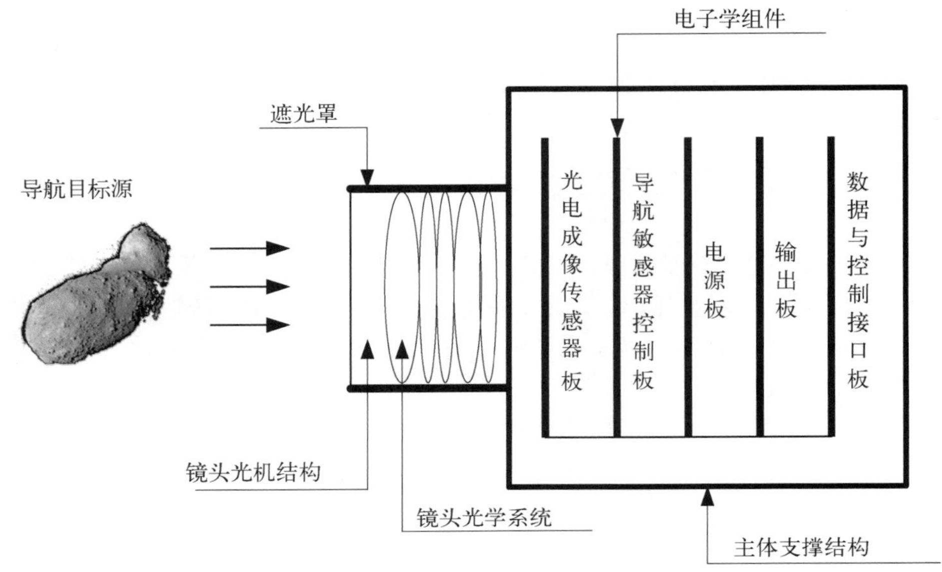

图 5.8　光学影像天文测角导航敏感器基本组成结构图

1）光学镜头组件

光学影像天文测角导航敏感器光学镜头主要完成对测角导航目标源辐射光信号的收集，并对目标源成像。根据成像的物理过程，光学镜头组件的设计参数将会影响到影像的空间分辨率(GSD)、系统传递函数(MTF)及信噪比(SNR)，并综合影响到影像中导航目标源质心精度的提取等。光学镜头组件的设计是测角导航敏感器设计及应用的重要内容之一。

2）主体结构组件

光学影像天文测角导航敏感器主体结构组件为敏感器光学组件、电学部件组件及其他组件提供安装接口及承力结构。主体结构组件还需提供基于焦面成像的视觉测量坐标基准点，以记录量测信息相对于航天器的位置信息，并将与影像量测信息一起提供测角导航电子学组件，以开展信息的解算和处理。

3）电子学组件

光学影像天文测角导航敏感器电子学组件主要完成供电、信号采集处理、系统运行及控制等功能。其中，光电成像传感器件作为光敏单元，除其光谱响应特性外，还承担与光学镜头组件配合实现影像空间分辨率指标的任务。为了获得更高传递函数及信噪比，传感器要求具备较好的谱段响应特性以适应不同特性的导航目标源。导航敏感器控制模块在完成影像数据采集与处理的同时，还需完成对测角导航敏感器系统的运行控制。电源模块负责导航敏感器系统的供配电及接口管理。数据与控制接口模块负责原始影像数据与标准网络数据的转换及输出。输出模块完成系统其他电子学模块与通信网络模块的连接与控制。

2. 系统基本功能

光学影像天文测角导航敏感器系统的基本功能定位于实现以有限远大行星或小天体作为导航目标源，通过系统内光电传感单元对目标源辐射或返照信号感光，完成对目标源的影像量测，并通过信息处理及预设基准实现目标源质心提取，由导航计算机解算获得航天器与导航目标源相对位置及速度信息的一类导航敏感器。

5.2.3 应用范围

由测角导航敏感器的基本原理可见，天文测角导航敏感器的应用受限于测角导航目标源的空间分布、辐照信号强度等客观条件。测角导航敏感器需要在距航天器有限距离内存在星历已知、辐照信号稳定且强度足够的导航目标源情况下，才能有效感知导航目标源图像，获取导航量测信息。该距离也将直接影响到测角导航定位及定速误差。

因此，该敏感器适用于太阳系内范围内，任务轨道附近具备一定数量可观测且距离为有限远状态的导航目标源的深空探测任务。

5.3 X 射线脉冲星天文测距导航敏感器

5.3.1 基本原理

X 射线脉冲星天文测距导航敏感器的基本原理是利用 X 射线光子与物质间一种吸收过程的相互作用，这里所指的物质可作为 X 射线测距导航敏感器的吸收物质。当 X 射线高能光子与物质原子发生作用时，将损失自身的全部能量，当与物质核外电子发生作用时，将损失部分能量。由于 X 射线能段的光子具备极强的穿透能力，传统的光学系统难以实现对其收集及聚焦。当 X 射线光子与物质相互作用时，物质原子将吸收或散射 X 射线光子，使物质原子核外电子脱离原子轨道而产生电离。通过测量 X 射线入射光子与测距导航敏感器吸收物质碰撞而释放的能量，可实现针对 X 射线光子的计数目的。

X 射线等高能光子与物质的基本作用形式可分为如下三种情况：光电效应、康普顿散射效应和电子对生成效应。三种情况作用的本质各不相同，分布于各自特定的能段范围内，并与物质的原子序数相关。

1. 光电效应

当 X 射线光子与物质相互作用，且光子能量大于物质原子内壳层中的电子结合能时，光子将传递其全部能量给物质原子内壳层电子，并使之脱离原子束缚，该过程称为光子与物质间的光电效应，是光粒子性的有力证据。通过光电效应产生的电子称为光电子。

光电子具有的动能等于光子能量减去该电子所在壳层的束缚能，内壳层电子的束缚能越大，光电子的动能就越小。

光电效应除产生光电子外，还会产生一个电离的原子，其内层的空穴很快被从外层向内层跃迁的电子或捕获的自由电子填满，从而发射特征 X 射线。若特性 X 射线被物质吸收，则再次产生相同能量的光电子，称为俄歇电子。如果光电子和俄歇电子在物质内损失掉全部能量，那么所得到的能损就代表入射光子的能量。

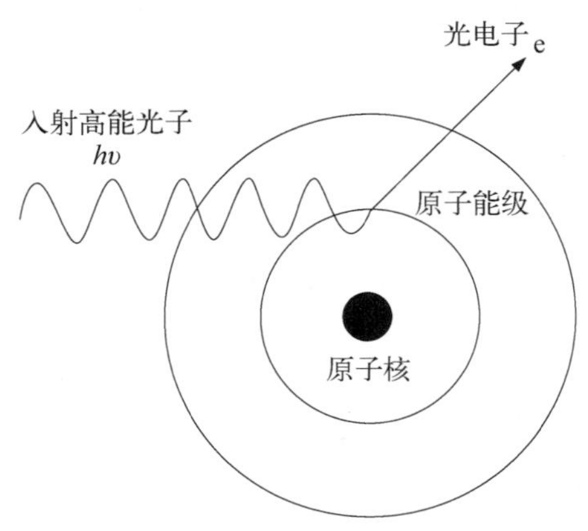

图 5.9　高能光子与物质间光电效应原理

依据动量守恒条件，光电效应只能发生在光子和束缚态电子之间。通过电子与原子的结合力，把光子的动量变成原子的反冲动量。结合力越强，光电子发射的概率就越大。因而，K 层电子比 L 层电子具有更大的光电子吸收概率，如图 5.9 所示。

研究表明，K 层光电子通常可占总光电子数的 80%。X 射线光子的光电作用截面随光子能量的增加而急剧下降，并随物质原子序数的增加而急剧上升，即

$$\sigma \propto Z^5 \cdot (h\nu)^{-\frac{7}{2}} \tag{5.11}$$

式中，σ 表示光电子作用截面；Z 表示相互作用物质的原子序数；h 表示普朗克常数；ν 表示 X 射线光子频率。光电效应主要发生在低能光子和高原子序数物质中。

2. 康普顿效应

当 X 射线光子与物质中的一个静电子发生散射，入射光子把一部分能量传递给电子而自身的动能和动量发生变化的过程，称为康普顿效应。光子被作用物质原子中的电子所散射，损失其部分能量，并使光子的入射方向发生偏转，如图 5.10 所示。

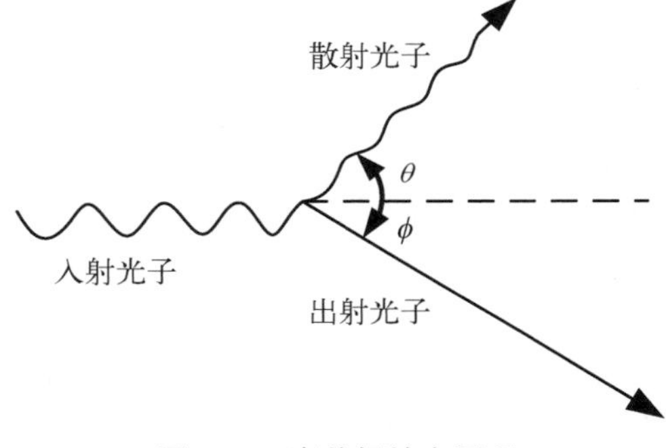

图 5.10　康普顿效应原理

康普顿效应仅发生在光子和自由电子之间，当光子能量远大于电子结合能时，原子的外层电子可以视为自由电子，因而散射过程可以用弹性碰撞来处理。根据能量动量守恒定律，得到散射后光子能量 E_p 和电子能量 E_e 分别表示为

$$E_p = \frac{E_{p_0}}{1+\alpha(1-\cos\theta)} \tag{5.12}$$

$$E_e = \frac{\alpha(1-\cos\theta)E_{p_0}}{1+\alpha(1-\cos\theta)} \tag{5.13}$$

式中，$\alpha=\dfrac{E_{p_0}}{m_0c^2}$；$E_{p_0}$ 为入射的 X 射线光子能量；θ 为入射光子方向与散射光子方向之间的夹角；m_0 为电子的静止质量；c 为光速。

由于康普顿效应的作用截面大大超过光电效应截面，所以如何提高全能峰的探测效率，或从观测到的复杂波形中求解出入射谱，这是采用康普顿效应实施探测需要研究的重要内容。

3. 电子对生成效应

电子对生成效应是指当入射的 X 射线光子质量高于电子静止质量 2 倍时，在一个核子库仑场中随入射光子的消失将产生一对正负电子。电子对生成效应的阈能为1.022 MeV。随着入射光子能量的增加，正负电子对产生的概率将逐渐增大。

根据能量动量守恒定律，产生的正负电子分享入射光子的能量，还有一部分反冲核，动量很小。随后，产生的正负电子将会湮灭而成为 2 个 γ 光子，其能量为 511 keV。电子对生成效应主要在更高的能谱段占优势。

综上所述，开展 X 射线脉冲星天文测距导航敏感器的研制工作需以 X 射线光子与物质间的相互作用具体形式为理论出发点。光电效应和康普顿效应运用较为广泛，通过测量这些效应产生的次级电子，可实现间接探测 X 射线光子数量的目的。

5.3.2 组成及功能

1. 系统基本组成

X 射线脉冲星天文测距导航敏感器组成上主要包括 X 射线敏感子系统、X 射线探测原子钟子系统、信息处理及控制管理子系统等部分。系统组成框图如图 5.11 所示。

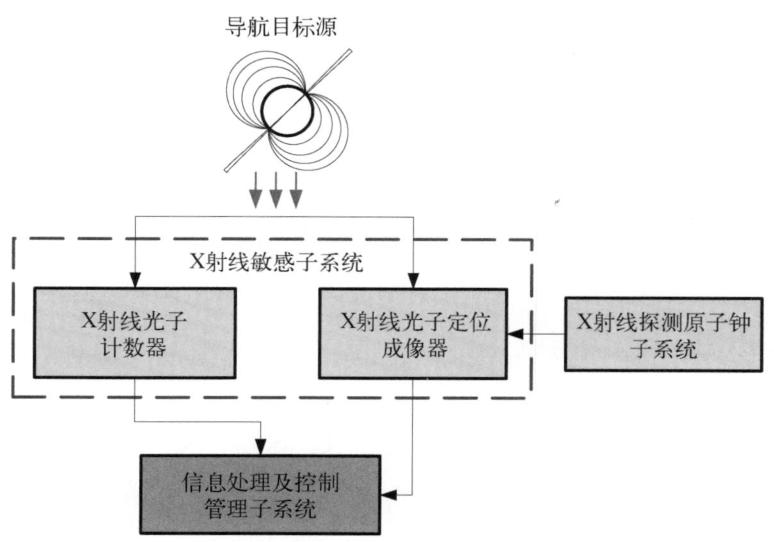

图 5.11　X 射线脉冲星天文测距导航敏感器基本组成结构图

1）X 射线敏感子系统

X 射线敏感子系统由 X 射线光子计数器和 X 射线光子定位成像器组成。X 射线光子计数器用于探测 X 射线光子的数量。X 射线光子定位成像器用于提取脉冲星的影像和角位置信息，以实现航天器飞行姿态的确定。具体而言，X 射线光子计数器由 X 射线入射预处理、计数器主体和信号处理等部分组成。根据 X 射线光子计数器主体构成物质的不同性质，可以分为不同类型，主要包括充气正比计数器、微通道板探测器件、固体半导体探测器件、CCD 半导体探测器件、闪烁探测器件和热敏探测器件等。X 射线光子定位成像器按照探测方式不同一般可分为准直型孔径成像仪和调制型成像仪两大类。

2）X 射线探测原子钟子系统

X 射线探测原子钟子系统作为测距导航敏感器的基准模块，将为 X 射线敏感子系统提供时间基准及参考，实现 X 射线脉冲星脉冲轮廓的构建，进而获取脉冲星自主导航定位关键参量——脉冲到达时间。

3）信息处理及控制管理子系统

上述信息收到后将提供测距导航敏感器信息处理子系统完成信息解算，结合太阳系行星星历、脉冲星模型及特征参数库、脉冲星导航算法库实现对航天器的自主导航定位。此外，控制管理子系统将负责完成敏感器数据处理、指令控制及外围辅助等功能。

2. 系统基本功能

X 射线脉冲星天文测距导航敏感器系统的基本功能定位于实现以 X 射线脉冲星作为导航目标源，将其辐射的 X 射线脉冲信号作为信息载体，利用测距导航敏感器中敏感单元对其接收并完成脉冲量测，通过信息处理及控制管理实现脉冲信号提取，再由导航计算机解算获得航天器与导航目标源相对位置及速度信息的一类导航敏感器。

5.3.3 应用范围

由于 X 射线脉冲星测距导航目标源属于遥远天体，若能认识并解决相应尺度下因可能存在的时空效应对系统造成的影响，本系统原则上适用于太阳系范围内航天器的天文自主导航任务。

5.4 空间外差干涉测速导航敏感器

5.4.1 基本原理

空间外差干涉测速方法的理论基础是光波的多普勒频移现象及傅里叶光学，前者是开展测速的理论出发点，后者是实现测速手段的理论落脚点。

1. 光波的多普勒频移现象

1）基本理论推导

为了尽可能完备地考虑开展深空天文自主测速导航时，航天器运动状态及其所处时空环境对测量精度的影响,需要对建模等固有误差开展研究与分析。由于牵涉到运动及时空理论,下面从狭义相对论角度对测速方法的原理模型进行讨论。

以航天器和导航目标源分别作为研究对象,建立各自独立的惯性参考系 I 及 I',航天器与导航目标源各自固联其中。两参考系间存在相对运动,速度方向为 x 轴方向。两参考系具备完全相同的标准尺及完全同步的标准钟,其空间位置关系如图 5.12 所示。

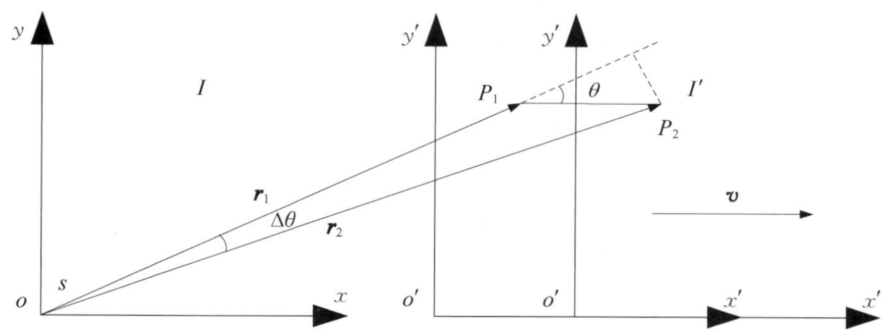

图 5.12　光波多普勒效应的狭义相对论表示

图 5.12 中,s 为导航目标源,P_1 和 P_2 为航天器在不同时刻所处的位置,$\boldsymbol{v}$ 为 I' 系相对于 I 系的运动速度,θ 为 $\boldsymbol{v}$ 与 P_1 位置航天器接收到光波波矢的夹角,$\boldsymbol{r}_1$ 与 $\boldsymbol{r}_2$ 分别为不同时刻航天器相对于导航目标源的位置矢量,其方向与光波波矢方向相同,$\Delta\theta$ 为 $\boldsymbol{r}_1$ 与 $\boldsymbol{r}_2$ 间的夹角。

首先以导航目标源为对象进行讨论。令 N 为 I 系中 t_1 至 t_2 时刻目标源发出的波数,则 I 系中导航目标源发射的光波固有频率 ν_0 可表示为

$$\nu_0 = \frac{N}{t_2 - t_1} \tag{5.14}$$

再以航天器为对象进行讨论。对应 I 系,I' 系中 t'_1 为导航目标源光波发出开始时刻,此时航天器位置为 P_1,此光波以光速 c 向航天器传来,则航天器接收到 t'_1 时刻发出光波的时刻 τ'_1 可表示为

$$\tau'_1 = t'_1 + \frac{|\boldsymbol{r}_1|}{c} \tag{5.15}$$

令 t'_2 对应光波发送结束时刻,此时探测位置为 P_2,可知

$$|\boldsymbol{r}_2|\cos(\Delta\theta) = |\boldsymbol{r}_1| + |\boldsymbol{v}|(t'_2 - t'_1)\cos\theta \tag{5.16}$$

考虑 I 系中 $t_2 - t_1$ 为小量(发出少量的光波数),根据时间间隔相对性,在相对速度不大的情况下,I' 系中对应的 $t'_2 - t'_1$ 也为小量,则 $\Delta\theta$ 近似为零,式(5.16)改写为

$$|\boldsymbol{r}_2| = |\boldsymbol{r}_1| + |\boldsymbol{v}|(t'_2 - t'_1)\cos\theta \tag{5.17}$$

由此,t'_2 时刻发出的光波传至航天器的时刻 τ'_2 为

$$\tau'_2 = t'_2 + \frac{|\boldsymbol{r}_2|}{c} = t'_2 + \frac{|\boldsymbol{r}_1|}{c} + \frac{|\boldsymbol{v}|}{c}(t'_2 - t'_1)\cos\theta \tag{5.18}$$

进而可得 I' 系中航天器接收到 N 个波数的时间为

$$\tau'_2 - \tau'_1 = (t'_2 - t'_1)\left(1 + \frac{|\boldsymbol{v}|}{c}\cos\theta\right) \tag{5.19}$$

由时间间隔相对性可得

$$t'_2 - t'_1 = \gamma(t_2 - t_1) = \frac{1}{\sqrt{1-\beta^2}}(t_2 - t_1) \tag{5.20}$$

式中，$\beta = \frac{|\boldsymbol{v}|}{c}$。联立式(5.14)、式(5.19)及式(5.20)，则航天器接收到的光波多普勒频率 ν 为

$$\nu = \frac{N}{\tau'_2 - \tau'_1} = \nu_0 \frac{\sqrt{1-\beta^2}}{1+\beta\cos\theta} \tag{5.21}$$

式(5.21)即为光波多普勒频移现象的原理表达，通过该式可以观察到考虑相对论效应的多普勒频率变化与运动速度的关系。

2）工程简化考虑

从工程实施角度，对式(5.21)的原理模型进行相对论效应的影响分析。根据航天器运动状态，潜在的导航目标源与航天器间相对运动速度大小一般在百公里量级以内，相对于真空中光速相差 3～4 个数量级。将式(5.21)分子展开后得到

$$\nu = \nu_0 \frac{\sqrt{1-\beta^2}}{1+\beta\cos\theta} = \frac{\nu_0}{1+\beta\cos\theta}\left[1 + \frac{1}{2}(-\beta^2) - \frac{1}{8}(-\beta^2)^2 + \cdots\right] \tag{5.22}$$

此处忽略二阶以上的小量，式(5.22)改写为

$$\nu = \nu_0 \frac{1}{1+\beta\cos\theta} \tag{5.23}$$

根据波长与频率间的关系，式(5.23)可进一步改写为

$$\frac{\Delta\lambda}{\lambda} = \frac{|\boldsymbol{v}|\cos\theta}{c} = \frac{v_r}{c} \tag{5.24}$$

式中，$|\boldsymbol{v}|\cos\theta = v_r$ 为航天器与导航目标源间相对运动视向速度值大小。式(5.24)即为相对低速运动状态下光波多普勒效应的理论表达，也是各种测速导航敏感器工程设计的理论出处 。

2. 空间外差干涉测速原理

1）速度求解过程

空间外差干涉测速是频率外差及干涉原理的结合体，由于存在干涉图像与光波频谱

间的变化过程，所以其本质上为傅里叶变换光谱仪。测速过程利用了傅里叶变换位移定理，即频域内的频移将导致空域内的相移。

下面基于式(5.24)推导相位变化与相对运动视向速度的关系。考察空间外差干涉图像，根据干涉图像亮纹条件，亮纹出现在光程差为波长整数倍的位置，即

$$\delta = m\lambda_0 \tag{5.25}$$

式中，δ 为空域内某点发生干涉时对应的光程差；λ_0 为线心波长；m 为整数；表示干涉级次。

在参考位置即程差不变的情况下，考虑因相对视向运动造成波长漂移，可得

$$(\lambda_0 + \Delta\lambda)(m + \Delta m) = \delta \tag{5.26}$$

式中，Δm 为相对视向运动引起的级次偏移。考虑相对视向运动速度为小量近似情况下，得

$$v_r = \frac{c\lambda_0}{\delta}\Delta m \tag{5.27}$$

在邻近亮纹干涉级附近，满足 $\Delta m = \delta\varphi/2\pi$，代入式(5.27)，得

$$v_r = \frac{c\delta\varphi}{2\pi\delta\sigma_0} \tag{5.28}$$

式中，$\delta\varphi$ 为邻近亮纹附近因相对视向运动而形成的干涉条纹相位移动量，$\sigma_0 = 1/\lambda_0$ 为线心波长波数。

根据式(5.28)，可得干涉理论相位移动量和光程差的关系，如图5.13所示。

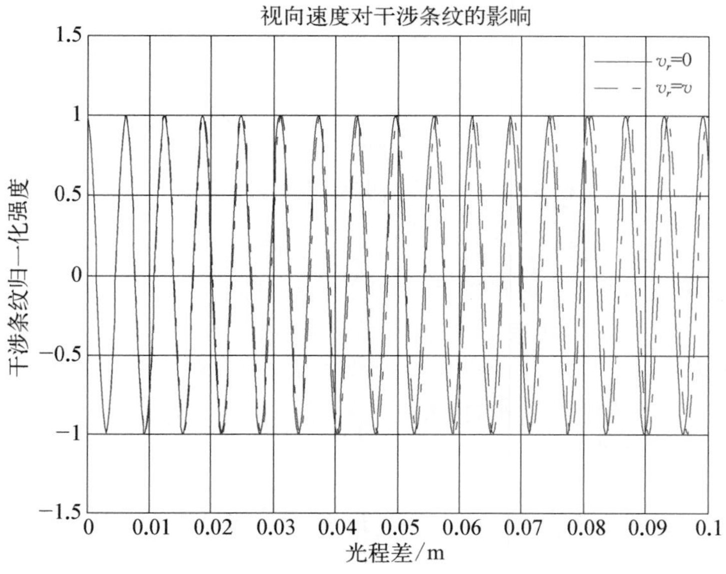

图5.13　视向速度与相移量间的关系

可见，因相对视向运动速度产生的谱线频移将导致干涉条纹相位移动，移动量随着光程差的增大而增大。

若能通过某种方式获得相位移动量的测量值或计算值，结合光程差及线心波长的选择，可以解算得到相对运动视向运动速度。

2）相位求解过程

基于航天器与导航目标源间相对视向运动速度的原理，介绍干涉条纹相位移动量的测量及解算原理。

空间外差干涉系统中对称式结构因无法提供足够大的程差而难以实现速度测量，而非对称式结构，依托其提供的额外设计程差达到高精度测速的目的。图 5.14 为非对称空间外差干涉测速系统外差干涉子系统结构组成。

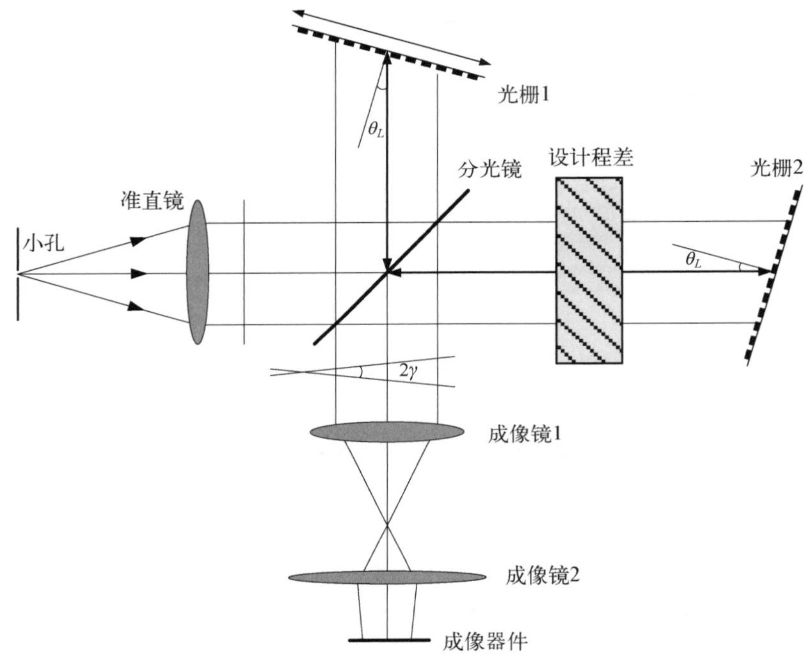

图 5.14　非对称空间外差干涉测速系统外差干涉子系统结构组成

图 5.14 中小孔为导航目标源入射光信号接入口，后端准直镜完成光信号的准直控制，形成平面波；分光镜呈 45°角放置，其作用为将准直后的光信号分为正交传递的两束；两个光栅分别置于分光后的两条光路中，参数完全相同，根据来光方向按照 Littrow 角摆放，针对入射光信号进行频率空间外差；两路外差信号经各自光栅衍射后，经分光镜发生定域干涉，最终成像于成像器件阵面，条纹信号将由后续信息采集、处理等子系统完成最终相对视向运动速度值的解算。

具体相位求解推导过程如下：由分光镜分离的两路光信号照射到光栅上后，其中波数满足 Littrow 条件的部分将以入射原方向衍射回来，衍射回的波面均与轴向垂直，为平场照射，相差为零，无法形成干涉。

现在考虑入射光信号中波数不满足 Littrow 条件的情况，为了适用于后续的近似条件，在进行光栅设计时光栅参数的选择需要尽可能匹配导航目标源中的遴选频点。此时衍射角的大小由光栅方程决定，如下式所示：

$$\sigma[\sin\theta_L + \sin(\theta_L - \gamma)] = m/d \tag{5.29}$$

式中，σ 为入射光信号波数；γ 为衍射光线相对于轴向的角度偏移量；d 为光栅常数；m 为衍射级次（一般情况下 $m=1$）。

就式(5.29)对 γ 进行求解，考虑前文近似，此时入射光信号波数与 Littrow 波数相差为小量，则得到

$$\gamma = \left(2 - \frac{1}{\sigma d \sin\theta_L}\right)\tan\theta_L \tag{5.30}$$

代入 Littrow 关系，如下式所示：

$$2d\sin\theta_L = 1/\sigma \tag{5.31}$$

将式(5.31)带入式(5.30)，整理得到

$$\gamma = 2\left(1 - \frac{\sigma_L}{\sigma}\right)\tan\theta_L \tag{5.32}$$

根据简单几何关系可知，两衍射波面经分光镜后夹角为 2γ，此时两波面不再平行，相互之间形成楔形空气层而发生等厚干涉。考察等厚干涉条纹间距关系，如下式所示：

$$e = \frac{\lambda}{2n\alpha} \tag{5.33}$$

式中，e 为等厚干涉条纹间距；λ 为干涉波长；n 为楔形板折射率（此处为空气层，故 $n=1$）；α 为楔形板楔角（此处即为 γ）。结合式(5.32)和式(5.33)，可知干涉条纹空间频率为

$$k_x = 1/e = 2\sigma\sin\gamma = 4(\sigma - \sigma_0)\tan\theta_L \tag{5.34}$$

令入射光信号频谱为 $B(\sigma)$，则可得干涉图像强度分布为

$$I(x) = \int_0^x B(\sigma)(1 + \cos\{2\pi[4(\sigma - \sigma_0)x\tan\theta_L]\})\mathrm{d}\sigma \tag{5.35}$$

式中，x 为像面坐标系下位置参量。

敏感器对多根谱线（即一定的入射带宽范围内）入射情况下的接收及处理，可以进一步提高非对称式空间外差干涉导航敏感器对导航目标源的适应能力。

在器件靶面上，入射带宽范围内的若干条谱线干涉条纹叠加后的干涉图像强度分布为

$$\begin{aligned} I_D(x) &= \sum_j S_j[1 + E_j(x)\cos(2\pi k_j x + \phi_j + \delta\varphi_j)] \\ &= \sum_j \left(1 + \frac{1}{2}E_j(x)\{\exp[\mathrm{i}(2\pi k_j x + \phi_j + \delta\varphi_j)]\right. \\ &\quad \left. + \exp[-\mathrm{i}(2\pi k_j x + \phi_j + \delta\varphi_j)]\}\right) \end{aligned} \tag{5.36}$$

式中，j 为入射带宽内谱线序号，S_j 为光强比例因子；E_j 为线型函数的傅里叶变换，此处表现为光强对比度；$k_j = 4(\sigma_j - \sigma_L)\tan\theta_L$ 为空间频率；$\Phi_j = 4\pi(\sigma_j - \sigma_L)\Delta d$ 为非对称空

间外差干涉结构引入的额外相位差；$\delta\varphi_j$ 为航天器与导航目标源间相对视向运动所引起的多普勒效应位相差。

对式(5.36)进行傅里叶变换，在入射光频谱基础上分离出特征谱线，并对其实施傅里叶逆变换，而后通过对此时干涉图像强度分布函数的虚部与实部可计算出总相位为

$$2\pi k_0 x + \phi_0 + \delta\varphi_0 = \arctan\left[\frac{\Im(I_D^0)}{\Re(I_D^0)}\right] \tag{5.37}$$

式中，若要解算获得 $\delta\varphi_0$，则必须先获得 $2\pi k_0 x + \phi_0$ 的初值。结合工程实施考虑，初值的获取可以通过如下方法：通过地面测控系统按照某一时刻的速度值上注至导航敏感器，后者同步记录该时刻的外差干涉图像，结合式(5.28)，将反解出的 $\delta\varphi_0$ 代入式(5.37)，则可获得 $2\pi k_0 x + \phi_0$ 的初值，后续速度的求解可依次开展。

5.4.2 组成及功能

1. 系统基本组成

为了实现高精度空间外差干涉测速能力，非对称式空间外差干涉测速导航敏感器在频率外差及干涉的基础上开展系统搭建，包括集光子系统、标定子系统、外差干涉子系统、成像采集子系统和信息处理及控制管理子系统。该系统组成框图如图 5.15 所示。

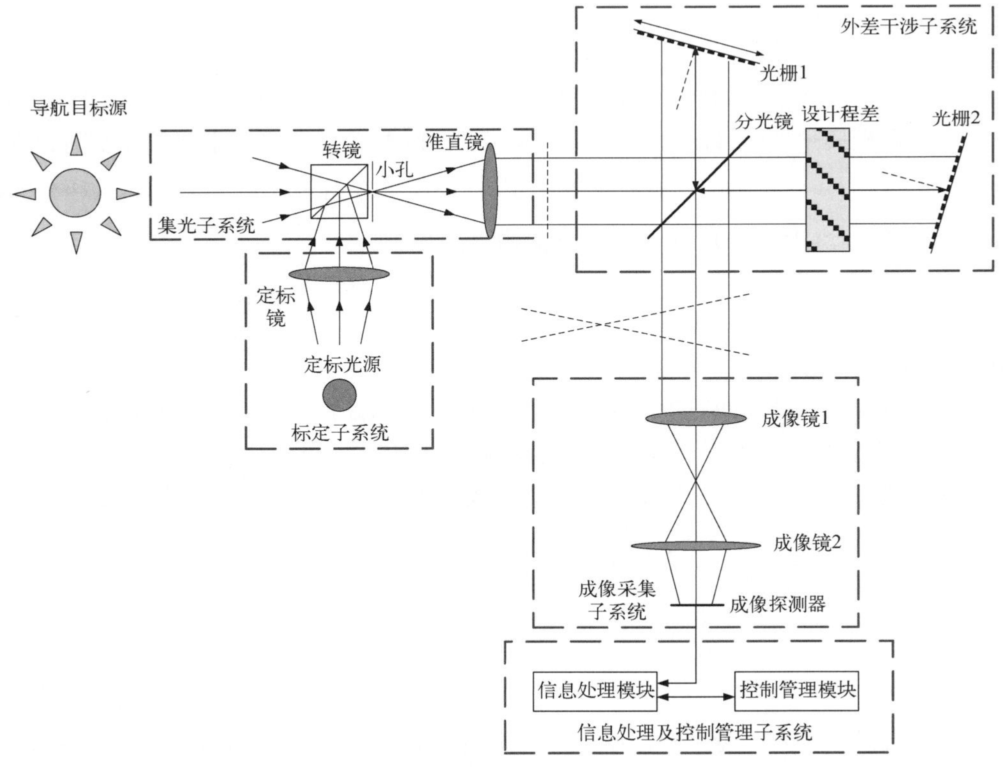

图 5.15　非对称空间外差干涉测速导航敏感器系统组成框图

1）集光子系统

集光子系统实质为光学镜头，完成对导航目标源辐射光信号的收集，其具体设计参数将最终会影响到系统的信噪比。该子系统对于不同的导航目标源存在不同的设计参数，如对太阳和系外恒星而言，前者视星等远高于后着，因此仅需要较小的口径即满足要求，而后者则需要较大的口径，同时还需考虑相当的积分时间予以保证。

2）外差干涉子系统

该子系统是该测速导航敏感器系统的核心子系统，需要实现针对导航目标源入射光信号的外差干涉，形成干涉图像。为了提高子系统对不同星等导航目标源的适应能力，需要开展多根谱线，即一定频带带宽范围内入射光信号的外差干涉分析。该子系统设计时的核心步骤是系统最优光程差的确定，需要通过地面扫描并采用效率函数等相关算法完成。

3）标定子系统

根据非对称空间外差干涉测速导航仪工作原理，需要通过干涉图像的采集与分析解算获得干涉信号的相位，并据此进行速度的求解。对于导航仪器而言，在确定目标源观测对象，并据此测定系统的线心波长及最优光程差后，需完成系统的地面标定。标定过程一般以标准的动态目标源作为输入获取系统的响应情况。对于在轨应用，尽管难以实现相对运动的动态模拟，但系统的稳定性表现仍是需要重点关注的内容。因此，通过高稳定性的定标源对导航仪系统实施在轨相对标定必不可少。

4）成像采集子系统

成像采集子系统完成对干涉图像的成像及采集，并确保成像像质，降低采样过程的噪声控制，为后续的信息处理和解算提供必要的过程保证。该子系统需要高性能的成像光学系统设计及成像器件完成干涉图像的采集过程。由于干涉图像具有一定的空间朝向关系，且图像的位置参数对解算结果影响较大，所以成像器件空间坐标系的确定是敏感器设计的重要环节。

5）信息处理及控制管理子系统

在干涉图像采集完毕后，该信息将传送至导航敏感器信息及控制管理子系统。首先由信息处理模块对干涉图像信息进行计算，具体包括灰度处理、位置参数提取、傅里叶变换及反变换求解、频带滤除、相位及速度求解等过程，同时对系统前端各误差项（含导航目标源物理参数、杂光抑制、平场波数漂移、干涉图像读出等）进行补偿及抑制。同时，控制管理模块将负责完成全系统的供配电、信息调度与交互、指令控制及对外接口管理等内容。

2. 系统基本功能

空间外差干涉测速导航敏感器系统的基本功能是实现空间天体光谱谱线频移检测。敏感器以恒星作为导航目标源，通过收集其辐射光波信号，利用航天器与导航目标源间相对视向运动所产生的多普勒频移效应，以非对称空间外差干涉法测量并采集外差干涉信号，通过变换处理获得干涉图像相位移动量，最终解算出航天器与导航目标源间相对视向运动速度值。

5.4.3 理论精度分析

根据吸收谱线外差测速原理对理论系统测速精度进行分析。

1. 吸收谱线测速建模

由于吸收谱线在导航目标源遴选方面的普遍性，精度分析将基于此类情况开展。

1）单根吸收谱线

令单根吸收谱线平均波数为 σ_0，谱线深度为 A_0，则在成像探测上形成的干涉图像强度分布可写为

$$I(\delta)=A_0\gamma(\delta)\cos\left[2\pi\sigma_0\delta\left(1+\frac{v}{c}\right)\right] \tag{5.38}$$

式中，$\gamma(\delta)$ 为吸收谱线型函数的傅里叶变换，即吸收谱线的对比度函数。若存在航天器与导航目标源间的相对视向运动，则条纹发生移动，干涉图像条纹的光强也会发生变化。对式(5.38)进行微分可得

$$\mathrm{d}I(\delta)=2\pi\frac{\sigma_0}{c}A_0\delta\gamma(\delta)\sin(2\pi\sigma_0\delta)\mathrm{d}v \tag{5.39}$$

考察条纹强度最大处的相位移动，则 $\sin(2\pi\sigma_0\delta)=1$，有

$$\mathrm{d}I(\delta)=2\pi\frac{\sigma_0}{c}A_0\delta\gamma(\delta)\mathrm{d}v \tag{5.40}$$

式中，干涉光强信号的灵敏度与 σ_0 成正比，与吸收谱线的吸收深度成正比，同时也与光程差和条纹对比度成正比。

但考虑到条纹对比度与光程差的制约关系，为使得系统性能达到最优，需要在上述条件下选择最优光程差。考察二者的乘积，称为效率函数，记作 $P(\delta)=\delta\gamma(\delta)$。寻找到该值的最大值，此时所对应的光程差即为最优光程差 δ_{opt}。

对于高斯线型，其对比度函数表达式为

$$\gamma(\delta)=\exp\left[-\left(\frac{\pi\Delta v\delta}{2c\sqrt{\ln 2}}\right)^2\right] \tag{5.41}$$

则效率函数写为

$$\gamma(\delta)=\exp\left[-\left(\frac{\pi\Delta v\delta}{2c\sqrt{\ln 2}}\right)^2\right]\delta \tag{5.42}$$

对于洛伦兹型线型，其对比度函数表达式为

$$\gamma(\delta)=\exp\left(-\frac{\pi\Delta v\delta}{c}\right) \tag{5.43}$$

则效率函数写为

$$\gamma(\delta)=\exp\left(-\frac{\pi\Delta v\delta}{c}\right)\delta \tag{5.44}$$

对于单根吸收线的情况，由于可以基于线型函数精确确定其在最优光程差处的干涉图像，也就易于求得其相位变化值，进而解算速度。

但是，单根谱线的获取需要借助高精度的超窄滤光片，导航目标源谱线特性其线宽一般约为0.1 nm。单谱线测速方法一方面难以通过光学方法直接获得如此窄线宽的滤波片，同时超窄线宽会带来信噪比问题。因此，以单根谱线为测量对象要求测量对象视星等足够高，仅适用于太阳或其他视星等较高的天体。

2）多根吸收谱线

单根谱线的测量存在种种弊端，因此从工程适应性角度选取具备一定宽度的带通吸收谱作为测量对象更具有实际意义。

由于带通范围内所含谱线均参与外差干涉，信号合成后将在成像器件上形成拍频信号。令某窄带滤光片分离出的带通范围内吸收谱线的平均波数为 σ_0，该带通谱段干涉图像强度在零光程差处的光强设为 I_0。由于通带内各谱线特征不一，由此将合成后的干涉图像强度分布表示为 $I(\delta)\propto I_0\cos 2\pi\sigma\delta$，则引入速度频移后的光强分布为

$$I(\delta)=I_0\cos\left[2\pi\sigma_0\delta\left(1+\frac{v}{c}\right)\right] \tag{5.45}$$

对式(5.45)进行微分，考察条纹强度最大处的相位移动，即 $\sin(2\pi\sigma_0\delta)=1$，则有

$$\Delta I=I_0 2\pi\sigma_0\delta\frac{\Delta v}{c} \tag{5.46}$$

由于每组条纹对应一个条纹周期，则当相移量为 φ 时，有

$$\frac{\varphi}{2\pi}=\sigma_0\delta\frac{v}{c} \tag{5.47}$$

进一步改写为

$$\frac{v}{\varphi}=\frac{c}{2\sigma_0\pi\delta} \tag{5.48}$$

该关系式与空间外差测速原理中对于速度的求解形式，即式(5.28)完全一致。观察发现式(5.48)右边为一个定值，可称为标定因子，地面需对其开展标定。

2. 精度分析建模

进行理论精度分析时，仅考虑导航目标源的光子噪声限制误差，不考虑航天器接收端的误差项，即所得分析结果为理论光子噪声极限。

按照设计思路，以最佳光程差附近的干涉图像条纹为考察对象。设此时的多普勒相移量为 φ，同时为计算方便，将干涉图像条纹强度分布简写为

$$I(\delta)=A\cos(2\pi\sigma_0\delta+\varphi)+B \tag{5.49}$$

式中，振幅 A 与条纹对比度和接收到的光子数 N_e 有关，即 $A=CN_e$，C 为条纹对比度函数，写作 $C=(I_{max}-I_{min})/(I_{max}+I_{min})$，$B$ 为接收到的总光子数，即 $B=N_e$，其均方根误差(Root Mean Square，RMS) $\langle\delta B\rangle=\sqrt{N_e}$。

令 $2\pi\sigma_0\delta=x$，则式简写为

$$I=A\cos(x+\varphi)+B \tag{5.50}$$

对式(5.50)进行逆傅里叶变换，考察傅里叶积分式关系有

$$\int_0^{2\pi} I\sin x\,\mathrm{d}x=\frac{A}{2}\sin\varphi+\int_0^{2\pi} B\sin x\,\mathrm{d}x \tag{5.51}$$

$$\int_0^{2\pi} I\cos x\,\mathrm{d}x=\frac{A}{2}\cos\varphi+\int_0^{2\pi} B\cos x\,\mathrm{d}x \tag{5.52}$$

考察相位的实测量，表示为 $\phi=\varphi+\mathrm{d}\varphi$，其中 $\mathrm{d}\varphi$ 为测量误差。实测相位可用式(5.53)计算

$$\tan\phi=\frac{\int_0^{2\pi} I\sin x\,\mathrm{d}x}{\int_0^{2\pi} I\cos x\,\mathrm{d}x} \tag{5.53}$$

对干涉图样条纹进行离散化采样，令 p 为采样点数，即每个条纹周期的像元采样列数，则相位值取其平均值，由式(5.54)决定

$$\tan\phi=\frac{\sum_{i=1}^{p} I(\delta_i)\sin 2\pi\sigma_0\delta_i}{\sum_{i=1}^{p} I(\delta_i)\cos 2\pi\sigma_0\delta_i} \tag{5.54}$$

将式(5.53)中 $\tan\phi$ 展开为 $\tan\varphi$ 的表达式，可得

$$\tan\mathrm{d}\varphi=\frac{\cos\varphi\int B\sin x\,\mathrm{d}x-\sin\varphi\int B\cos x\,\mathrm{d}x}{A/2+\sin\varphi\int B\sin x\,\mathrm{d}x+\cos\varphi\int B\cos x\,\mathrm{d}x} \tag{5.55}$$

则 $\mathrm{d}\varphi$ 的 RMS 误差可表示为

$$\langle\mathrm{d}\varphi\rangle=\sqrt{(\mathrm{d}\varphi)^2}=\frac{2}{A}\sqrt{\cos^2\varphi\left\langle\mathrm{d}\int B\sin x\,\mathrm{d}x\right\rangle^2+\sin^2\varphi\left\langle\mathrm{d}\int B\cos x\,\mathrm{d}x\right\rangle^2} \tag{5.56}$$

因为 $\left\langle\mathrm{d}\int B\sin x\,\mathrm{d}x\right\rangle=\left\langle\mathrm{d}\int B\cos x\,\mathrm{d}x\right\rangle=(B/2)^{1/2}=(N_e/2)^{1/2}$，则相位的 RMS 误差可表示为

$$\langle \mathrm{d}\varphi \rangle = \frac{\sqrt{2}}{C\sqrt{N_e}} \tag{5.57}$$

根据式(5.48),速度精度 RMS 误差可表示为

$$\langle \mathrm{d}v \rangle = \frac{\sqrt{2}}{C\sqrt{N_e}} \frac{c}{2\pi\sigma_0\delta_{opt}} = \frac{c}{Q_\lambda\sqrt{N_e}} \tag{5.58}$$

式中,$Q_\lambda = \sqrt{2}\pi\sigma_0\delta_{opt}C$ 为品质因子,在入射光通量一定的情况下,其大小直接表征了测速精度。由上式可以看出,速度精度与谱线频点、干涉条纹对比度和最佳光程差相关,最佳光程差则主要取决于谱线线宽。N_e 是导航仪系统所获得的总信号电子数,主要与光学系统及成像器件相关。

条纹对比度 C 主要与参与干涉成像的谱线数、谱线波长和谱线吸收深度有关。单位谱段内有效谱线数越多,连续背景越短,C 越大;谱线波长越小,C 越大;谱线深度越大,C 越大。

3. 精度定量估计

为了进一步说明系统的测速性能,在精度分析建模的基础上,按照一定的算例输入开展定量估计,以考察系统性能。

1) 单根吸收谱线精度分析

考虑到信噪比,宜以太阳为目标,考察太阳宁静区域 412 nm 处的铁线光谱,按照背景连续谱宽度为 0.2 nm,并按照高斯线型处理,经分析其在 $\delta_{opt} = 0.785$ cm 处效率函数为最大值,对应 $C = 0.057$,线宽 $\Delta\lambda = 0.008$ nm,计算得到 $Q_\lambda = 4\,823$。

考察光子数,以类太阳零等恒星为对象进行计算。对于零等恒星的观测,N_e 主要取决于成像器件参数。设成像器件工作在 70%饱和状态,则 $N_e = 2.39 \times 10^{10}$,计算得到 $\langle \mathrm{d}v \rangle = c/Q_\lambda\sqrt{N_e} = 0.4$ m/s。由此可见,高视星等恒星从能量角度而言表现较好,仅使用单根谱线就具有很高的极限精度。若进一步压缩背景连续光谱宽度并关注其谱线的稳定度,则精度及在轨适用性都将得以进一步提升。

2) 多根吸收谱线精度分析

以某段具备一定带宽,含多条有效吸收谱线的谱段为对象计算光子噪声极限精度。选择太阳谱线中 412~413 nm,共 1 nm 带宽范围内的 23 条谱线为对象。其光谱线型可视为高斯型,平均线宽为 0.01 nm,计算获得其最佳光程差在 0.626 6 cm。据此再计算其最佳光程差位置处的对比度 $C=0.042$,品质因子 $Q_\lambda = 2\,833$,并利用前面太阳计算时的成像器件参数,可得速度精度为 0.69 m/s。

5.4.4 应用范围

若能认识并解决时空尺度下可能存在的对系统的影响因素,并基于空间外差干涉测速导航敏感器目标源的物理特性,本系统可用于太阳系范围内航天器的天文自主组合导航任务。

5.5 色散定差干涉测速导航敏感器

5.5.1 基本原理

根据前文对深空天文自主测速导航方法的表述，若要完成导航解算，则必须预备三个以上的导航目标源作为观测对象，因此必须于系外寻找其他两个以上的恒星天体作为导航目标源。

经初步调研，对于视星等较低的恒星天体，由于其自身物理特性分类，其辐射谱表现并不稳定，而稳定性是作为导航目标源的必要条件之一。因此，需要把目光投向视星等更暗的一些恒星天体，但这同时带来了能量上的缺失。非对称空间外差干涉测速导航敏感器适用于视星等高、特征谱线带宽窄天体。在此情况下，若仍采用非对称空间外差干涉测速方法，在由于能量的局限不得已放宽入射通带带宽的情况下，外差干涉信号的效率函数及 Q 值将极大地被削减，进而造成测速精度的劣化。

针对系外较弱恒星导航目标源的改进型测速方法，即色散定差干涉测速法是解决上述问题的有效手段。其最大特点是在继承和沿用非对称空间外差干涉测速方法的同时，通过细分入射通带带宽，弥补了因带宽增大造成的 Q 值劣化，以适用于系外较弱天体的测速导航。

该方法的基本原理出处与非对称空间外差干涉测速方法一致，区别在于通过系统结构的调整，解决了因入射带宽增大造成的测速精度劣化问题。

5.5.2 组成及功能

1. 系统基本组成

从解决入射带宽增大而造成的测速精度劣化问题入手，在非对称式空间外差干涉测速方法基础上进行了适应性改进，形成了色散定差干涉测速系统，该系统组成框图如图5.16 所示。

由图 5.16 可知，色散定差干涉测速导航敏感器系统由集光子系统、标定子系统、定差干涉子系统、色散及成像采集子系统和信息处理及控制管理子系统组成。

1）集光子系统

与非对称空间外差干涉测速导航敏感器类似，色散定差干涉测速导航敏感器的集光子系统实质为光学镜头，完成对导航目标源辐射光信号的收集，其具体设计参数将最终会影响到系统的信噪比。此处由于导航目标源视星等较低，在工程约束条件下应采用较大口径的镜头，同时还需考虑相当的积分时间予以保证。

2）定差干涉子系统

该子系统是该测速导航敏感器系统的核心子系统，由于拉宽了入射通带，该子系统将完成对入射通带内所有信号的干涉，形成复色干涉图像。由于无选光等外差要求，干涉结

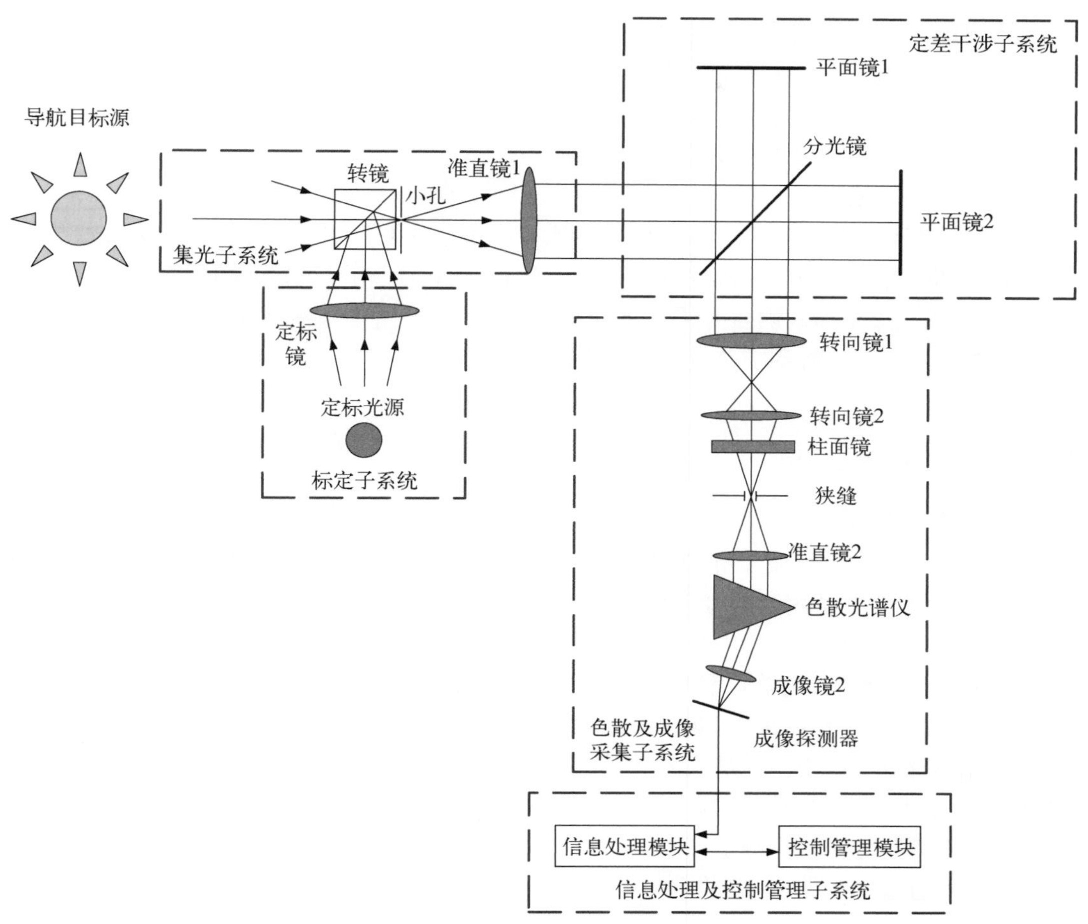

图 5.16　色散定差干涉测速导航敏感器系统组成框图

构由光栅外差式更改为迈克耳孙式。由于通带较宽，该子系统设计时对光程差及中心波长的选择需要结合后端的干涉图像样本的统计特性开展设计。

3）标定子系统

在轨应用过程中，通过高稳定性的定标源对导航仪系统实施在轨稳定性的相对标定。

4）色散及成像采集子系统

不同于非对称空间外差干涉测速导航仪，由于能量的局限性，入射带宽增宽，通过定差干涉子系统后发生类似白光干涉，通带范围内各谱线干涉图像发生混跌，无法完成干涉图像的提取和辨识。为了解决上述问题，增设柱面镜对类白光干涉信号进行压缩，经狭缝并完成光路准直后再经色散光谱仪后成像至成像器件，成像器件完成对色散后干涉图像的采集。该子系统中对色散光谱仪的参数选取尤为重要，将对后期处理过程中的测速精度产生影响。

5）信息处理及控制管理子系统

在干涉图像采集完毕后，该信息将传送至导航敏感器信息及控制管理子系统。首先根据色散光谱仪分离得到的各通道干涉样本进行相位的解算，完成各通道相位数据的统计，再根据解算得到的各通道速度值进行误差的评估和处理。期间，充分考虑目标源物理特性（含恒星光谱类型、自旋投影速度、金属丰度、恒星表面引力、光谱范围等）及色散光谱仪参数对测速精度的影响。同时，控制管理模块将负责完成全系统的供配电、信息调度与交互、指令控制及对外接口管理等内容。

2. 系统基本功能

色散定差干涉测速导航敏感器系统的基本功能定位于实现以系外恒星作为导航目标源，通过收集其辐射光波信号，利用航天器与导航目标源间相对视向运动所产生的多普勒效应，以色散定差干涉法测量并采集多通道干涉信号，通过误差统计分析确保测量精度，提供天文组合自主导航系统获得导航信息的一类导航敏感器。

5.5.3 理论精度分析

1. 精度分析建模

面向系外恒星的导航目标源，需要对色散定差干涉测速导航敏感器的测速精度进行深入分析，研究该方法的适应性及可行性。

在导航目标源单位谱段内光子流密度（$N'=N/\Delta\lambda$）一定的情况下，N_e 值与导航敏感器全系统光学参数、光学效率和成像器件参数有关，光学系统的集光能力越强，接收到的光子数越多，则信噪比越高，测量误差越小。另一方面，对于同一光学系统，光子流密度越大、工作带宽越宽，则同样进入光学系统的光子数越多，信噪比越高，测量误差越小。因此，在以低星等恒星作为导航目标源时，宜使用较大孔径的望远镜、较宽的工作谱段和高灵敏度的成像器件来提高测量精度。

由于多通道并行处理，色散定差干涉测速导航敏感器的速度精度可表示为

$$\langle \mathrm{d}v \rangle_\lambda = \frac{c}{Q\sqrt{N_e}} = \frac{c}{Q_\lambda \sqrt{\tau(\lambda)\Delta\lambda N'}} \tag{5.59}$$

与非对称空间外差干涉测速导航敏感器类似，由式(5.59)可以看出，通过同时增大 Q 值和 N_e 值可获得更小的误差。但对干涉型光谱仪，Q 值与 N_e 值存在制约关系。虽然增大工作波段 $\Delta\lambda$ 可增加入射光子数，但更宽的工作波段同时也增大了背景连续谱段，这些谱段产生的背景噪声信号将会湮没邻近吸收谱线产生的干涉调制信号，降低条纹对比度。通过低或中等分辨率色散光谱仪，将叠加在一起的干涉条纹分离出来，形成色散的多段干涉条纹。此时各个通道内的干涉条纹对比度由于谱段的细分而大大提高，其效果取决于色散光谱仪的分辨单元宽度，且入射通带并未因此而变窄，故总能量也同时得以保证。

对于色散定差干涉测速导航敏感器，色散及成像采集子系统中色散光谱仪的每个光谱分辨单元相当于一个测量通道，其速度误差由式(5.58)加入通道序号 j 后用式(5.60)所示

$$v_j = \frac{\sqrt{2}}{C\sqrt{N_j}} \frac{c}{2\pi\sigma_j \delta_j} = \frac{c}{Q_j\sqrt{N_j}} \tag{5.60}$$

系统平均速度精度为各测量通道的 RMS 值，可表示为

$$\langle \mathrm{d}v \rangle = \left(\sum 1/v_j^2 \right)^{-1/2} \tag{5.61}$$

令第 j 个通道内，沿狭缝方向像元上的干涉条纹光强分布视为余弦函数，则

$$I_j(\delta) = \int P(\sigma)[1+\cos(2\pi\sigma\delta)]L(\sigma_j-\sigma)\mathrm{d}\sigma \tag{5.62}$$

式中，$P(\sigma)$ 为进入色散光谱仪的频谱，$L(\sigma_j-\sigma)$ 为色散光谱仪响应线扩散函数的逆变换。定义 $\sigma=\sigma_j+\Delta\sigma$，$\delta=\delta_0+\Delta\delta$，则上式可写为

$$I_j(\theta) = I_j^c + W_j\cos\theta - U_j\sin\theta \tag{5.63}$$

式中，各参量表示为

$$I_j^c = \int P(\sigma)L(\sigma_j-\sigma)\mathrm{d}\sigma \tag{5.64}$$

$$W_j = \int P(\sigma)\cos(2\pi\sigma\delta_0)L(\sigma_j-\sigma)\mathrm{d}\sigma \tag{5.65}$$

$$U_j = \int P(\sigma)\sin(2\pi\sigma\delta_0)L(\sigma_j-\sigma)\mathrm{d}\sigma \tag{5.66}$$

其中，θ 为相位，$\theta=2\pi\sigma_j\Delta\delta$。$I_j^c$ 为零频处的直流信号，$W_j\cos\theta-U_j\sin\theta$ 为定差干涉子系统所产生的条纹信号。

对于色散定差多通道测量模式，测速精度的估算比单通道要复杂得多。主要体现在以下两个方面：

（1）中心波长将随测量通道发生变化。多通道模式下光谱带宽达几千埃，各个通道所对应的中心波长不一样，色散光谱仪及成像器件对各通道的响应也不同，需单独计算。此外，导航目标源的频谱分布不同，各频点进入导航敏感器的幅通量也不一致。

（2）各通道内最佳光程差不同。对窄带宽单通道情况，最佳光程差可通过计算效率函数最大值确定，而对于宽谱段，各个测量通道所对应的最佳光程差均不一致，无法同时使所有测量通道达到最佳光程差。

因此，对宽谱段的多通道测量方法，导航目标源的 Q 值计算要考虑到每个测量单元的光程差（对应相位量）的变化、中心波长的变化及光强（有效光子数）的变化，可表示为

$$Q_j = \frac{1}{\sqrt{2\pi I_j^c}}\sqrt{\int_0^{2\pi}\frac{(A_j+B_j\cos\theta-C_j\sin\theta)^2}{I_j^c+W_j\cos\theta-U_j\sin\theta}\mathrm{d}\theta} \tag{5.67}$$

对整个系统，Q 值为各测量单元 Q_j 的 RMS 值，为

$$Q = \frac{1}{\sqrt{2\pi\sum I_j^c}}\sqrt{\sum\int_0^{2\pi}\frac{(A_j+B_j\cos\theta-C_j\sin\theta)^2}{I_j^c+W_j\cos\theta-U_j\sin\theta}\mathrm{d}\theta} \tag{5.68}$$

式中，

$$A_j = \int \frac{\partial P(\sigma)}{\partial \sigma} L(\sigma_j - \sigma) \sigma \mathrm{d}\sigma \tag{5.69}$$

$$B_j = \int \frac{\partial P(\sigma)}{\partial \sigma} \cos(2\pi\sigma\delta_0) L(\sigma_j - \sigma) \sigma \mathrm{d}\sigma \tag{5.70}$$

$$C_j = \int \frac{\partial P(\sigma)}{\partial \sigma} \sin(2\pi\sigma\delta_0) L(\sigma_j - \sigma) \sigma \mathrm{d}\sigma \tag{5.71}$$

式(5.68)是由定差干涉条纹计算得到导航目标源品质因子 Q 的表达式，式中对各个通道的 Q 值加入导航敏感器参数对其的影响，是恒星导航目标源光谱 Q 值的体现结果，其本质为式(5.60)。该式中，Q 值与条纹对比度 C、最佳光程差 δ_{opt} 和中心波长 σ 直接相关，这些量都是与导航目标源相关的参数。如前文所述，对其影响因素主要有包括目标源光谱类型、自旋投影速度、金属丰度、恒星表面引力、光谱范围以及后置光谱仪光谱分辨率等。这些影响因素影响 Q 值表达式中的一个或多个量，相互关联，关系复杂。下面对其逐一分析。

首先，从在轨使用角度，导航目标源须具有较好的稳定性。因此，位于主序星阶段的恒星天体是较好的选择。此外，不同光谱类型的恒星天体由于自身运动特性温度较高，局部不稳定等缺点不宜作为目标源，通常 F、G 和 K 等主序星光谱类型的恒星天体因具有较为稳定的特性和较高的亮度而较宜作为目标源。

采用定差干涉式测量方法，干涉图像条纹的对比度 C 是品质因子中重要的影响因素，而谱线线宽直接影响干涉条纹的最佳光程差和对比度。对于恒星导航目标源，其自旋投影速度 $v_{\sin i}$ 是最主要的多普勒致宽因素，$v_{\sin i}$ 越小，谱线越窄，越利于测量。当 $v_{\sin i}$ 达到 km 量级时，将导致谱线过宽而使测量精度显著下降。

根据对比度公式，光谱吸收深度是条纹对比度的常系数，直接影响对比度 C，较大的吸收深度意味着更强的信号。由于恒星大气的吸收作用，金属丰度越高时，吸收深度越高，条纹对比度也越高，因此金属丰度是 Q 值的重要影响因素，也作为导航目标源遴选的重要依据。

此外，恒星黑体辐射功率谱密度分布是随光谱发生变化的，且吸收谱线的位置与密度分布也不均匀。对于类太阳光谱型功率谱分布，通常在蓝端谱线密度较大，吸收深度也较大，因此，越靠近蓝端的光谱越具有更强的信号强度，Q 值也越大。

2. 精度定量估计

下面对色散定差干涉测速导航敏感器测速精度进行定量估计。为了估计测速精度，需要预测进入成像器件的有效光子数。与非对称空间外差干涉导航敏感器以太阳为导航目标源相比，对于系外恒星导航目标源，成像器件所接收到的光强不足以使器件达到饱和。有效光子数可采用下式计算：

$$N_j = \frac{F_\lambda e_\lambda S_{\mathrm{tel}} t_{\exp}}{2.512^{mv}} \tag{5.72}$$

式中，F_λ 为以零等星为标准的光子流密度，e_λ 为整个光学系统对谱段的响应效率(随波长变化），t_{exp} 为成像器件曝光时间，S_{tel} 为望远镜口径大小，成像器件所获得的总光子数为各通道光子数之和。取如下参数对导航敏感器有效光子数进行计算：

(a) 导航目标源光谱类型：类太阳光谱类型；

(b) 导航目标源可视星等：1 等星；

(c) 入射光谱范围：400～600 nm；

(d) 入射光子流密度：9 000 photons/cm/s/10 nm；

(e) 望远镜口径：60 cm；

(f) 光学系统效率：30%；

(g) 色散光谱仪分辨率：5 000；

(h) 曝光时间：0.5 s。

由以上条件可计算得到成像器件接收到的有效光子数为 $N_{\text{e}} = 4.05 \times 10^{8}$，结合 0.1 nm范围内定差干涉图参数计算得到的 $Q = 8\ 396$，计算得到速度精度为 1.78 m/s。

5.5.4　应用范围

对系外恒星导航目标源的观测需要深入分析和研究时空基准对测速精度及有效性的影响，同时处理好多通道并行测量对测速精度的影响，则本系统可作为除太阳外其他两个测速观测量的补充，可用于太阳系范围内航天器的天文自主组合导航任务。

5.6　原子鉴频测速导航敏感器

原子鉴频测速导航敏感器是一种测量航天器相对太阳视向速度的敏感器，可为航天器各个工作模式和飞行阶段提供连续的量测信息。

原子鉴频测速导航敏感器以太阳为导航目标源。太阳是一颗 G2 型黄色普通矮星，其光谱属于 G2V 光谱型，有效温度约为 5 770 K。图 5.17 为太阳光谱示意图。

太阳光谱由连续谱以及许多的吸收谱线和发射谱线组成，其中吸收谱线是由太阳核心发射出的太阳光被光球层、色球层中的原子、分子或离子吸收而产生，又被称为夫琅禾费线。

为了精确测量太阳光中某特定谱线的多普勒频移量，要求测量仪器具备中心频率极稳、工作带宽极窄、带外抑制强，并能有效去除太阳光源自身运动所带来的测速影响的能力。原子鉴频测速导航敏感器采用原子鉴频测速的原理，可得到高精度的测速信息。

5.6.1　基本原理

原子鉴频测速的基本原理是基于原子核的共振吸收现象，从太阳光谱海量的谱线中准确鉴别出待测光谱线的频率，再通过太阳光中的待测光谱线的反常色散、法拉第旋光效应来准确测量其频率移动量。

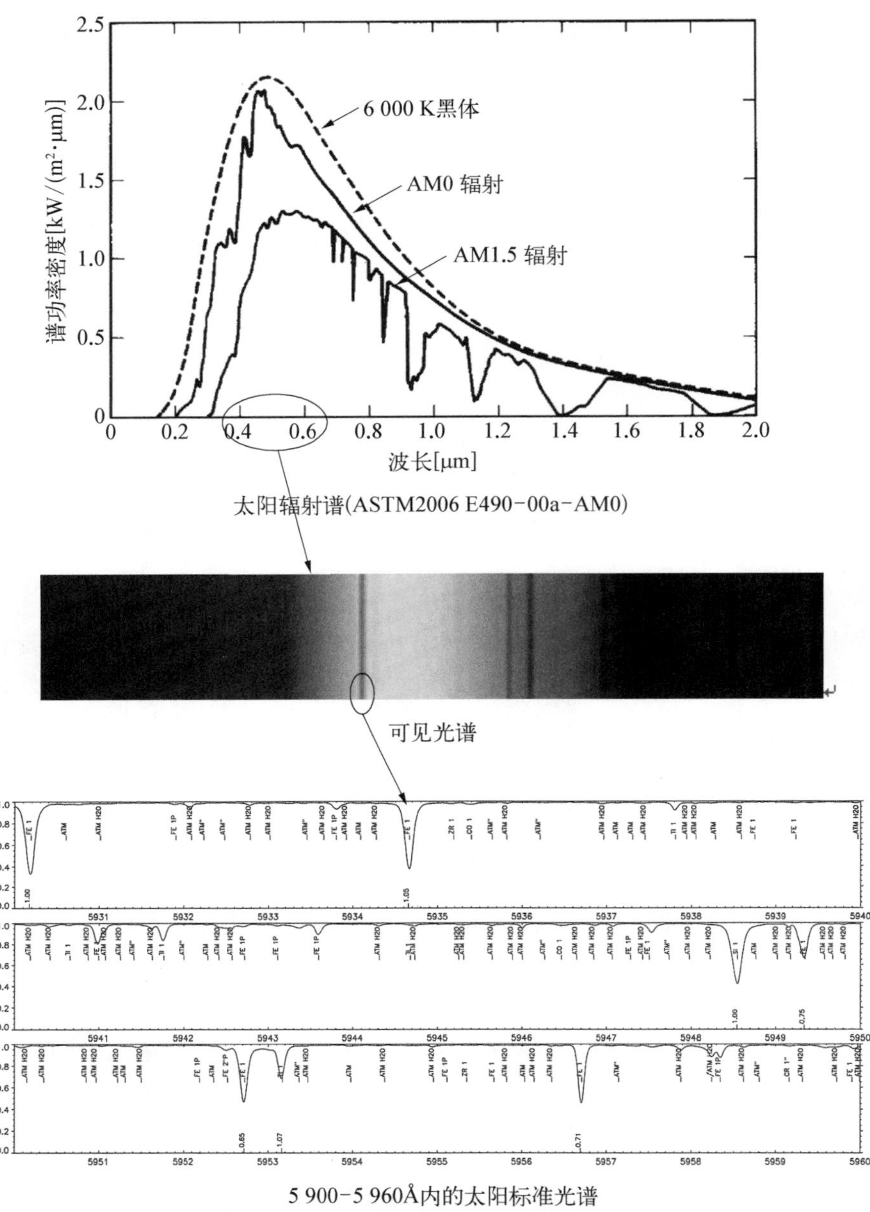

图 5.17　太阳光谱示意图

1. 共振吸收——准确选择待测谱线

光子是由原子核外的电子通过能级跃迁实现的，而光子的频率 $\nu_{0(\mathrm{niv})}$ 即能级跃迁的频率是由参与能级跃迁的上下两个能级 E_{u}，E_{d}决定的，即

$$\nu_{0(\mathrm{niv})}=\frac{E_{\mathrm{u}}-E_{\mathrm{d}}}{h} \tag{5.73}$$

式中，h 为普朗克常量。

以钠元素为例，原子核外电子能级示意如图 5.18 所示。

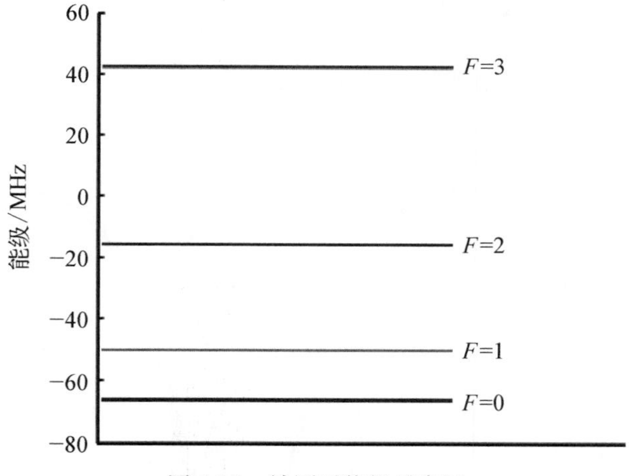

图 5.18 钠原子能级示意图

共振吸收的概念来自经典电动力学，即吸收光和发射光的基本单元是谐振子，每种谐振子都有它的固有频率，当外来光波的频率和谐振子的固有频率相同时，谐振子会对外来的辐射产生很强的吸收，这种吸收被称为共振吸收。从量子物理的观点看，共振吸收式由于原子由基态到低激发态的跃迁产生，这种跃迁的概率系数比其他跃迁的概率系数大很多，所以共振吸收产生的谱线是很强的，比较著名的共振线有钠元素的 D2 线，电离钙的 H 线、K 线等。

太阳光谱中钠原子吸收谱线如图 5.19 所示，其中图(a)两个较大的吸收峰分别对应钠原子的 D1 线 589.594 nm 和 D2 线 588.995 nm；图(b)为放大的钠 D2 线光谱曲线，其上标注了不同间距对应太阳光谱曲线的位置。

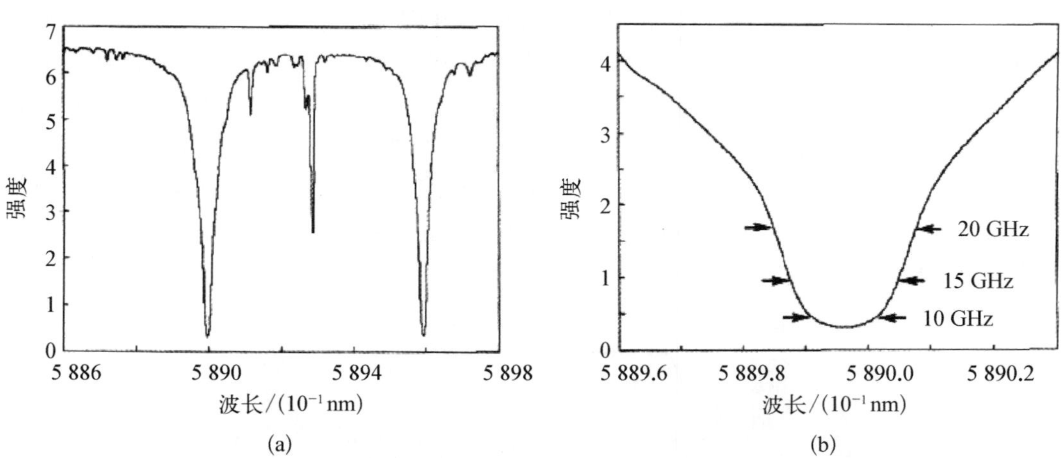

图 5.19 太阳光谱钠原子吸收谱线示意图

本方案即采用钠元素 D2 线(波长 589 nm)作为待测谱线。

当太阳光入射到钠原子蒸气时，太阳光中与钠原子 D2 线相应的谱线就会在钠原子蒸气中形成共振吸收，从而在海量太阳光谱线中准确选择出与钠原子 D2 线同频的待测光谱线，该谱线实际上就是太阳光在通过太阳光球层大气时，被其中钠元素吸收而产生的相应吸收谱线。

当航天器飞行过程中，与太阳产生相对径向运动时，就会引起航天器观测到的谱线发生多普勒移动，如图 5.20 所示。

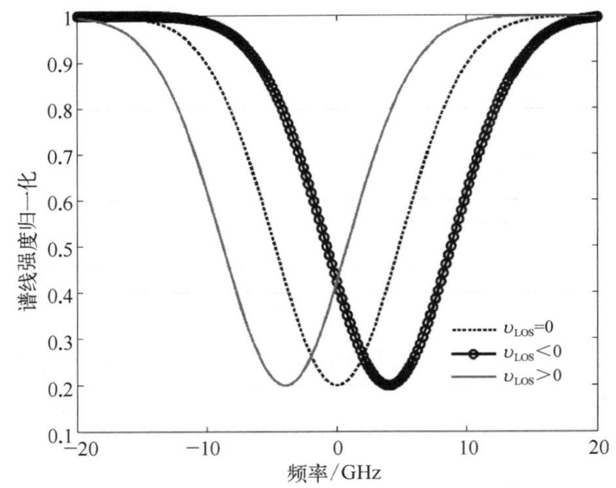

图 5.20　径向运动引起谱线多普勒移动

2. 法拉第旋光理论——实现原子滤光、原子鉴频

为了得到航天器相对太阳的径向运动速度，在太阳光通过原子蒸气时，不仅要准确选择待测的钠原子 D2 谱线，还需要对太阳光全谱段内的所有其他谱线进行有效抑制（即原子滤光），进而对待测谱线的频率移动进行准确测试（即原子鉴频）。

原子滤光、原子鉴频可通过法拉第旋光理论实现，其工作原理如图 5.21 所示。原子蒸气贮存在原子泡中，原子泡处于均匀磁场和均匀温度场中，磁场方向与光传播方向平行。在原子泡的两端安置严格正交的一对偏振镜，偏振器 P_X，P_Y互相正交。从左边输入的光，若其频率不能准确地激发原子泡中原子的某个能级跃迁，则会被正交安置的一对偏振镜所阻挡；而对于能激发泡中原子跃迁的光，则经泡中原子与相应磁场的联合作用，可将其偏振方向旋转 π 或其奇数倍，就可以顺利通过正交安置的偏振镜对。如果输入的信号光就是这种能激发泡中原子跃迁的光，则信号光就会被挑选出来，从而实现了“原子”滤光。

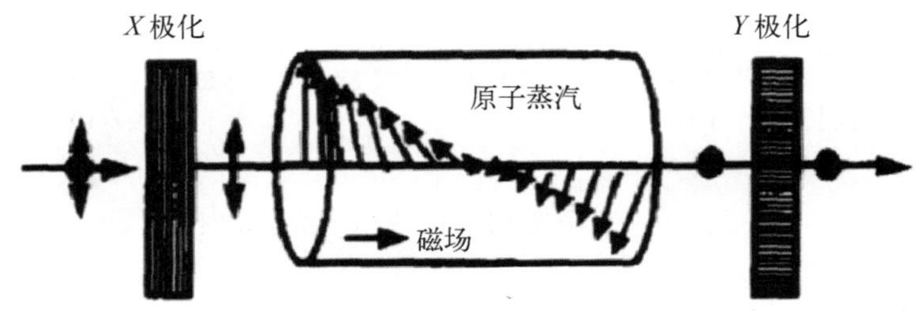

图 5.21　法拉第原子鉴频示意图

法拉第原子鉴频的透射函数表达式可以写为

$$F(\upsilon)=|E_x|^2-|E_y|^2=\frac{|\exp-(-ik_{RCP}L)-\exp(-ik_{LCP}L)|^2}{4} \tag{5.74}$$

其中,L 为原子蒸气泡的有效长度,该值由原子泡的长度及其所处的温度、磁场决定;k_{RCP} 是右旋圆偏振光的复波矢;k_{LCP}是左旋圆偏振光的复波矢。

分析上式可知：① 在远离共振频率时,$k_{RCP}=k_{LCP}$,这说明法拉第原子鉴频具有带外抑制能力;② 原子泡长度、温度、磁场等都是法拉第原子鉴频器的透射函数 $F(\upsilon)$ 的参数。通过适当调节参数,可以得到各具特点的原子鉴频器透射函数。

典型的法拉第原子鉴频透射曲线如图 5.22 所示。其透射带宽 Δf 通常在吉赫兹量级(1 GHz≈0.001 1 pm@590 nm),其中心频率 f_0 主要取决于原子能级跃迁,其稳定性极高。如果将信号光的频率置于透射曲线的左右斜边的中心处,即 $f_0\pm1/2\Delta f$ 处,则当信号光频率由于某种物理原因发生微小改变时(如由目标运动所产的多普勒频移),则信号光的透射会增加或减小(视信号光频率是提高或降低而定)。

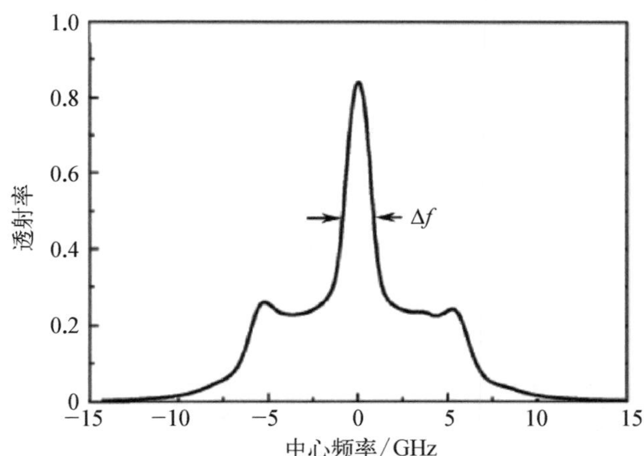

图 5.22 原子滤光鉴频典型透射曲线

通过改变法拉第原子鉴频的透射函数的参数,可以改变透射函数的曲线形状,将典型的单峰透射变为双峰透射,如图 5.23 所示。

如图 5.23 所示的双峰透射,定义其中左侧峰为红翼透射光,右侧峰为蓝翼透射光。当信号光频率由于某种物理原因发生微小改变时(如由目标运动所产的多普勒频移),则红翼、蓝翼透射峰会相应增加或减小,从而实现了“原子”鉴频,具体过程如图 5.24 所示。

三条曲线按图例顺序依次：F^B、F^R双透射峰钠原子滤光器透射谱型,υ_{LOS}为太阳大气中钠 D2 线附近的吸收光谱线,S^R、S^B双透射峰钠原子滤光器后红翼支与蓝翼支的光强度,其左侧为红翼支光强 I_r,右侧为蓝翼支光强 I_b,则航天器相对太阳视向速度可表示为

$$v_1=k\frac{I_b-I_r}{I_b+I_r}+v_2 \tag{5.75}$$

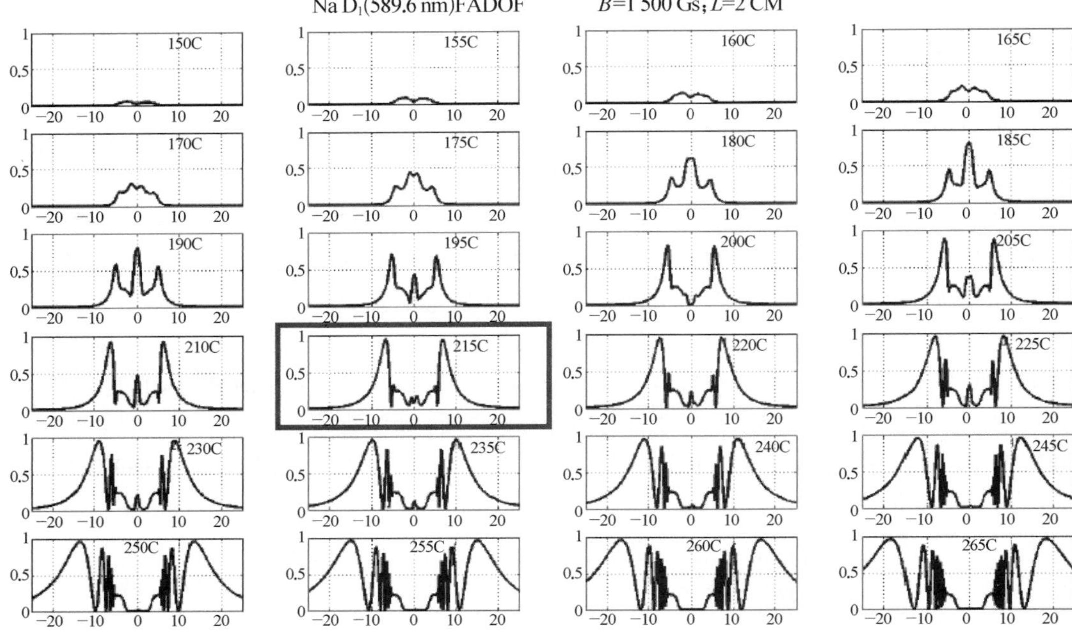

图 5.23　钠原子鉴频透射函数图库

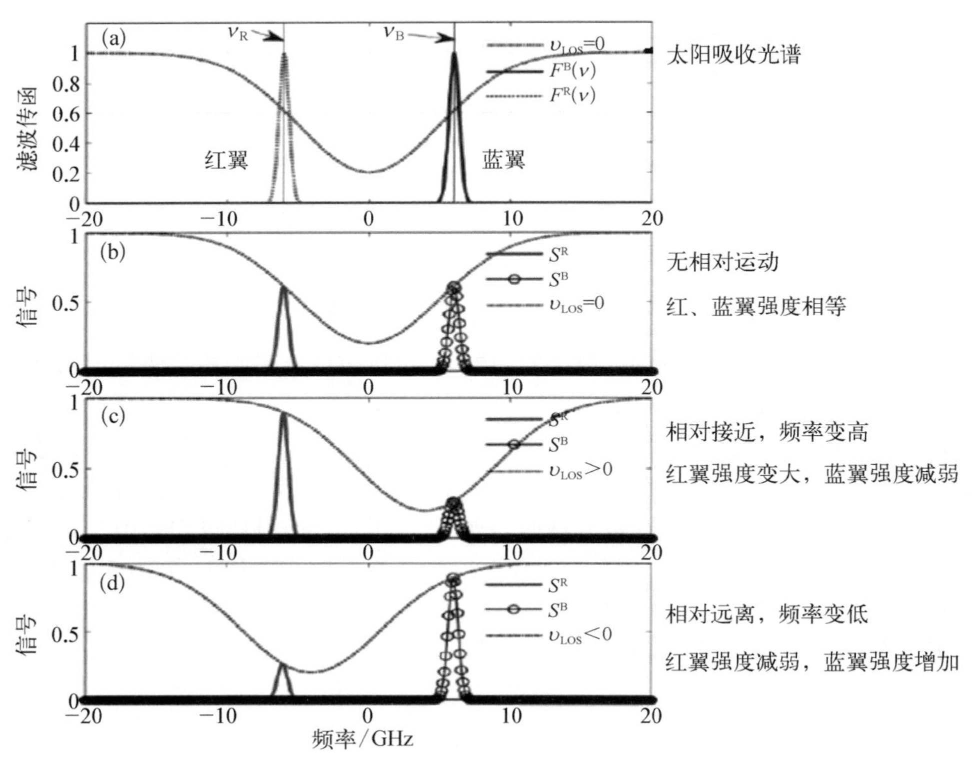

图 5.24　原子鉴频原理示意图

式中，I_r与I_b分别为红翼支、蓝翼支光强度，通过各自上接收光子数确定；k为校准常数，一般取经验值$k \approx 8\,500$ m/s；v_2为系统速度，是由太阳自转，太阳引力场红移等因素导致的系统速度偏差；v_1即为径向速度。

由于原子鉴频测速方法基于原子自身的能级跃迁，光谱稳定性高，对振动等环境因素不敏感，该方法测量准确度高。

原子鉴频测速方法利用运动物体的光学多普勒效应测量视向运动速度。原子鉴频的性能是由原子热运动、原子能级结构和跃迁概率决定的。利用原子能级跃迁实现光谱的高分辨率和高稳定性的观察，获得f'。

3. 反常色散——提高光谱分辨率

反常色散亦是物质的普遍性质，是指当波长变大时，折射率值增大的现象。反常色散与选择吸收密切相关，在发生物质的选择吸收波段附近出现反常色散。当太阳光入射到钠原子蒸气时，太阳全谱段的光之中位于钠原子共振波长附近，钠原子蒸气的副折射率随波长剧烈变化，表现出极强的反常色散特性，从而提高了输出光的光谱分辨率。

原子鉴频测速方法采用了原子气体的光学反常色散特性，光谱分辨率高，使得该测量方法具有高精确度。

4. 精度分析

原子鉴频光谱测速精度受原子鉴频器检测精度与太阳夫琅禾费光谱谱线误差等因素共同影响。

根据上述原子鉴频原理，采用巴黎天文台提供的太阳光谱数据库作为依据对其检测精度进行仿真分析。模拟测速仪以不同的视向运动速度靠近或者远离太阳，此时在测速仪看来，太阳夫琅禾费光谱谱线发生了整体的频率移动，因此透过原子鉴频的红移与蓝移两个透射峰的强度都随着视向运动速度而发生变化，其变化趋势如图5.25所示。红移与蓝移两个透射峰的强度的变化大小代表了仪器的灵敏度。

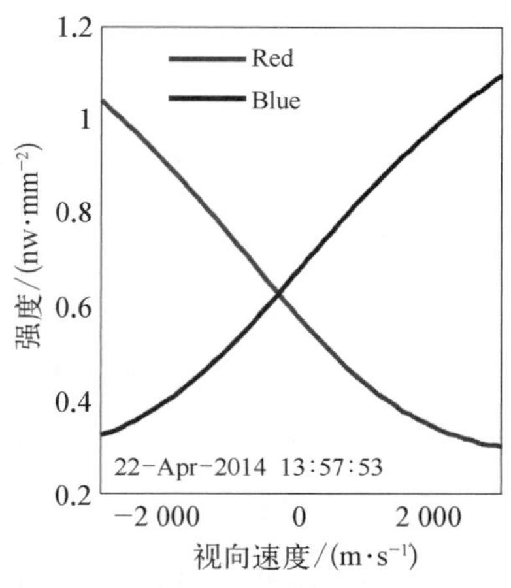

图5.25　红移、蓝移透射峰信号强度与视向运动速度的关系

分别测量原子鉴频测速模块红移、蓝移两个透射峰的信号光强度，可以反演出视向运动速度。如图5.25所示，若视向速度变化1 m/s，则红移与蓝移两个透射峰的强度变化大约万分之一。通过选用合适CCD探测单元可检测到该红移强度变化。

理论上，该原子鉴频光谱测速仪可实现优于1 m/s的视向速度测量。

需要说明的是，太阳大气中主要发光的部分是光球层，光球被杂乱的对流元(称为米粒组织或超米粒组织)所覆盖，物质从米粒元中心上浮，以500 m/s的速度向外扩散，在边缘处下沉。同时，太阳大气伴随太阳核心进行较差自转，再加引力虹移的影响，这些都是测试过程中产生的误差，通过对太阳光源特性的研究，需研究有效算法以消除太阳发射源移动速度v_s对测速结果所产生的影响，最终获得航天器运动速度v_0。

5.6.2 组成与功能

1. 主要功能

原子鉴频测速导航敏感器所完成的主要功能为：

(1) 敏感太阳钠原子光谱，有效去除太阳自转、太阳表面物质运动、引力红移等带来的速度误差影响，得到相对于太阳的视向速度；敏感特定恒星光中的钠原子光谱，有效去除多恒星测量带来的速度误差影响，得到相对于区域恒星的视向速度；

(2) 提供内部重要状态的遥测信号，接收星上综合电子单机发来的遥控指令；

(3) 提供地面测试接口，供地面测试时使用。

2. 组成框图

原子鉴频测速导航敏感器由原子鉴频组合，CCD 探测单元，测速计算机，赤道仪等组成，如图 5.26 所示。

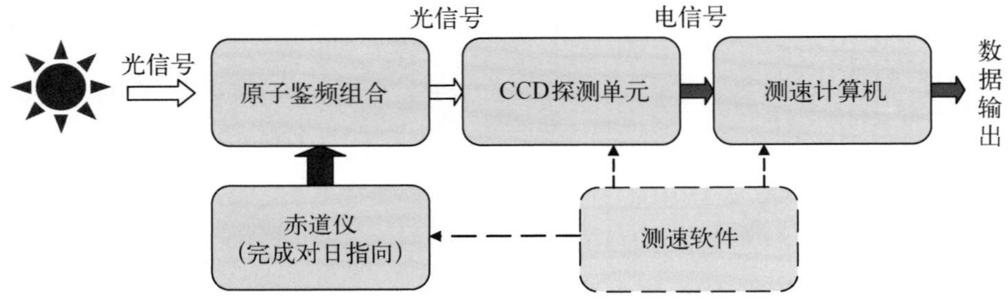

图 5.26 原子鉴频测速导航敏感器组成示意图

原子鉴频测速导航敏感器信息流程如图 5.27 所示。

5.6.3 应用范围

原子鉴频测速导航方法由于其工作原理是基于原子共振吸收，理论上导航目标源具备与其原子泡相匹配的能量谱线，则通过该方法均能输出影响的导航信号。由此，对于太阳系内的深空探测任务，在以太阳作为导航目标源的情况下该方法可适用。

5.7 深空天文自主导航计算机

作为深空天文自主导航系统的硬件组成部分，深空天文自主导航计算机需要完成对前端导航敏感器量测信息的采集、处理并解算，并完成系统级误差的补偿和抑制，最终输出航天器速度与位置等导航信息。

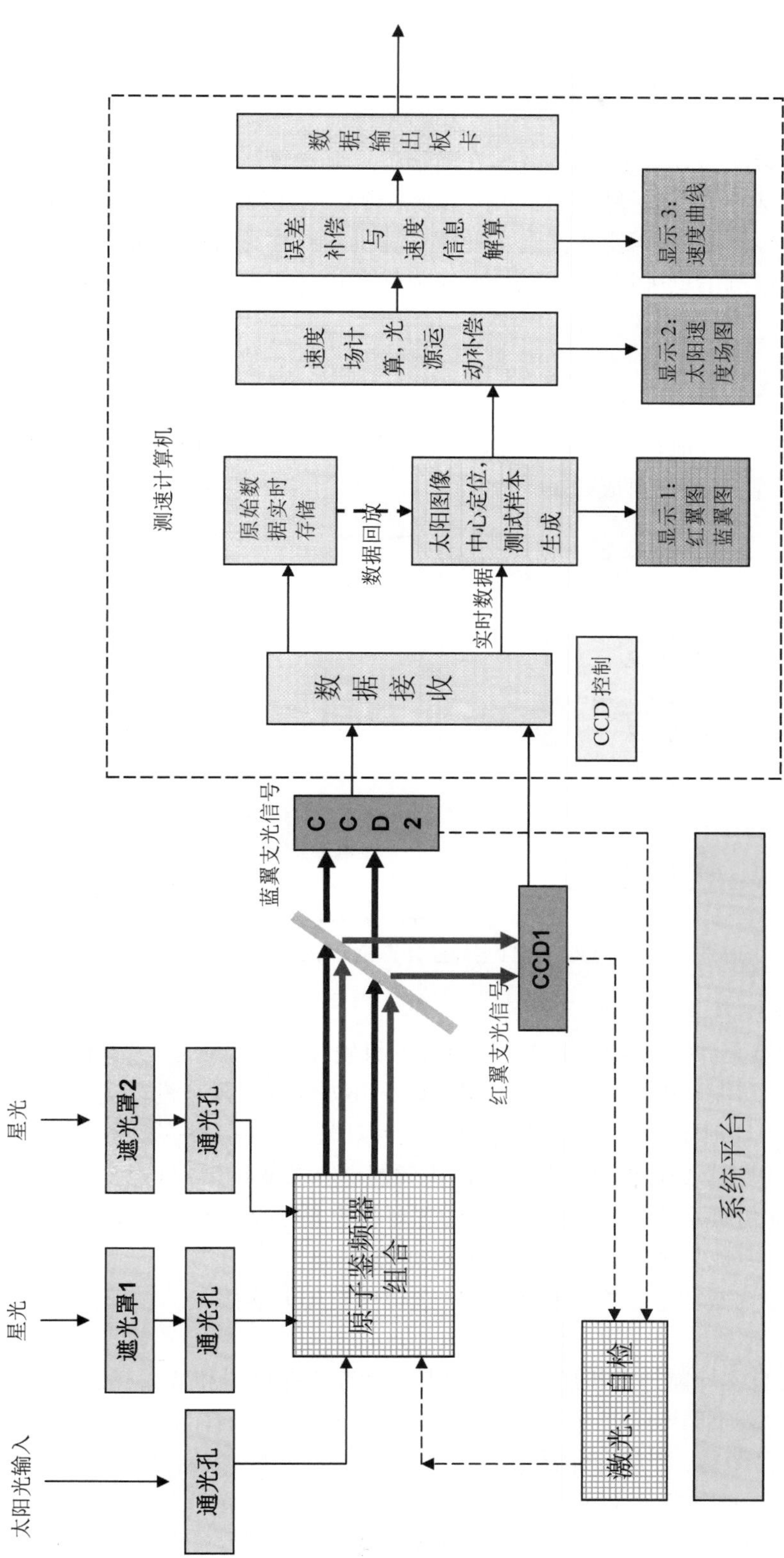

图 5.27 原子鉴频测速导航敏感器信息流程图

5.7.1 基本原理

根据深空天文组合自主导航方法，在前端各导航敏感器量测信息收集完成后，导航计算机需要在此基础上开展导航信息的解算与融合处理，因此所需导航计算机为组合导航计算机。从原理上而言，深空天文自主导航计算机是以计算机硬件为载体，采用相应的导航算法对各类量测信息进行滤波及融合，完成任务指标要求下的信息处理。

5.7.2 组成及功能

深空天文自主导航计算机从系统组成上主要包括中央处理器单元、外围接口、存储单元及供电单元等，其系统组成如图 5.28 所示。

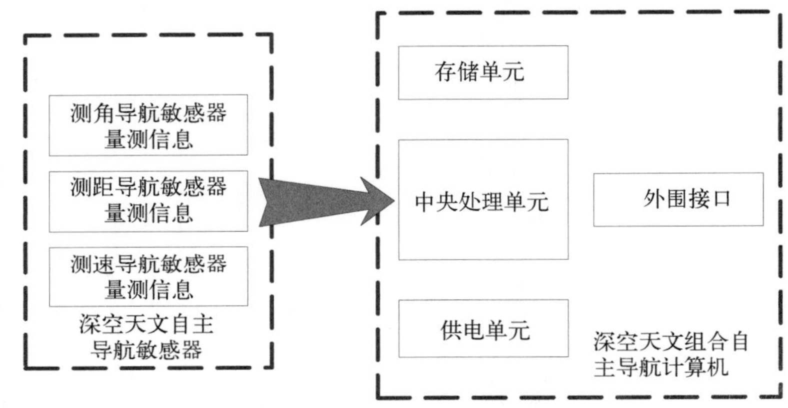

图 5.28　深空天文组合自主导航计算机系统组成及外围接口结构图

1. 中央处理器单元

中央处理器是深空天文组合自主导航计算机硬件系统的核心，具有信号采集、数据处理、状态监测等功能。中央处理器可以根据以下几方面的因素来进行选择。

(1) 性能：处理器必须具备足够的性能来处理任务，在并发多任务的情况下，满足相关要求。具体包括：处理器具有足够高的主频能够在要求的时序内完成仿真计算和数据收发，从而保证仿真系统的实时性；要求处理器具有足够的中断和外设资源，从而可以扩展足够的外设，完成处理器和外部设备的数据交换等。

(2) 功耗：考虑供电系统的供电能力，选择低功耗的器件。

2. 存储单元

深空天文自主导航计算机所用的存储器包括程序存储器和数据存储器。一般程序存储器选择 PROM、EEPROM、FLASH 等；数据存储器可以选择 SRAM、FLASH 等。

(1) 程序存储器：程序存储器中保存导航算法程序以及数据存储和发送程序，具体根据程序的大小和使用要求进行选择。

(2) 数据存储器：用于存储程序运行过程中的中间数据，可以用 SRAM 来实现，通常的处理器芯片会带一部分的数据存储器。

(3) 对于导航数据的存储,可用固态硬盘来实现。

对于深空天文自主导航计算机来说,由于计算机需要完成的功能单一,程序比较简单,数据量较小,所以可以直接应用处理器芯片内部自带的FLASH程序存储器和SRAM内部数据存储器,但需要扩充外部数据存储器来存储LVDS接口接收到的导航图像数据。

3. 供电单元

深空天文自主导航计算机的供配电单元选择直流稳压源供电,内部采用DC/DC供配电,管理控制器及其他载荷的供电。

4. 外围接口

深空天文组合自主导航计算机外围接口需要具备与导航敏感器间及相关测试设备的通信、供电、控制等接口要求。因此,计算机外围接口需具备如下接口类型:异步RS422、同步LVDS、其他备用的测试接口(LAN、AD、DA、同步422接口等)。

5.7.3 应用范围

深空天文组合自主导航计算机是深空天文组合自主导航的信息处理终端,也是各类深空天文自主导航系统不可或缺的组成部分。因此,在出现更新的技术应用之前,原则上任何的深空探测任务航天器均需搭载该系统。对于不同的深空探测任务,需要从任务性质及环境条件角度出发,对导航计算机的资源匹配性及环境适应性开展研究与研制。

第6章 数学仿真与半物理实验

6.1 引　　言

数学仿真与半物理实验是对导航系统功能、性能进行验证的重要手段。数学仿真是指利用计算机实现被测对象的数学模型，并在该模型上进行实验。半物理实验是指在数学仿真中将部分模型用实物来代替的一种实时仿真。半物理实验将实物样机接入系统，与数学仿真相比更接近真实情况。

天文导航系统的仿真可分为深空环境仿真、导航目标源仿真、航天器平台仿真三部分。其中，深空动力学环境一般采用数学仿真实现。导航目标源仿真一般采用目标源模拟器实现，可分为光学图像模拟和光谱模拟两类。航天器平台可采用三轴转台、导航样机进行地面等效模拟。

深空动力学环境以及导航目标源特性的模拟是天文导航地面仿真与实验的难点。不同目标天体的外形、亮度、自转、光谱等特征均有较大差异，在地面模拟存在困难时，可采用实地观测恒星、小行星、月球等手段来获得近似观测量。

6.2 数学仿真

6.2.1 数学仿真模型

导航系统数学仿真可分为真实轨道数据、量测数据、轨道动力学、导航滤波算法和导航结果分析等部分，如图 6.1 所示。

真实轨道数据是量测模型的输入，也是导航结果分析的参考标准。真实轨道可由 STK/MATLAB 依据更高精度的动力学模型模拟生成，或者选用航天器的轨道数据文件。STK/MATLAB 模拟简单方便，可满足一般仿真需求；航天器的轨道数据文件是地面测定轨得到的轨道数据，适用于近地卫星导航数学仿真。

量测数据为导航滤波算法提供量测输入。量测数据是导航量测方案对真实轨道进行观测的结果，在观测过程中需要考虑目标源端误差、量测误差、敏感器安装误差以及航天器姿态误差等因素。通过对量测方案及误差特性的模拟，可以得到真实量测数据的模拟结果。

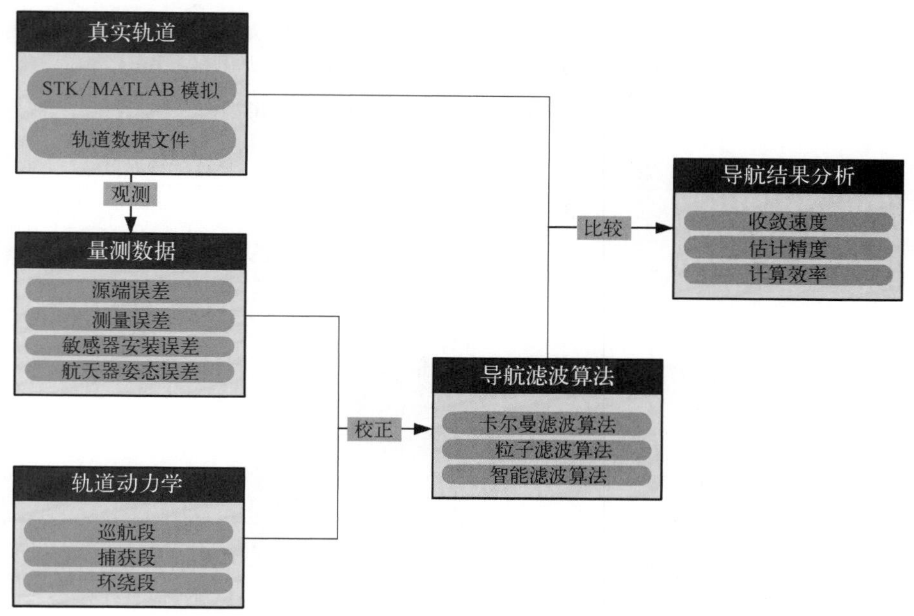

图 6.1　导航系统数学仿真

轨道动力学是导航估计的理论模型，为滤波算法提供状态输入。轨道动力学需要根据不同任务的不同阶段进行针对性建模。考虑到星上计算消耗，仿真中应该选取恰当的简化模型和高效率的积分求解方法。

导航滤波算法对量测数据和理论轨道数据进行处理，得到导航估计结果。目前，常用的导航滤波算法有卡尔曼滤波算法、粒子滤波算法和智能滤波算法等，已在本书第 3 章进行了详细阐述。

导航结果分析通过对比真实轨道和导航滤波估计结果，得到估计结果的收敛速度、估计精度和计算效率等指标。

仿真过程中，量测模型对真实轨道数据进行观测得到实时的量测数据，同时由轨道动力学模型生成理论轨道数据，然后经过导航滤波算法利用量测数据对理论轨道进行校正，得到对真实轨道的导航滤波估计结果，最后将导航估计结果与真实轨道进行比较，分析其导航性能。

6.2.2　测角测速导航仿真

在不同误差源下，对测角测速组合导航系统的定位、定速精度进行仿真分析。仿真轨道采用火星探测地火转移段轨道，行星星历采用 DE421 星历，滤波算法选用 UKF，滤波周期为 3 600 s。

1. 星历误差

为分析星历误差对导航系统性能影响，以地火转移段、火星捕获段为例，分别考虑小行星星历误差、火星卫星星历情况，进行仿真。

1）地火转移段

图 6.2 给出了小行星星历误差为零情况下的导航结果。从图中可以看出，自主导航位置估计误差为 13.28 km(1σ)，速度估计误差为 0.017 m/s(1σ)。

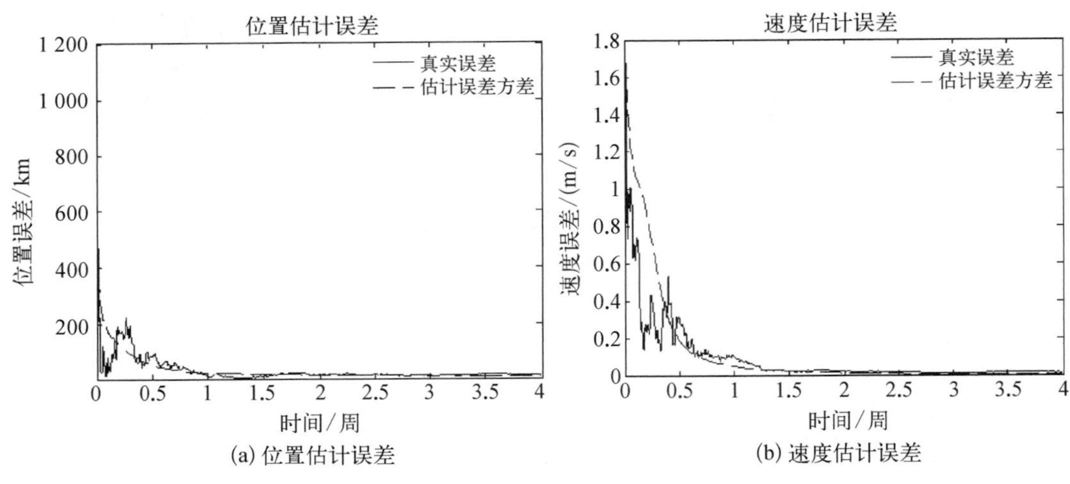

(a) 位置估计误差　　(b) 速度估计误差

图 6.2　小行星星历误差为零情况下的导航结果

对于地火转移段，当小行星星历误差为 50 km 时的导航仿真结果如图 6.3 所示。可见，航天器在小行星星历误差为 50 km 时的仿真条件下，位置估计误差为 66.12 km(1σ)，速度估计误差为 0.03 m/s(1σ)。

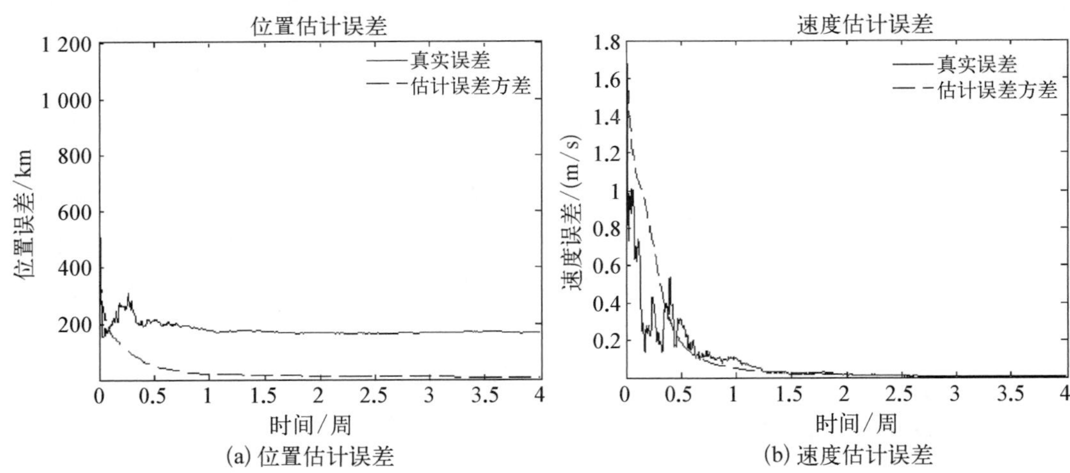

(a) 位置估计误差　　(b) 速度估计误差

图 6.3　小行星星历误差 50 km 的导航结果

由此可见小行星星历误差对导航精度的影响较大。其原因是滤波算法仅能消除随机误差的影响，无法消除常值的系统误差的影响。

图 6.4 为小行星星历误差与导航精度之间的关系。由图可以看出，小行星星历误差与导航精度呈线性关系，星历误差越大，导航精度越差。

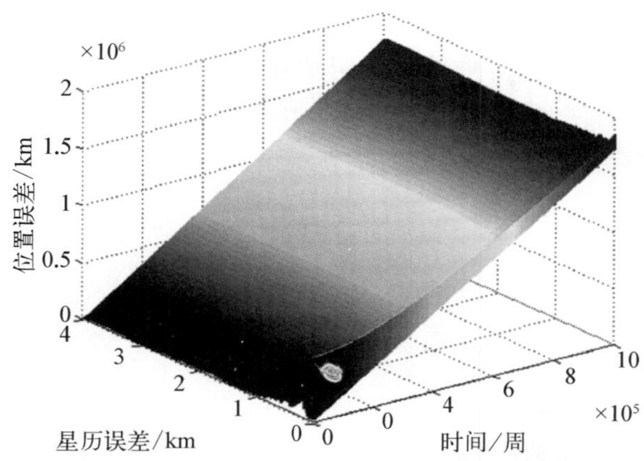

图 6.4 小行星星历误差与导航精度关系的仿真结果

2）火星捕获段

设“火卫一”和“火卫二”星历误差为 10 km，对火星捕获段四种工况进行仿真分析。Case 1 是没有星历误差的自主导航结果；Case 2 是“火卫一”星历误差为敏感器视线方向 10 km 的自主导航结果；Case 3 是“火卫二”星历误差为敏感器视线方向 10 km 的自主导航结果；Case 4 是“火卫一”和“火卫二”星历误差均为敏感器视线方向 10 km 的自主导航结果。图 6.5 给出了四种可能的情况所对应的自主导航结果。

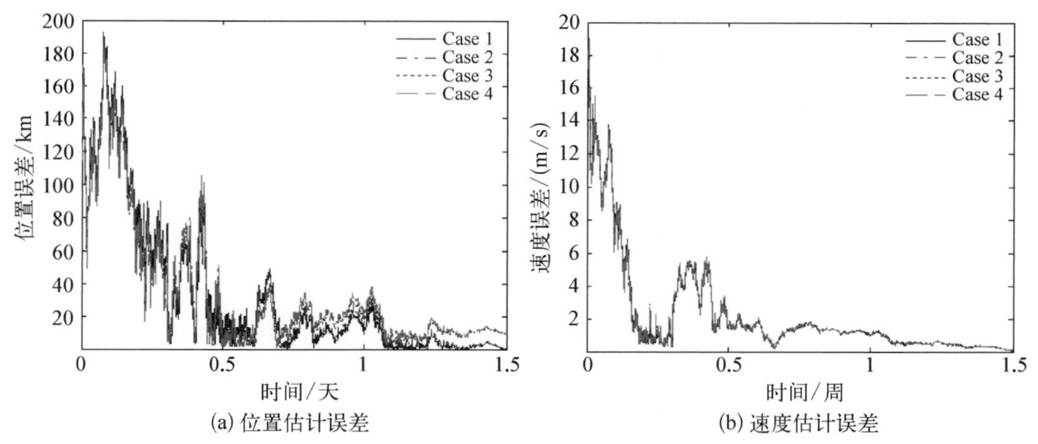

(a) 位置估计误差　　(b) 速度估计误差

图 6.5 “火卫一”和“火卫二”星历误差对导航精度的影响比较

由表 6.1 可以看出，相同大小的星历误差，“火卫一”相比“火卫二”，其星历误差对导航精度的影响更大。这是由于“火卫一”距离火星更近，相同大小的星历误差所对应的方向误差更大，依据方向所确定的位置误差也更大。

表 6.1 不同方向的火卫星历误差对导航精度的影响

星历误差方向	无星历误差(参考)	“火卫一”	“火卫二”	“火卫一”和“火卫二”
位置误差/km	9.84	11.54	16.17	18.12
速度误差/(m/s)	0.91	0.93	0.92	0.93

根据分析可知,“火卫一”星历误差和“火卫二”星历误差对导航精度的影响不同,因此分别分析“火卫一”星历误差对导航精度的影响和“火卫二”星历误差对导航精度的影响。图 6.6～图 6.9 为敏感器视线方向的星历误差所得到的仿真结果,包括“火卫一”星历误差对导航精度的影响,“火卫二”星历误差对导航精度的影响。

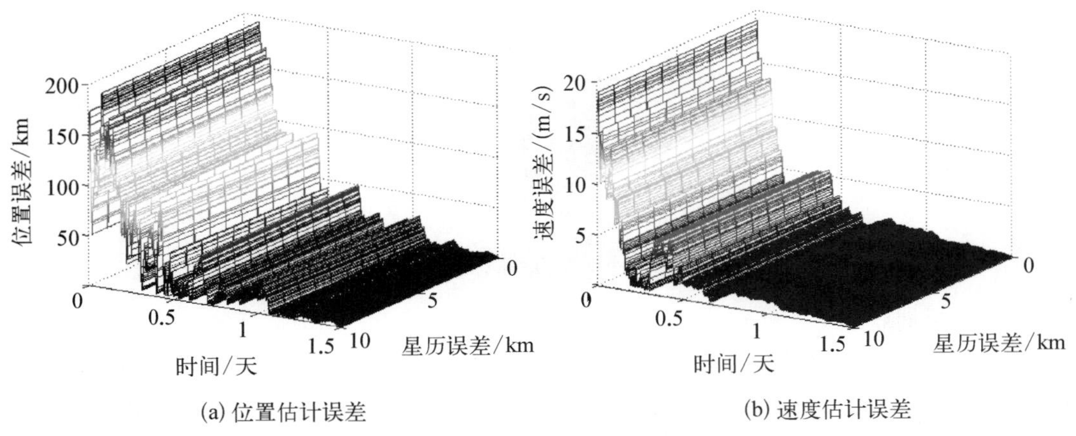

(a) 位置估计误差　　(b) 速度估计误差

图 6.6　“火卫一”星历误差对导航精度的影响

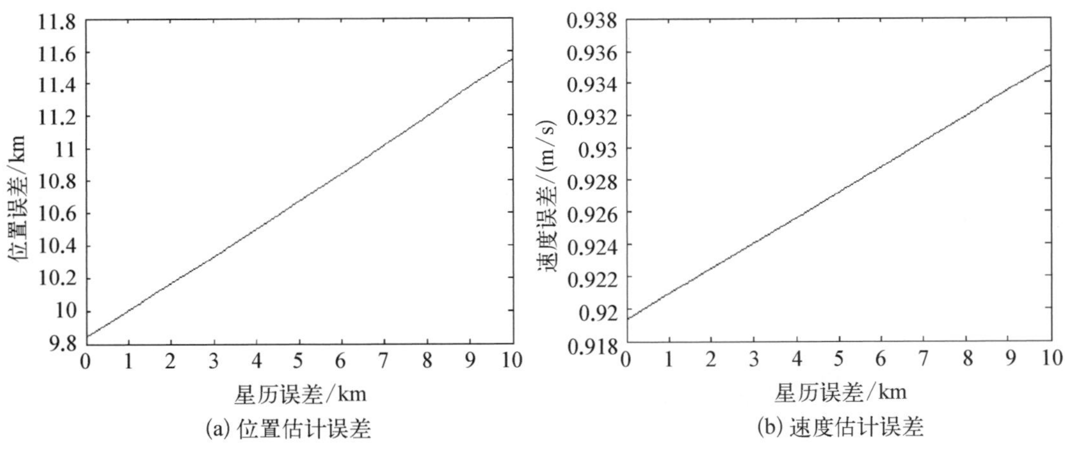

(a) 位置估计误差　　(b) 速度估计误差

图 6.7　“火卫一”星历误差与导航精度关系

由仿真结果可以看出,火星卫星星历误差的大小直接影响了自主导航精度,导航精度与星历误差基本呈线性比例关系。

2. 图像处理误差

为分析导航图像处理误差对导航精度的影响,对 8 种不同质心识别误差情况下的导航精度进行仿真分析。质心提取误差分别取为 0.1 px、0.2 px 、…、0.8 px。仿真结果如图 6.10 所示。

从图中可以看出,滤波方法可以根据图像处理误差的大小估计出航天器的位置和速度,减小图像处理误差这一随机误差对导航精度的影响,但图像处理误差的大小对导航精度影响仍然较大。图像处理误差越小,导航精度越高。

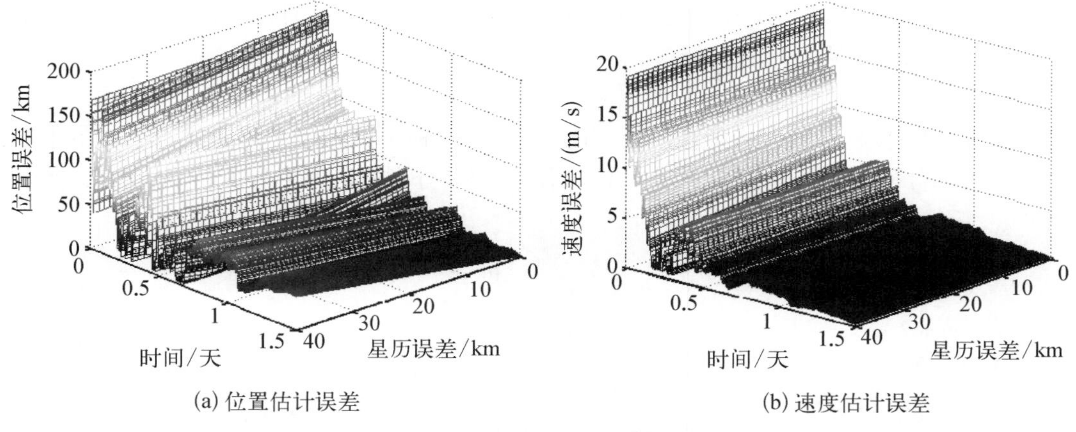

图 6.8 “火卫二”星历误差对导航精度的影响(后附彩图)

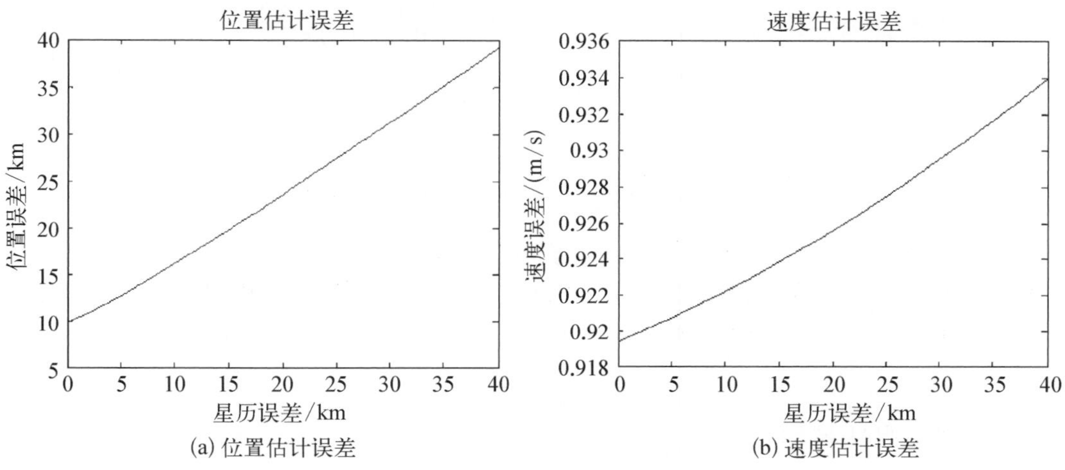

图 6.9 “火卫二”星历误差与导航精度关系

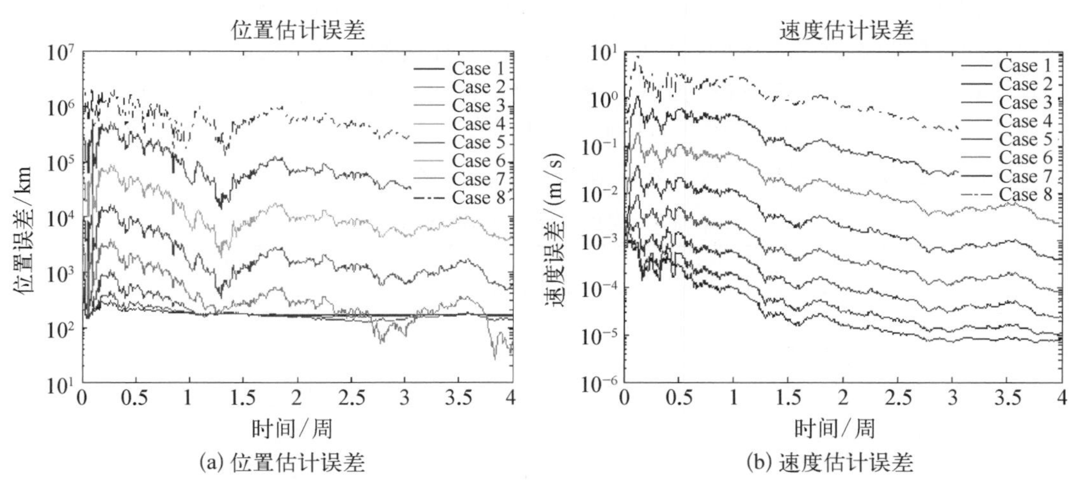

图 6.10 图像处理误差与导航精度的关系(后附彩图)

从仿真结果可以看出，当图像处理的质心识别误差＞0.4 px 时，质心识别误差每增加 0.1 px，导航精度下降一个数量级。

3. 安装误差

为分析姿态安装角误差对导航精度的影响，对 8 种不同安装角误差情况下的导航精度进行仿真分析。安装角误差分别为 1″, 2″, …, 8″，分别进行自主导航仿真，仿真结果如图 6.11 所示。

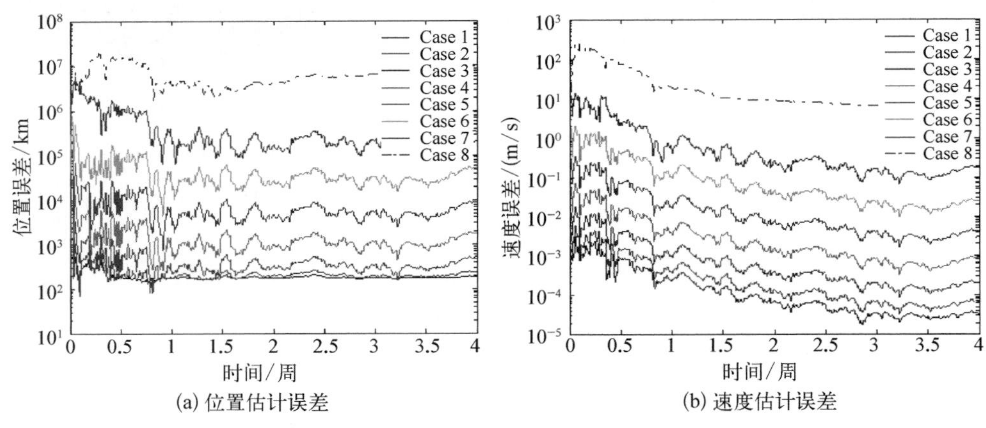

图 6.11　安装角误差与导航精度的关系(后附彩图)

由仿真结果可以看出，姿态误差和安装角误差在观测信息上都表现为实测天体质心与预测天体质心的偏移，虽然滤波方法可以减小安装角误差这一随机误差对导航精度的影响，但两者误差都对以像素坐标或矢量方向为观测量的自主导航系统精度影响较大。

6.2.3　测角测距导航仿真

对测角测距组合导航系统进行仿真分析。由于轨道动力学方程和观测方程都是非线性的，而 UKF 具有较好的非线性估计能力，因此采用联邦 UKF 算法用于测角导航子系统和脉冲星测距导航子系统的信息融合。火星探测器初始轨道参数如表 6.2 所示。火星探测器和行星轨道数据由 STK 提供。仿真条件如下：仿真时间从 30 Jun 1997 00: 00: 00.000 UTCG 到 1 Jul 1997 00: 00: 00.000 UTCG。选择 PSR B0531＋21，B1821－24，B1937＋21 作为导航脉冲星，其参数可参考上节，此处不再重复。

表 6.2　火星探测器初始轨道参数

轨　道　参　数	数　　　值
半长轴	193 216 365 km
偏心率	0.236 386
轨道倾角	23.455°
升交点赤经	0.258°
近地点幅角	71.34°
真近点角	85.15°

1）仪器精度

星敏感器精度：3″(1σ)；

星敏感器视场：11.9°×11.9°。

2）导航星

恒星数据库：Tych 恒星表；

脉冲星：蟹状星云脉冲星。

3）采样周期

脉冲星测距导航子系统：300 s；

天文测角导航子系统：3 s。

4）坐标系

地心惯性坐标系(J2000.0)。

5）初始误差

位置初始误差：600 m；

速度初始误差：2 m/s。

图 6.12 给出了测角导航、单脉冲星导航以及两者组合导航的性能比较，仿真时间为 30 000 s。

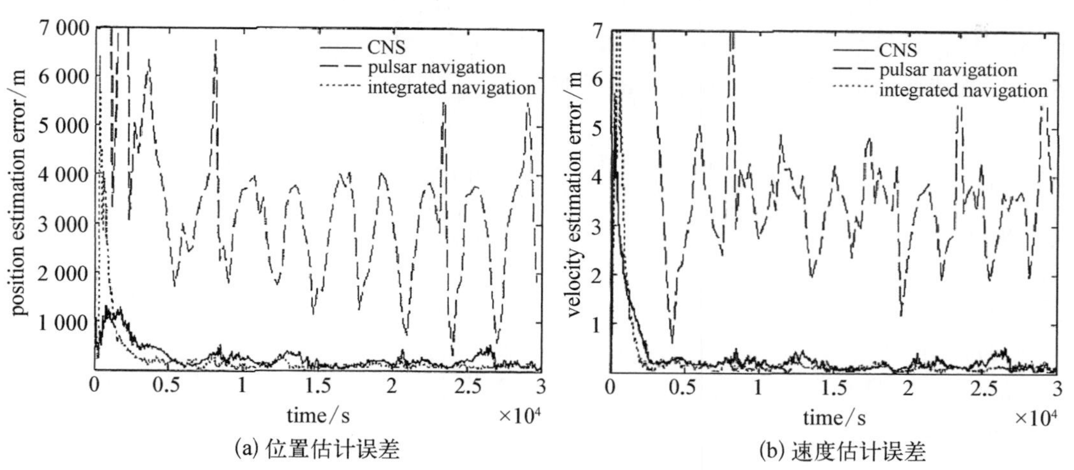

(a) 位置估计误差　　(b) 速度估计误差

图 6.12　测角/测距组合导航仿真结果

从图 6.12 可见，单脉冲星导航系统未能收敛，这是因为单脉冲星导航系统的可观测性较差；组合导航系统和测角导航系统均能很好地收敛；测距/测角组合导航系统的性能明显优于测角导航或测距导航系统。

6.2.4　测速测距导航仿真

对 X 射线脉冲星测距与测速组合导航进行仿真分析。导航滤波器参数如表 6.3 所示。

表 6.3 导航滤波器参数

参数	数值
X 射线敏感器数量	3
X 射线敏感器面积	1 m^2
B0531+21 测量噪声	149 m
B1821−24 测量噪声	369 m
B1937+21 测量噪声	351 m
光谱仪数量	2
光谱仪测量噪声	0.01 m/s
脉冲信号观测周期	300 s
多普勒测量周期	5 s
初始状态误差	$\delta \boldsymbol{X}(0) = [6\ \text{km}, 6\ \text{km}, 6\ \text{km}, 2\ \text{m/s}, 2\ \text{m/s}, 1.5\ \text{m/s}]$
多普勒速度常值偏差	−0.8 m/s
初始状态协方差矩阵	$\boldsymbol{P}(0)$ 随机选择
状态处理噪声方差	$\boldsymbol{Q} = \text{diag}[q_1^2, q_1^2, q_1^2, q_2^2, q_2^2, q_2^2]$, $q_1 = 2\ \text{m}$ $q_2 = 3 \times 10^{-3}\ \text{m/s}$

图 6.13 给出了测距测速组合导航的仿真结果。可以看出，X 射线脉冲星测距与多普勒测速组合导航的定位精度和定速精度分别达到了 222.53 m 和 0.01 m/s。该方法能在火星探测转移段提供稳定的、高精度的导航信息。

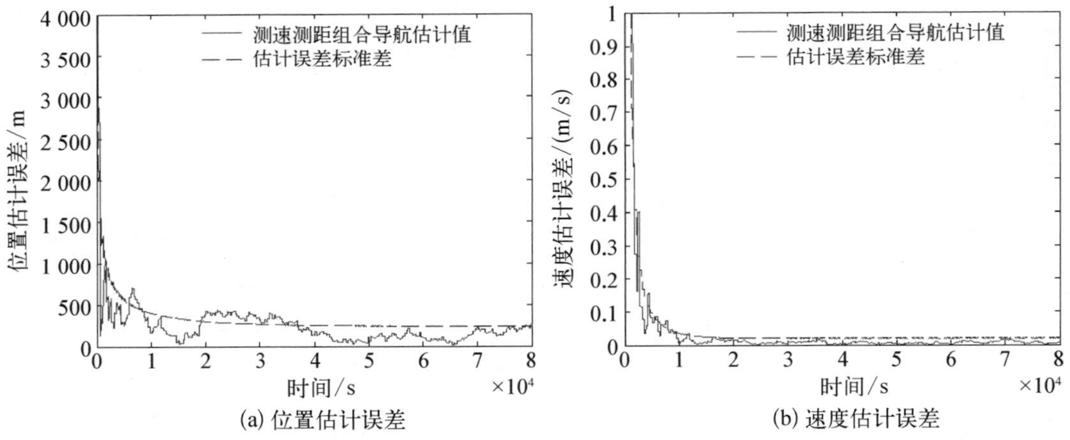

(a) 位置估计误差 (b) 速度估计误差

图 6.13 测速测距组合导航方法的估计误差

6.2.5 可观测度仿真

根据导航系统可观测性分析方法，对选取不同观测量时的系统可观测度进行仿真。仿真所采用的状态模型以太阳为中心天体，考虑地球、火星引力摄动及太阳光压摄动。导航目标天体星历采用 DE421 星历。仿真条件如表 6.4 所示。

表 6.4 可观测度仿真条件

名　　称	取　　值
初始位置	$r_0 = [1.705\,5\times10^8 \quad 2.497\,7\times10^6 \quad 3.988\,4\times10^6]^{\mathrm{T}}[\mathrm{km}]$
初始速度	$v_0 = [5.101\,8 \quad 26.902\,5 \quad 12.032\,3]^{\mathrm{T}}[\mathrm{km/s}]$
初始位置误差	1×10^3 km
初始速度误差	100 m/s
导航算法	扩展卡尔曼滤波(EKF)
仿真开始时间	2020 - 09 - 22 21: 46: 07 UTC
仿真结束时间	2020 - 10 - 22 22: 46: 07 UTC
仿真步长	600 s

下面针对不同观测量情况下的可观测性进行仿真分析。

1. 太阳视线矢量

以“太阳视线矢量”为观测量，对导航系统进行可观测性分析，结果见表 6.5。

表 6.5 可观测分析结果

观测方案	太阳视线矢量					
系统可观测阶数	3		系统可观测度		$1.129\,4\times10^{-13}$	
状态分量	x	y	z	v_x	v_y	v_z
可观测度	0.014 6	1.000 0	0.624 1	0.014 4	1.000 0	0.618 6

从仿真结果可见，该系统的可观测度较低；系统可观测阶数为 3；系统位置状态分量可观测顺序为：$y\rightarrow z\rightarrow x$，速度分量可观测顺序为：$v_y\rightarrow v_z\rightarrow v_x$。

2. 太阳视线矢量＋相对太阳视向速度

以“太阳视线矢量＋相对太阳视向速度”为观测量，对其进行可观测性仿真，结果见表 6.6。

表 6.6 可观测分析结果

观测方案	太阳视线矢量 & 相对太阳视向速度					
系统可观测阶数	1		系统可观测度		$1.109\,8\times10^{-12}$	
状态分量	x	y	z	v_x	v_y	v_z
可观测度	0.014 7	1.000 0	0.628 8	1.000 0	0.027 5	0.027 5

该系统的可观测度高于基于太阳视线矢量观测方案；系统可观测阶数为 1；系统位置状态分量可观测顺序为：$y\rightarrow z\rightarrow x$，速度分量可观测顺序为：$v_x\rightarrow v_y/v_z$。本算例的可观测度得到增强，减少了可观测阶数。

3. 太阳视线矢量＋相对 1 颗恒星视向速度

以“太阳视线矢量＋相对 1 颗恒星视向速度”为观测量，对其进行可观测性仿真，结果见表 6.7。

表 6.7　可观测分析结果

观测方案	太阳视线矢量 & 相对 1 颗恒星视向速度					
系统可观测阶数	1		系统可观测度		$2.707\,3\times10^{-12}$	
状态分量	x	y	z	v_x	v_y	v_z
可观测度	1.000 0	0.964 8	0.984 3	0.382 8	1.000 0	0.962 5

系统可观测度介于第 1 种方案和第 2 种方案之间；系统可观测阶数为 1；系统位置状态分量可观测顺序为：$x\rightarrow z\rightarrow y$，速度分量可观测顺序为：$v_y\rightarrow v_z\rightarrow v_x$。这里加入了相对恒星速度的观测量，可观测度比方案 1 高，但是比方案 2 低，相对太阳速度观测的系统性能优于对此恒星观测的系统。

4. 太阳视线矢量＋相对 3 颗恒星视向速度

以“太阳视线矢量＋相对 3 颗恒星视向速度”为观测量，对其进行可观测性仿真，结果见表 6.8。

表 6.8　可观测分析结果

观测方案	太阳视线矢量 & 相对 3 颗恒星视向速度					
系统可观测阶数	1		系统可观测度		$6.335\,1\times10^{-7}$	
状态分量	x	y	z	v_x	v_y	v_z
可观测度	0.430 5	1.000 0	0.664 7	1.000 0	0.241 2	0.579 6

本方案的可观测度较高，系统可观测阶数为 1，系统位置状态分量可观测顺序为：$y\rightarrow z\rightarrow x$，速度分量可观测顺序为：$v_x\rightarrow v_z\rightarrow v_y$。由于进一步增加了观测量，导航系统的可观测度得到了进一步提升。

6.3　导航目标源模拟

目标模拟器是指利用航天器与导航目标的相对运动关系模拟导航目标图像、光谱、辐照信号等特性的设备。对于天文导航，目标模拟器的模拟对象主要是自然天体。

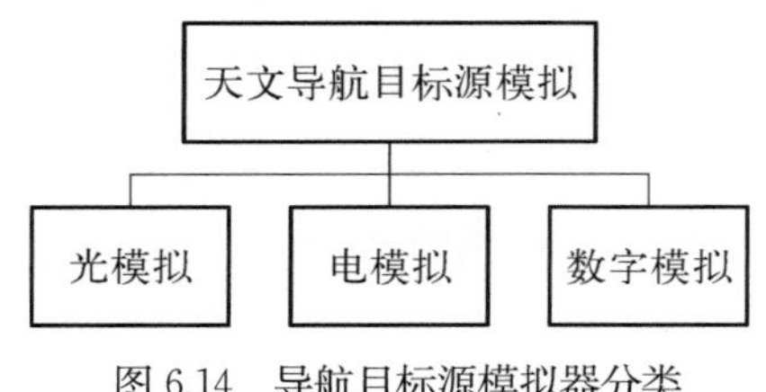

图 6.14　导航目标源模拟器分类（按实现方式）

如图 6.14 所示，按实现方法，导航目标源模拟器可分为光模拟器、电模拟器和数字式模拟器。

光模拟器的原理图如图 6.15 所示。

光模拟器根据敏感器光轴的空间指向及星历误差，控制计算机进行坐标变换，计算出当前敏感器视场内的目标图像，通过接口驱动电路送到空间光调制器上再现模拟图像；光源通过匀光系统后，均匀照明到空间光调制器上，为模拟图像提供光照；空间光调制器置于准直光学系统的前焦面上，模拟星点通过准直光学系统后，在被测敏感器光学系统入瞳处产生无穷远平行光。

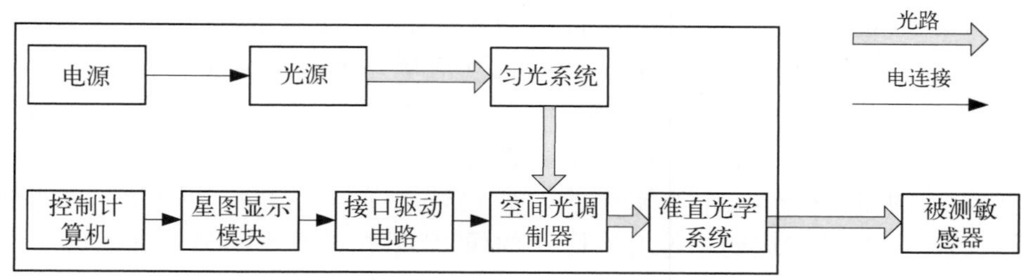

图 6.15　导航目标源模拟——光模拟

电模拟器原理图如图 6.16 所示。与光模拟器相比，电模拟器简化了光路部分，模拟器与敏感器之间采用电连接（光纤等）。

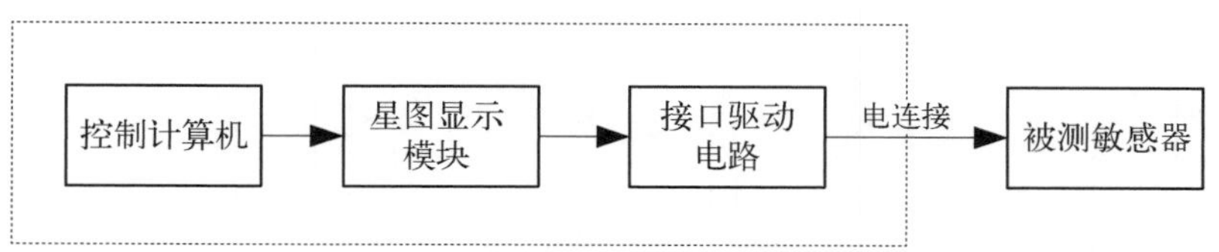

图 6.16　导航目标源模拟——电模拟

数字式目标模拟器原理图如图 6.17 所示。直接将计算机模拟结果通过数字接口（网线等）送入被测敏感器。数字式模拟器仅能对被测敏感器的处理算法进行验证。

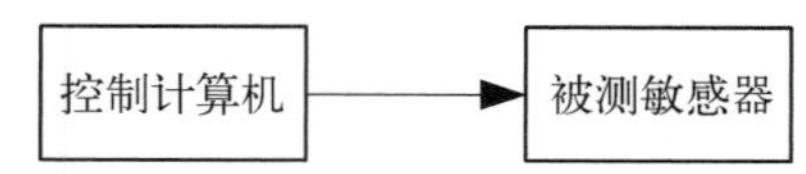

图 6.17　导航目标源模拟——数字式模拟器

如图 6.18 所示，导航目标源模拟器按时间类型可分为恒星模拟器、太阳模拟器、火星模拟器、小行星模拟器等，下面分别进行介绍。

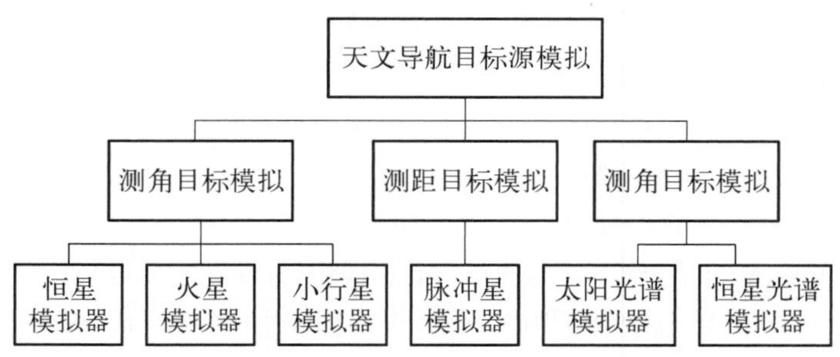

图 6.18　导航目标源模拟器分类（按时间类型）

6.3.1　测角目标源模拟

1. 恒星模拟

1）基本原理

作为测角导航目标源，恒星模拟器的基本原理如图 6.19 所示。设 A 为天球上的目标星，A''为 A 通过导航敏感器镜头在 CCD 上成的像，现将星图显示屏——液晶光阀放在镜头前，调整液晶光阀使其与星敏感器的CCD靶面平行，液晶光阀的边沿与CCD靶面的边沿平行，且液晶光阀中心、CCD靶面中心与导航敏感器镜头光轴在同一直线上。直线AA''与液晶光阀显示屏面的交点为A'，则根据A的星等，以对应的亮度将液晶光阀显示屏面上A'点附近的像素点亮时，这些像素成像在CCD靶面上，与实际星球A在CCD靶面上所形成的图像相同。当A'随A的运动在液晶光阀显示屏面上移动时，即可获得运动的星象A''。这时所形成的星像为有限远的像，如果在液晶光阀显示屏前放一望远物镜头，使镜头的焦面与液晶光阀显示屏面重合，镜头的光轴与星敏感器镜头的光轴重合，则导航敏感器所接收到的像为无限远星体的像。

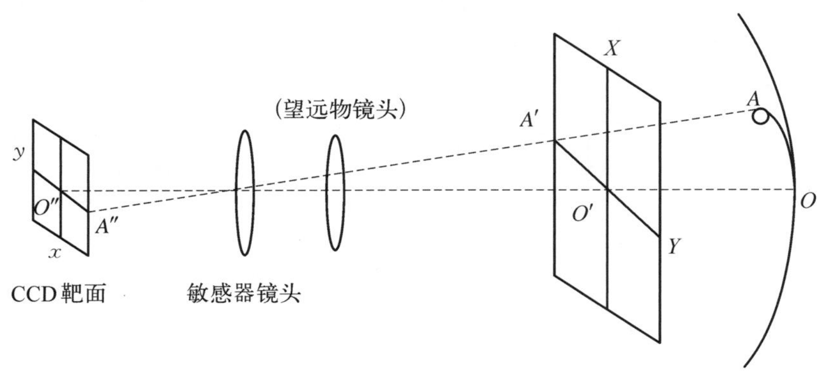

图 6.19　目标源光模拟器成像原理

通常采用导航计算机读出星库中指定恒星在规定视场范围内的位置，并以图像的方式通过液晶光阀驱动电路送至液晶光阀产生星像，该星像经偏振片后进入平行光管，可以认为从平行光管出来的星像为无穷远处的星像目标。

作为测角导航源，需要完成对恒星亮度、几何特征、星多边形的仿真。

(1) 恒星亮度仿真原理

仿真恒星亮度有两个主要目的，一是用于检验导航敏感器的灵敏度；二是用来测试导航敏感器的光度响应特性。

灵敏度是导航敏感器的一项重要指标。如果灵敏度达不到设计要求，导航敏感器就有可能捕获不到足够数量恒星，从而导致失败。因此必须对导航敏感器的灵敏度进行检验。

光度响应特性是指导航敏感器响应输出与入射光强度的关系，通常表现为非线性关系，而且导航敏感器软件中某些算法的应用依赖于对光度响应特性的测定结果，因此对恒星亮度(特别是对规定星等)的模拟必须非常准确。

采用图6.20所示的方法可以实现对恒星亮度的模拟。图中S为光源，L_1为准直物镜，L_2为导航敏感器的物镜。H为带毛玻璃小孔的光阑板，使用毛玻璃的目的是使亮度均匀。

设在轨导航敏感器入瞳处接收到的某一星等恒星的辐射通量为φ_{star}，有

$$\phi_{\text{star}} = E_{\text{star}} \frac{1}{4}\pi D^2 \tag{6.1}$$

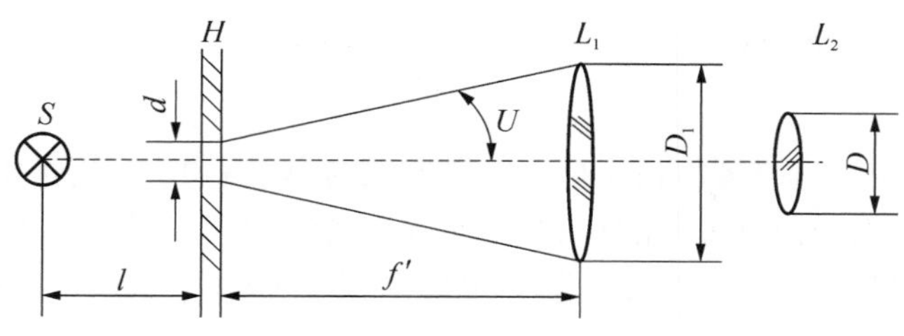

图 6.20　单星仿真器原理图

式中，E_{star} 为该星等恒星在航天器轨道处产生的辐射照度；D 为导航敏感器光学系统的通光孔径。光源 S 在小孔 d 方向的辐射强度为 I，小孔中毛玻璃的透过率为 τ_1；则小孔透过的辐射通量为

$$\phi_{\text{hole}} = I \frac{\frac{1}{4}\pi d^2}{l^2}\tau_1 \tag{6.2}$$

毛玻璃表面为单向余弦发射体，辐射亮度 L 各向相同

$$L = \frac{\phi_{hole}}{\frac{1}{4}\pi^2 d^2} = \frac{I}{\pi l^2}\tau_1 \tag{6.3}$$

准直镜 L_1 的透过率为 τ_2，则通过 L_1 辐射通量为

$$\phi_1 = \pi L \frac{\pi d^2}{4}\tau_2 \sin^2 U = \frac{\pi}{4}\frac{d^2}{l^2} I \frac{D_1^2}{D_1^2 + 4f'^2}\tau_1\tau_2 \tag{6.4}$$

进入导航敏感器光学系统 L_2 的辐射通量为

$$\phi_2 = \frac{D^2}{D_1^2}\phi_1 \tag{6.5}$$

仿真恒星亮度的条件是

$$\phi_2 = \phi_{\text{star}} \tag{6.6}$$

从上式可以看出，选取适当的 I、τ_1、τ_2、l、d 以及准直镜的相对孔径 F（$F = D_1/f'$）等参数值可以满足上式的要求。

为了仿真多个星等的恒星亮度，一般保持其他参数不变，仅通过改变 τ_1、τ_2 来产生所需的亮度。

(2) 恒星几何特征仿真原理

通常将发光面积极小的面光源置于准直镜的焦平面上，以产生的平行光来模拟来自无穷远处的星光。

由仿真器产生的星点视张角为

$$\theta = \frac{d}{f'} \tag{6.7}$$

由于小孔衍射的影响，模拟星达到与真实恒星近似的小于 0.02″的视张角是很困难的。由于光学系统的不理想和衍射现象的存在，平行光经光学系统成像后将在像面上形成一定大小的弥散斑。因此光学系统存在极限分辨角，凡是视张角小于该角的目标，像面上均为无法分辨细节的弥散斑。

导航敏感器所采用的光学系统为摄影物镜，属于大像差系统。此类系统的特点是像面弥散斑较大，角分辨率较低。基于导航敏感器的这一特点，可以适当放宽对星点视张角的要求，只要小于导航敏感器光学系统的极限分辨角 $\theta_{\min}$ 即可满足要求。

$$\theta_{\min} = \frac{d_{\text{dis}}}{f'_{\text{STS}}} \tag{6.8}$$

式中，d_{dis} 为弥散圆直径；f'_{STS} 为导航敏感器光学系统焦距。例如，导航敏感器的极限分辨角为 90″，使用 $f = 1\,500$ mm 的准直镜，面光源的直径为 $d = 0.3$ mm，由上式可知仿真器中的星点视张角为 41″，满足使用要求。

（3）星多边形仿真原理

导航敏感器对星图的识别是对星多边形的识别，它建立在关于星多边形的唯一性的基础上。星多边形的唯一性是指没有任何两个星多边形的全部特征是完全一致的。导航敏感器是通过比对所存储的源特征与观测得到的目标特征进行识别的。目前多选用星多边形的两个特征，即形状特征（包括多边形的边长和邻边夹角）和亮度特征（各顶点的恒星亮度）。为了确保导航敏感器能够在仿真条件下正常工作，恒星模拟器必须如实地再现真实星多边形的特征。

每颗恒星的状态都可以用四个参数来约束 (x, y, z, B)，其中 (x, y, z) 是恒星在某一选定参照坐标系下的坐标，B 为恒星亮度。

设导航敏感器坐标系的 X，Y，Z 轴在惯性空间下的指向分别为 (x_x, y_x, z_x)，(x_y, y_y, z_y) 和 (x_z, y_z, z_z)。若视场中有 m 颗观测星，第 n 颗星在惯性空间下的坐标为 $(x_{l_n}, y_{l_n}, z_{l_n})$，在导航敏感器本体坐标系下的坐标为 $(x_{\text{STS}_n}, y_{\text{STS}_n}, z_{\text{STS}_n})$，则有以下关系

$$(x_{\text{STS}_n} \quad y_{\text{STS}_n} \quad z_{\text{STS}_n}) = (x_{l_n} \quad y_{l_n} \quad z_{l_n}) \begin{bmatrix} x_x & x_y & x_z \\ y_x & y_x & y_x \\ z_x & z_x & z_x \end{bmatrix} \tag{6.9}$$

在理想情况下，星模拟器中同样存在 m 颗仿真星。第 n 颗星载仿真器本体坐标系下的坐标为 $(x_{S_n}, y_{S_n}, z_{S_n})$

$$\begin{cases} (x_{\text{STS}_n} \quad y_{\text{STS}_n} \quad z_{\text{STS}_n}) = (x_{S_n} \quad y_{S_n} \quad z_{S_n}), \quad n = 1, 2, \cdots, m \\ B_{\text{STS}_n} = B_{S_n} \end{cases} \tag{6.10}$$

式中 B_{STS_n} 为导航敏感器存储的恒星亮度；B_{S_n} 为星仿真器生成的星点亮度。

当上式成立时，由星模拟器生成的星多边形与真实星多边形具有一致的形状特征和亮度特征。在此种条件下，导航敏感器对恒星模拟器进行观测与对真实星空进行观测的效果相同。

具体实现方法的结构形式相同，如图6.21所示。图中A为星点发生器，B为准直物镜。

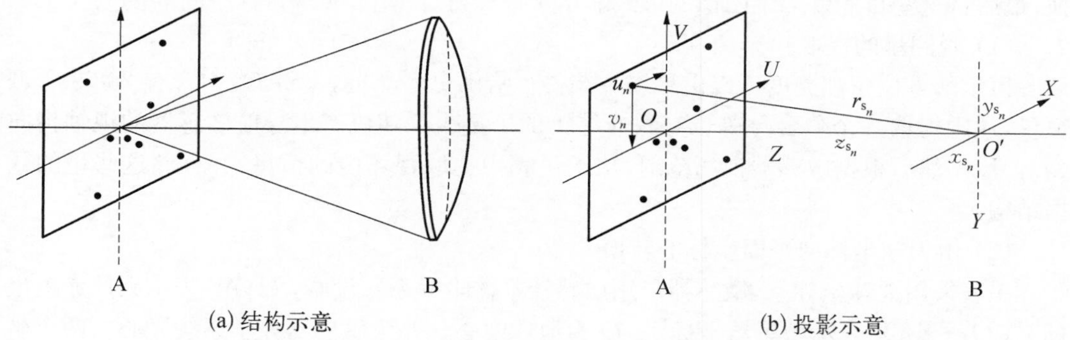

图6.21 多星仿真器示意图

2）系统组成

恒星模拟器系统结构如图6.22所示，主要包括：① 控制计算机；② 星图显示及接口电路系统；③ 星图动态显示系统；④ 平行光系统；⑤ 机械接口及安装支架。

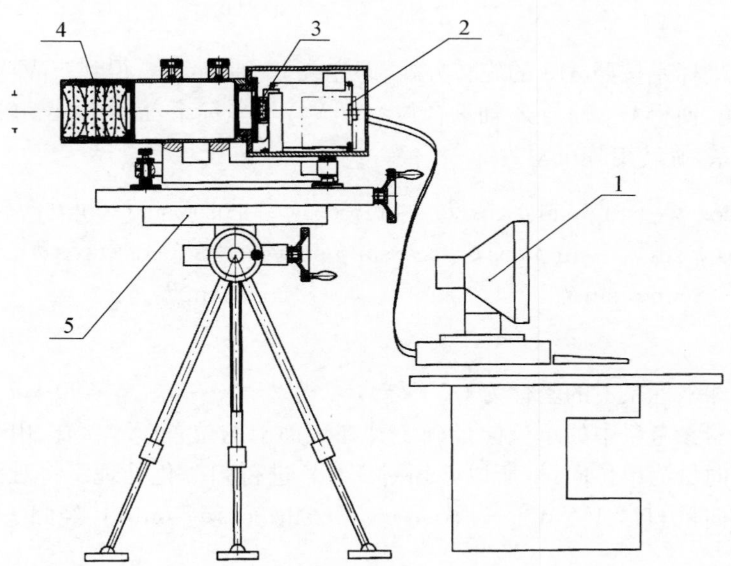

图6.22 恒星模拟器系统组成

作为测角导航目标源，恒星仿真器需要在实验室条件下完成对恒星星等、位置、几何特征、相对运动等特征的仿真。

3）实现方案

对导航敏感器而言，恒星目标可以视为点光源。单个像素的定位精度无法满足姿态测量的要求，因此，常采用离焦的方法，使星点成像扩散到多个像素，然后采用细分定位的方法得到亚像素级的定位精度。星点所占像素的大小不仅和恒星的亮度(星等)有关,还和光学系统的点扩展函数有关。图像的亮度由薄膜晶体管(TFT)的发光亮度、发光动态范围(开/关)比和灰阶控制精度来决定。

模拟器软件从星表中按照视场大小提取观测目标;然后分别进行坐标变换和星等变换;最后将这些目标以二维图像的形式显示于计算机屏幕上,实现目标空间的模拟。

(1) 观测星的提取

恒星的方位角和亮度可以由星表中获得。哈佛史密森星表(SAO)中含有 258 997 颗恒星,从中提取一个包含星等、赤经、赤纬等的子星表。随机产生导航敏感器的视轴指向 (a_0, δ_0),然后根据敏感器视场范围,从子星表中提取视场内的恒星,并存储这些星的数据结构。

(2) 由天球坐标向平面坐标的转换

星表采用天球坐标系,敏感器采用敏感器本体坐标系。设 O-UVW 表示天球赤道坐标系,O'-XYZ 表示敏感器坐标系。O 为地球中心,O' 为敏感器光学系统光心。两个坐标系原点不同,因此由天球坐标系向 CCD 平面坐标系的转换,需要利用坐标平移和坐标轴旋转。但是由于恒星距离地球非常遥远,所以对于恒星方位角来说,两个坐标系的转换将忽略坐标平移带来的误差。坐标之间的关系由三个独立的欧拉角 θ, φ, ψ 确定。O-UVW 与 O'-XYZ 二者的关系表示如下

$$[X \quad Y \quad Z]^{\mathrm{T}} = M[U \quad V \quad W]^{\mathrm{T}} \tag{6.11}$$

令 UVW 坐标系按照 313 的旋转方式,即先绕 W 轴转 φ 角,得到 $U_1V_1W_1$ 坐标系,再绕 U_1 轴转 θ 角,使得 W_1 轴与 Z 轴重合得到 $U_2V_2W_2$ 坐标系,最后绕 W_2 轴旋转 ψ 角,得到 XYZ 坐标系,旋转矩阵可写为

$$M = \begin{bmatrix} \cos\theta\cos\varphi - \sin\phi\sin\varphi\cos\theta & \sin\phi\cos\varphi + \cos\phi\sin\varphi\cos\theta & \sin\varphi\sin\theta \\ -\cos\phi\sin\varphi - \sin\phi\cos\theta & -\sin\phi\sin\varphi + \cos\phi\cos\varphi\cos\theta & \cos\varphi\sin\theta \\ \sin\phi\sin\theta & \cos\phi\sin\theta & \cos\theta \end{bmatrix} \tag{6.12}$$

已知视轴在天球坐标系下的坐标为 (a_0, δ_0),可得 $\theta = 90 - \delta_0$, $\phi = 90 + a_0$,由此可根据观测星在敏感器参考系中的单位向量确定其在焦面上的位置(X, Y)。由于观测星在天球坐标系下的向量为单位向量,所以必须对 X, Y 进行归一化处理。将观测星在天球坐标系下的单位向量 $[U \quad V \quad W]^{\mathrm{T}} = [\cos a\cos\delta \quad \sin a\cos\delta \quad \sin\delta]^{\mathrm{T}}$ 经归一化处理后得到表达式

$$X = \frac{n}{2}\frac{1}{\tan(v_x/2)}\frac{\mathrm{C}\varphi\mathrm{C}\delta\mathrm{S}(a - a_0) - \mathrm{C}\varphi\mathrm{S}\delta_0\mathrm{C}\delta\mathrm{C}(a - a_0) + \mathrm{S}\varphi\mathrm{C}\delta\mathrm{S}\delta}{\mathrm{S}\delta\mathrm{S}\delta_0 + \mathrm{C}\delta\mathrm{C}\delta_0\mathrm{C}(a - a_0)} \tag{6.13}$$

$$Y = \frac{m}{2}\frac{1}{\tan(v_y/2)}\frac{\mathrm{C}\varphi\mathrm{C}\delta_0\mathrm{S}a - \mathrm{C}\varphi\mathrm{S}\delta_0\mathrm{C}\delta\mathrm{C}(a - a_0) + \mathrm{S}\varphi\mathrm{C}\delta\mathrm{S}(a - a_0)}{\mathrm{S}\delta\mathrm{S}\delta_0 + \mathrm{C}\delta\mathrm{C}\delta_0\mathrm{C}(a - a_0)} \tag{6.14}$$

式中,C 代表 cos() 函数,S 代表 sin() 函数;n 为液晶光阀上每行的像素的个数;m 为液晶

光阀上每列的像素的个数；v_x为 x 方向的视场角；v_y为 y 方向的视场角；(x, y)为液晶光阀平面上星点的位置。

（3）星等到灰度的变换

模拟得到的恒星星空相当于二维数字图像。除坐标外，还需获得每个像素点的灰度值，这就需要将星等转换成灰度，最简单的办法是采用线形变换。星等越小，对应的亮度越强，对应的灰度值越大，可用公式表示为

$$v_I = 10 \times (m_{\max} - m_{\min}) + v_{\min} \tag{6.15}$$

由于计算机显示器一般只能显示 64 个灰度级，考虑到 CCD 相机的性能，为了避免出现饱和现象，通常并不取满 64 个灰度等级。若 $m_{\min}=2.5$，$m_{\max}=6.5$，则共有 40 个灰度级。令 $v_{\min}=10$，则显示的灰度等级在 10～50。由于这只是一个近似变换，变换后的星等值与真实值将有所不同，因此识别时星等要在一定的误差门限下进行。恒星星图模拟效果如图 6.23 所示。

图 6.23　恒星星图模拟效果

2. 火星模拟

1）基本原理

火星模拟器用于模拟火星光谱特性、光辐照度、视张角、火相等，为测角导航敏感器提供与火星光谱相匹配的、均匀的、准直稳定的且具有一定辐照度的面光源目标。

如图 6.24 所示，火星模拟器基本原理是采用短弧氙灯作光源，将其位于椭球面聚光镜的焦点处光源发出的光会聚到聚光镜第二焦平面位置处；为了获得均匀的照明，在聚光镜的第二焦平面位置采用光学积分器，光线通过光学积分器后在出射辐照面上形成相对均匀的辐照分布。视场光阑位于光学积分器后准直物镜焦面位置处，光线通过光学衰减片和准直物镜后以平行光射出。在辐照面上形成一个辐照度均匀分布的照射。火相板置于准直物镜焦面上，使火相板成像于无穷远处，通过调节火相板模拟火星不同部分被照亮的情况。

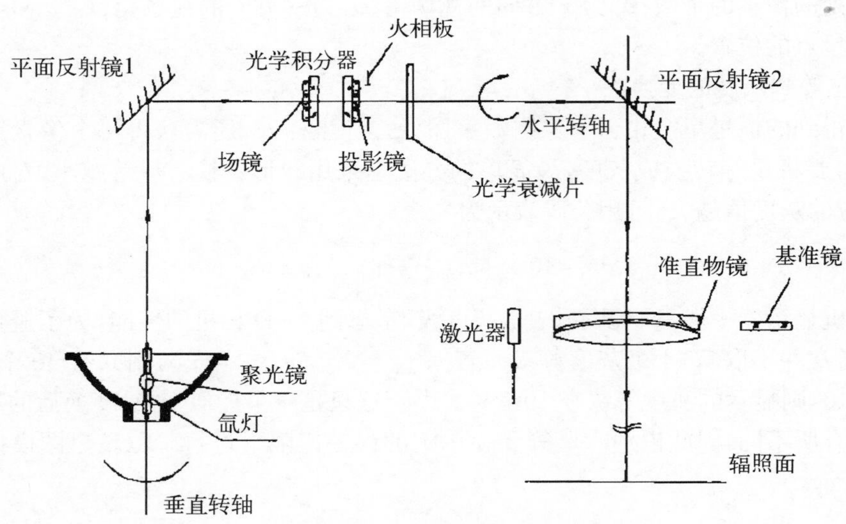

图 6.24　火星模拟器基本原理

2）系统组成

火星模拟器一般由模拟器本体、地面电源、基准镜、激光束灯、水平/垂直转台、升降机构组成。系统总体组成如图 6.25 所示。

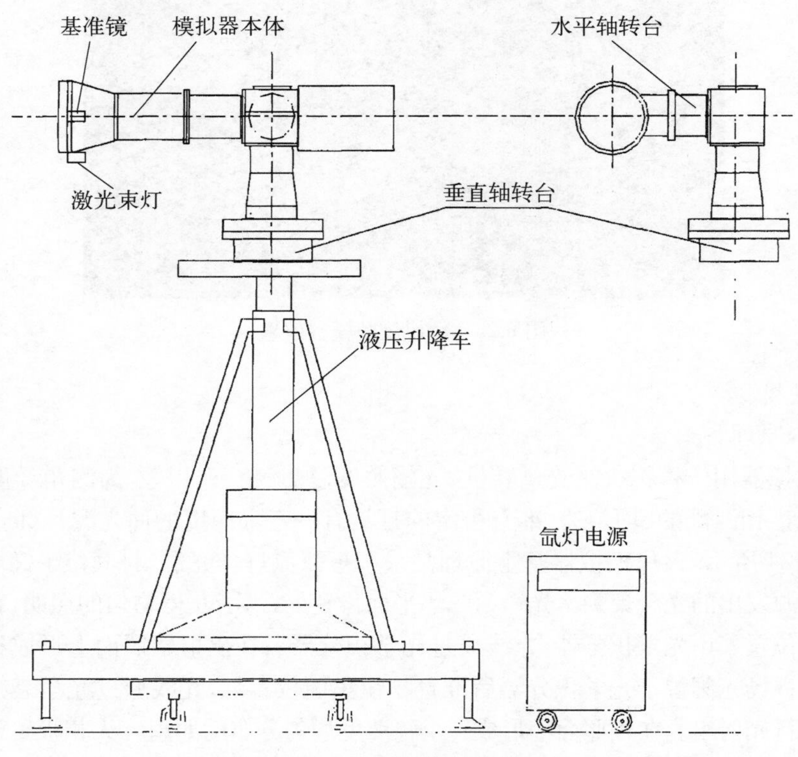

图 6.25　火星模拟器系统组成图

（1）地面电源：主要为模拟器提供电源。

（2）模拟器本体：生成火星光学模拟图像并经光路输出。

（3）水平/垂直转台：调整模拟器镜头指向。

（4）升降机构：调整模拟器镜头高度。

（5）激光束灯：使激光器光束方向平行于火星模拟器的出射光轴。

（6）基准镜：用来表征火星光轴方向，为其他设备提供基准。

3）实现方案

根据飞行器轨道计算其与火星的相对位置关系，按照给定的实际相机参数计算火星在实际相机中成像的坐标和半径。轨道计算模块将上述数据发送给火星图像仿真软件，生成模拟拍摄的图像并投影至屏幕。

设惯性系中火星相对飞行器的位置为(x, y, z)，相机焦距为 f，成像平面与惯性系 Z 轴垂直，XY 轴相同，则火星在成像平面的坐标为 $x_{\text{img}}=\dfrac{xf}{z}$，$y_{\text{img}}=\dfrac{yf}{z}$，半径 $r_{\text{img}}=\dfrac{rf}{z}$。设成像平面到图像像素坐标对应倍数为 k（pixel/mm），即可得到火星在仿真图像中的像素坐标和半径。

火星三维图像生成方法如图 6.26 所示。将火星视为球体，并近似离散为三角形组成的网格。

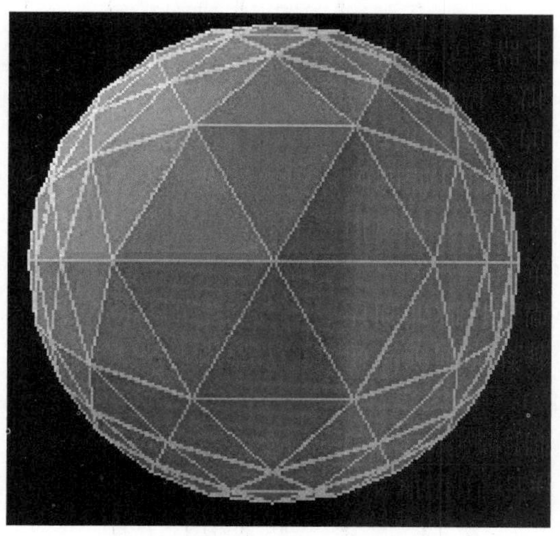

图 6.26　球体三角形网格划分

三角形的顶点数据包含三维坐标(x, y, z)和经纬度(u, v)，球体转动和平移时只改变三维坐标，经纬度则是固联不变化的；每次更新火星图像时转动和平移的数值根据视角矢量和需要生成的火星坐标及半径计算得到。

为将正确的火星图像投影到辐照面上，需选取可以唯一确定观察点和成像平面位置的一组参数，这里取为观察点的三维坐标、其与成像平面的距离（默认将观察点沿法线方向与成像平面的交点作为成像平面的原点），成像平面的法线和 XY 坐标轴在世界坐标系中方向的定义以及 XY 方向的长度（w 和 h）。

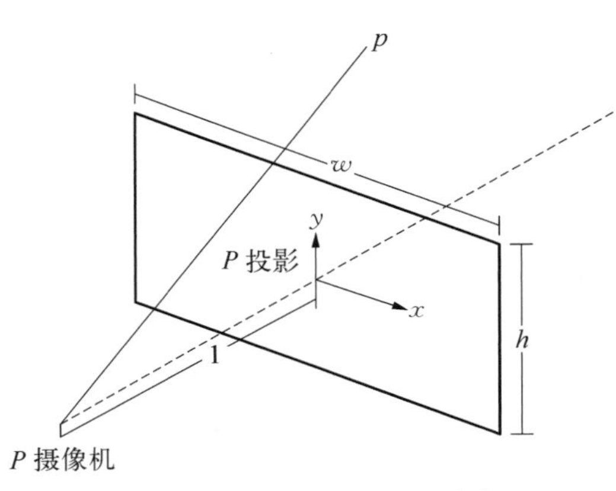

图 6.27　虚拟摄像机位置参数

如图 6.27 所示，设世界坐标系中摄像机位置为 P_{cam}，则空间中一点 P 在成像平面的投影点 P 投影的世界坐标系坐标可由下列关系计算：这三个点共线、P 投影在成像平面上（设其方程为 $ax+by+cz=0$，可由图中参数计算）

$$\frac{x_{\text{投影}}-x}{y_{\text{投影}}-y}=\frac{x_{\text{cam}}-x}{y_{\text{cam}}-y} \tag{6.16}$$

$$\frac{x_{\text{投影}}-x}{z_{\text{投影}}-z}=\frac{x_{\text{cam}}-x}{z_{\text{cam}}-z} \tag{6.17}$$

上述方式为正常视角的投影公式，会产生近大远小的透视效果。这里其主要任务是生成一幅满足导航敏感器参数的火星图像，所以为方便计算，将摄像机观察点坐标取为距离成像平面无穷远处，根据要模拟的火星图像坐标和半径，由投影关系可计算得到其在虚拟摄像机坐标系下的位置和大小，再生成仿真图像。这时 P_{cam}、P 投影、P 三个点共线的关系调整为 P 投影和 P 的连线与成像平面法线（设为 a_{norm}，b_{norm}，c_{norm}）平行

$$\frac{x_{\text{投影}}-x}{y_{\text{投影}}-y}=\frac{a_{\text{norm}}}{b_{\text{norm}}} \tag{6.18}$$

$$\frac{x_{\text{投影}}-x}{z_{\text{投影}}-z}=\frac{a_{\text{norm}}}{c_{\text{norm}}} \tag{6.19}$$

P 点即使沿着成像平面法线变化也不改变其投影坐标，即观察远和近的大小一致。将 P 投影转到投影成像平面坐标中，设其原点在世界坐标系中为 P_{o}，X、Y 坐标轴单位矢量在世界坐标系的表示为 r_x 和 r_y，则矢量 c 与 r_x 的点积即为成像平面的 X 坐标，与 r_y 的点积为成像平面的 Y 坐标。

定义单位长度对应的像素数 k，成像平面中（$-w/2$，$h/2$）处为原点，图像平面的 Y 轴与二维成像平面 Y 轴相反，与 X 轴一致，则成像平面的点坐标（x'，y'）与图像平面的坐标（X，Y）关系为

$$X=k\left(x'+\frac{w}{2}\right) \tag{6.20}$$

$$Y=-k\left(y'-\frac{h}{2}\right) \tag{6.21}$$

假设已经建立了火星的三维网格模型。由三角形外法线与成像平面法线的点积正负来判断其是否背对虚拟摄像机，若背对则为正值，跳过进行下一个三角形的绘制；若三角形单元属于某一帆板则无须这一步。

按照上述投影关系式计算三个顶点在二维图像坐标系的坐标。根据二维图像坐标计算该三角形占用的所有像素点，剔除掉在图像范围外的点。

根据每个像素点的坐标差值，其经纬度为 u，v。对每个像素按照图像坐标和顶点的图像坐标与经纬度分别差值可得其对应的经纬度(u，v)。每个像素的经纬度在上图中取得对应的 RGB 色彩值，并绘制在图像上。

光学导航目标模拟器以成熟的恒星动态模拟器模为基础，其有效性已经得到了工程验证。对于火星面目标模拟，计算机三维建模效果在视觉直观上与在轨实拍图像对比如图 6.28 所示。

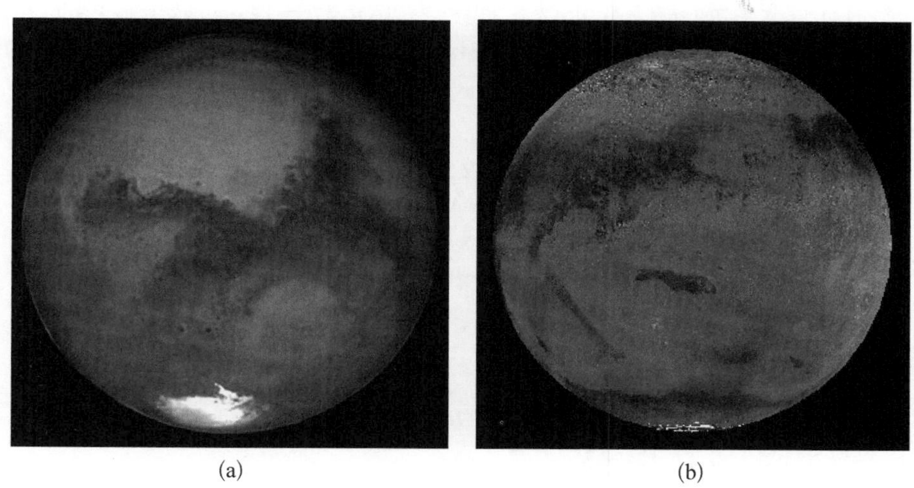

(a) (b)

图 6.28　哈勃望远镜在轨拍摄的火星照片(a)与地面模拟的火星图像(b)

3. 小行星模拟

1) 基本原理

根据航天器与小行星的距离不同，小行星在测角导航敏感器上呈现点目标与面目标两种不同的图像形态。

作为点目标时，小行星星点与恒星星点基本相同，但由于小行星并非出于无穷远处，因此小行星与航天器的相对运动会导致小行星星点在敏感器视场中的快速移动。小行星在视场中的运动对敏感器的主要影响是使星像点沿运动方向变长。设 a 为变长后星像点的长度，则

$$\alpha = \omega \cos \varepsilon f'_{\mathrm{STS}} t_i \tag{6.22}$$

式中，ω 为卫星轨道角速度；ε 为导航敏感器光轴与轨道平面的夹角；f'_{STS} 为导航敏感器光学系统焦距；t_i 为导航敏感器光积分时间。

星点中心在像面上的位置也沿着运动方向移动了相应的距离。这一结果会加大导航敏感器测量目标特征(特别是星多边形的形状特征)的误差。通过仿真恒星的相对运动，可以在实验中预先估计出可能的误差范围，以便选择恰当的匹配阈值。

仿真恒星相对运动的主要作用是为卫星控制系统仿真实验服务。在进行由导航敏感器和陀螺确定姿态的仿真实验时，星仿真器必须能够真实地模拟恒星的相对运动，才能有效地检验导航敏感器和控制系统算法的性能。

为仿真恒星运动，一般要采用光电式的星点发生器。实际上真实恒星在视场中是连续运动的，而这是使用仿真手段所无法实现的，只能采用类似动画的方式，以时空间隔都很小的离散点来模拟星点的连续运动。

设 k_t 时刻，第 n 个仿真星矢量为 $(x_{S_n}(k),\ y_{S_n}(k),\ z_{S_n}(k))$，对应平面坐标 $(u_n(k),\ v_n(k))$；在 $(k+1)t$ 时刻星矢量为 $(x_{S_n}(k+1),\ y_{S_n}(k+1),\ z_{S_n}(k+1))$，对应平面坐标 $(u_n(k+1),\ v_n(k+1))$。在 kt 时刻，使像元 $(u_n(k),\ v_n(k))$ 发光并保持。当 $(k+1)t$ 时刻到来时，首先熄灭像元 $(u_n(k),\ v_n(k))$，再使像元 $(u_n(k+1),\ v_n(k+1))$ 发光并保持到下一时刻。如此类推到第 $(k+2)t,\ \cdots,\ (k+l)t$ 时刻。当时间间隔 t 足够小时，就可以实现小行星在视场中的连续运动。

作为面目标时，小行星呈现不规则特征，与火星、月球面目标有显著差异。可采用基于计算机三维仿真的方法进行模拟，通过软件实现小行星不规则图像光影、旋转、缩放等效果。基本原理如图 6.29 所示。

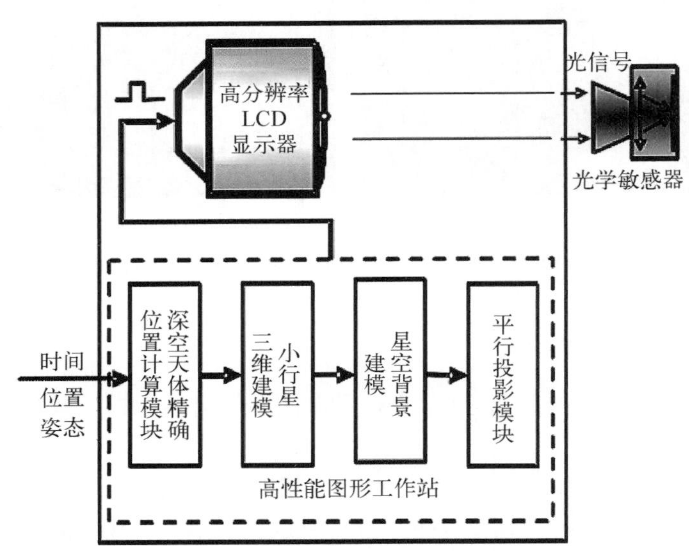

图 6.29 基于计算机三维建模的小行星面目标模拟

该模拟器的工作流程如下：在输入仿真时间、器件的位置以及敏感器的指向等参数后，通过高性能图形工作站各软件模块实现深空中光学信号源（恒星、行星、小行星）的精确位置以及光学特性的计算，利用图像处理软件对深空三维场景进行重建并平行投影到高性能 LCD 显示器上，作为光学导航敏感器的输入。

2）系统组成

该模拟器硬件部分包括：高性能图形工作站和高分辨率 LCD 液晶显示器。其中图形工作站用于各类核心运算和构建深空三维场景。对于光学信号的数/模转换，采用高分辨率 LCD 液晶显示器用于将构建的三维场景进行数/模转换，实现模拟的光学信号输出。

3）实现方案

按照测角导航敏感器视场角等参数对小行星图像进行计算机仿真。图像处理软件图形库中，为了将三维场景投影到二维计算机平面上，一般采用透视投影。在透视投影中，视景体是一个棱锥台，只有处于视景体之内的物体才能被显示，物体离相机越远，视景体的垂直视场角越小，在图像上就显得越小。

对于 CCD 成像装置，当相机离小行星距离很远时，小行星在相机焦平面上只显示为一个亮斑，等效于深空背景中的恒星点目标，像点为 CCD 相机焦平面上的光学系统点扩散函数。一般而言，光学系统不是理想系统，星像能量分布近似为二维高斯分布。

因此在对点目标进行模拟时，对 CCD 成像进行“离焦”处理，使像点弥散成一个光斑。同时需要根据漫反射模型计算其视星等，转换为一定的亮度值显示。这里我们采用朗伯散射模型得到小行星散射太阳光的地面照度。

可见光敏感器在对空间目标探测时，噪声来源主要有：深空背景噪声、光子噪声、成像器件噪声等。其中，大部分噪声可以通过 CCD 器件工艺制造水平的提高而忽略。深空背景除恒星外均为低温黑背景，同时在对小行星进行观测时也无须考虑大气背景影响，但是宇宙中的射线粒子却可对 CCD 成像产生影响。在观测过程中，会出现由于质子冲击 CCD 像平面形成虚假目标条痕。若设相机有效通光半径为 D，积分时间为 t_0，则高能量粒子冲击相机的个数 $N=\pi t_0 D_2\Phi/4$，可以模拟冲击相机的粒子个数，将这些粒子随机安置在像平面上实现背景杂波的模拟。

运动模糊是小孔模型无法产生的效果。为了实现这些效果，可引入累积缓存的技术，图形操作不直接写入累计缓存，而是将物体移动到在一帧画面中所经历的一系列位置，在标准颜色缓存中生成一系列的图像，然后以每次一幅的方式将它们累积到累积缓存中，对一系列图像取平均后将结果复制到颜色缓存中便生成了一幅模糊图像。

另一种产生模糊图像的方法是将当前的像素颜色与左右上下一定偏移内的像素进行比例不同的混合，这样就形成了一个模糊的效果，最后再用原场景 50%的透明度与这个模糊后纹理 50%的透明度混合，具有较好的实时性。

6.3.2 测距目标源模拟

1. 脉冲星模拟

1）基本原理

脉冲星在 X 射线波段的辐射主要集中于 1～15 keV，而该波段的 X 射线在空气中会有严重的衰减，脉冲星辐射的 X 射线光子无法穿过大气层到达地面。因此脉冲星导航地面实验系统必须首先建立 X 射线脉冲星地面模拟信号源，在实验室模拟真实脉冲星所辐射的 X 射线的特征，如 X 射线能段、光子流量、脉冲周期等。

脉冲星星历数据是脉冲星模拟信号源的设计依据和输入。X 射线脉冲星数据库分为射电波段的观测数据和 X 射线波段的观测数据，我国关于射电波段的脉冲星观测已有一定的研究基础和设备条件，因而可以进一步获取导航所用的脉冲星的观测数据。

实际的空间应用条件下，脉冲星辐射的 X 射线光子经过星际传输后进入敏感器系统，星际传输过程中会受到各种延迟效应的影响，如 Einstein 延迟、Shapiro 延迟以及 Roemer 延迟等，在进行地面模拟时，对模拟源产生出来的 X 射线光子加入空间延迟效应是非常困难的,而在地面模拟系统方案中考虑将各种延迟效应作用的结果经过计算后由光子模拟源直接产生,因此要求光子模拟源产生的X射线光子可以根据计算信息而实时变化。

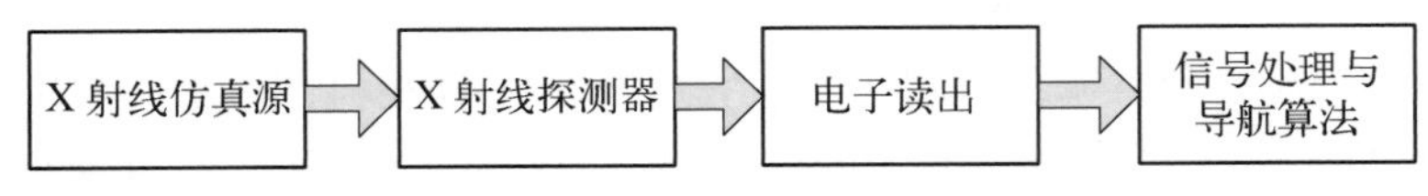

图 6.30　脉冲星导航仿真系统

采用栅控X射线源作为脉冲星信号的发生装置,其原理图如图6.31所示。

栅控X射线管在传统的X射线球管的基础上增加了控制栅极和电子聚焦极。调制栅极正对着阴极电子出射口,聚焦极位于栅极和阳极靶之间,聚焦极实现了电子聚焦作用,控制着电子束斑的尺寸。栅控X射线脉冲星信号发生器结构如图6.32所示。

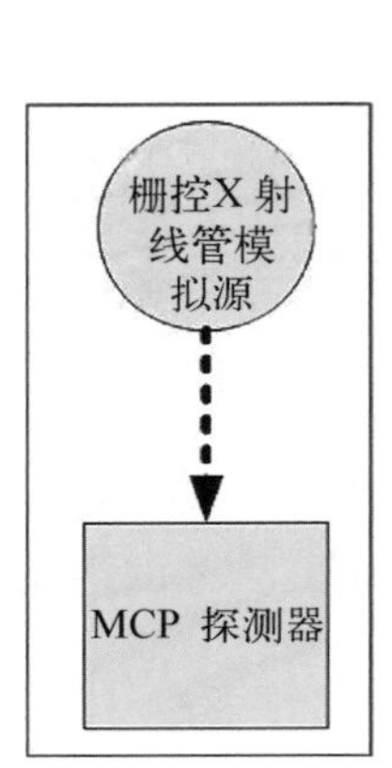

图 6.31　X射线脉冲星信号模拟

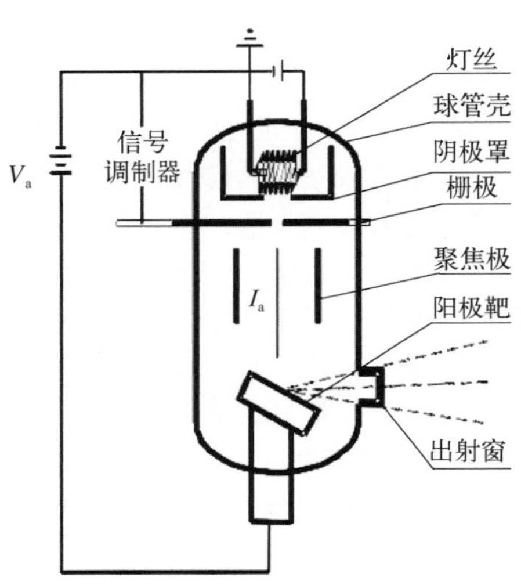

图 6.32　栅控X射线脉冲星信号源

2）系统组成

采用栅极控制的X射线管作为X射线脉冲星模拟光源的发生装置,包括任意信号发生器、栅控X射线球管电源系统和栅控X射线球管,如图6.33所示。其中,任意信号发生器包括时钟系统、存储系统和控制系统;栅控X射线球管电源系统由灯丝电源、栅极电源和聚焦极、阳极高压电源组成。

3）实现方案

(1) 数字仿真实现

采用数字仿真方法对脉冲星信号进行模拟。基于脉冲星的导航系统要由一个精确探测脉冲到达时刻的导航敏感器和高精度的时钟或振荡器(如原子钟)以及计算机构成。当有脉冲的光子到达时,立即把探测到的到达时间转换到适当的时间坐标系中,将脉冲到达时间和已有的脉冲计时模型进行比较。

脉冲到达时刻的相位Φ,可以由定义在SSB惯性系中的脉冲星相位模型得到

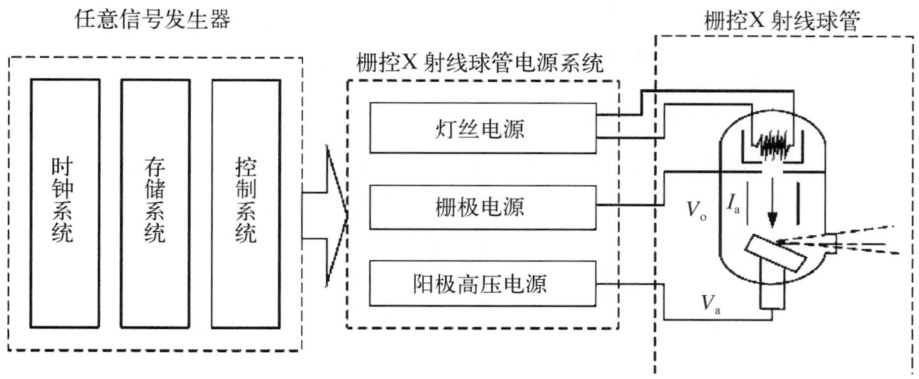

图6.33　栅控X射线脉冲星模拟源系统组成

$$\Phi(t)=\Phi(T_0)+f[t-T_0]+\frac{\dot{f}}{2}[t-T_0]^2+\frac{\ddot{f}}{6}[t-T_0]^3 \tag{6.23}$$

式中，t 是采用TDB时间系统，T_0 为参考时间原点，f，$\dot{f}$，$\ddot{f}$ 是脉冲星频率及其时间的导数。脉冲星相位模型可以确定相对于参考时间原点 T_0 的将来某时刻 t 的脉冲信号相位。该模型使用了脉冲频率及其一、二阶时间导数，如果条件允许，为了提高预估脉冲到达时间的精度，还可以用更高阶导数来修正脉冲星的时间模型。该相位模型可用来确定脉冲星第 k 个脉冲到达太阳质心惯性系SSB原点处的时间 t_k，是导航中一个重要的估计值。

又由于

$$\begin{cases} f=\dfrac{1}{P}; \quad P=\dfrac{1}{f} \\ \dot{f}=-\dfrac{\dot{P}}{P^2}; \quad \dot{P}=-\dfrac{\dot{f}}{f^2} \\ \ddot{f}=\dfrac{2\dot{P}^2}{P^3}-\dfrac{\ddot{P}}{P^2}; \quad \ddot{P}=\dfrac{2\dot{f}^2}{f^3}-\dfrac{\ddot{f}}{f^2} \end{cases} \tag{6.24}$$

又可表示为

$$\Phi(t)=\Phi(T_0)+\frac{1}{P}[t-T_0]-\frac{\dot{P}}{2P^2}[t-T_0]^2+\left(\frac{\dot{P}^2}{3P^3}-\frac{\ddot{P}}{6P^2}\right)[t-T_0]^3 \tag{6.25}$$

式中，P、$\dot{P}$、$\ddot{P}$ 为脉冲周期及其关于时间的导数。

在导航方法中为了将航天器测量的到达时间和用脉冲星相位模型预估的脉冲到达SSB原点处的时间进行比较，必须将测量的TOA转化到SSB坐标系，并投影到SSB原点处。

脉冲星相位模型中参数的确定要通过反复观测脉冲发射源直到确定并使其足够适应观测数据。用该相位模型预估脉冲到达惯性系中某点时间的精度由模型参数的品质以及脉冲星旋转的固有噪声决定。

(2) 基于信号调制的 X 射线管模拟

信号调制装置的作用是将存储的脉冲星数据库信号加载在栅控 X 射线球管的栅极，使栅控 X 射线球管发射的 X 射线形成该脉冲星所对应的 X 射线脉冲轮廓，进而实现导航用 X 射线脉冲星源的模拟。模拟 X 射线脉冲星源的信号调制装置实质上就是一个满足特殊要求的任意波形发生器。产生任意波形的方法主要是谐振法和合成法。谐振法是采用具有频率选择的回路来产生正弦振荡，获得所需频率。合成法是指将一个高时钟稳定度的参考频率，通过基本运算和锁相处理等形成离散的频率输出，这种类型的信号发生器通常具有非常好的频率稳定度和准确度，适合 X 射线脉冲星模拟源信号调制装置的设计要求。直接数字频率合成技术(direct digital synthesis, DDS)是近年来广泛采用的频率合成技术。其基本原理是利用采样定理，通过查表法产生波形，因而适用于产生任意波形。

任意脉冲星轮廓信号调制模块采用 DDS 技术并基于 FPGA 进行设计，主要由上位机和下位机两部分组成，上位机为模块的控制部分，下位机用于任意脉冲星轮廓的产生，模块总体框图如图 6.34 所示。

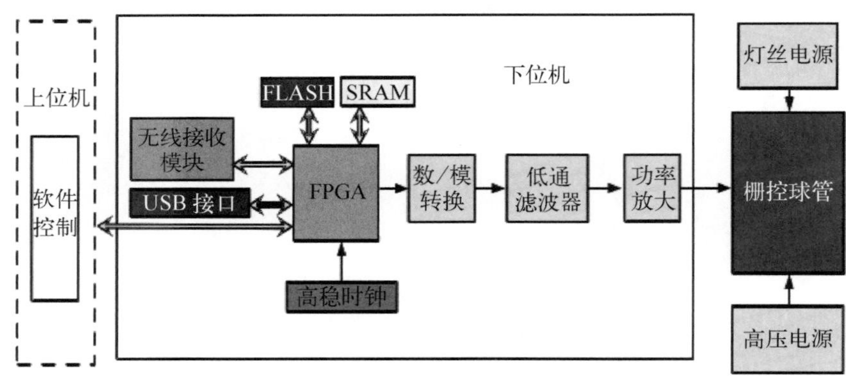

图 6.34　脉冲星信号调制框图

由控制计算机产生实验所需脉冲星信号，然后通过 USB 接口将这些数据信息发送给下位机系统。下位机使用 FPGA 作为主控芯片，由 USB 通信模块、SRAM 数据暂存模块、接收数据处理模块、FLASH 数据处理模块、波形产生模块等组成。系统的工作过程为：首先 USB 通信模块接收上位机发送过来的数据信息，并将其存入 SRAM 中，待接收结束时利用接收数据处理模块从接收数据中提取用户控制命令，通过判别所选脉冲星的型号，从 FLASH 波形存储区中读取相应的 X 射线脉冲星轮廓数据并存入 SRAM 波形存储区，波形存储完成时利用波形产生模块从 SRAM 波形存储区中读取信号波形数据并驱动数/模转换器输出阶梯状的模拟信号，最后将模拟信号送入低通滤波器和功率放大电路即可生成需要的 X 射线脉冲星轮廓。

2. 天体地表模拟

微波、激光雷达等相对测距设备的测量信息为天体表面地形。地形沙盘是地理空间信息重要表现形式之一，它以实物三维的表现形式来表现地形地貌，因此天体地表模拟装置可采用地形沙盘的形式构建。它既能细腻、逼真地表现地貌形态的高低起伏，又能较好地显示地物地貌之间相互关系和位置，与数字三维图形显示的方式相比，其具有地形地貌特征表达直观、自然的特点。

6.3.3 测速目标源模拟

1. 太阳光谱模拟

1）基本原理

太阳模拟器是在室内模拟不同运动状态条件下太阳光辐照特性的一种测速导航源光谱模拟设备，为航天器自主导航半物理实验系统提供与太阳光谱分布相匹配的、均匀的、准直稳定的信号。

（1）太阳光辐照强度 E_s

地球大气层外来自太阳的辐射能以太阳常数表示。一个太阳常数 E_{s0} 定义为大气质量为零时平均日地距离上单位面积获取的太阳光辐射功率，$E_{s0}=1\ 353\ \mathrm{W/m^2}$（误差为 ±1.5%）。该数据是 1971 年 NASA 根据人造卫星上的观测结果公布的太阳常数值。

（2）太阳辐照稳定性

由于外层空间环境没有大气和其他干扰因素，太阳光向地球辐射能量在宏观上应是非常稳定的，但由于日-地距离在一年内是变化的，所以不同时间实测的太阳常数也有所不同，在近日点上测得 $E_{s0}=1\ 438\ \mathrm{W/m^2}$，远日点上测得 $E_{s0}=1\ 340\ \mathrm{W/m^2}$。

（3）太阳辐射光谱

太阳辐射光谱近似于 6 000 K 黑体辐射源发射的光谱，图 6.35 为太阳辐射光谱曲线。

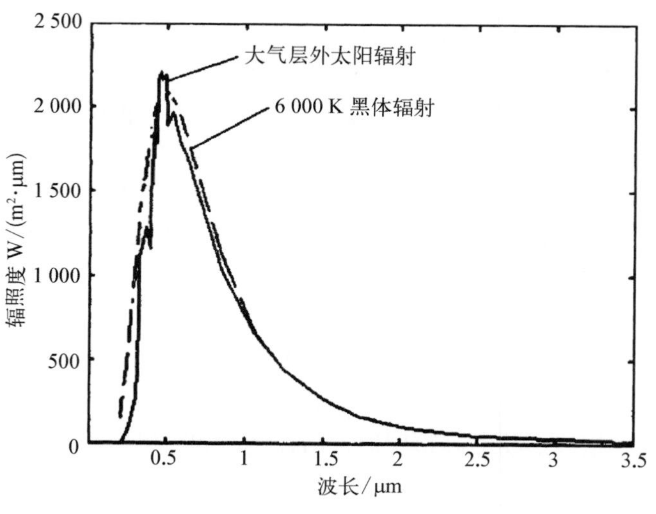

图 6.35　太阳辐射光谱曲线

从图中看出，可见光频段占据的辐射能量最大，可见光及近红外波段的辐射能量约占总能量的 90%以上。

（4）几何特性

从航天器上看，太阳是一个发光圆盘，视张角约为 32′。由于地球在环绕太阳的椭圆轨道上运行，近地点处太阳的视张角为 32′36″，远地点处为 31′31″，一般情况下视张角可取 32′±0.5′。太阳模拟器若要实现该视张角的仿真，输出光束的准直性是一个重要的指标。另外，在外层空间太阳向地球发出的辐照光束将地球表面覆盖，其辐照面积对航天器来说是非常大的。对太阳仿真器来说就要求有较大的输出光束孔径。

2）系统组成

折射式准直型太阳模拟器光学系统如图 6.36 所示。

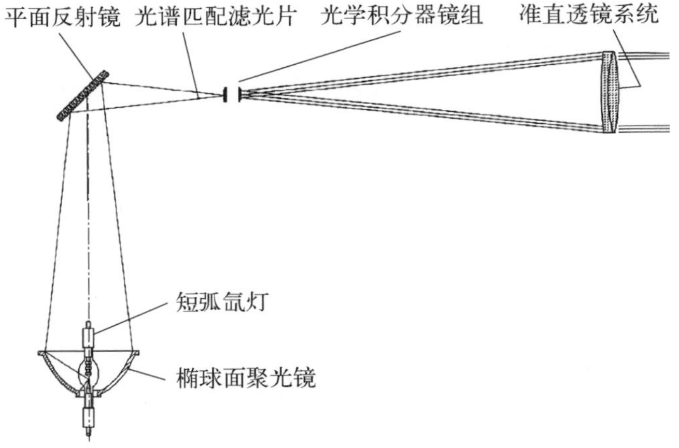

图 6.36　折射式准直型太阳模拟器光学系统原理图

位于椭球镜第一焦点附近氙灯发出光辐射，经椭球面聚光镜会聚并反射，以给定的包容角投影到椭球聚光镜第二焦面上，形成大范围辐照分布。这个较大范围的辐照分布被位于第二焦面上的由 N 个小元素透镜组成的光学积分器场镜阵列对称分割成 N 个小的辐照范围，再经光学积分器投影镜阵列中对应的元素透镜叠加成像到无穷远，形成一个较均匀的辐照范围。N 个被成像到无穷远的“辐照范围”再经准直系统以一定的照明孔径角（即准直角）投影到准直物镜的后焦面附近，形成一个较均匀辐照面。朝准直透镜看去，辐照光束来自位于准直透镜焦面上的光学积分器投影镜组，如同来自“无穷远”处的太阳。滤光片使输出光束的光谱辐照分布与 AM0 或 AM1.5 标准太阳光谱辐照分布在规定的精度级别内相匹配。

3）实现方案

对于测速导航系统，太阳光谱模拟器首先需要实现高精度的光谱模拟与控制。图 6.37 为412.0～412.2 nm 处的太阳实测光谱。若该谱段为测速敏感器的工作谱段，则需实现对该谱段内的谱线形状的高精度模拟与控制，为验证测速敏感器性能提供输入。

模拟光谱信号需要根据航天器的运动速度，反演光谱的频移现象。以火星探测为例，在巡航飞行过程中航天器与太阳的最大视向速度约为 5 km/s，相应的频移量可根据下式计算

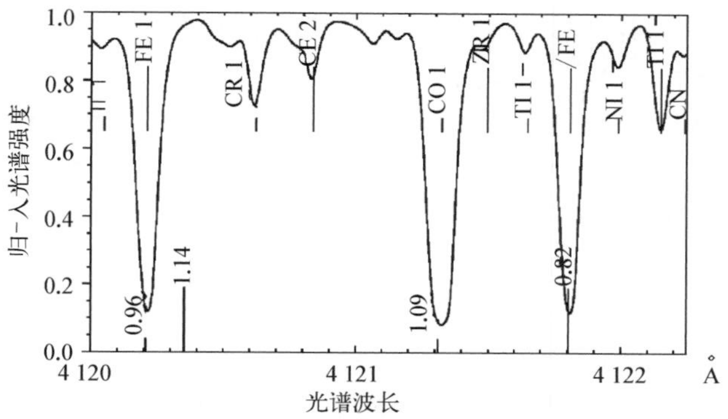

图 6.37　4 120～4 122 Å 处的太阳实测光谱

$$\Delta\lambda = \frac{v_r}{c}\lambda_0 \tag{6.26}$$

式中，$\Delta\lambda$ 为波长偏移量，v_r 为视向速度，c 为光速，λ_0 为无视向运动时的波长。将 $v_r = 5\ \text{km/s}$，$c = 3\times10^8\ \text{m/s}$，$\lambda_0 = 412.02\ \text{nm}$ 代入上式，可得 $\Delta\lambda = 6.87\ \text{pm} = 0.068\,7\ \text{Å}$。波长偏移如图 6.38 所示。

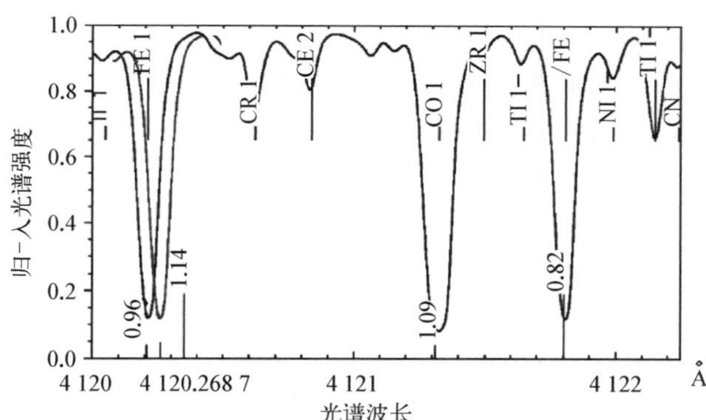

图 6.38　由于 5 km/s 视向速度引起的太阳光谱谱线偏移

因此，为模拟航天器飞行全过程的视向速度变化（0～5 km/s），就需要实现 0～0.01 nm范围内的谱线频移控制。

由于测速导航系统的实时测速精度达到 1 m/s 量级，因此光谱频移量的模拟步长至少需要达到最大频移控制量 1/5 000，即 2 fm，控制精度达到 0.1 fm。

综合上述分析，用于测速导航的太阳光谱模拟器指标需求如下：

（1）中心波长：400～600 nm；

（2）波长偏移范围：0～0.01 nm；

（3）波长偏移最小步长：<2 fm；

（4）波长控制精度：优于 0.1 fm（1σ）。

2. 系外恒星光谱模拟

1）基本原理

恒星谱线的形成以及形态的变化取决于恒星的化学、物理状况。因此，恒星谱线的形成机制及形态变化的机制便成为光谱分析和模拟的理论基础。

恒星光谱具有以下三个主要特点：

(1) 不同类型的恒星，光谱差异很大。以目视观察，恒星的颜色存在显著差别。某些恒星是红色的，如天蝎座 α；某些是橙黄色的，如御夫座 α；而某些则是蓝白色的，如大熊座 η。颜色的不同在一定程度上反映出恒星光谱的差异。

研究表明，不同恒星的光谱曲线有很大差别。例如，表层温度超过 20 000 K 的恒星的光谱，主要表现为中性氦线和电离氦线，而且在紫外频段有着很强的连续光谱；表层温度为 10 000 K 左右的恒星光谱上，氢线最为强烈；温度接近 6 000 K 的恒星，位于可见光频段和紫外频段分界处的电离钙线十分明显。特别是辐射光谱的峰值波长也有很大不同，如温度为 30 000 K 左右的恒星，峰值波长约 0.1 μm；温度为 6 000 K 的恒星，峰值波长出现在 0.5 μm 附近。

为了表征这些差异很大的恒星光谱，天文学上把全天恒星划分为 O、B、A、F、G、K、M 七个光谱型，每一个光谱型又细分为从 0～9 共 10 个次型。

(2) 恒星光谱范围很宽。任何一种光谱型的恒星，都具有很宽的光谱范围，几乎覆盖了全部电磁波频段。特别是大多数恒星在紫外频段、可见光频段和红外频段都有很强的相对光谱辐亮度。

(3) 大多数恒星光谱比较接近黑体辐射光谱。恒星的光谱表现为非常不规则的不光滑曲线。除少数温度极高的恒星以外，大多数恒星的光谱分布是比较接近某一温度的黑体辐射曲线。以太阳辐射为例，太阳辐射曲线与 6 000 K 的黑体辐射曲线十分近似。

2) 系统组成

恒星光谱模拟器的组成如图 6.39 所示。

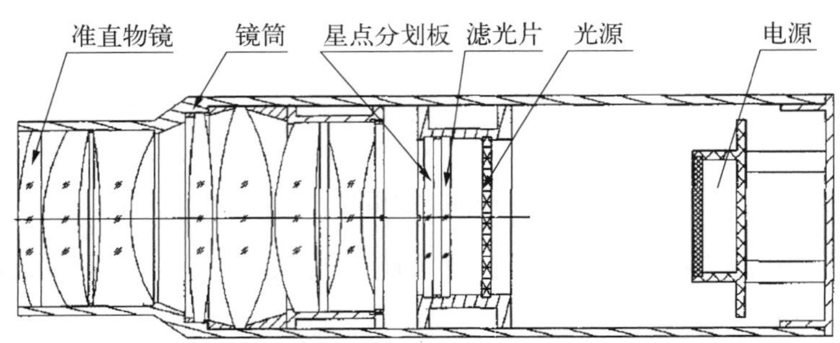

图 6.39 恒星光谱模拟器系统组成

恒星光谱模拟器主要由准直物镜组件、星点分划板组件、滤光片组件、光源与电源四部分组成：

(1) 准直物镜组件

准直物镜组件主要由准直物镜、镜筒、镜头盖等组成。准直物镜光学系统的主要作用是将位于其焦平面上的星点分划板上的星图以准直方式投射到导航敏感器的入瞳处，模拟无穷远处的恒星，以产生固定天区的模拟星图，供测速导航敏感器接收。

(2) 星点分划板组件

星点分划板组件主要由星点分划板、分划板座等组成。星点分划板上刻有透光微孔，其作用是模拟一幅固定天区的星图。按照星点分布，以静态的形式形成所需的恒星星图。

(3) 滤光片组件

滤光片组件主要由滤光片、滤光片座等组成，滤光片的作用是修正光源光谱，使其满足恒星模拟器光谱要求。

(4) 光源与电源

光源与电源部分主要由背光板、光源座、直流电源和电池仓等组成。光源用于星点分划板的照明，以产生星光。电源用于对光源的发光进行控制，通过调节直流电源的电流可对星点亮度进行调节，从而模拟星等的变化。电池仓用于安装电池给背光板供电。

3) 实现方案

仿真恒星光谱提供了测试导航敏感器光谱响应特性的手段。所谓光谱响应特性包括两个方面：一是导航敏感器输出电信号强度与入射光光谱的关系，这主要与仪器的光谱响应特性和光学系统的透过率有关；二是导航敏感器的测速精度与光谱的关系，这主要与光学系统设计有关。

恒星光谱曲线为非常不规则的形状，而且不同光谱型的恒星光谱相差很大。要逼真地模拟所有这些光谱曲线理论上是可行的，但技术实现非常困难而且成本昂贵。

由于受到光电元件和光学系统的限制，测速导航敏感器仅对某一谱段中的特征谱线敏感，对于响应谱段之外的入射光并不能产生正确的输出，因此只需要在一个比较窄的波长范围内仿真恒星光谱特性即可满足实验要求。

实现光谱仿真的常用方法是使用滤光片。利用光学薄膜技术使滤光片对不同波长的透射光具有所需的透过率。如果滤光片的透过率能满足下式：

$$\frac{\tau_\lambda}{\tau_{\lambda 0}}=\frac{M_\lambda}{M_{\lambda 0}} \tag{6.27}$$

式中，λ_0为参考波长；τ_λ为滤光片在波长λ处的透过率；$\tau_{\lambda 0}$为滤光片在波长λ_0处的透过率；M_λ为恒星在波长λ处的光谱辐射出射度；$M_{\lambda 0}$为恒星在波长λ_0处的光谱辐射出射度。

在白光源(假定在λ_0，λ处的光谱辐射出射度相等)前加入这样的滤光片，就能在某一波长处得到与真实恒星一致的光谱。尽管可以对恒星光谱作近似和简化，但光谱总是有一定区间的，要用一个滤光片获得所需的透过率特性，还是相当困难的。目前可行的解决方案是使用几片透过率曲线各不相同的滤光片，通过适当组合后得到所需的透过率曲线。按照此种方法，通过一系列滤光片的组合，可仿真不同种类的恒星光谱。

6.4 航天器轨道模拟

航天器在深空间飞行工程中，相对于惯性参考系处于公里每秒量级的高速运动状态，难以在实验室内实现物理模拟。因此，目前航天器轨道模拟的主要手段是基于轨道动力学的数字仿真。在深空探测任务的目标天体接近、下降、附着等特殊飞行阶段，可以通过导轨、多自由度运动平台等进行等效模拟。

6.4.1 轨道动力学模拟

航天器轨道计算机模拟已较为成熟，采用微机、工控机等均可实现。虽然动力学建模数值仿真得到的轨道与真实飞行器的轨道仍存在差异，但国内外航天工程实践证明，动力学递推得到的航天器轨道完全能够作为航天器任务实施的依据。

与近地卫星相比，深空探测器的轨道模拟需要根据不同飞行阶段设置动力学模型。本书第 2 章已对深空探测器各阶段轨道动力学模型进行了详细介绍。将轨道动力学数学模型通过计算机程序(如 MATLAB、FORTRAN、C 等)实现，在给定初值的情况下，利用计算机进行数值积分，即可得到航天器在任意时刻下的位置和速度。

数值模拟轨道与真实轨道的差异主要来自动力学模型误差、数值积分误差、计算机截断误差等。对导航系统而言，地面实验采用包含高阶摄动项的动力学模型递推生成参考轨道，而采用相对低阶摄动项的动力学模型用于导航解算。轨道动力学以及轨道递推计算已经非常成熟，且地面无线电导航等同样需要这一过程，实践结果表明地面递推的轨道能够作为真实飞行轨道的近似。

6.4.2 多自由度运动平台

多自由度运动模拟平台能够实现航天器在接近目标天体过程(如小行星接近、下降、附着等)的轨道模拟。多自由度运动模拟平台原理图如图 6.40 所示。航天器与目标天体间的相对运动主要通过二维滑轨和一维升降实现。

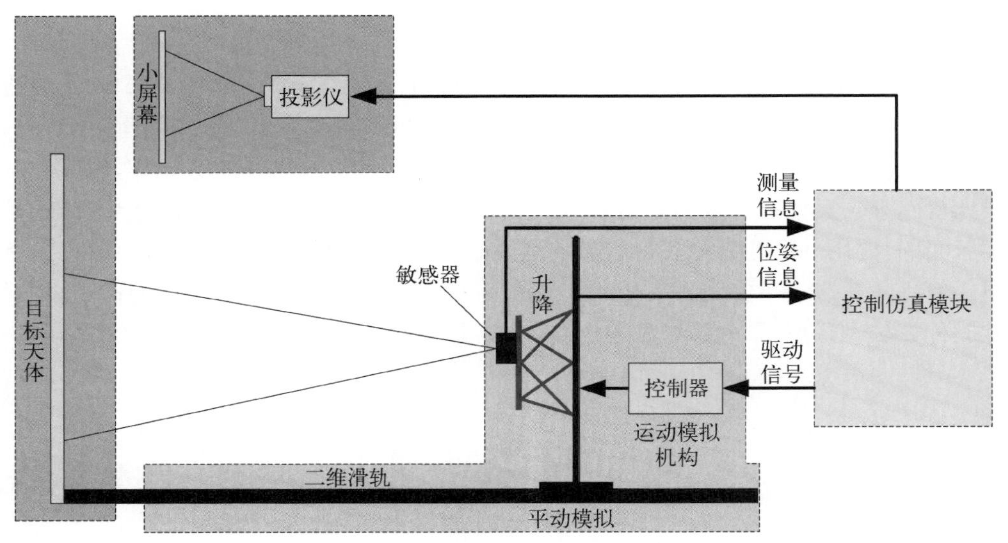

图 6.40 系统原理图

运动模拟平台整体结构如图 6.41 所示。平台的底部采用二自由度滑轨设计，用于模拟航天器前后(X 向)和左右(Y 向)平动。上层平台安装能够绕 Z 轴 360°旋转的单轴转

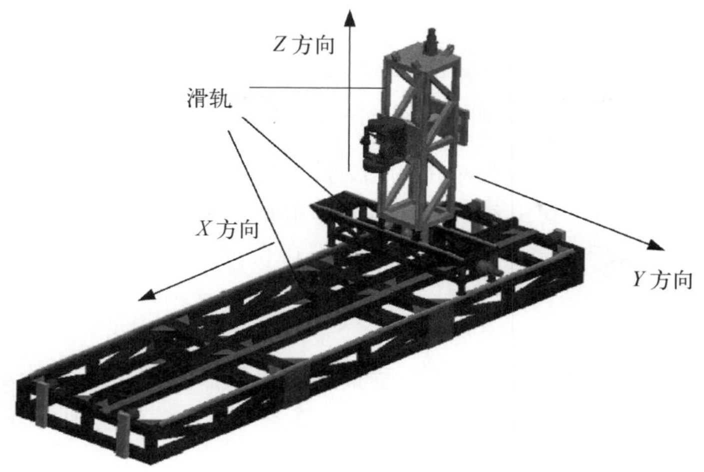

图 6.41　运动模拟平台结构

动台。单轴转动台平面上安装有升降塔，能够模拟航天器在 Z 轴方向上的平动。升降台上设置有能够做俯仰和滚转运动的二维姿态转台。

6.5　航天器姿态模拟

6.5.1　姿态动力学模拟

由于地面难以模拟空间失重情况下的力学环境，故航天器姿态模拟主要通过计算机数值模拟仿真实现。

1. 姿态描述

欧拉角是常用的一种航天器姿态描述方法。对三轴稳定航天器而言，这种表示法一般是将本体坐标系相继做三次旋转，从而使它与期望坐标系相重合。这三次旋转中每次都是以本体坐标系的一个坐标轴为旋转轴的，每次所转过的角度即为欧拉角。姿态旋转矩阵不仅与三次转动角度大小有关，且与转动顺序有关。通过排列组合可以知道，这里共有 12 种不同的旋转法。以航天器控制上最常用的 3－1－2 旋转顺序为例，并假设每次旋转的角度依次为 ψ（偏航角）、φ（滚动角）和 θ（俯仰角），则期望坐标系相对于本体坐标系的姿态旋转矩阵为

$$\boldsymbol{R}=\begin{bmatrix} \mathrm{c}\psi\,\mathrm{c}\theta-\mathrm{s}\psi\,\mathrm{s}\theta\,\mathrm{s}\varphi & \mathrm{c}\theta\,\mathrm{s}\psi+\mathrm{c}\psi\,\mathrm{s}\theta\,\mathrm{s}\varphi & -\mathrm{s}\theta\,\mathrm{c}\varphi \\ -\mathrm{c}\varphi\,\mathrm{s}\psi & \mathrm{c}\varphi\,\mathrm{c}\psi & \mathrm{s}\varphi \\ \mathrm{s}\theta\,\mathrm{c}\psi+\mathrm{s}\psi\,\mathrm{c}\theta\,\mathrm{s}\varphi & \mathrm{s}\psi\,\mathrm{s}\theta-\mathrm{c}\psi\,\mathrm{c}\theta\,\mathrm{s}\varphi & \mathrm{c}\varphi\,\mathrm{c}\theta \end{bmatrix} \tag{6.28}$$

其中，$\mathrm{c}\psi$ 代表 $\cos\psi$；$\mathrm{s}\theta$ 代表 $\sin\theta$，其他类似。

另外，当本体坐标系到期望坐标系的姿态旋转矩阵已知时，用欧拉角表示的姿态信息滚动角 φ、俯仰角 θ、偏航角 ψ 可由下式计算：

$$
\begin{aligned}
\varphi &= \arcsin(R_{23}) \\
\theta &= \arctan(-R_{12}/R_{33}) \\
\psi &= \arctan(-R_{21}/R_{22})
\end{aligned} \tag{6.29}
$$

其中，$R_{ij}(i, j=1, 2, 3)$ 表示矩阵 $\boldsymbol{R}$ 的第 i 行、第 j 列元素。

从上面可以看出，当滚动角 $\varphi=90°$ 时，俯仰角 θ 和偏航角 ψ 不能唯一确定，这就是欧拉角奇异问题。而且对于任意一种旋转顺序，都存在奇异问题。所以欧拉角描述一般适用于小角度姿态机动。

2. 姿态动力学

假设航天器为刚体，其动力学基本方程描述了航天器的角动量向量 $\boldsymbol{h}$ 的变化率与作用在航天器上的控制力矩 $\boldsymbol{u}$ 以及干扰力矩 $\boldsymbol{d}$ 的关系。由角动量定理，在航天器本体坐标系中有如下姿态动力学方程：

$$
\boldsymbol{J}\dot{\boldsymbol{\omega}} = -\boldsymbol{\omega}^{\times}\boldsymbol{J}\boldsymbol{\omega} + \boldsymbol{u} + \boldsymbol{d} \tag{6.30}
$$

其中，$\boldsymbol{\omega}=[\omega_1 \quad \omega_2 \quad \omega_3]^{\mathrm{T}}$ 为在本体坐标系下本体坐标系相对于惯性坐标系姿态角速度向量；$\boldsymbol{u}=[u_1 \quad u_2 \quad u_3]^{\mathrm{T}}$ 为作用到航天器上的控制力矩；$\boldsymbol{J} \in \Re^{3\times 3}$ 为航天器的对称正定转动惯量张量矩阵

$$
\boldsymbol{J} = \begin{bmatrix} J_{11} & -J_{12} & -J_{13} \\ -J_{12} & J_{22} & -J_{23} \\ -J_{13} & -J_{23} & J_{33} \end{bmatrix} \tag{6.31}
$$

式中，$\boldsymbol{d}$ 为由空间环境引起的外部干扰力矩，比如重力梯度干扰、气动力干扰、太阳光压干扰及剩磁干扰等；$\boldsymbol{u}$ 为星载执行机构产生的控制力矩。

执行机构主要是飞轮和推力器，其中飞轮是通过角动量交换的方式输出力矩，而推力器直接输出推力进而产生控制力矩，当选用飞轮作为执行机构时，动力学模型可以改写为

$$
\boldsymbol{J}\dot{\boldsymbol{\omega}} = -\boldsymbol{\omega} \times (\boldsymbol{J}\boldsymbol{\omega} + \boldsymbol{h}_{\mathrm{W}}) - \dot{\boldsymbol{h}}_{\mathrm{W}} + \boldsymbol{d} \tag{6.32}
$$

其中，$\boldsymbol{h}_{\mathrm{W}}$ 为轮组的角动量在本体坐标系下的坐标。此时的控制力矩可以表示为 $\boldsymbol{u}= -\dot{\boldsymbol{h}}_{\mathrm{W}}$。

3. 姿态运动学

姿态运动学方程是描述姿态参数在姿态运动过程中变化的方程，同时也是描述各姿态参数之间的相互关系的方程，例如刚体角速度和姿态角的导数之间的关系。

四元数表示的航天器姿态运动学方程为

$$
\dot{\boldsymbol{q}} = \frac{1}{2}\boldsymbol{\Xi}(\boldsymbol{q})\boldsymbol{\omega} \tag{6.33}
$$

其中，

$$
\boldsymbol{\Xi}(\boldsymbol{q}) = \begin{bmatrix} -\boldsymbol{q}_v^{\mathrm{T}} \\ q_0\boldsymbol{I}_3 + \boldsymbol{q}_v^{\times} \end{bmatrix} \tag{6.34}
$$

可表示成矩阵形式

$$
\begin{bmatrix} \dot{q}_0 \\ \dot{q}_1 \\ \dot{q}_2 \\ \dot{q}_3 \end{bmatrix} = \frac{1}{2} \begin{bmatrix} q_0 & -q_1 & -q_2 & -q_3 \\ q_1 & q_0 & -q_3 & q_2 \\ q_2 & q_3 & q_0 & -q_1 \\ q_3 & -q_2 & q_1 & q_0 \end{bmatrix} \begin{bmatrix} 0 \\ \omega_1 \\ \omega_2 \\ \omega_3 \end{bmatrix} \tag{6.35}
$$

6.5.2 姿态状态模拟

根据计算机对姿态动力学的模拟结果，可以进一步驱动伺服转台为航天器提供更加接近真实情况的姿态状态模拟。

机械伺服转台（以下简称伺服转台）是高性能的（单轴、双轴、三轴或多轴）伺服系统。运行时，要求每个轴严格跟随仿真计算机的输出，使装在其内轴实验平台上的仪器做绕转台转动中心的姿态运动，精度由转台机械台体和控制系统（测角装置、电路及控制计算机、马达等）来保证，在航天器姿态控制系统的半物理仿真中得到了广泛应用。在深空探测天文导航半物理仿真系统中转台主要用于模拟长时间曝光过程中深空探测器姿态控制扰动对测角导航敏感器成像的影响。将测角导航敏感器安装于三轴转台上，通过对转台的控制实现对航天器姿态扰动的模拟。

1. 转台的分类

伺服转台是半物理仿真或用于某些特定用途的专用设备，有各种类型和技术要求，可以根据不同的原则分类，通常以转动自由度的数目、能源类别、结构形式等不同进行分类。

1）根据转动自由度分类

根据转动自由度的数目，可分为单轴转台、双轴转台、三轴转台和多轴转台。三轴转台具有三个独立运动的框架，分别代表卫星在空间运动时其姿态变化的三个自由度（俯仰、偏航和滚动），它是半物理仿真实验中用途最广、性能要求最高的一种转台。

2）根据能源类别分类

按照转台驱动能源可分为电动转台、液压转台和电动-液压混合式转台。电动转台是以电力驱动仿真器框架运动的，一般采用直流或交流力矩电机驱动。它的能源系统简单，造价较低，使用维护方便，与液压转台相比，负载能力和加速度较小，适用于负载不太大且加速度要求不高的系统仿真。现代的高性能力矩电机（有刷或无刷），其力矩可达到数千 N·m 以上，能够满足较高动态性能要求的转台使用。

液压转台是以液压作为动力能源，一般多用液压马达作为驱动机构。它具有传递力矩大、调速比宽、负载能力大、动态响应快等特点，但需液压能源设备，且转动角度范围受限制，造价成本高，维护比较复杂。

电动-液压混合转台是根据仿真实验要求而设计的转台，连续转动的框架用电机驱动，加速度很大的框架用液压马达来驱动。

3）根据台体的结构形式分类

三轴转台根据台体结构可分为立式和卧式两种基本形式：立式三轴转台如图 6.42 所示，它的特点是外框架轴垂直向上，可模拟航天器的偏航角运动状态。

卧式三轴转台如图 6.43 所示，它的外框架轴是水平方向，可模拟航天器俯仰方向的角运动状态。

图 6.42　立式转台

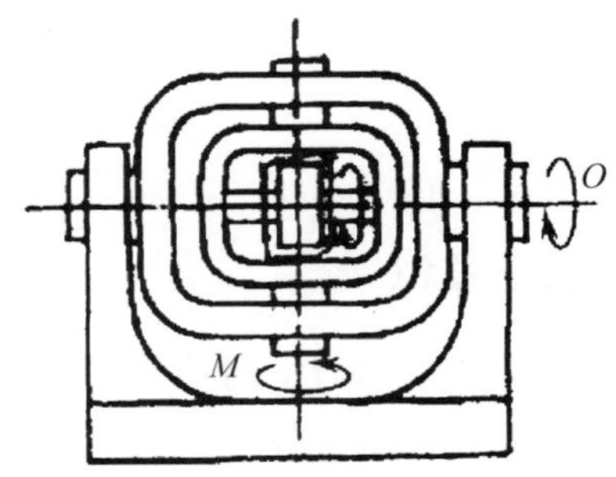

图 6.43　卧式转台

2. 转台的基本结构

三轴转台由内框、中框、外框和基座四大部分组成。工作台面安装在内框轴系上（或与内框连接为一体），内、中、外框分别绕本身轴系转动。基座支承外框且可以调整水平。转台的机械结构是伺服转台性能好坏的关键和基础。必须清楚地了解实验目的、性能指标、被测件的安装方式、几何参数、转动范围、检测基准与方法等重要因素，以保证设计的正确、合理。转台的结构形式取决于实验的需求，无论何种结构形式，都可归纳为框架设计、轴系设计、各种机电部件的选用和安装以及转台总体结构布局设计。在设计时，还应考虑检测、安全保护与维修方便。

3. 转台控制系统

在进行地面半实物仿真实验时，三轴伺服转台是众多仿真设备中不可缺少的关键设备。三轴伺服转台性能的优劣直接影响着半实物仿真的实验结果。随着对航天器导航精度指标的不断提高，三轴伺服转台的性能指标也面临着更高的要求。针对航天器天文自主导航半物理仿真实验，三轴伺服转台必须具有高位置分辨率、高定位精度及良好的低速性能三大技术特点。因此，研制一台用于地面半实物仿真用的三轴伺服转台，除需采用高性能指标的测角装置、大功率驱动部件和先进的生产工艺方法之外，控制系统的设计也是一个十分重要的问题。微型计算机及单片机的问世，为伺服转台的计算机控制创造了条件。这样既可以使控制系统具有计算机数字系统的方便灵活、精度高的特点，又具有模拟系统动态性能好的优越性。

转台的三轴框架位置定位精度应满足卫星对姿态控制指向精度的要求。因仿真设备的精度一般应比姿控系统的精度高一个数量级左右，目前卫星姿态控制指向精度可达 $0.1°\sim0.01°$，故要求三轴转台三个框架位置定位精度均应优于 $10^{-3}\sim10^{-4}$。

6.5.3　姿态误差模拟

航天器平台姿态控制误差一般可用偏航、俯仰、滚转方向误差表示。令偏航误差 ε_1、俯仰误差 ε_2、滚转误差 ε_3，均为满足零均值高斯分布的随机误差，则有

$$\varepsilon_1 = \frac{1}{\sqrt{2\pi}} e^{-\frac{x^2}{2\sigma_1^2}} \tag{6.36}$$

$$\varepsilon_2 = \frac{1}{\sqrt{2\pi}} e^{-\frac{x^2}{2\sigma_2^2}} \tag{6.37}$$

$$\varepsilon_3 = \frac{1}{\sqrt{2\pi}} e^{-\frac{x^2}{2\sigma_3^2}} \tag{6.38}$$

其中 σ_1、σ_2、σ_3 为三轴控制误差的方差。将上述误差模型加入转台控制算法中，即可实现对航天器姿态误差的模拟。

6.6 深空环境模拟

航天器经历的空间环境包括真空、深冷、太阳辐照、电磁辐射、粒子辐照、磁场、微流星体与空间碎片、等离子体、静电场、微重力、原子氧等；空间环境对航天器的运行轨道、姿态、表面材料、半导体器件均会产生影响。其中以真空、冷黑、太阳辐照和粒子辐照环境的影响最为显著。

6.6.1 超真空环境模拟

地球同步轨道高度处的真空度约为 10^{-12} Pa，火星探测器在地火转移段的真空度更是达到了 $10^{-13}\sim10^{-18}$ Pa。上述标准是地面真空环境模拟试验设备的实现目标，但由于技术和经济等原因，尚无法完全真实地模拟空间真空环境，一般采用抽气的方法以达到所需的真空环境。

1965 年以前主要采用大型油扩散泵来获得高真空。美国在大型模拟器中还增设 20K 氦气低温板来抽除航天器的大气体负荷，但因制冷量在 1 000 W 左右的大型氦制冷机造价高、用电量大，故其他各国一般不采用。油扩散泵抽气系统较易研制，并为早期航天器环境模拟设备的研制做出了贡献。但油污染使卫星表面的物理性能，如电阻率、透射率、反射率和吸收率等发生变化，尤其是光学敏感表面，微量的油污染可能改变其光学性能，影响卫星入轨后的性能油分子在空间紫外、粒子辐照等环境的作用下会形成影响更大的污染膜。1966 年美国波音公司首先改造了它的主要设备 A 室，新抽气系统采用大型溅射离子泵和电子轰击式钛升华泵来代替油扩散泵。

欧洲空间技术中心（ESTEC）于 1971 年采用溅射离子泵和钛升华泵来改造设备。1975 年日本新建直径 8.5 m、高 25 m 的设备，采用了美国第二代的抽气方法。各航天大国在 20 世纪 70 年代初均已着手清洁真空设备的新建或改造工作。

我国从 70 年代初设计研制了直径 1.5 m 的清洁超高真空空间模拟器，均采用溅射离子泵和钛升华泵的抽气方法。真空度达到 10^{-8} Pa 量级。使用国产 G－M 循环氦制冷机，其温度为 20 K 时冷量为 4 W。KM3、KM4 空间模拟器已完成无油抽气系统的改造。分别使用直径 800 mm、直径 1 320 mm 口径的制冷机低温泵取代原有的油扩散泵。前级系统在原机组的基础上增设液氮冷阱，粗抽气到 10 Pa 以下，再使用制冷机低温泵抽到 10^{-3}～10^{-4} Pa。图 6.44 为 KM4 真空抽气系统。图 6.45 为 KM4 真空容器外形。

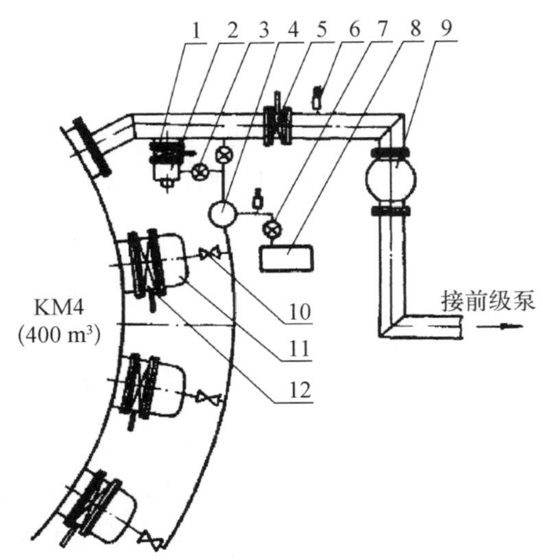

图 6.44 真空环境模拟抽气系统

1—CCQ-300A 插板阀，2—低温泵，3—手动角阀，4—小冷阱，5—CCQ-500A 插板阀，6—热偶规，7—手动角阀 2，8—罗茨泵，9—大冷阱，10—CCQ-100A 插板阀，11—低温泵 2，12—G52P 插板阀

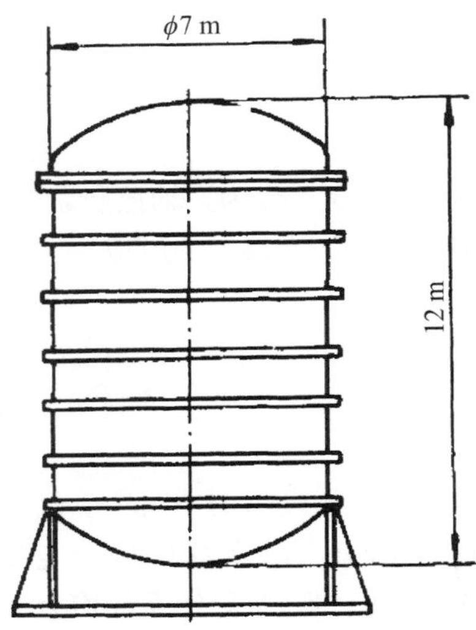

图 6.45 KM4 型真空容器外形

6.6.2 深冷环境模拟

航天器轨道的等效温度一般仅为 3 K 甚至更低，对航天器热性能和内部仪器的工作均有影响。因此，航天器发射前必须在地面开展冷深环境模拟试验，其目的是验证航天器的热设计与热性能。

为模拟空间深冷环境，热沉通常采用铝、铜或不锈钢制成冷却构件，其内部通液体氮，内表面涂以高吸收率的黑漆。

由于航天器本体形状比较复杂，各面的温度、发射率各异时，造成热沉各部分接收的能量各不相同，因而在设计中需采用不同形式的热沉壁板结构。为此需要计算各部分和每个面之间的热交换，以确定第一部分热负荷的大小和模拟误差值，从而帮助设计者通过分析计算，在保证模拟精度的前提下达到合理设计。

合理地选用热沉材料，可降低制造成本，减轻质量，改善设备性能。热沉材料在超高真空下出气量要少，低温下应具有一定的强度和可塑性，而且焊接性能要好。因为在液氮温度下，有些金属的抗拉强度和屈服强度增加，而延伸率降低，大多数金属的冲击韧性显著减弱。当韧性减弱时，金属会变脆，失去了对外力的抵抗能力。镍钢、不锈钢、紫铜、黄铜、铝青铜及纯铝等材料的晶格都是面心立方体，在低温下都具有足够的韧性，其低温机械性能有时比常温时还高。低碳钢的晶格是体心立方体，具有低温脆性，其锈蚀表面在真空下出气量大。黄铜内含有锌，在真空下易蒸发，因此一般选用纯铝、不锈钢、紫铜作为热沉材料。

6.6.3 空间外热流环境模拟

航天器在轨飞行过程中主要接收三部分能量，即来自太阳的直射能、目标行星（或地球）反射的太阳能、目标行星（或地球）的辐射能，统称空间外热流环境。

按模拟热流的特点，空间外热流环境的模拟方法有两类。一类是入射热流模拟法，通常称为太阳模拟法；另一类称吸收热流模拟法，又称红外模拟法。

1. 太阳模拟法

该方法利用模拟宇宙中存在的太阳光谱能量分布的太阳模拟器，实现对太阳辐射在航天器上产生的光谱能量效应和热效应的模拟。在模拟太阳直射能上，这种方法没有引入任何近似或假设，因此试验结果直观而可靠，可用于外形复杂和表面光学性质变化大的卫星。

2. 红外模拟法

该方法利用红外模拟器模拟航天器表面吸收的空间外热流的方法称为红外模拟方法，主要用于模拟空间外热流环境在航天器上产生的热效应。该方法可以全面地模拟空间外热流，但是，由于其应用中包含了某些近似与假设条件，所以试验结果不如前一类方法直观可靠，一般只用于外形简单、表面光学性质变化不大的航天器，难以模拟具有复杂外形航天器的阴影效应、辐射换热中几何因子变化的效应和表面间相互作用的效应。另外，在应用该方法时，还需用数值模拟方法得出各航天器表面接收的空间外热流或形成的表面温度，有时还要用太阳模拟方法得出某些热边界条件。

考虑到技术难度、研制成本、安全性、可靠性等因素，目前红外模拟法是空间外热流环境模拟的主要方法。红外模拟器由红外加热器、热流计、电源及其控制系统组成。红外模拟器使用的红外加热器包括温度控制屏（板）、红外加热阵、红外加热笼、百叶窗红外加热器及表面接触式电阻片加热器。

温度控制屏（板）使用加热板构成红外加热器，其中由循环流体加热的加热板构成圆筒形红外加热器，多置于空间模拟室内，用于航天器组件的试验。在使用电阻丝或电阻片加热的加热板时，其形状应与航天器形状相近，并尽量靠近航天器表面。根据试验要求，调整流体温度或电阻丝的功率，控制屏或板的温度分布，给出所需的红外辐射热流。

红外加热阵是由电阻丝或石英灯组成的平面形红外加热器，单独用于航天器平面形构件的红外模拟试验。由电阻丝构成的称为红外加热丝阵，初期使用较多。由石英灯构成的称为红外灯阵，目前使用较普遍。在设计灯阵时，为了提高热效率与减少热耗散，应认真设计反射器并减小遮挡，有时还需使用加热棒作为辅助加热措施。当航天器接收的空间外热流分布较复杂，需要分成若干等热流区时，灯阵也需相应的分成若干加热区。调整加到石英灯上的电功率，即能得到试验所需的红外热流。

红外加热笼是一种由金属带或石英灯组成的与航天器同形的笼状红外加热器。其中由电阻加热带构成的称为红外加热带笼，初期或性能较简单的航天器使用较多。由石英灯构成的称为红外加热灯笼，目前在性能较复杂的航天器上使用较多。加热笼一般分成若干个与待试航天器表面相对应的等温区，设计中除注意各区的调控能力、精度、反应时间等问题外，还要注重相邻各区间相互影响的研究，特别是对有阴影区试验要求的情况，应采用有效措施（如附加低温调节板等）来模拟低热流。

6.6.4 粒子辐照环境模拟

当一种材料暴露于带电粒子环境中时，入射粒子通过电离、辐射和核反应的相互作用，将能量传递给材料的原子结构，产生了对材料物理特性的影响，这称为辐射效应。材料吸收的电离辐射的总量称辐射剂量，它与入射粒子的种类和能量有关。对不同种类的带电粒子进行剂量分析，可以得到不同材料深度处的辐射剂量。剂量分析有质子剂量分析、电子和韧致辐射剂量分析等。

辐射效应依赖于带电粒子的种类和能量、材料的性质等，一般分为电离效应和位移效应两种。

带电粒子穿过材料，把部分能量传给材料原子的束缚电子，使束缚电子激发或从束缚状态逃逸出来，形成自由电子，这种效应叫电离效应。它与材料吸收的总剂量有关，与入射粒子的种类和能量无关。有机材料中易引起电离效应。

当带电粒子和物质相互作用时，入射辐射把足够的能量传递给晶格原子，使原子从原来的位置移走，而产生稳定的空穴，这种效应称位移效应。最容易产生位移效应的是半导体器件，主要有太阳电池、晶体管及集成电路。下面对剂量等效法和位移等效法进行介绍。

1. 剂量等效法

剂量等效是指对于两种不同的入射电子谱，只要它们产生的辐射剂量相同，就认为它们产生的某种辐射效应也相同。这样就可以用单能电子谱来模拟复杂的空间电子谱。此法多用于模拟电离效应，模拟步骤如下：

（1）根据预示的空间粒子辐射谱，用剂量分析法计算出试件（或整星）吸收的总电离剂量；

（2）利用辐射源，确定一种进行模拟试验的单能粒子，计算出使用该单能粒子辐照时达到要求剂量所需的累积通量；

（3）当接收通量达到所预示的通量时，认为辐照剂量与空间粒子辐射给予的剂量相同，同时认为辐射损伤程度也相同。

2. 位移等效方法

由于在同一对象上，不同种类的粒子产生位移效应所需的能量不同；而在不同试件上，同一种类的粒子产生位移效应所需的能量也不同。因此，为了使模拟试验时产生的位移效应和在轨飞行中承受的位移效应等效，必须用理论计算与实验测量相结合的方法，确定不同种类、不同能量粒子之间位移效应的等效关系，从而得到空间粒子辐射与模拟试验选用的单能电子辐射的相对损伤系数及等效的电子通量。此法多用于太阳电池。位移效应等效模拟方法如下：

（1）根据航天器轨道空间粒子辐射能谱，计算出透过屏蔽后的出射能谱；

（2）利用已确定的相对损伤系数，将出射能谱换算成模拟试验选用的单能电子辐射的累积通量；

(3) 用累积通量进行模拟试验，即当累积通量达到所计算的单能粒子通量时，认为此时的位移效应和预示的航天器轨道空间粒子辐射能谱所产生的位移效应相当。

6.6.5 微重力模拟

微重力环境模拟方法主要包括模拟（或再现）环境、模拟环境效应两大类。

1. 环境模拟方法与设备

模拟环境的方法包括空中飞行法和自由落体法。

1）空中飞行法

此方法用探测火箭或沿抛物线飞行的飞机来完成。图 6.46 给出的飞行轨迹在抛物线顶部得到微重力环境的时间最长为 30 s，通常得到 10^{-1} g 的时间为 6～7 s。

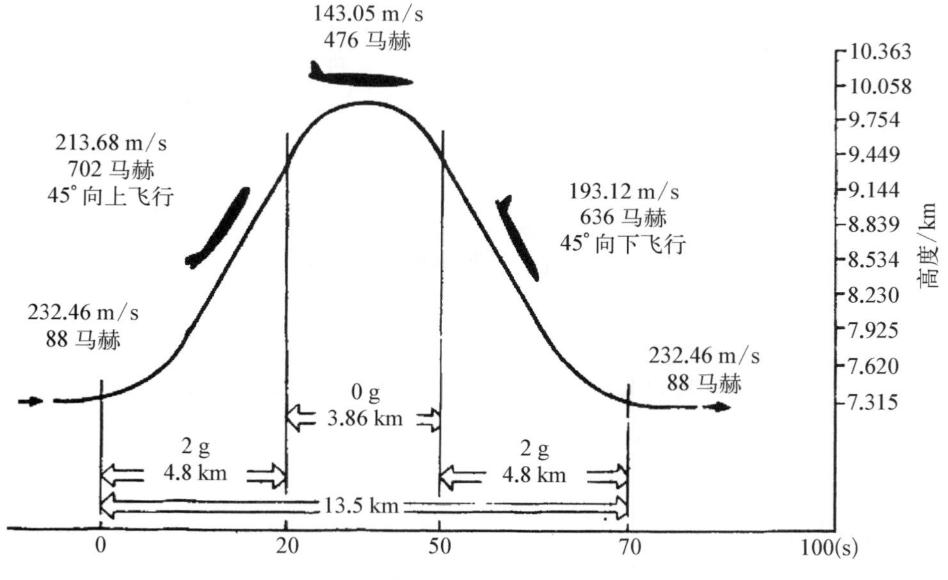

图 6.46　飞机微重力模拟飞行轨迹

2）自由落体法

通过在高塔与深井中自由落体得到微重力环境。美国宇航局马歇尔空间飞行中心利用高 91.44 m 的“土星五号”火箭动力学试验台获得微重力环境。其最低值为 $10^{-5}g$，最高为 $4\times10^{-2}g$。实验设备主要包括阻力屏、实验舱、电源系统、测量系统、工作间、推力系统、释放系统、导轨、收集管和绞车系统等。阻力屏以大于 9.8 m^2/s 的加速度降落，使阻力屏内的实验舱处于 $10^{-5}g$ 的环境。美国宇航局刘易斯研究中心利用深 152. 4 m、直径 8.7 m 的竖井建成微重力设备，设备简图如图 6.47 所示。竖井内装有直径 6.1 m、长 143.3 m 的真空容器。试验舱置于真空容器内，压力在 0.5 h 内降至 1.3 Pa，使空气阻力小于 $10^{-5}g$。试验舱在自由降落中可得到 5 s 的微重力环境。

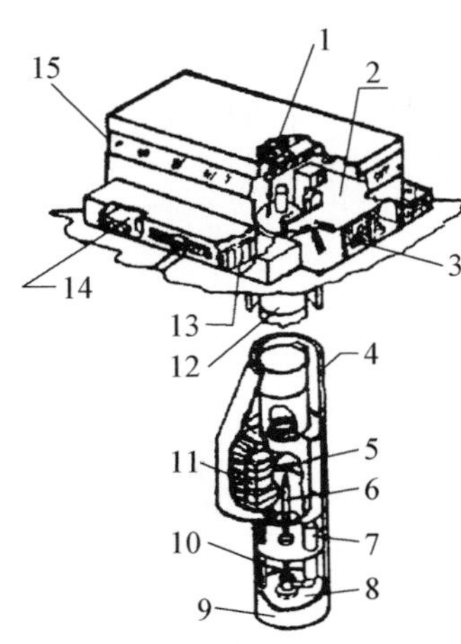

图 6.47 自由落体微重力实验系统

1—20 t 起重机，2—中层楼，3—增压泵和真空泵，4—混凝土竖井，5—减速器缓冲器，6—试件，7—存储器，8—竖井底，9—混凝土底座，10—加速器，11—减速器车，12—真空容器，13—控制室，14—清洁间，15—工作区

2. 环境效应模拟方法与设备

环境效应模拟方法主要有漂浮法、力平衡法与中性浮力模拟方法。

1）漂浮法

利用气浮（如空气轴承）或液浮（如水池）将试件托起，以提供一定的自由运动。

2）力平衡法

根据试件的特点，设计不同的支持结构，以抵消重力的作用。例如，利用控制斜面的角度进行太阳阵在微重力条件下的展开试验；利用液压作动筒、负弹簧等构成的去重力支架和低重力模拟台，进行光学望远镜及天线的形变试验等。

3）中性浮力模拟法

将试件浸没在水中，利用增加配重或漂浮器使试件与水的密度相同，达到使试件随意上升与下沉的目的，从而模拟微重力环境效应。通用性较强的设备是中性浮力模拟器。

6.7 地面半物理实验系统

地面半物理实验是对导航系统功能与性能进行验证的重要手段。通过地面实验，可验证导航敏感器与导航计算机等接口的匹配性，也验证组合导航滤波算法的正确性，考核导航系统各项指标。

6.7.1 系统功能

系统功能包括：① 模拟深空探测器不同飞行阶段的轨道与姿态动力学环境；② 为测角导航敏感器提供导航图像模拟信号；③ 为测距导航敏感器提供脉冲模拟信号；④ 为测速导航敏感器提供导航光谱模拟信号；⑤ 实现测角测速组合自主导航滤波估计，输出导航结果；⑥ 对飞行全过程导航数据进行采集，实现可视化演示。

6.7.2 系统组成

深空探测天文组合自主导航地面半物理仿真实验系统由测角导航敏感器、测速导航敏感器（外差式/原子式）、动力学宿主机、动力学目标机、数据存储与显示终端、小行星/恒星模拟器、火星模拟器、太阳光谱模拟器、恒星光谱模拟器、组合导航计算机、性能评估计算机组成，多普勒场景模拟器和三轴转台为可扩展设备。系统的组成如图 6.48 所示。

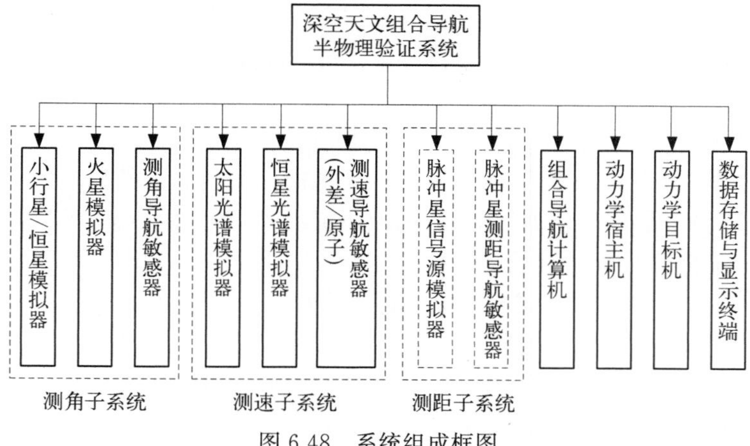

图 6.48　系统组成框图

6.7.3　系统方案

半物理验证系统在实验过程中需要完成对组合导航系统的控制、测量、数据采集、滤波等操作，同时实现各种导航环境与观测量的模拟，以满足各种功能的验证实验的需求。

系统原理框图如图 6.49 所示。

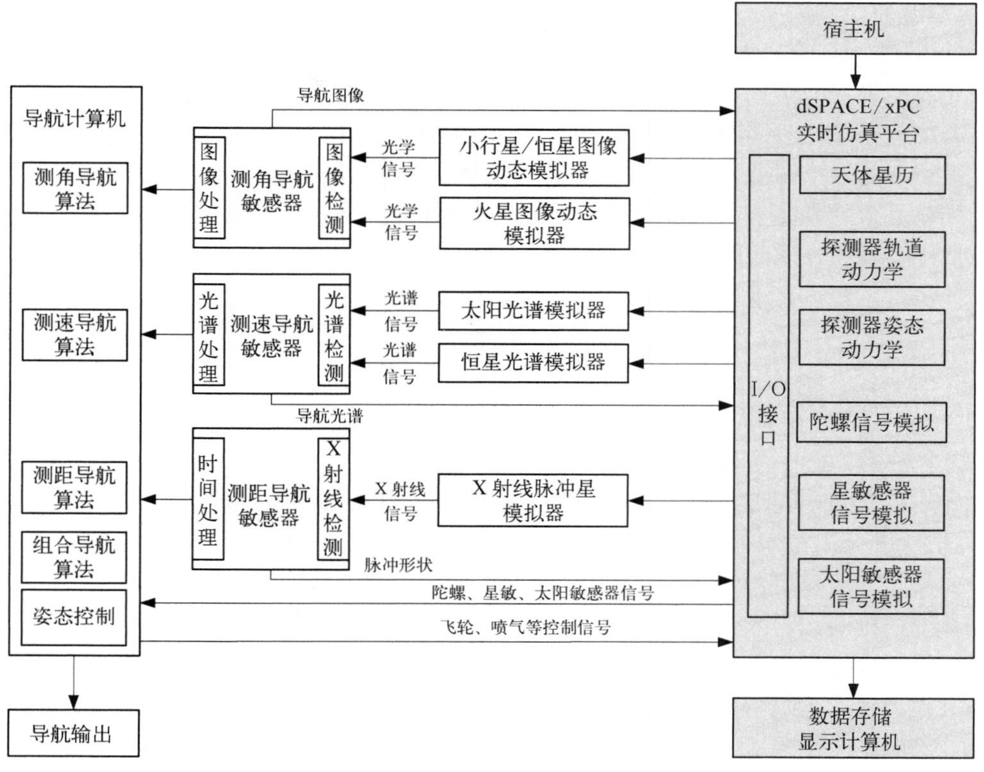

图 6.49　系统原理框图

动力学目标机通过轨道和姿态动力学仿真程序，生成真实(基准)轨道和姿态数据，将结果发送至小行星/恒星图像动态模拟器、火星图像动态模拟器、太阳光谱模拟器和恒星光谱模拟器。

小行星/恒星图像动态模拟器根据基准轨道与姿态，结合目标特性参数(如反照率、星等)，生成敏感器视场内的光学图像；火星图像动态模拟器根据火星与航天器相对位置，模拟火星及火卫图像。根据导航方案需要，选取小行星/恒星图像动态模拟器或火星图像动态模拟器，输出至测角导航敏感器。

太阳光谱模拟器根据航天器相对运动速度和标准太阳光谱，产生偏移后的太阳光谱信号；恒星光谱模拟器根据航天器相对运动速度与恒星星历，产生偏移后的恒星光谱信号。根据导航方案需要，选取太阳光谱模拟器或恒星光谱模拟器输出至测速导航敏感器。

脉冲星模拟器根据脉冲星数据库，生成X射线脉冲，输出至脉冲星测距导航敏感器。

测角导航敏感器对模拟器产生的光学图像进行采集与处理，产生图像质心等特征点。

测速导航敏感器对模拟器产生的光谱图像进行采集与处理，对比基准光谱，产生光谱偏移量。

测距导航敏感器对脉冲星模拟器产生的X射线信号进行接收与检测，并完成脉冲信号处理，输出时间延迟量。

导航计算机根据测角、测距与测速导航敏感器获得的观测量进行导航滤波，估计航天器位置与速度。滤波过程中所需的星敏、太阳敏感器等输出信号由动力学目标机模拟产生，发送至导航计算机。同时导航计算机模拟产生飞轮、推力器等控制信号，发送至动力学目标机，作为切换姿态时的控制深入。

导航结果发送至数据存储与显示终端。显示终端根据实时仿真计算机输出的真实轨道与姿态数据，对航天器与深空场景进行三维模拟，同时将导航目标模拟器的输出图像、导航敏感器的输出图像、导航结果分别进行可视化显示。

导航参数的真实值(基准值)与估计值可送至性能评估计算机(可扩展)，根据评估准则，对导航精度、收敛时间、稳定性、鲁棒性、实时性等指标进行定量评估，输出评估结果。

该仿真系统可实现天文导航系统全数字仿真及半物理仿真。

6.7.4 系统连接

首先将动力学宿主机、动力学目标机、导航图像仿真/控制机、导航光谱仿真/控制机、组合导航计算机、数据存储与显示终端接入系统，开展全数字仿真。在此基础上，接入小行星/恒星图像模拟器、测角导航敏感器、恒星光谱模拟器、恒星测速导航敏感器(外差式、原子式)、脉冲星模拟器、X射线脉冲导航敏感器，开展半物理仿真。

系统连接图如图6.50所示。

实验验证过程中，动力学目标机输出的动力学信息分为测角、测速两路，通过局域网分别进入测角子系统与测速子系统；导航敏感器与组合导航计算机之间采用RS422串口连接。导航滤波结果通过局域网发送至数据存储与显示终端。系统信息流如图6.51所示。

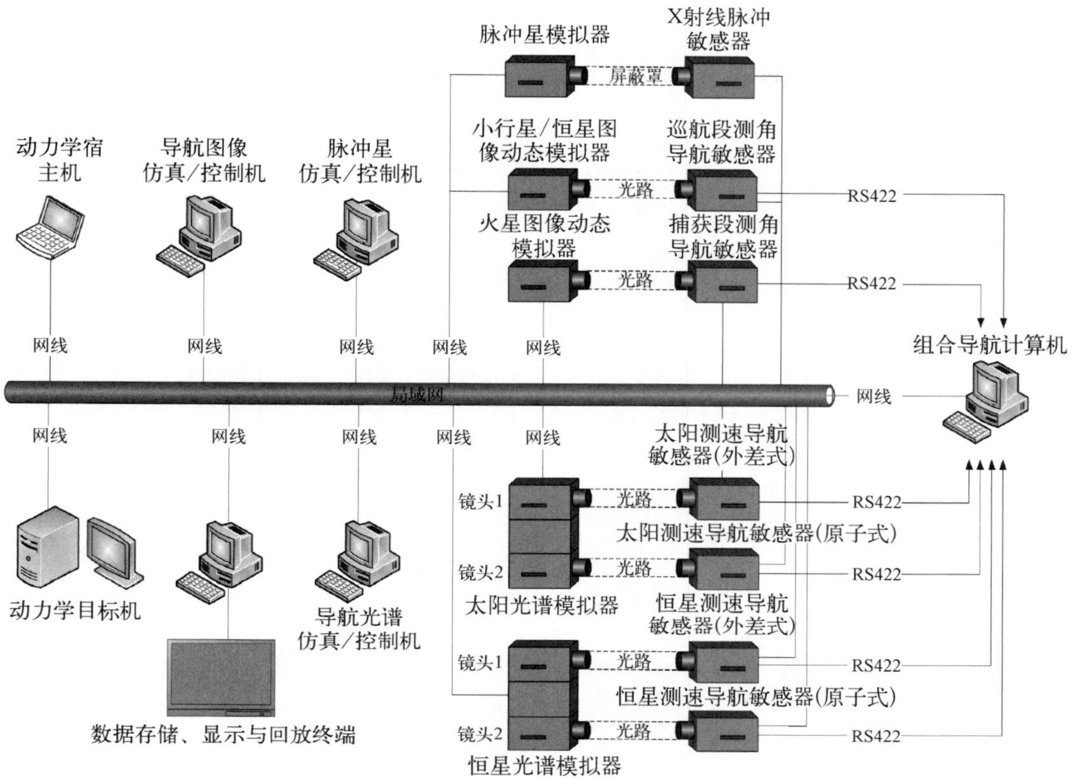

图 6.50　系统连接图

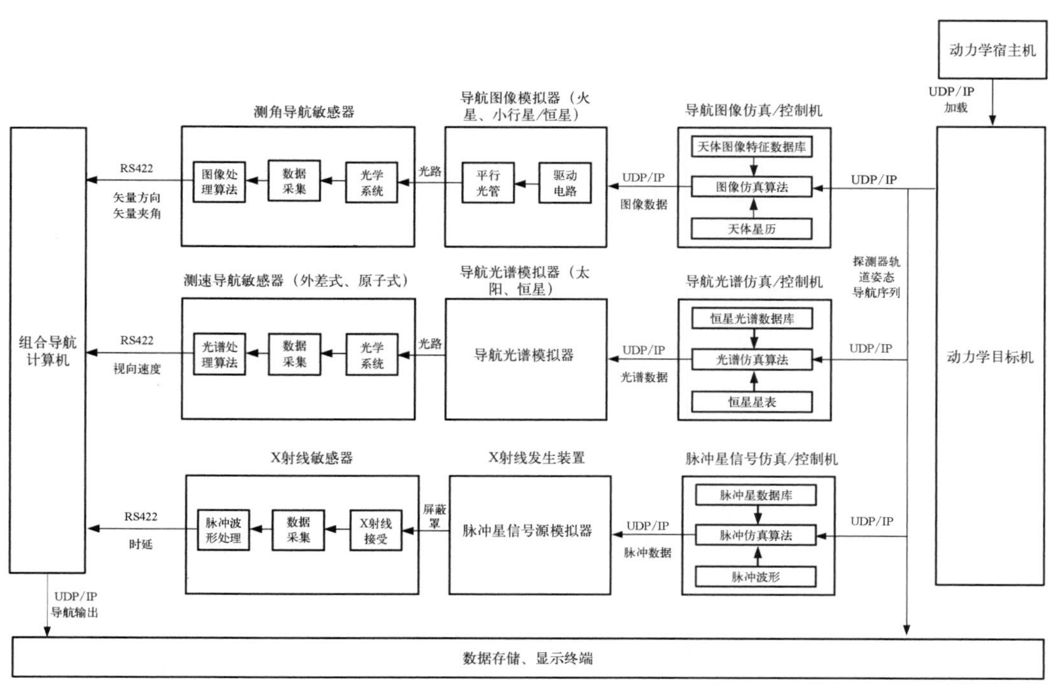

图 6.51　系统信息流图

6.7.5 实验流程

实验主要分为内场与外场两部分。内场实验在实验室内进行,外场实验在不同地点,具备实验条件的室外进行。实验流程图如图 6.52 所示。

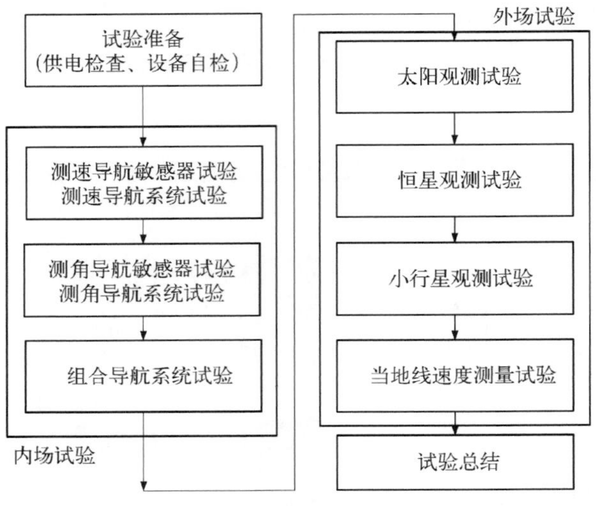

图 6.52 实验流程图

参考文献

白方周，等.1998. 国外定性仿真应用评述. 系统仿真学报，8(4)：1－7.

白素平，闫钰锋，付秀华，等.2009. 摄像模块景深自动测试技术研究. 长春理工大学学报：自然科学版，32(4)：535－537.

陈国兴，等.1988. 导弹技术词典——仿真、计算与测试卷.北京：宇航出版社.

邓雪梅，樊敏，谢懿. 2013. JPL 行星历表的比较及评估. 天文学报，54(6)：550－561.

董云峰，陈士明，苏建敏，等.2010. 卫星姿态控制动态模拟技术. 北京：科学出版社.

方宝东，吴美平，张伟. 2015a. 火星引力捕获动力学与动态误差分析.力学学报，47(1)：15－23.

方宝东，吴美平，张伟. 2015b. 一种适用于金星气动捕获的预测制导算法. 中国惯性技术学报，23(1)：81－84.

房建成，宁晓琳. 2006. 天文导航原理及应用. 北京：北京航空航天大学出版社.

房建成，宁晓琳.2010.深空探测器自主天文导航方法. 西安：西北工业大学出版社.

费保俊，孙维瑾，季诚响，等.2007. 单脉冲星自主导航的可行性分析. 装甲兵工程学院学报，21(3)：82－88.

冯玉涛，向阳. 2009. 谱线弯曲对成像光谱仪辐射信号采集的影响. 光学精密工程，17(1)：20－25.

甘新基，付有余，郭劲. 2009. 空间目标场景模拟器的星等定标误差分析.光学学报，29(s1)：211－215.

郝岩. 2004. 深空测控网. 北京：国防工业出版社.

胡乔木.1993.中国大百科全书航空航天卷.第二版.北京：中国大百科全书出版社.

胡小平. 2002. 自主导航理论与应用.长沙：国防科技大学出版社：1－4.

华冰，刘建业，熊智. 2004. 联邦自适应滤波在 SINS/北斗/星敏感器组合导航系统中的应用. 东南大学学报，34：190－194.

黄本诚，童靖宇. 2010.空间环境工程学. 北京：中国科学技术出版社.

黄裕厚. 2003. 无线电导航发展的回眸与展望. 航测技术，11：8－21.

惠天舒，等.1992. 分布交互仿真技术综述. 系统仿真学报，7(1)：1－7.

姜明达，肖东，朱永田. 2012. 高精度天体视向速度测量技术研究进展. 天文学进展，30(2)：246－254.

焦维新，邹鸿. 2009.行星科学. 北京：北京大学出版社.

康连生. 2001. 中国脉冲星观测研究进展和展望. 科学通报，46(22)：1849－1850.

柯受权，等.1993. 卫星环境工程和模拟试验(上). 北京：宇航出版社.

库索夫可夫 H T. 1984. 控制系统的最优滤波和辨识方法. 北京：国防工业出版社.

李丹. 2008. 小卫星多传感器自主导航关键技术.南京航空航天大学：1－2.

李俊峰，宝音贺西. 2007. 深空探测中的动力学与控制. 力学与实践，29(4)：1－8.

李勇，魏春岭. 2002. 卫星自主导航技术发展综述.航天控制，2：70－74.

李幼平，禹秉熙，韩昌元，等.2006. 成像光谱仪工程权衡优化设计的光学结构. 光学精密工程，14(6)：974－979.
李宗伟，肖兴华. 2001. 天体物理学. 北京：高等教育出版社.
梁铨廷. 2008. 物理光学. 北京：电子工业出版社.
梁棠文.1991.导弹技术词典导弹系统卷.北京：宇航出版社.
刘洪兴，孙景旭，刘则洵，等.2012. 氙灯和发光二极管作光源的积分球太阳光谱模拟器. 光学精密工程，20 (7)：1147－1154.
刘雷，马宏. 2009. 准分子激光均束系统的研究.长春理工大学学报：自然科学版，32(2)：224－226.
刘良栋，刘慎钊，孙承启. 2009. 卫星控制系统仿真技术. 北京：中国宇航出版社.
刘林. 2000. 航天器轨道理论. 北京：国防工业出版社.
刘林，侯锡云. 2012. 深空探测器轨道力学. 北京：电子工业出版社.
刘慎钊. 1995. 卫星控制系统仿真. 系统仿真学报，6(2)：19－25.
刘学富，黄磷.1997.观测天体物理学. 北京：北京师范大学出版社.
毛悦，宋小勇. 2009. X射线脉冲星导航中相位模糊度解算. 宇航学报，30(2)：510－514.
潘科炎. 1994. 航天器的自主导航技术. 航天控制，(2)：18－27.
漆贯荣. 2006. 时间科学基础. 北京：高等教育出版社.
乔黎，刘建业，郑广楼，等.2007a. 基于X射线脉冲星导航系统探测器研究. 传感器与微系统，27(1)：9－14.
乔黎，刘建业，熊智，等.2007b. 基于X射线脉冲星的深空探测器自主导航方案研究. 中国空间科学技术，27(6)：1－6.
乔黎，刘建业，郑广楼，等.2008. 基于X射线脉冲星导航系统探测器研究.传感器与微系统，27(1)：9－11.
秦永元，张洪钺，汪叔华. 2012. 卡尔曼滤波与组合导航原理.西安：西北工业大学出版社.
帅平. 2009. X射线脉冲星导航系统原理与方法. 北京：中国宇航出版社.
帅平，陈绍龙，吴一帆，等.2007a. X射线脉冲星导航技术研究进展. 空间科学学报，27(2)：169－171.
帅平，陈绍龙，吴一帆，等.2007b. X射线脉冲星导航原理. 宇航学报，28(6)：1538－1543.
帅平，陈忠贵，曲广吉. 2009. 关于X射线脉冲星导航的轨道力学问题. 中国科学(E辑：技术科学)，39(3)：556－561.
帅平，李明，陈绍龙，等. 2009. X射线脉冲星导航系统原理与方法. 北京：中国宇航出版社.
孙景荣，许录平，梁逸升，等.2008. 中心差分Kalman滤波方法在X射线脉冲星导航中的应用. 宇航学报，29(6)：1829－1833.
屠仁寿，等.1992. 当前仿真方法学发展中的若干问题. 系统仿真学报，7(1)：8－13.
汪丽. 2007. 干涉法大气风场探测技术研究. 西安：中国科学院西安光学精密机械研究所.
王春霞，赵伟，刘瑞华，等.2008.动态捷联惯导/多卫星组合导航自适应联邦滤波算法研究. 信息与控制，37(4)：453－458.
王大轶. 2012. 基于光学成像测量的深空探测自主控制原理与技术. 北京：中国宇航出版社.
王淑荣，宋克非，李福田. 2007. 星载太阳紫外光谱监视器的地面辐射定标. 光学学报，27(12)：2256－2261.
王小东，程寿国，付有余，等.2006. 基于DSP的光源闭环控制系统设计. 灯与照明，3(3)：58－59.
王行仁. 1999. 面向21世纪发展系统仿真技术. 系统仿真学报，6(3)：419－420.
王之江，顾培森. 2007. 实用光学技术手册. 北京：机械工业出版社.
吴季，赵华. 2010.火星——关于其内部、表面和大气的引论. 北京：科学出版社.

吴守贤. 1983. 时间测量. 北京：科学出版社.

吴鑫基，张晋，王娜. 1999. 我国脉冲星观测研究的进展和前景. 天文学进展，17(3)：236－243.

郗晓宁. 2003. 近地航天器轨道基础.北京：国防科技大学出版社.

夏银南. 2002. 航天测控系统.北京：国防工业出版社.

肖业伦. 1995. 航天器飞行动力学原理. 北京：宇航出版社.

谢振华，许录平，倪广仁. 2007. 基于最大似然的 X 射线脉冲星空间定位研究. 宇航学报，28(6)：1605－1608.

熊光楞，等.1999. 仿真技术在制造业中的应用与发展. 系统仿真学报，6(3)：145－151.

熊凯，魏春岭，刘良栋. 2008. 鲁棒滤波技术在脉冲星导航中的应用. 空间控制技术与应用，34(6)：8－17.

徐晓轩，林海波，俞钢. 2002. 小型线性可变滤光片分光的可见成像光谱仪及其特性研究. 光谱学与光谱分析，22(5)：713－717.

许强，金伟其，董立泉. 2006. UV/VIS/NIR 超光谱侦查系统的光学参数设计. 北京理工大学学报，26(10)：897－906.

杨嘉樨. 1995. 航天器轨道动力学与控制. 北京：宇航出版社.

叶培建，彭兢. 2006. 深空探测与我国深空探测展望. 中国工程科学，8(10)：13－18.

于斌，李宏升，禹秉熙. 2003. 二元光学超光谱成像仪分光系统设计. 光学技术，29(1)：73－75.

余江林，柳东升. 2000. 利用 GPS 对地球静止轨道卫星定轨的可行性.中国空间科学技术，8(4)：36－47.

禹秉熙. 2000. 高分辨率成像光谱仪(C-HRIS)研究. 光机电信息，17(4)：1－5.

郧建平. 2008. 基于白光干涉的表面形貌接触和非接触两用测量系统的研究. 武汉：华中科技大学.

翟造成，张为群，蔡勇，等.2009. 原子钟基本原理与时频测量技术. 上海：上海科学技术出版社.

张广军. 2011. 星图识别. 北京：国防工业出版社.

张伟. 2016. 相对运动与时间不变原理. 北京：科学出版社.

张伟，王行仁. 2001.仿真可信度. 系统仿真学报，5(3)：312－316.

张伟，陈晓，尤伟，等.2013.光谱红移自主导航新方法. 上海航天，30(2)：32－33.

章仁为. 2006. 卫星轨道姿态动力学与控制. 北京：北京航空航天大学出版社.

赵远，张宇. 2005. 光电信号检测原理与技术. 北京：机械工业出版社.

郑广楼. 2009. 基于 X 射线脉冲星的卫星自主天文导航算法仿真研究.南京航空航天大学：1－2.

郑广楼，刘建业，乔黎，等.2008. 单脉冲星自主导航系统可观测性分析. 应用科学学报，26(5)：510.

郑玉权，禹秉熙. 2006. 成像光谱仪分光技术概览. 遥感学报，6(1)：75－79.

中国空间科学学会.1987. 空间科学词典. 北京：科学出版社.

周炳琨. 2000. 激光原理. 北京：国防工业出版社.

周建华，徐波，冯全胜. 2011. 轨道力学. 北京：科学出版社.

Alexander M，Editor. 2001. Mars Transportation Environment Definition Document. Marshall Space Filght Center，Alabama. NASA/TM－2001－210935.

Allan D W. 1987. Millisecond Pulsar Rivals Best Atomic Clock Stability. 41st Annual Frequency Control Symposium，IEEE，Philadelphia PA：2－11.

Anderson D S. 1991. Autonomous Star Sensing and Pattern Recognition for Spacecraft Attitude Detemination. Ph.D. Dissertation，Texas A&M University.

Antreasian P G，Ardalan S M，Beswik R M，et al. 2008. Orbit determination processes for the navigation of the Cassini-Huygens mission//Proc. Space Ops 2008 Conference，Heidelberg，German：1－18.

Battin R H. 1999. An Introduction to the Mathematics and Methods of Astrodynamics. Reston：

AIAA Inc.

Bernard K, Jay M, Robert D. 1993. The deep space program science experiment mission (DSPSE) astrodynamics mission planning. The 44th International Astronautical Federation Congress, Graz, Austria.

Bhaskaran S, Desai D, Dumont P J, et al. 1998. Orbit Determination Performance Evaluation of the Deep Space 1 Autonomous Navigation System. Proceedings of the AAS/AIAA Spaceflight Mechanics Meeting, Monterrey, CA, AAS 98 - 193: 1295 - 1314.

Bradt H V D, Ohashi T, Pounds K A. 1992. X-ray astronomy missions. Annual Review of Astronomy and Astrophysics, 30(1): 391 - 427.

Burkhart P D, Bishop R H. 1996. Adaptive orbit determination for interplanetary spacecraft. Journal of Guidance, Control, and Dynamics, 19(3): 693 - 701.

Chen X, Zhang W, Wang W. 2013. Preliminary Research of Mars Local Navigation Constellation. 64th International Astronautical Congress: A3 - 4×18676.

Chester T J, Butman S A. 1981. Navigation Using X-ray Pulsars. NASA, The Telecommunications and Data Acquisition Progress Report, TDA PR: 42 - 63.

Chory M A, Hoffman D P, Le May J L. 1986. Satellite Autonomous Navigation Status and History. IEEE Position Location and Navigation Symposium, Las Vegas: 110 - 121.

Cohen M, David J P. 1999. Radiation effects on active pixel sensors. Conf. on Radiation and Its Effects on Components and Systems: 450 - 456.

de Lafontaine J. 1992. Autonomous spacecraft navigation and control for comet landing. Journal of Guidance, Control and Dynamics, 15(3): 567 - 576.

Delavault S, Berthier J, Foliard J. 2004. Optical navigation to a near Earth object. In Proc. 18th ISSFD, Germany, Munich.

Deng X M, Xie Y. 2013. effects on an astronomical observations and solar system experiments and upper bounds MNRAS, 433(4): 3584 - 3589.

Dominik M, Zarnecki J C. 2011. Philosophical transactions of the royal society Mathematical Physical and Engineering Sciences, 369: 499.

Downs G S, Reichley P E. 1980. Techniques for Measuring Arrival Times of Pulsar Signals I: DSN Observations from 1968 to 1980. NASA Jet Propulsion Laboratory, California Institute of Technology, Pasadena CA, NASA Technical Reports NASA - CR - 163564.

Downs G S. 1974. Interplanetary Navigation Using Pulsating Radio Sources. NASA Technical Reports, N74 - 34150: 1 - 12.

Emadzadeh A A, Speyer J L, Hadaegh F Y. 2007. A parametric study of relative navigation using pulsars//Proceedings of the Annual Meeting — Institute of Navigation. Cambridge, MA, United states: 454 - 459.

Emadzadeh A A, Speyer J L. 2008. A Study of Pulsar Signal Modeling and its Time Delay Estimation for Relative Navigation//Proceedings of the Institute of Navigation, National Technical Meeting. San Diego, CA, United states: 119 - 126.

Emadzadeh A A, Speyer J L. 2011. Navigation in Space by X-ray Pulsars. New York: Springer.

Englert C R, Babcock D D, Harlander J M. 2007. Doppler asymmetric spatial heterodyne spectroscopy (DASH): concept and experimental demonstration. Applied Optics, 46(29): 7297 - 7307.

Eyken J C, Ge J, Mahadevan S. 2010. Theory of dispersed fixed-delay interferometry for radial velocity exoplanet searches. The Astrophysical Journal Supplement Series, 189: 156 - 180.

Frapard B, Polle B, Griseri G. 2003. Vision based navigation for planetary exploration-opportunity for AURORA. In Proceedings of the 54th International Astronautical Congress of the International Astronautical Federation.

Frauenholz R B, Bhat R S, Chesley S R, et al. 2008. Deep impact navigation system performance. Journal of spacecraft and rockets, 45(1): 39 - 56.

Gandia F, Graziano M, Milic E. 2003. Optical Navigation for Cooperative Autonomous Interplanetary Spacecraft Gmv S.A. Isaac Newton: 1 - 8.

Ge J. 2002. Fixed delay interferometry for doppler extrasolar planet detection. The Astrophysical Journal, 571(2): 165 - 168.

Giacconi R, Gursky H, Paolini F R, et al. 1962. Evidence for X-rays from sources outside the Solar system. Physical Review Letters, 9(11): 439 - 443.

Gottlieb D M. 1987. Star identification techniques. Spacecraft Attitude Determination and Control. The Netherlands: 257 - 266.

Gounley R, White R, Gai E. 1984. Autonomous satellite navigation by stellar refraction. Journal of Guidance,Control,and Dynamics, 7(2): 129 - 134.

Graven P, Collins J, Sheikh S, et al. 2007. XNAV Beyond the Moon. ION 63rd Annual Meeting, Cambridge, Massachusetts: 423 - 431.

Graven P, Collins J, Sheikh S I, et al. 2008. XNAV for deep space navigation.In Proceedings of the 31th Annual AAS Guidance and Control Conference, Breckenridge: 1 - 16.

Graven P, Collins J, Sheikh S, et al. 2008. XNAV for deep space navigation. Advances in the Astronautical Sciences, 131: 349 - 364.

Guo H, Yu M, Zou C, et al. 2010. Kalman filtering for GPS/magnetometer integrated navigation system. Advances in Space Research, 45(11): 1350 - 1357.

Hanson J E. 1996. Principles of X-ray Navigation: Doctoral Dissertation. Department of Aeronautics and Astronautics, Stanford University.

Harlander J M, Roesler F L, Englert C R, et al. 2003. Robust monolithic ultraviolet interferometry for the SHIMMER instrument on STPSat - 1. Appl. Opt. 42: 2829 - 2834.

Harlander J, Reynolds R J, Roesler F L. 1992. Spatial Heterodyne Spectroscopy for the Exploration of Diffuse Interstellar Emission Lines at Far-Ultraviolet Wavelengths. The Astrophysical Journal: 396, 730 - 740.

Hewish A, Bell S J, Pilkington J D H. 1968. Observation of a rapidly pulsating radio source. Nature, 217: 709 - 713.

Heyne M C, Bishop R H. 2006. Spacecraft Entry Navigation using Sigma Point Kalman Filtering. Position Location and Navigation Symposium: 71 - 79.

Heyne M C. 2007. Spacecraft Precision Entry Navigation using an Adaptive Sigma Point Kalman Filter Bank. Austin: The University of Texas at Austin.

Hu C, Chen W,Chen Y Q,et al. 2003. Adaptive Kalman filtering for vehicle navigation. Journal of Global Positioning Systems, 2(1): 42 - 47.

Huang Z, Li M, Shuai P. 2009. On time transfer in X-ray pulsar navigation. Science in China Series E: Technological Sciences, 52(5): 1413 - 1419.

Jordan J F. 1987. Navigation of spacecraft on deep space missions. The Journal of Navigation, 40(1):

19 - 29.

Julier J S, Uhlmann K J, Durrant Whyte F H. 2000. A new method for the nonlinear transformation of means and covariances in filters and estimators. IEEE Transactions on Automatic Control, 45(3): 477 - 482.

Julier J S. 2002. The scaled unscented Transformation. Proceeding of the 2002 American Control Conference, Anchorage, USA.

Julier S J, Uhlmann J K. 2002. Reduced sigma point filters for the propagation of means and covariances through nonlinear transformations. Proceedings of the American Control Conference. Anchorage, USA.

Julier S J, Uhlmann J K. 2004. Unscented filtering and nonlinear estimation. Proceedings of the IEEE, 92(3): 401 - 422.

Julier S J. 2003. The spherical simplex unscented transformation. Proceedings of the American Control Conference. Denver, Colorado.

Jwo D J, Lai C N. 2008. Unscented Kalman filter with nonlinear dynamic process modeling for GPS navigation. GPS Solut, 12(4): 249 - 260.

Kawaguchi J, Hashimoto T, Nakatani I. 1995. Autonomous imaging of Phobos and Deimos for the Planet-B mission. Journal of Guidance. Control and Dynamics, 18(3): 605 - 610.

Khanafseh S M, Pervan B. 2007. Autonomous airborne refueling of unmanned air vehicles using the global positioning system. Journal of Aircraft, 44(5): 1670 - 1682.

Kubota T, Hashimoto T, Kawaguchi J et al. 1999. Navigation, Guidance and Control of Asteroid Sample Return Spacecraft: MUSES - C. Proceedings 4th ESA International Conference on Spacecraft Guidance, Navigation and Control Systems, ESTEC, Noordwijk, Netherlands, ESA SP - 425 2000: 511 - 516.

Larson W J, Wertz J R E. 1999. Space Mission Analysis and Design, 3rd Edition, Space Technology Series. Microcosm Press and Kluwer Academic Publishers, Boston MA.

Lee E B, Markus L. 1967. Foundations of Optimal Control Theory. New York: Wiley: 27 - 39.

Lee J H, Lee C W, Kang K I. 2007. A compact imaging spectrometer (COMIS) for the Microsatellite STSAT3.SPIE, 6744: 67441C - 1 - 67441C - 7.

Lee Y, Hanover G. 2005. Cassini spacecraftattitude control system flight performance. AIAA - 2005 - 6269.

Lemay J L, Brogan W L, Seal C E. 1973. High Altitude Navigation Study. The Aerospace Corporation, EI Segundo, California, Report TR 0073(3491)- 1, AIAN - P - 84 - 1826.

Li J X, Ke X Z. 2009. Study on autonomous navigation based on pulsar timing model. Science in China Series G: Physics Mechanics and Astronomy, 52(2): 303 - 309.

Liebe C C, Alkalai L, Domingo G, et al. 2002. Micro APS Based Star Tracker, Aerospace Conference Proceedings. IEEE, 5: 2285 - 2299.

Liebe C C, Dennison E D, Hancock B, et al. 1998. Active Pixel Sensor (APS) based Star Tracker, Aerospace Conference Proceedings. IEEE, 1: 119 - 127.

Liebe C C. 1995. Star trackers for attitude determination. IEEE Trans. on Aerospace and Electronic Syte, 10(6): 10 - 16.

Liebe C C. 2002. Accuracy performance of star trackers-a tutorial. IEEE Trans. on Aerospace and Electronic System, 38(2) : 587 - 599.

Lightsey E G, Mogensen A, Burkhart P D, et al. 2008. Real-time navigation for mars missions using the mars network. Journal of Spacecraft and Rockets, 45(3): 519 - 533.

Lobb D R. 1997. Imaging spectrometers using concentric optics. SPIE, 3118: 339 - 347.

Lu F J. 2009. The Hard X-ray Modulation Telescope (HXMT) mission. AAPPS Bulletin, 19(2): 36 - 38.

Mancuso S. 2004. Vision Based GNC systems for planetary exploration. In Proceedings of 6th Conference on Dynamics and Control of Systems and Structures in Space.

Marcel J S. 2011. 航天器动力学与控制. 杨保华译. 北京: 航空工业出版社.

Matsakis D N, Taylor J H, Eubanks T M. 1997. A statistic for describing pulsar and clock stabilities. Astronomy and Astrophysics, 326: 924 - 928.

McCarthy D D, Petit G. 2003. IERS Conventions, 32: 19.

Miller J K, Williams B G, Bollman W E. 1995. Navigation of the NEAR earth asteroid rendezvous mission. Advances in the Astronautical Sciences, 89: 243 - 265.

Myers K A, Tapley B D. 1976. Adaptive sequential estimation with unknown noise statistics. IEEE Transactions on Automatic Control, 21(4): 520 - 523.

Ning X L, Fang J C. 2007. An autonomous celestial navigation method for LEO satellite based on unscented Kalman filter and information fusion. Aerospace Science and Technology, 11(2 - 3): 222 - 228.

Ning X L, Fang J C. 2008. Spacecraft autonomous navigation using unscented particle filter-based celestial/Doppler information fusion. Measurement Science and Technology, 19(9): 1 - 8.

Paluszek M A, Mueller J B, Littman M G. 2010. Optical Navigation System. AIAA Infotech Aerospace 2010, Atlanta, Georgia: 1 - 24.

Pines D J. 2007. XNAV Program: A New Space Navigation Architecture. Advances in the Astronautical Sciences: 15 - 28.

Pros-Wellenhof R. 2007. Navigation: Principles of Positioning and Guidances. New York: Springer.

Ray P S, Sheikh S I, Graven P H, et al. 2008. Deep Space Navigation Using Celestial X-ray Sources. proceedings of the Proceedings of the Institute of Navigation, San Diego, CA, 101 - 109.

Ray P S, Wood K S, Fritz G, et al. 2001. The USA X-ray Timing Experiment, X-ray Astronomy: Stellar Endpoints, AGN, and the Diffuse X-ray Background. American Institute of Physics (AIP) Proceedings, 599: 336 - 345.

Reichley P E, Downs G S, Morris G A. 1970. Time-Of-Arrival observations of eleven pulsars. Astrophysical Journal, 159: 35 - 40.

Reichley P, Downs G, Morris G. 1971. Use of pulsar signals as clocks. NASA Jet Propulsion Laboratory Quarterly Technical Review, 1(2): 80 - 86.

Riedel J E, Bhaskaran S, Desai S, et al. 2000. Deep space 1 technology validation report-autonomous optical navigation. JPL Publication, JPL, Pasadena CA, USA.

Riedel J E, Bhaskaran S, Synnott S P, et al. 2001. Navigation for the New Millennium: Autonomous Navigation for Deep Space 1. Deep Space 1 Technology Validation Report — Autonomous Optical Navigation: 48 - 65.

Russell C T, et al. 2002. Dawn: A Journey to the beginning of the solar system. In Proceedings of Asteroids Meteors - ACM 2002 International Conference, Berlin, Germany. Barbara Warmbein. ESA SP - 500.

Sage A P, Husa G W. 1969. Adaptive filtering with unknown prior statistics//Proceedings of Joint

Automatic Control Conference, Boulder Colorado: 760 - 769.

Sala J, Urruela A, Villares X, et al. 2004. Feasibility study for a spacecraft navigation system relying on pulsar timing information. ARIADNA Study, 03: 4202.

Scheeres J, Williams B G, Bollman W E, et al. 1995. Navigation for Low-Cost Missions to Small Solar-System Bodies. 1995. Acta Astronautica. Suppl, (35): 211 - 220.

Schmidt U. 2005. ASTRO APS - The Next Generation Hi-Rel Star Tracker Based on Active Pixel Sensor Technology, AIAA Guidance, Navigation and Control Conference and Exhibit. AIAA: 2005 - 5925.

Seynat C, Kealy A, Zhang K. 2004. A performance analysis of future global navigation satellite systems. Journal of Global Positioning Systems, 3(2): 232 - 241.

Sheikh S I, Pines D J, Ray P S, et al. 2005. The use of X-ray pulsars for spacecraft navigation. Advances in the Astronautical Sciences, 119: 105 - 119.

Sheikh S I, Pines D J, Ray P S, et al. 2006. Spacecraft navigation using X-ray pulsars. Journal of Guidance, Control and Dynamics, 29(1): 49 - 63.

Sheikh S I, Pines D J. 2006. Recursive estimation of spacecraft position and velocity using X-ray pulsar time of arrival measurements. Navigation, 53(3): 149 - 166.

Sheikh S I. 2005. The Use of Variable Celestial X-ray Sources for Spacecraft Navigation: Doctoral Dissertation. University of Maryland.

Shortis M R, Clarke T. 1994. A comparision of some techniques for the subpixel location of discrete target images. SPIE, 2350: 239 - 250.

Takashi K, Masatoshi M, Masashi U, et al. 2006. Optical hybrid navigation and station keeping around Itokawa. In Proc. AIAA/AAS Astrodynamics Specialist Conference and Exhibit, Keystone, Colorado.

Taylor J H. 1992. Pulsar timing and relativistic gravity. Philosophical Transactions of the Royal Society of London, 341: 117 - 134.

Tomas J, Martin M, Bhaskaran S, et al. 2008. The next 25 years of deep space navigation, Jet Propulsion Laboratory.

Voges W, Aschenbach B, Boller T, et al. 1999. The ROSAT all-sky survey bright source catalogue. Astronomy and Astrophysics, 349(2): 389 - 405.

Wang W, Fang B D, Zhang W. 2013. Deceleration options for a robotic interstellar spacecraft. 64th International Astronautical Congress: A3 - 5×19234.

Weeks C J, Bowers M J. 1995. Analytical models of Doppler data signatures. Journal of Guidance, Control and Dynamics, 18(6): 1287 - 1289.

Wilkins D E B. 1986. The giotto mission operations system. ESA Journal, 1(10): 263 - 276.

Wood K S. 1993. Navigation Studies Utilizing The NRL - 801 Experiment and the ARGOS Satellite, Small Satellite Technology and Applications III, Horais. International Society of Optical Engineering (SPIE) Proceedings: 105 - 116.

Woodfork D W, Raquet J F, Racca R A. 2005. Use of X-ray pulsars for aiding GPS satellite orbit determination. Proceedings of the Annual Meeting-Institute of Navigation, Cambridge, MA, United states: 476 - 486.

Xiong K, Wei C L, Liu L D. 2009. The use of X-ray pulsars for aiding navigation of satellites in constellations. Acta Astronautica, 64(4): 427 - 436.

Xiong K, Wei C L, Liu L D. 2010. Robust extended kalman filtering for nonlinear systems with stochastic uncertainties. Systems, Man and Cybernetics, Part A: Systems and Humans, IEEE

Transactions, 40(2): 399 - 405.

Yim J R, Crassidis J L, Junkins J L. 2000. Autonomous orbit navigation of interplanetary spacecraft. AIAA/AAS Astrodynamics Specialist Conference. Reston, VA: AIAA Paper: 53 - 61.

Zhang W, Chen X, You W, et al. 2013. A new autonomous navigation method based on spectral redshift. 5th International Academy of Astronautics.

Zhang W. 2012. Future apply about deep space new theory. Engineering of the Deep Space Exploration, 1(2): 1 - 7.

Zhang W. 2012. Study on deep space probe system key technology. Theory and Engineering of the Deep Space Exploration, 1(1): 1 - 8.

Zhou J, Ge Z L, Shi G G, et al. 2008. Key technique and development for geomagnetic navigation. Journal of Astronautics, 29(5): 467 - 472.

Zoeten P D, Maurer R, Birkl R. 1993. Optical design of the Michelson interferometer for passive atmospheric atmospheric sounding. SPIE, 1934: 284 - 294.

附录 天文测速导航源恒星光谱

根据天文测速导航对导航源特征的基本要求，结合实际观测数据的筛选与分析，给出了10颗天文测速导航备选恒星光谱类型及分布特征的相应参数。

25颗测速导航备选恒星光谱类型及分布特征

序号	光谱类型及分布						
1	HIP 910 光谱类型 F8V						
	波段	U	B	V	J	H	K
	星等	5.35	5.38	4.89	3.94	3.68	3.63
	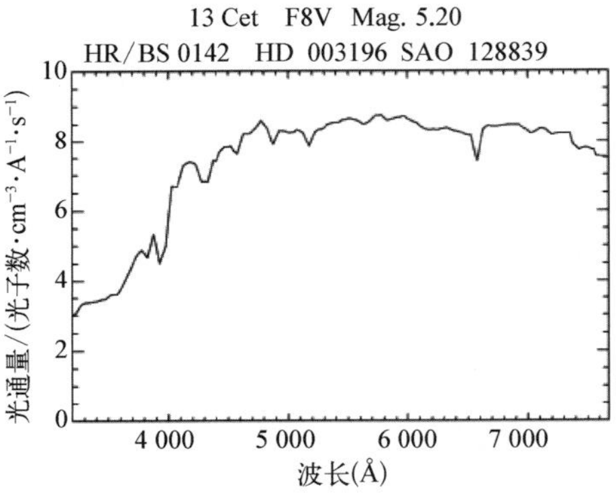 13 Cet F8V Mag. 5.20 HR/BS 0142 HD 003196 SAO 128839						
2	HIP 1599 光谱类型 F9.5V						
	波段	U	B	V	J	H	K
	星等	4.82	4.80	4.23	3.19	2.88	2
	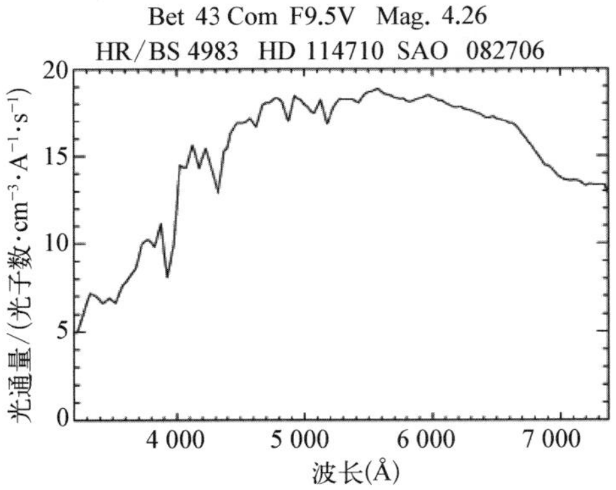 Bet 43 Com F9.5V Mag. 4.26 HR/BS 4983 HD 114710 SAO 082706						

续表

序号	光谱类型及分布

3

HIP 5862 光谱类型 F9V

波段	U	B	V	J	H	K
星等	5.65	5.54	4.96	4.00	3.71	3.67

Zet TrA F9V Mag. 4.91
HR/BS 6098 HD 147584 SAO 253554

光通量/(光子数·cm^{-3}·A^{-1}·s^{-1})
波长(Å)

4

HIP 8102 光谱类型 G8.5V

波段	U	B	V	J	H	K
星等	4.43	4.22	3.5	2.14	1.72	1.68

Tau 52 Cet G8.5V Mag. 3.50
HR/BS 0509 HD 010700 SAO 147986

光通量/(光子数·cm^{-3}·A^{-1}·s^{-1})
波长(Å)

5

HIP 24813 光谱类型 G1V

波段	U	B	V	J	H	K
星等	5.46	5.33	4.71	3.61	3.33	3.27

G1V Mag. 5.89
HR/BS 0176 HD 003823 SAO 232143

光通量/(光子数·cm^{-3}·A^{-1}·s^{-1})
波长(Å)

续表

序 号	光谱类型及分布						
6	HIP 57443 光谱类型 G2V						
	波段	U	B	V	J	H	K
	星等	5.65	5.55	4.88	3.74	3.37	3.31
	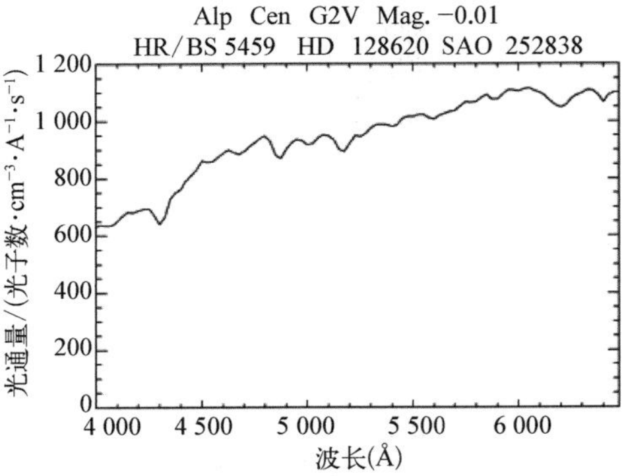 Alp Cen G2V Mag. −0.01 HR/BS 5459 HD 128620 SAO 252838 光通量/(光子数·cm^{-3}·A^{-1}·s^{-1}) 0 200 400 600 800 1 000 1 200 4 000 4 500 5 000 5 500 6 000 波长(Å)						
7	HIP 65721 光谱类型 G4V						
	波段	U	B	V	J	H	K
	星等	5.93	5.68	4.97	3.80	3.46	3.24
	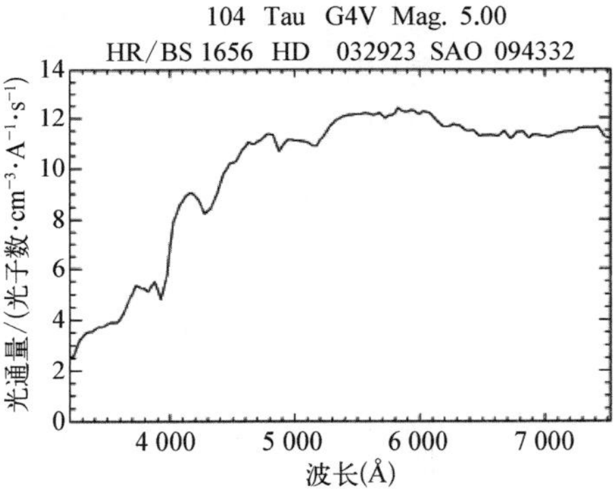 104 Tau G4V Mag. 5.00 HR/BS 1656 HD 032923 SAO 094332 光通量/(光子数·cm^{-3}·A^{-1}·s^{-1}) 0 2 4 6 8 10 12 14 4 000 5 000 6 000 7 000 波长(Å)						
8	HIP 75206 光谱类型 F6IV						
	波段	U	B	V	J	H	K
	星等		5.50	5.00	3.89	3.57	3.62
	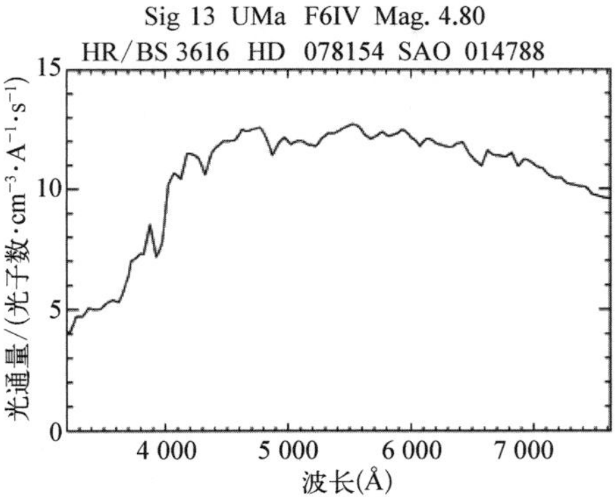 Sig 13 UMa F6IV Mag. 4.80 HR/BS 3616 HD 078154 SAO 014788 光通量/(光子数·cm^{-3}·A^{-1}·s^{-1}) 0 5 10 15 4 000 5 000 6 000 7 000 波长(Å)						

续表

<table>
<tr><th>序 号</th><th colspan="7">光 谱 类 型 及 分 布</th></tr>
<tr><td rowspan="4">9</td><td colspan="7">HIP 77760 光谱类型 G0V</td></tr>
<tr><td>波段</td><td>U</td><td>B</td><td>V</td><td>J</td><td>H</td><td>K</td></tr>
<tr><td>星等</td><td>5.19</td><td>5.19</td><td>4.62</td><td>3.49</td><td>3.14</td><td>3.12</td></tr>
<tr><td colspan="7">Xi 53 UMa G0V Mag. 4.87
HR/BS 4374 HD 098230 SAO 062484 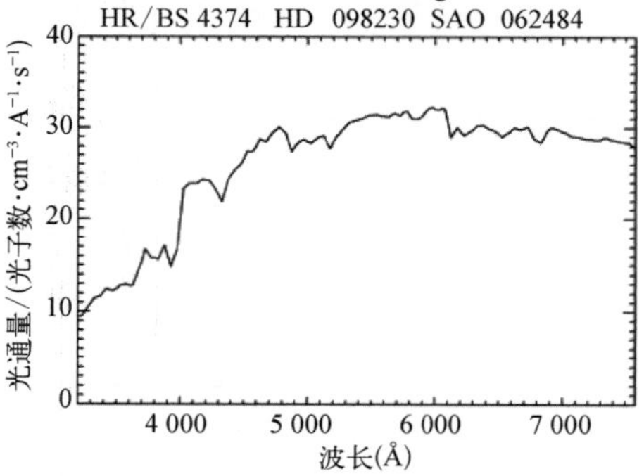
纵轴：光通量/(光子数·cm⁻³·A⁻¹·s⁻¹)，0–40；横轴：波长(Å)，4 000–7 000</td></tr>
<tr><td rowspan="4">10</td><td colspan="7">HIP 86736 光谱类型 F5V</td></tr>
<tr><td>波段</td><td>U</td><td>B</td><td>V</td><td>J</td><td>H</td><td>K</td></tr>
<tr><td>星等</td><td></td><td>5.29</td><td>4.87</td><td>4.08</td><td>3.79</td><td>3.88</td></tr>
<tr><td colspan="7">45 Boo F5V Mag. 4.93
HR/BS 5634 HD 134083 SAO 083671 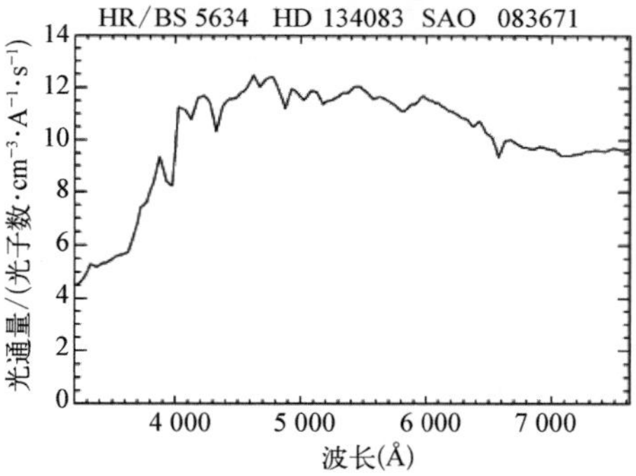
纵轴：光通量/(光子数·cm⁻³·A⁻¹·s⁻¹)，0–14；横轴：波长(Å)，4 000–7 000</td></tr>
</table>

附录　缩略语和专有名词

英 文 缩 写 及 全 称	中　　文
AR (Active Regions)	局地活动
AU (Astronomical Unit)	天文单位
BDS (Bei Dou Navigation Satellite System)	北斗卫星导航系统
BS (Beam Splitter)	分光镜
CCD (Charge Coupled Device)	电荷耦合器件
CCF (Cross-Correlation Function)	交叉相关函数
CDS (Correlated Double Sampling)	相关双采样
CMOS (Complementary Metal Oxide Semiconductor)	互补金属氧化物半导体
CNS (Celestial Navigation System)	天文导航
DASH (Doppler Asymmetric Spatial Heterodyne Spectroscopy)	多普勒非对称空间外差干涉仪
DS (Deep Space)	深空间(深空)
DFDI (Dispersed Fixed Delay Interferometer)	色散定差干涉仪
EDL (Entry, Descent & Landing)	进入、下降、着陆
EKF (Extended Kalman Filter)	扩展卡尔曼滤波
EOP (Earth Orientation Parameter)	地球定向参数
ET (Ephemeris Time)	历书时
FDI (Fault Detection and Isolation)	故障检测与隔离
FFT (Fast Fourier Transformation)	快速傅里叶变换
FOV (Field of View)	视场
FTS (Fourier Transform Spectrograph)	傅里叶变换光谱仪
FWHM (Full-Width High Maximum)	半极大值处的脉冲宽度
FW10 (Full-Width 10% Maximum)	10%脉冲轮廓宽度
GLONASS (Global Navigation Satellite System)	全球卫星导航系统
GNC (Guidance Navigation and Control)	导航、制导与控制
GPS (Global Positioning System)	全球定位系统
GSD (Ground Sampling Distance)	地面采样间隔
GMST (Greenwich Mean Sideral Time)	格林尼治平恒星时
HCS (Horizontal Coordinate System)	地平坐标系
HEASARC (High Energy Astrophysics Science Archive Research Center)	高能天体物理科学研究中心
IAU (International Astronomic Union)	国际天文联合会
IERS(International Earth Rotation Service)	国际地球自转服务
IFOV (Instantaneous Field of Vision)	瞬时视场角
INS(Inertial Navigation System)	惯性导航系统

续表

英 文 缩 写 及 全 称	中　　文
ISNR(Improved Signal Noise Ratio)	改善信噪比
JD (Julian Date)	儒略日
JPL(Jet Propulsion Laboratory)	喷气推进实验室
KF (Kalman Filter)	卡尔曼滤波
MG (Mesogranulation)	中等颗粒活动
MJD (Modified Julian Date)	简约儒略日
MPC (Minor Planet Center)	国际小行星中心
MPCORB (Minor Planet Center Orbit Database)	小行星轨道数据库
MTF (Modulation Transfer Function)	调制传递函数
MST (Mean Solar Time)	平太阳时
NASA (National Aeronautics and Space Administration)	美国航空航天局
NES (Near Earth Space)	近地空间
OCS (Orbital Coordinate System)	轨道坐标系
OPD (Optical Path Difference)	光程差
PDS (Planetary Data System)	行星数据系统
PF (Particle Filter)	粒子滤波
PSF (Point Spread Function)	点扩散函数
PSR (Pulsating Source of Radio/Pulsar)	脉冲射电源/脉冲星
PT (Pulsar Time)	脉冲星时
PWCS (Piece-Wise Constant System)	分段定常系统
RBF (Radial Basis Function)	径向基函数
RMS (Root Mean Square)	均方根误差
RNS (Radio Navigation System)	无线电导航
SC (Spacecraft)	航天器
SHS (Spatial Heterodyne Spectrometer)	空间外差光谱仪
SG (Supergranulation)	大型颗粒活动
SI (International System of Unit)	国际单位制
SNS (Satellite Navigation System)	卫星导航
SNR (Signal Noise Ratio)	信噪比
SSB (Solar System Barycenter)	太阳系质心
ST (Sideral Time)	恒星时
TAI (International Atomic Time)	原子时
TDB (Barycentric Dynamical Time)	太阳质心力学时
TDT (Terrestrial Dynamical Time)	地球力学时
TOA (Time of Arrival)	脉冲到达时间
TST (True Solar Time)	真太阳时
TT (Terrestrial Time)	地球时
UKF (Unscented Kalman Filter)	无迹卡尔曼滤波
UPF (Unscented Particle Filter)	无迹粒子滤波
UT (Universal Time)	世界时
UTC (Coordinated Universal Time)	协调世界时
VLBI (Very Long Baseline Interferometer)	甚长基线干涉仪

国际单位制基本单位

物 理 量	单位名称	单位符号	定 义
时间	秒	s	铯-133原子基态的两个超精细能级之间跃迁所对应的辐射的9 792 631 770个周期的持续时间
长度	米	m	光在真空中1/299 792 458 s的时间间隔内所经过的长度
质量	千克	kg	等于国际千克原器的质量。国际千克原器为一个直径与高度均为0.039 m的铂铱合金圆柱体,现存于巴黎国际计量局
电流	安培	A	真空中截面积可忽略的两根相聚1 m的无限长平行圆直导线内通以等量恒定电流时,若每米长度导线间的相互作用力为2×10^{-7} N①,则每根导线中的电流为1 A
热力学温度	开尔文	K	水三相点热力学温度的1/273.16
物质的量	摩尔	mol	0.012千克碳-12内所含原子的数目
发光强度	坎德拉	cd	指光源在给定方向上的发光强度,该光源发出频率为5.4×10^{14} Hz②的单色辐射,且在此方向上的辐射强度为(1/683)W/sr③

① $1\ \mathrm{N}=1\ \mathrm{kg}\cdot1\ \mathrm{m/s^2}$。

② $1\ \mathrm{Hz}=1\ \mathrm{s^{-1}}$。

③ 1 W = 1 N·m/s; 球面度(sr)属国际单位制辅助单位,其定义为"顶点位于球心的立体角,它在球面上所截取的面积等于以球半径为边长的正方形面积"。

附录 常用变量符号说明

变量符号	说明
T_s'	真太阳时
T_S	平太阳时
S	恒星时
S_G	格林尼治恒星时
α	赤经
λ	赤纬
m_v	航天器质量
m_s	太阳质量
m_p	火星质量
$\boldsymbol{R}$	火星相对太阳的位置矢量
$\boldsymbol{R}_v$	航天器相对太阳的位置矢量
$\boldsymbol{F}_s^{(v)}$	太阳作用在航天器上的引力
$\boldsymbol{F}_p^{(v)}$	火星作用在航天器上的引力
$\boldsymbol{F}_s^{(p)}$	太阳作用在火星上的引力
R	日火平均距离
$\boldsymbol{A}_s$	太阳中心引力项
$\boldsymbol{P}_p$	火星引起的摄动项
$\boldsymbol{a}_p$	火星中心引力项
$\boldsymbol{p}_s$	太阳引起的摄动项
$\boldsymbol{R}$	航天器在地球赤道惯性系下的位置矢量
$\boldsymbol{V}$	航天器在地球赤道惯性系下的速度矢量
μ_E	地球引力常数
$\boldsymbol{a}_N$	太阳、月亮等其他天体引起的摄动加速度
$\boldsymbol{a}_{NS}$	地球非球形引力场引起的摄动加速度
$\boldsymbol{a}_R$	太阳光压引起的摄动加速度
$\boldsymbol{a}_A$	地球大气阻力引起的摄动加速度
μ_S	日心引力常数
$\boldsymbol{r}_{ps}$	日心到航天器的位置矢量

续表

变量符号	说明
c_{R}	反射系数
p_{SR}	太阳光压强度
$\boldsymbol{r}_{\mathrm{sat}\odot}$	航天器到太阳的矢量方向
C_{D}	航天器阻力系数
A_{D}	航天器在垂直于速度方向上的横截面积
ρ	大气密度
μ_{M}	火星引力常数
$\boldsymbol{a}_{\mathrm{A}}$	火星高层大气阻力摄动加速度
$\boldsymbol{a}_{\mathrm{M}}$	航天器制动发动机产生的加速度
I_{sp}	发动机真空比冲
ϕ	推力方向角
g_0	地球表面重力加速度
C_{L}	升力系数
S	参考面积
δ	经度
γ	进入轨迹倾角
χ	航向角
D	气动阻力
L	气动升力
Ω	火星自转角速度
$\delta\varphi$	临近亮纹附近干涉条纹相位移动量
σ	滚转角
$\boldsymbol{\Phi}_{k,k-1}$	t_{k-1}至 t_k 时刻的一步状态转移矩阵
$\boldsymbol{\Gamma}_{k-1}$	t_{k-1}时刻的系统噪声驱动矩阵
$\boldsymbol{W}_{k-1}$	t_{k-1}时刻的系统激励噪声
$\boldsymbol{H}_k$	t_k 时刻的观测矩阵
$\boldsymbol{V}_k$	t_k 时刻的观测噪声
$\boldsymbol{Q}_k$	系统噪声方差阵
$\boldsymbol{R}_k$	观测噪声方差阵
$\delta(k, j)$	Kronecker 函数
H	小行星的绝对星等
M	光学成像系统放大率
$U_O(\cdot)$	入瞳面上的复振幅分布
A	常数振幅
δt	脉冲星发出的脉冲信号的实际接收时间与预估时间之差

续表

变量符号	说明
t_{obs}	航天器上接收到电磁脉冲的时刻
C	电磁波在真空中的传播速度
ν_{r}	视向速度
Δd	光程差
$\boldsymbol{V}_{\text{vr}}$	太阳视线速度观测误差
$\boldsymbol{v}_{\text{Star}}$	恒星在参考惯性坐标系下的速度
$\boldsymbol{l}_{\text{Star}}$	恒星在参考惯性系下视线方向矢量
t_{SSB}	脉冲到达太阳系质心的时刻
t_{SC}	脉冲到达航天器的真实时间
$\hat{\boldsymbol{n}}$	航天器指向脉冲星的单位方向矢量
$\tilde{\boldsymbol{r}}_{\text{sc}}$	根据钟面时间估计得到的位置
$\delta\boldsymbol{r}_{\text{sc}}$	真实值与估计值之差
$\gamma(\delta)$	吸收谱线线型函数的傅里叶变换
(HG)	坐标转换矩阵
(PR)	岁差矩阵
(NR)	章动矩阵
(EP)	地球自转矩阵

附录 用于构成十进倍数和分数单位的词头

所表示因数	中文词头	英文词头	词头符号
10^{24}	尧[它]	yotta	Y
10^{21}	泽[它]	zetta	Z
10^{18}	艾[可萨]	exa	E
10^{15}	拍[它]	peta	P
10^{12}	太[拉]	tera	T
10^{9}	吉[咖]	giga	G
10^{6}	兆	mega	M
10^{3}	千	kilo	k
10^{2}	百	hecto	h
10^{1}	十	deca	da
10^{-1}	分	deci	d
10^{-2}	厘	centi	c
10^{-3}	毫	milli	m
10^{-6}	微	micro	μ
10^{-9}	纳[诺]	nano	n
10^{-12}	皮[可]	pico	p
10^{-15}	飞[母托]	femto	f
10^{-18}	阿[托]	atto	a
10^{-21}	仄[普托]	zepto	z
10^{-24}	幺[科托]	yocto	y

注：1. [·]内的字，是在不致混淆的情况下，可以省略的字。

2. 10^4称为万，10^8称为亿，10^{12}称为万亿，这类数词的使用不受词头名称的影响，但不应与词头混淆。

3. 可采用“词头＋单位”的形式表示物理量，如 1×10^{-15} m = 1 fm，5.2×10^{-9} s = 5.2 ns 等。

彩　　图

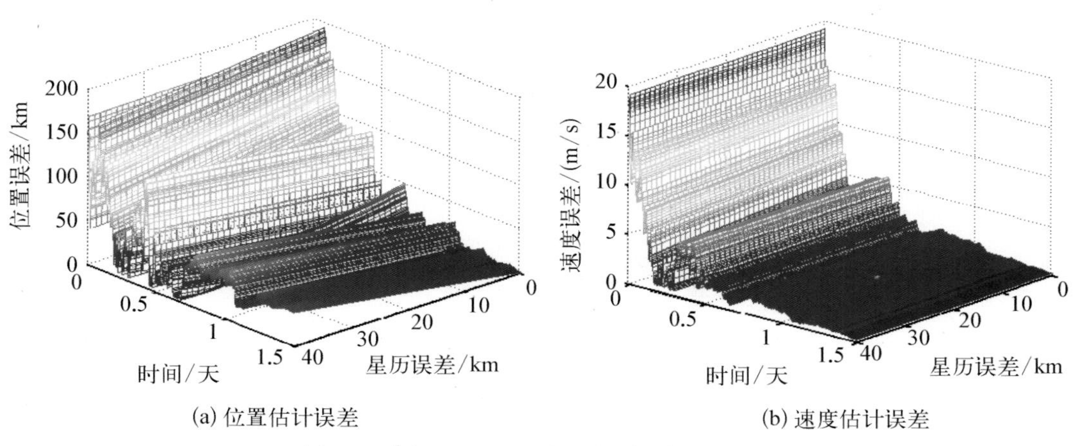

(a) 位置估计误差　　(b) 速度估计误差

图 6.8　“火卫二”星历误差对导航精度的影响

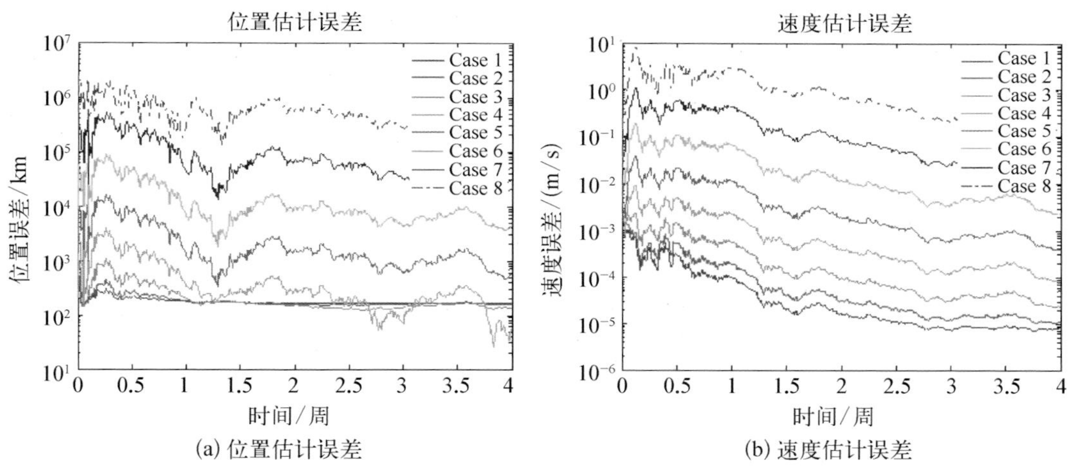

(a) 位置估计误差　　(b) 速度估计误差

图 6.10　图像处理误差与导航精度的关系

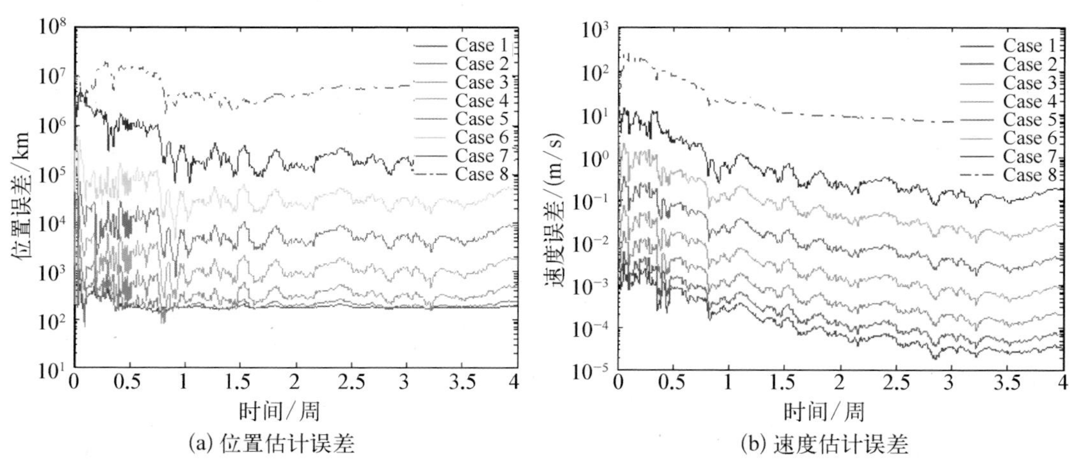

(a) 位置估计误差　　(b) 速度估计误差

图 6.11　安装角误差与导航精度的关系